1차 시험 손해평가사

한권으로 준비하기

본서는 아래의 법령 개정에 맞춘 해설임을 밝힙니다.

- 상법[시행 2020. 12. 29.]
- 농어업재해보험법 시행령[시행 2024. 5. 1.]
- 농어업재해보험법[시행 2024. 5. 14.]
- 농업재해보험 손해평가요령[시행 2024. 3. 29.]
- 농업재해보험의 보험목적물별 보상하는 병충해 및 질병규정[시행 2019. 12. 18.]
- 농업재해보험에서 보상하는 보험목적물의 범위[시행 2023. 5. 15.]

손해평가사 1차시험
한 권으로 준비하기

개정3판 1쇄 발행   2024년 01월 26일
개정4판 1쇄 발행   2025년 01월 01일

편 저 자 | 자격시험연구소
발 행 처 | (주)서원각
등록번호 | 1999-1A-107호
주   소 | 경기도 고양시 일산서구 덕산로 88-45(가좌동)
대표번호 | 031-923-2051
교재문의 | 카카오톡 플러스 친구[서원각]
홈페이지 | goseowon.com

우리나라는 자연재해의 대비와 농가의 실질적 소득 및 경영안정장치로서 농업재해보험 제도를 도입하고 있습니다. 가축의 재해보험은 1997년, 농작물재해보험은 2001년부터 운영되고 있으며 대상품목 및 보장범위가 지속적으로 확대되고 있습니다.

이러한 상황에 발맞추어 농작물 및 가축 재해보험의 공적기능을 강화하고 사업관리를 전문적으로 관리하기 위해 사업관리감독, 상품연구, 손해평가인력 양성 및 손해평가사 자격제도 운용 등 전담기관을 통한 공적 역할 수행체제를 구축하게 되었습니다.

손해평가사는 농업재해보험의 손해평가를 전문적으로 수행하는 사람입니다. 농어업재해 보험법에 따라 시행되는 국가전문자격을 취득한 자로서 공정하고 객관적인 농업재해보험 의 손해평가를 하기위해 사고접수, 계약내용 확인, 현장조사, 손해액을 산정하고 보험금 산정과 민원처리, 보험자대위, 재보험, 소송처리, 손해사정 기획관리 등의 업무를 수행하 게 됩니다.

본서는 손해평가사 1차 시험 대비를 위하여 상법(보험편), 농어업재해보험령 및 농업재 해보험 손해평가요령, 농학개론 중 재배학 및 원예작물학의 각 출제 영역을 주요한 사 항을 정리하여 수록하였습니다. 방대한 양의 내용을 분석하여 시험에 필요한 중요핵심 이론을 구성하였으며, 과목별로 기출문제를 수록하여 출제유형을 파악할 수 있도록 하 였습니다. 또한 매 과목마다 출제예상문제를 수록하였으며 문제마다 상세한 해설로 부 족한 내용을 다시 한 번 복습하면서 학습의 완성을 돕도록 하였습니다.

본서와 함께 손해평가사 합격을 이루시길 서원각이 응원합니다.

Structure

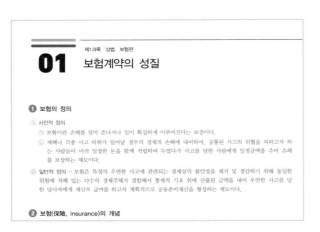

체계적인 이론 구성

주요 이론을 체계적으로 정리하여 구성을 했습니다. 본격적인 문제 풀이 전에 개념 확립에 도움이 될 수 있도록 상세하게 담았습니다.

챕터별 기출문제 수록

챕터별로 빈번하게 출제되는 기출문제를 모아서 챕터별로 정리하여 수록하였습니다. 해당하는 챕터에 출제되는 기출문제의 출제경향을 확인할 수 있도록 하였습니다.

출제예상문제

챕터별로 출제되었던 문제를 수록하였습니다. 빈번하게 출제되는 유형을 정리하여 수록하였습니다. 또한 매년 출제되는 유형을 표기하여 시험감각을 익힐 수 있도록 하였습니다.

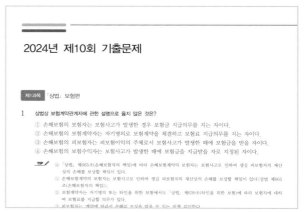

최신 기출문제 분석 수록

2024년 손해평가사 1차 시험 기출문제를 수록하였습니다. 최신 기출문제를 상세한 해설과 함께 풀면서 시험의 출제경향을 파악하고 시험 난이도를 확인할 수 있도록 하였습니다

Contents

빠르게 확인하는 빈출유형 PDF 학습자료 제공
goseowon.com [학습자료실] 게시판에서 손해평가사 PDF 학습자료를 확인하실 수 있습니다.

Information

● 개요

자연재해 · 병충해 · 화재 등 농업재해로 인한 보험금 지급사유 발생 시 신속하고 공정하게 그 피해사실을 확인하고 손해액을 평가하는 일을 수행하기 위하여 도입되었다.

● 변천과정

- 2015.5.15 : 손해평가사 자격시험의 실시 및 관리에 관한 업무위탁 및 고시(농림축산식품부)
- 2015년~현재 : 한국산업인력공단에서 손해평가사 자격시험 시행

● 수행직무

- 피해사실의 확인
- 보험가액 및 손해액의 평가
- 그 밖의 손해평가에 필요한 사항
- 농산물의 출하시기 조절 및 품질관리 기술 등에 대한 자문

● 접수방법 및 응시자격

- 접수방법 : 큐넷 손해평가사 홈페이지(www.Q-Net.or.kr/site/loss)에서 접수
- 응시자격 : 제한 없음

※ 단. 부정한 방법으로 시험에 응시하거나 시험에서 부정한 행위를 해 시험의 정지/무효 처분이 있은 날부터 2년이 지나지 아니한 자는 응시할 수 없음
<농어업재해보험법 제11조의4 제4항>

● 최근 6년 시행 현황

구분		2018	2019	2020	2021	2022	2023
제1차 시험	대상	3,716명	3,716명	6,614명	9,752명	15,385명	16,903명
	응시	2,594명	3,901명	8,193명	13,230명	13,361명	14,107명
	응시율	69.8%	59.0%	84.1%	85.99%	84.5%	83.46%
	합격	1,949명	2,486명	5,748명	9,508명	9,067명	10,830명
	합격률	75.1%	63.7%	70.2%	71.86%	67.8%	76.78%

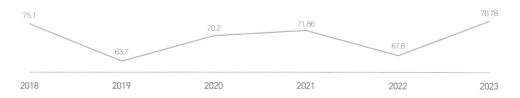

● 시험과목<농어업재해보험법 시행령제12조의4 별표 2의2>

구분	시험과목	문항 수	시험 시간
제1차 시험	1. 「상법」 보험편 2. 농어업재해보험법령(「농어업재해보험법」, 「농어업재해보험법 시행령」, 「농어업재해보험법 시행규칙」 및 농림축산식품부 장관이 고시하는 손해 평가요령을 말한다) 3. 농학개론 중 재배학 및 원예작물학	과목별 25문항 (총 75문항) 4지 택일형	09:30 ~ 11:00 90분

※ 시험과 관련하여 법령·고시·규정 등을 적용해서 정답을 구하여야 하는 문제는 시험 시행일 기준으로 시행중인 법령·고시·규정 등을 적용하여 그 정답을 구하여야 함

● 합격기준<농어업재해보험법 시행령 제12조의6>

매 과목 100점을 만점으로 하여 매 과목 40점 이상과 전 과목 평균 60점 이상을 독점한 사람을 합격자로 결정

● 제1차 시험(객관식) 수험자 유의사항

• 답안카드에 기재된 '수험자 유의사항 및 답안카드 작성 시 유의사항' 준수
• 수험자교육시간에 감독위원 안내 또는 방송(유의사항)에 따라 답안카드에 수험번호를 기재 마킹하고, 배부된 시험지의 인쇄상태 확인 후 답안카드에 형별을 마킹
• 답안카드는 국가전문자격 공통 표준형으로 문제번호가 1번부터 125번까지 인쇄되어 있으며, 답안 마킹 시에는 반드시 시험문제지의 문제번호와 동일한 번호에 마킹
• 답안카드 기재 · 마킹 시에는 반드시 검정색 사인펜 사용
• 채점은 전산 자동 판독 결과에 따르므로 유의사항을 지키지 않거나(검정색 사인펜 미사용) 수험자의 부주의(답안카드 기재 · 마킹 착오, 불완전한 마킹 · 수정, 예비마킹, 형별 마킹 착오 등)로 판독불능, 중복판독 등 불이익이 발생할 경우 수험자 책임으로 이의제기를 하더라도 받아들여지지 않음

※ 답안을 잘못 작성했을 경우, 답안카드 교체 및 수정테이프 사용가능(단, 답안 이외 수험번호 등 인적사항은 수정불가)하며 재작성에 따른 시험시간은 별도로 부여하지 않음
※ 수정테이프 이외 수정액 및 스티커 등은 사용불가
※ 자세한 사항은 큐넷 홈페이지(http://www.Q-Net.or.kr/site/nongsanmul)문의

PART 01

「상법」 보험편

01 보험계약의 성질

① 보험의 정의

① 사전적 정의

    ㉠ 보험이란 손해를 덜어 준다거나 일이 확실하게 이루어진다는 보증이다.

    ㉡ 재해나 각종 사고 따위가 일어날 경우의 경제적 손해에 대비하여, 공통된 사고의 위협을 피하고자 하는 사람들이 미리 일정한 돈을 함께 적립하여 두었다가 사고를 당한 사람에게 일정금액을 주어 손해를 보상하는 제도이다.

② **일반적 정의** … 보험은 특정의 우연한 사고에 관련되는 경제상의 불안정을 제거 및 경감하기 위해 동일한 위험에 처해 있는 다수의 경제주체가 결합해서 통계적 기초 위에 산출된 금액을 내어 우연한 사고를 당한 당사자에게 재산적 급여를 하고자 계획적으로 공동준비재산을 형성하는 제도이다.

② 보험(保險, Insurance)의 개념

① 우발적으로 발생하는 일정한 위험(사고)에서 생기는 경제적 타격이나 부담을 덜어주기 위하여 다수의 경제주체가 협동하여 합리적으로 산정된 금액을 조달하고 지급하는 경제적 제도를 말한다.

② 위험이나 사고에 대해서는 보험에 대한 계약서류에 명시되어 있으며, 보험에 관련된 회사(보험모집인, 단체, 법인)와 계약대상(계약자, 단체)이 문서에 기재된 내용으로 보험법과 기타 관련 법령을 따르게 된다. 계약 조건에 명시된 내용을 기반으로 하여 명시된 조건이 발생하면 "보험상품과 관련된 보험법인과 국가"로부터 "보상금 수취인과 법정 상속인"에게 해당 조건에 맞는 보상을 지급한다.

③ 근대적인 보험경영은 보험자(회사)가 위험을 분산하기 위하여 다수의 경제주체를 보험에 가입시키고 있다. 이것을 '대수의 법칙'이라고 한다. 다수의 경제주체는 우발적 사고에 대비하기 위하여 단체를 구성(보험가입)해서 실질적인 참여를 하게 되는데, 이것을 보험단체라고 한다. 이러한 집단구성을 하는 경제주체는 우연한 사고에서 생기는 경제적 요구를 충족하기 위하여 단체를 형성한다.

④ 보험회사는 다수의 경제적 주체(가입자) 간의 중간역할자로서, 우발사고에 대비한 경제적 혜택을 주기 위한 자금축적의 비용을 지출하고, 한편으로는 우발사고가 발생하면 경제적으로 필요한 자금을 조달 받는 관계를 말한다. 즉, '한 사람은 많은 사람을 위하고, 많은 사람은 한 사람을 위하는(One for All, All for One)' 것이 보험의 궁극적 목표이다.

⑤ 보험가입자로부터 받아들이는 보험료 총액과 장래 회사가 가입자에게 지급할 보험금총액이 서로 같도록 되어 있으며 이것을 '수지상등의 원칙'이라고 한다.

⑥ 보험료는 보험회사로서는 항상 장래에 지급해야 할 보험금 중에 미지급 된 분의 재산(보험가입자 공동재산), 즉 보험준비금으로서 보험회사가 장래 보험금지급(환급금 포함)의 의무를 완수하기 위하여 적립하는 적립금이다.

⑦ 적립금은 보험회사가 투자사업을 통해 보험금지급의 준비재산을 형성하는 면에서는 보험업의 금융기능을 볼 수 있다. 금융기능은 대부를 한다든가 어음을 할인한다든가 또는 주식에 투자한다는 것 등은 다른 금융기관과 다를 바 없지만 생명보험의 자금은 보험계약의 장기성, 사고발생률의 안정성이라는 사업의 성격상, 장기성 자금의 특징을 가지고 있다.

⑧ 보험은 경제적 필요를 충족하고자 하는 선후책으로 저축과 같은 확정사고에 대비하는 종류도 구비하고 있는 것이므로, 경제적 불균형을 균형 있게 하는 금전조달시설인 것이다. 즉, 금전이 아닌 물질이나 정신적인 위로가 아니고, 반드시 금전적인 조달의 목적을 주로 하는 경제적 시설로서 근대적 보험업은 자본주의 사회의 성립과 더불어 확립되어 왔다고 볼 수 있다.

❸ 보험기업의 형태

① 민영보험
  ㉠ 영리를 목적으로 하는 개인기업조직과 주식회사조직, 비영리목적인 상호회사조직과 협동조합조직 등 4가지가 있다.
  ㉡ 주식회사 체제의 보험주식회사는 상호회사로, 「상법」상 회사에 관한 모든 규정 외에 특별법인 「보험업법」의 적용도 받는 것이 특징이다.
  ㉢ 상호회사는 「상법」 조직에 관한 규정이 없으므로 「보험업법」에 준하여 설립되는 형식상 비영리법인이며, 주주가 없고 잉여금은 종국적으로 보험가입자인 사원에게 분배된다.
  ㉣ 상호회사도 경영면에서는 주식회사와 유사하나 보험경영자와 보험가입자 간에 동일성을 가지고 있는 것이 특이하다.

② 공영보험
  ㉠ 국가나 지방공공단체 또는 기타 공법인에 의하여 경영되는 보험이다.
  ㉡ 법률로써 그 조직을 구성하고 국가 스스로가 보험자가 되어 국가기관을 통하여 직접 보험사업을 경영하는 국가보험과 국가가 직접 보험사업을 경영하지 않고 간접적으로 보험의 전반적인 조직과 제도를 법률·명령으로써 규정하고, 그 경영은 특정한 기관에서 경영하는 국영보험의 2가지 형태가 있다.
  ㉢ 공영보험사업의 손익은 경영주체인 국가·지방공공단체 또는 공법인에 귀속되지만, 이 경우 손익의 귀속이 완전히 이루어질 때와 그렇지 않을 때가 있으므로 전자를 완전공영, 후자를 준공이라 한다.

④ 보험의 특징

① 우연한 사고에 대한 경제적 불안을 제거해준다.

② 손해 발생 가능성에 대한 확률적인 공동재산을 준비하는 제도이다.

③ 다수의 경제 주체의 결합에 의한 제도이다.

⑤ 보험의 관점

① **경제적 관점** … 보험은 다수의 동질적인 위험을 결합함으로써 위험을 감소시키는 경제제도이다.

② **사회적 관점** … 보험은 기금의 형성을 통하여 소수인이 입는 손실을 다수인이 부담하는 사회적 제도이다.

③ **법적 관점** … 보험은 법적 계약을 통하여 손실을 보상하는 법률적 제도이다.

④ **수리적 관점** … 보험은 확률의 원리를 통하여 미래에 발생하는 손실의 규모와 빈도를 예측하는 과학적 제도이다.

⑥ 보험의 경영활동

① 보험의 모집
  ㉠ 회사에 소속된 모집사원에 의한 모집
  ㉡ 대리점에 위탁하여 모집
  ㉢ 브로커를 통한 모집

② 보험의 가입절차
  ㉠ 생명보험 : 진사(회사에서 파견하는 간호사에 의한 건강검진)에서 심사통과된 보험계약 신청자로부터의 신청서가 보험료와 함께 제출·납부되면 소정 양식의 보험계약서에 필요사항을 기재한 후 정식으로 보험계약자에게 송부하면 된다.
  ㉡ 손해보험 : 보험대리인이나 보험중개인이 직접 보험계약서를 발행하며 본사에서는 이미 발행한 보험계약서를 검사하는 업무만 한다.

③ 보험료의 납입
  ㉠ 보험료의 납입기간은 주로 연납이나 생명보험의 경우 월납, 3월납, 6월납, 연납 등이 있다.
  ㉡ 생명보험은 계약이 장기적이기 때문에 보험료징수 사무가 계약의 모집과 병행된다.

④ 보험금 지급

    ㉠ 보험사고가 발생하거나 만기가 되면 보험금을 지급하는 것은 생명보험의 일반적인 지급형태이다.

    ㉡ 손해보험은 보험사고가 발생하지 않은 한 보험금을 지급하지 않는다.

    ㉢ 손실금 지급행위 : 보험계약자의 보험사고 발생보고로부터 시작하여 보험계약자가 요구한 손실금의 일부나 전부를 지급하거나 또는 손실금의 지급을 거절하는 최후단계까지의 모든 과정을 말한다.

    ㉣ 보험금지급과정

        ⓐ 보험가입자 · 보험모집인으로부터의 보험사고발생보고 접수

        ⓑ 사고발생보고에 대한 사정과 손해조사

        ⓒ 사고발생에 대한 조사나 진사를 통한 보험금 지급 여부 결정

        ⓓ 보험금 지급 액수의 사정

⑤ 보험준비금

    ㉠ 보험회사의 법정준비금은 회사의 자산이 아니라 부채가 된다.

    ㉡ 지급준비금의 종류 : 보험금 지급준비금 · 보험금 지급경비 준비금 · 이익배당금 지급준비금 · 미경과보험료 준비금 · 법정계약 준비금 등

⑥ 보험회사의 투자관리

    ㉠ 보험회사는 보험계약을 통하여 인수한 위험의 발생으로 인한 손실금을 보험계약자에게 지급하기 전에 보험료를 보험계약자로부터 받기 때문에 투자할 수 있는 상당한 자금을 보유하게 된다.

    ㉡ 보험회사는 투자가 가능한 자금을 실제로 투자하여 투자이윤을 보게 되는데, 이렇게 함으로써 보험회사는 보험계약자에게 적용하는 보험료율을 낮출 수 있는 동시에 회사의 경영이윤을 가져오게 된다.

    ㉢ 생명보험은 장기계약이므로 이자란 요소가 보험료율 결정과 각종 보험계약 · 현재 가치산정에 있어 매우 큰 역할을 하는 데 비해, 손해보험회사는 보험료율 산정에 직접적으로 관련성을 갖지 않는다.

    ㉣ 생명보험은 취급하는 보험계약이 장기계약이라는 면에서 주로 증권투자 등의 장기투자에 치중하는 반면 손해보험은 단기투자에 치중한다.

❼ 보험의 원칙

① 수많은 동질의 노출 단위

② 절대적 손실

③ 사고 손실

④ 대형 손실

⑤ 감당할 수 있는 보상금

⑥ 계산할 수 있는 손실

⑦ 재해적 대형 손실의 제한된 위험

8 보험의 종류

① 공보험과 사보험

    ㉠ 보험사업의 경영자에 의한 분류이다.

    ㉡ 공법인이 경영하는 보험을 공보험(Public Insurance), 개인 또는 사법인이 경영하는 보험을 사보험(Private Insurance)이라 한다.

    ㉢ 보험은 사회적 공공성이 강한 것이므로, 사보험이라도 사회적 방면을 고려하여 경영되는 것이 보통이지만, 공보험 특히 국영보험은 전혀 영리면을 고려하지 아니하고 오로지 사회정책 또는 경제정책의 목적으로 경영되는 데에 특색이 있다.

    ㉣ 국가가 사회정책의 목적으로 하는 사회보험(社會保險)은 노동자 등 소액소득자의 재해 등을 구제하고자 하는 것으로, 보험가입은 강제되고 그 보험료는 위험률보다도 부담능력에 비례하여 결정하는 경우가 많고, 또 보험료는 가입자와 국가 또는 사업주가 공동으로 부담하는 것이 보통이다.

② 영리보험과 상호보험

    ㉠ 사보험은 경영자에게 영리목적이 있는가 없는가에 따라서 영리보험과 상호보험으로 분류된다.

    ㉡ 영리보험은 보험영업자가 영리를 목적으로 타인과 보험계약을 체결하는 경우로서 보험업자의 계산으로 하는 보험이므로 경영주체는 주식회사이다.

    ㉢ 상호보험은 보험에 가입하고자 하는 사람이 모여서 상호회사라는 사단법인을 형성하고 상호적으로 보험을 하는 경우로서 이것은 보험관계자의 공통계산으로 하는 보험이다.

③ 인(人)보험과 물(物)보험

    ㉠ 보험의 목적이 사람인가 물건인가에 따른 분류이다.

    ㉡ 사람에 관하여 발생하는 사고에 대한 보험을 인보험, 물건 기타의 재산에 관하여 발생하는 사고에 대한 보험을 물보험이라 한다.

    ㉢ 사람과 물건의 양쪽을 다 같이 보험의 목적물로 하는 보험도 있고, 또 희망이익(希望利益) 등을 목적으로 하는 보험도 있으므로 인보험·물보험(재산보험)의 분류는 모든 보험을 양분한 것이라고 할 수 없다.

④ 인보험과 손해보험

    ㉠ 보험사고가 사람의 생명·신체의 사고에 관하여 발생한 경우의 보험을 인보험이라 하고, 재산상의 이익에 관한 것을 손해보험이라 한다.

    ㉡ 이 분류방법은 「상법」에서 채용하고 있는 방식으로, 분류의 표준이 서로 다르기 때문에 합리적인 분류라고 할 수 없다.

    ㉢ 「상법」상 인보험으로 취급하고 있는 상해보험은 물론, 질병보험·징병보험·혼인보험 등과 같이 어느 쪽에도 속하지 않는 것이 있기 때문이다.

⑤ 손해보험과 정액보험

　㉠ 보험금을 주는 방법에 따른 분류이다.

　㉡ 보험사고가 발생한 때에 손해의 유무나 정도를 고려하지 아니하고 일정액의 보험금을 지급하는 보험을 정액보험이라 한다.

　㉢ 정액보험은 실제로 생긴 손해를 보상하는 것을 목적으로 하는 손해보험과 대립되는 보험이다.

　㉣ 생명보험과 같은 보험은 정액보험에 해당한다.

⑥ 육상보험 · 해상보험 · 항공보험

　㉠ 손해보험에 속하는 것이나, 보험사고가 발생하는 장소를 표준으로 하는 분류이다.

　㉡ 해상보험 중에는 육지에 양륙한 하물(荷物)의 화재위험에 대하여도 보험하는 것도 있다.

　㉢ 항공보험은 공중에서의 각종의 위험에 대한 보험이지만, 비교적 근년에 발달한 것이므로 각국의 입법은 아직도 미비하다고 할 수 있다.

⑦ 개별보험과 집합보험

　㉠ 보험 목적의 수에 따른 분류이다.

　㉡ 개별보험은 개개의 사람이나 물건을 보험의 목적으로 하는 보험이고, 집합보험은 다수의 물건을 보험의 목적으로 하는 보험을 말한다.

　㉢ 사람의 집단을 보험의 목적으로 하는 인보험을 단체보험이라 한다.

⑧ 원보험(原保險)과 재보험(再保險) … 어떤 보험업자가 인수한 보험계약상의 책임의 전부 또는 일부를 다른 보험업자가 인수하는 경우에 전자를 원보험 또는 원수보험이라 하고, 후자를 재보험이라 한다.

❾ 보험계약법

① 보험계약법의 정의

　㉠ 보험에 관한 법규 전체를 의미한다.

　㉡ 영리보험에서 보험계약관계를 규율하는 법을 의미한다.

　㉢ 법전에서 보험계약법으로 규정된 모든 법규를 의미한다.

② 보험계약법의 특성

　㉠ 기술성 : 수지상등의 원칙

　　ⓐ 보험사업을 경영할 때 각 위험집단으로부터 각각 납입되는 순보험료의 총액이 그 위험집단에게 지급되는 보험금의 총액과 같아야 한다.

　　ⓑ 보험회사는 보험가입자로부터 받는 총보험료에 사업비와 회사 이윤을 보장받기 때문에 순보험료(위험보험료) 부분에서는 이득을 내서는 안 된다는 원칙이다. 참고로 보험가입자에게는 이득금지의 원칙이 있다.

ⓛ 선의성 : 보험계약이 투기 또는 도박 등의 목적으로 악용될 경우에는 도덕적 위험이 발생할 수 있으므로 선의성의 원리를 기본 개념으로 하고 신의칙이 지배한다.

ⓒ 단체성 : 보험가입자 평등대우의 원칙

  ⓐ 개개의 보험가입자는 위험단체의 한 구성원으로서 다른 구성원과 평등하게 대우 받을 수 있을 뿐이고, 위험단체에 반하는 특별한 이익을 요구할 수 없다는 원칙이다.

  ⓑ 공보험에서는 소득재분배의 기능이 있기 때문에 보험가입자가 받을 급부의 수준에 따라 보험료가 적용되지 아니하고 소득의 크기에 따라 보험료가 결정되므로 이 원칙이 적용되지 아니한다고 봐야 할 것이다. 보험계약자 간 평등대우의 원칙이 깨어지게 되면 불이익을 받는 계약자는 위험단체에서 이탈할 우려가 있다. 보험단체를 유지하기 위해서는 보험계약자 평등대우의 원칙이 실현되어야 한다.

ⓒ 상대적 강행법성 : 당사자 특약으로 계약자 등에게 불리한 약정을 할 수 없다.

③ 보험계약법의 법원

  ㉠ 제정법령 : 「상법」 제4편, 「보험업법」 등

  ㉡ 보통보험약관

    ⓐ 보험자가 동질적인 수많은 보험계약을 체결하기 위하여 미리 작성한 보험계약의 내용을 이루는 정형적인 계약조항으로, 보통거래약관의 일종이다.

    ⓑ 특수한 보험에 있어서는 이 보통보험약관만으로는 불충하여 다시 상세한 약정을 할 경우가 있는데 이를 특별보통보험약관 또는 부가약관이라 한다.

  ㉢ 약관에 대한 규제

    ⓐ 입법적 규제 : 약관규제법

    ⓑ 행정적 규제 : 보험감독기관의 인가

    ⓒ 사법적 규제 : 법원에서 최종적으로 규제

  ㉣ 교부와 명시 : 「보험업법」은 보험계약의 체결 또는 모집에 종사하는 자에게 보험약관의 중요 조항에 대해서 보험계약청약자에게 미리 고지하도록 되어 있다.

  ㉤ 약관의 효력

    ⓐ 약관의 구속력 : 규범설, 의사설(판례)

    ⓑ 인가를 받지 않은 보험약관의 사법상의 효력 : 보험자가 금융감독위원회의 허가를 받지 아니하거나 변경신고를 하지 아니한 보통보험약관에 의하여 보험계약이 체결된 경우 사법상의 효력이 인정되느냐의 의문에서 그 효력을 인정하는 것이 타당하다고 하였다.

  ㉥ 약관의 변경과 소급적용

    ⓐ 약관의 변경 시 합의가 없는 한 변경약관은 기준약관에 적용되지 않는다.

    ⓑ 합의가 있는 경우 또는 보험계약자 등의 이익을 위해 기존계약에 장래에 효력을 인정하는 경우는 예외이다.

⑩ 보험계약의 성질

① **유상계약** : 보험자와 보험계약자 사이에서 대가적 의의가지는 출연을 하는 계약이다.

② **낙성계약** : 당자자의 합치만으로 성립하는 계약이다.

③ **불요식계약** : 법률적 형식에 따라 계약이 성립되거나 효력이 생기지 않는 계약이다.

④ **선의계약** : 사행계약성이 있으므로 신의성실의 원칙이 기본으로 하는 선의성을 요구한다.

⑤ **쌍무계약** : 보험계약 당사자가 서로 대가적인 의미를 가지는 채무를 부담하는 계약이다.

⑥ **부합계약** : 계약의 내용은 당사자가 일방적으로 결정하고 상대방은 따르는 계약이다.

⑦ **사행계약** : 우발적인 사고가 발생하는 것을 전제하고 있는 계약이다.

기출문제 분석

보험계약의 성질에 대한 질문은 매년 한 문제는 출제되고 있다. 보험계약의 성질과 「상법」 제638조의2(보험계약의 성립)의 조항과 함께 자주 출제되고 있고 보험계약의 의의와 성립에 관한 질문을 보험계약의 성질과 함께 질문하고 있기 때문에 법 조항에 대한 꼼꼼한 이해가 중요하다.

2015년

1 보험계약의 선의성을 유지하기 위한 제도로 옳지 않은 것은?

① 보험자의 보험약관설명 의무

② 보험계약자의 손해방지의무

③ 보험계약자의 중요사항 고지의무

④ 인위적 보험사고에 대한 보험자면책

TIP 보험자의 약관 교부 · 설명 의무는 보험계약 체결 시 보험계약자에게 보험약관을 교부하고 약관의 중요내용을 설명하는 것으로 이는 선의성의 원칙과 관련이 없다.

※ **보험계약의 선의성** … 보험은 우연한 사고, 일확천금의 목적 등으로 보험금을 지급하는 사행성이 있으므로 보험계약자에게는 선의성이 요구된다. 선의성이란 최대선의성의 원칙이라고도 하며, 일반적인 신의성실한 경우보다 높은 정도의 성실의무를 의미한다. 선의성을 유지하기 위한 것에는 중요사항 고지의무, 위험변경 및 증가 시 통지의무, 손해방지의무, 고의 · 중과실 사고에 대한 보험사 면책, 보험사기 무효 등이 있다.

2016년

2 보험계약의 성질이 아닌 것은?

① 낙성계약

② 무상계약

③ 불요식계약

④ 선의계약

TIP ② 보험계약은 유상계약이다.

※ **보험계약의 법적 성격** … 낙성계약성, 유상계약성, 쌍무계약성, 불요식계약성, 사행계약성, 선의계약성, 계속적 계약성, 부합계약성이 있다.

Answer 1.① 2.②

3 보험계약의 법적 성격으로 옳은 것은 몇 개인가?

선의계약성, 유상계약성, 요식계약성, 사행계약성

① 1개   ② 2개

③ 3개   ④ 4개

> **TIP** 보험계약의 법적 성격으로는 낙성계약성, 유상계약성, 쌍무계약성, 불요식계약성, 사행계약성, 선의계약성, 계속적 계약성, 부합계약성 등이 있다.

4 보험계약의 의의와 성립에 관한 설명으로 옳지 않은 것은?

① 보험계약의 성립은 특별한 요식행위를 요하지 않는다.

② 보험계약의 사행계약성으로 인하여 상법은 도덕적 위험을 방지하고자 하는 다수의 규정을 두고 있다.

③ 보험자가 상법에서 정한 낙부통지 기간 내에 통지를 해태한 때에는 청약을 거절한 것으로 본다.

④ 보험계약은 쌍무 · 유상계약이다.

> **TIP** 보험계약의 성립〈상법 제638조의2〉
> ① 보험자가 보험계약자로부터 보험계약의 청약과 함께 보험료 상당액의 전부 또는 일부의 지급을 받은 때에는 다른 약정이 없으면 30일 내에 그 상대방에 대하여 낙부의 통지를 발송하여야 한다. 그러나 인보험계약의 피보험자가 신체검사를 받아야 하는 경우에는 그 기간은 신체검사를 받은 날부터 기산한다.
> ② 보험자가 ①의 규정에 의한 기간 내에 낙부의 통지를 해태한 때에는 승낙한 것으로 본다.

5 보험계약에 관한 설명으로 옳지 않은 것은?

① 보험계약은 유상 · 쌍무계약이다.

② 보험계약은 보험자의 청약에 대하여 보험계약자가 승낙함으로써 성립한다.

③ 보험자의 보험금 지급책임이 우연한 사고의 발생에 달려 있으므로 사행계약의 성질을 갖는다.

④ 보험계약은 부합계약이다.

> **TIP** 「상법」 제638조의2(보험계약의 성립) 제1항 · 제2항에 따라 보험자가 보험계약자로부터 보험계약의 청약과 함께 보험료 상당액의 전부 또는 일부의 지급을 받은 때에는 다른 약정이 없으면 30일 내에 그 상대방에 대하여 낙부의 통지를 발송하여야 한다. 그러나 인보험계약의 피보험자가 신체검사를 받아야 하는 경우에는 그 기간은 신체검사를 받은 날부터 기산한다. 보험자가 기간 내에 낙부의 통지를 해태한 때에는 승낙한 것으로 본다.

Answer 3.③ 4.③ 5.②

출제예상문제

1 보험계약의 선의성을 유지하기 위한 제도로 옳지 않은 것은?

① 보험자의 보험약관 설명의무
② 보험계약자의 불리한 사항 고지의무
③ 중대한 변동이 있을 때 통지의무
④ 보험자의 보험금 지급의무

> **TIP** 보험계약의 선의성이란 보험계약 체결 당시 부정한 이득이나 일확천금을 목적으로 보험에 가입한 것이 아니고 선의로 장래에 대비하여 보험에 가입하는 것을 말한다. 선의성이란 최대선의성의 원칙이라고도 하며, 일반적인 신의성실한 경우보다 높은 정도의 성실의무를 의미한다. 선의성유지제도로 보험사의 설명의무, 보험금 청구 시 선의성, 통지의무, 고지의무가 있다.

2 보험계약에 대한 설명으로 옳지 않은 것은?

① 보험자가 보험계약자로부터 보험계약의 청약과 함께 보험료 상당액의 전부의 지급을 받은 때에는 다른 약정이 없으면 3개월 내에 그 상대방에 대하여 낙부의 통지를 발송하여야 한다.
② 보험자는 보험계약을 체결할 때에 보험계약자에게 보험약관을 교부하고 그 약관의 중요한 내용을 설명하여야 한다.
③ 보험자는 보험계약이 성립한 때에는 지체 없이 보험증권을 작성하여 보험계약자에게 교부하여야 한다.
④ 보험자가 보험계약자로부터 보험계약의 청약과 함께 보험료 상당액의 일부를 받은 경우에는 그 청약을 승낙하기 전에 보험자는 보험계약상의 책임을 진다.

> **TIP** ① 보험자가 보험계약자로부터 보험계약의 청약과 함께 보험료 상당액의 전부 또는 일부의 지급을 받은 때에는 다른 약정이 없으면 30일 내에 그 상대방에 대하여 낙부의 통지를 발송하여야 한다〈상법 제638조의2(보험계약의 성립) 제1항〉.
> ② 「상법」 제638조의3(보험약관의 교부·설명 의무) 제1항
> ③ 「상법」 제640조(보험증권의 교부) 제1항
> ④ 「상법」 제638조의2(보험계약의 성립) 제3항

Answer 1.④ 2.①

3 보험계약의 법적 성격으로 옳지 않은 것은?

① 선의계약성   ② 유상계약성

③ 요식계약성   ④ 사행계약성

> **TIP** 보험계약의 법적 성격으로는 낙성계약성, 유상계약성, 쌍무계약성, 불요식계약성, 사행계약성, 선의계약성, 계속적 계약성, 부합계약성 등이 있다.

4 보험계약의 성질에 대한 설명으로 옳은 것은?

① 보험계약은 대가성이 있는 계약인 무상계약이다.

② 보험계약은 당사자 일방이 재산 또는 생명이나 신체에 불확정한 사고가 발생할 경우에 그 즉시 효력이 생긴다.

③ 보험계약은 당사자간의 합의만으로 계약이 성립을 하는 계약이다.

④ 보험계약은 범죄에 악용될 가능성이 없다.

> **TIP** ③ 보험계약은 당사자 간에 의사가 합치하면 성립하는 낙성계약에 해당한다.
> ① 보험계약은 대가적인 의의를 갖는 유상계약이다.
> ② 보험계약은 당사자 일방이 약정한 보험료를 지급하고 재산 또는 생명이나 신체에 불확정한 사고가 발생할 경우에 상대방이 일정한 보험금이나 그 밖의 급여를 지급할 것을 약정함으로써 효력이 생긴다〈상법 제638조(보험계약의 의의)〉.
> ④ 보험계약은 사행계약성이 있다.

5 보험계약의 성질에 대한 설명으로 옳지 않은 것은?

① 보험계약은 보험자가 모든 의무를 부담하는 성질이 있다.

② 보험계약은 우연한 사고가 발생하면서 보험자의 보험금 지급책임이 발생하는 성질이 있다.

③ 보험계약은 계약이 성립됨에 있어 요식행위가 반드시 필요하지 않다.

④ 보험자가 보험계약자에게 보험료 일부를 지급 받고 규정된 기간내에 낙부의 통지를 해태한 때에는 보험계약을 승낙한 것으로 본다.

> **TIP** ① 보험계약은 보험자와 보험계약자 쌍방이 모두 의무를 부담하는 쌍무계약에 해당한다.
> ② 보험계약에는 사행계약성의 특징이 있다.
> ③ 보험계약은 불요식계약에 해당한다.
> ④ 「상법」 제638조의2(보험계약의 성립)

Answer 3.③ 4.③ 5.①

02

제1과목 「상법」 보험편

통칙

제638조(보험계약의 의의)

보험계약은 당사자 일방이 약정한 보험료를 지급하고 재산 또는 생명이나 신체에 불확정한 사고가 발생할 경우에 상대방이 일정한 보험금이나 그 밖의 급여를 지급할 것을 약정함으로써 효력이 생긴다.

제638조의2(보험계약의 성립)

① 보험자가 보험계약자로부터 보험계약의 청약과 함께 보험료 상당액의 전부 또는 일부의 지급을 받은 때에는 다른 약정이 없으면 30일내에 그 상대방에 대하여 낙부의 통지를 발송하여야 한다. 그러나 인보험계약의 피보험자가 신체검사를 받아야 하는 경우에는 그 기간은 신체검사를 받은 날부터 기산한다.

② 보험자가 제1항의 규정에 의한 기간내에 낙부의 통지를 해태한 때에는 승낙한 것으로 본다.

③ 보험자가 보험계약자로부터 보험계약의 청약과 함께 보험료 상당액의 전부 또는 일부를 받은 경우에 그 청약을 승낙하기 전에 보험계약에서 정한 보험사고가 생긴 때에는 그 청약을 거절할 사유가 없는 한 보험자는 보험계약상의 책임을 진다. 그러나 인보험계약의 피보험자가 신체검사를 받아야 하는 경우에 그 검사를 받지 아니한 때에는 그러하지 아니하다.

제638조의3(보험약관의 교부 · 설명 의무)

① 보험자는 보험계약을 체결할 때에 보험계약자에게 보험약관을 교부하고 그 약관의 중요한 내용을 설명하여야 한다.

② 보험자가 제1항을 위반한 경우 보험계약자는 보험계약이 성립한 날부터 3개월 이내에 그 계약을 취소할 수 있다.

제639조(타인을 위한 보험)

① 보험계약자는 위임을 받거나 위임을 받지 아니하고 특정 또는 불특정의 타인을 위하여 보험계약을 체결할 수 있다. 그러나 손해보험계약의 경우에 그 타인의 위임이 없는 때에는 보험계약자는 이를 보험자에게 고지하여야 하고, 그 고지가 없는 때에는 타인이 그 보험계약이 체결된 사실을 알지 못하였다는 사유로 보험자에게 대항하지 못한다.

② 제1항의 경우에는 그 타인은 당연히 그 계약의 이익을 받는다. 그러나 손해보험계약의 경우에 보험계약자가 그 타인에게 보험사고의 발생으로 생긴 손해의 배상을 한 때에는 보험계약자는 그 타인의 권리를 해하지 아니하는 범위 안에서 보험자에게 보험금액의 지급을 청구할 수 있다.

③ 제1항의 경우에는 보험계약자는 보험자에 대하여 보험료를 지급할 의무가 있다. 그러나 보험계약자가 파산선고를 받거나 보험료의 지급을 지체한 때에는 그 타인이 그 권리를 포기하지 아니하는 한 그 타인도 보험료를 지급할 의무가 있다.

제640조(보험증권의 교부)

① 보험자는 보험계약이 성립한 때에는 지체없이 보험증권을 작성하여 보험계약자에게 교부하여야 한다. 그러나 보험계약자가 보험료의 전부 또는 최초의 보험료를 지급하지 아니한 때에는 그러하지 아니하다.

② 기존의 보험계약을 연장하거나 변경한 경우에는 보험자는 그 보험증권에 그 사실을 기재함으로써 보험증권의 교부에 갈음할 수 있다.

제641조(증권에 관한 이의약관의 효력)

보험계약의 당사자는 보험증권의 교부가 있은 날로부터 일정한 기간내에 한하여 그 증권내용의 정부에 관한 이의를 할 수 있음을 약정할 수 있다. 이 기간은 1월을 내리지 못한다.

제642조(증권의 재교부청구)

보험증권을 멸실 또는 현저하게 훼손한 때에는 보험계약자는 보험자에 대하여 증권의 재교부를 청구할 수 있다. 그 증권작성의 비용은 보험계약자의 부담으로 한다.

제643조(소급보험)

보험계약은 그 계약전의 어느 시기를 보험기간의 시기로 할 수 있다.

제644조(보험사고의 객관적 확정의 효과)

보험계약 당시에 보험사고가 이미 발생하였거나 또는 발생할 수 없는 것인 때에는 그 계약은 무효로 한다. 그러나 당사자 쌍방과 피보험자가 이를 알지 못한 때에는 그러하지 아니하다.

제646조(대리인이 안 것의 효과)

대리인에 의하여 보험계약을 체결한 경우에 대리인이 안 사유는 그 본인이 안 것과 동일한 것으로 한다.

제646조의2(보험대리상 등의 권한)

① 보험대리상은 다음 각 호의 권한이 있다.
  1. 보험계약자로부터 보험료를 수령할 수 있는 권한
  2. 보험자가 작성한 보험증권을 보험계약자에게 교부할 수 있는 권한
  3. 보험계약자로부터 청약, 고지, 통지, 해지, 취소 등 보험계약에 관한 의사표시를 수령할 수 있는 권한
  4. 보험계약자에게 보험계약의 체결, 변경, 해지 등 보험계약에 관한 의사표시를 할 수 있는 권한

② 제1항에도 불구하고 보험자는 보험대리상의 제1항 각 호의 권한 중 일부를 제한할 수 있다. 다만, 보험자는 그러한 권한 제한을 이유로 선의의 보험계약자에게 대항하지 못한다.

③ 보험대리상이 아니면서 특정한 보험자를 위하여 계속적으로 보험계약의 체결을 중개하는 자는 제1항 제1호(보험자가 작성한 영수증을 보험계약자에게 교부하는 경우만 해당한다) 및 제2호의 권한이 있다.

④ 피보험자나 보험수익자가 보험료를 지급하거나 보험계약에 관한 의사표시를 할 의무가 있는 경우에는 제1항부터 제3항까지의 규정을 그 피보험자나 보험수익자에게도 적용한다.

제647조(특별위험의 소멸로 인한 보험료의 감액청구)

보험계약의 당사자가 특별한 위험을 예기하여 보험료의 액을 정한 경우에 보험기간중 그 예기한 위험이 소멸한 때에는 보험계약자는 그 후의 보험료의 감액을 청구할 수 있다.

제648조(보험계약의 무효로 인한 보험료반환청구)

보험계약의 전부 또는 일부가 무효인 경우에 보험계약자와 피보험자가 선의이며 중대한 과실이 없는 때에는 보험자에 대하여 보험료의 전부 또는 일부의 반환을 청구할 수 있다. 보험계약자와 보험수익자가 선의이며 중대한 과실이 없는 때에도 같다.

제649조(사고발생전의 임의해지)

① 보험사고가 발생하기 전에는 보험계약자는 언제든지 계약의 전부 또는 일부를 해지할 수 있다. 그러나 제639조의 보험계약의 경우에는 보험계약자는 그 타인의 동의를 얻지 아니하거나 보험증권을 소지하지 아니하면 그 계약을 해지하지 못한다.

② 보험사고의 발생으로 보험자가 보험금액을 지급한 때에도 보험금액이 감액되지 아니하는 보험의 경우에는 보험계약자는 그 사고발생 후에도 보험계약을 해지할 수 있다.

③ 제1항의 경우에는 보험계약자는 당사자 간에 다른 약정이 없으면 미경과보험료의 반환을 청구할 수 있다.

제650조(보험료의 지급과 지체의 효과)

① 보험계약자는 계약체결 후 지체 없이 보험료의 전부 또는 제1회 보험료를 지급하여야 하며, 보험계약자가 이를 지급하지 아니하는 경우에는 다른 약정이 없는 한 계약성립 후 2월이 경과하면 그 계약은 해제된 것으로 본다.

② 계속보험료가 약정한 시기에 지급되지 아니한 때에는 보험자는 상당한 기간을 정하여 보험계약자에게 최고하고 그 기간내에 지급되지 아니한 때에는 그 계약을 해지할 수 있다.

③ 특정한 타인을 위한 보험의 경우에 보험계약자가 보험료의 지급을 지체한 때에는 보험자는 그 타인에게도 상당한 기간을 정하여 보험료의 지급을 최고한 후가 아니면 그 계약을 해제 또는 해지하지 못한다.

제650조의2(보험계약의 부활)

제650조 제2항에 따라 보험계약이 해지되고 해지환급금이 지급되지 아니한 경우에 보험계약자는 일정한 기간내에 연체보험료에 약정이자를 붙여 보험자에게 지급하고 그 계약의 부활을 청구할 수 있다. 제638조의2의 규정은 이 경우에 준용한다.

제651조(고지의무위반으로 인한 계약해지)

보험계약 당시에 보험계약자 또는 피보험자가 고의 또는 중대한 과실로 인하여 중요한 사항을 고지하지 아니하거나 부실의 고지를 한 때에는 보험자는 그 사실을 안 날로부터 1월내에, 계약을 체결한 날로부터 3년내에 한하여 계약을 해지할 수 있다. 그러나 보험자가 계약당시에 그 사실을 알았거나 중대한 과실로 인하여 알지 못한 때에는 그러하지 아니하다.

제651조의2(서면에 의한 질문의 효력)

보험자가 서면으로 질문한 사항은 중요한 사항으로 추정한다.

제652조(위험변경증가의 통지와 계약해지)

① 보험기간 중에 보험계약자 또는 피보험자가 사고발생의 위험이 현저하게 변경 또는 증가된 사실을 안 때에는 지체없이 보험자에게 통지하여야 한다. 이를 해태한 때에는 보험자는 그 사실을 안 날로부터 1월내에 한하여 계약을 해지할 수 있다.

② 보험자가 제1항의 위험변경증가의 통지를 받은 때에는 1월내에 보험료의 증액을 청구하거나 계약을 해지할 수 있다.

제653조(보험계약자 등의 고의나 중과실로 인한 위험증가와 계약해지)

보험기간중에 보험계약자, 피보험자 또는 보험수익자의 고의 또는 중대한 과실로 인하여 사고발생의 위험이 현저하게 변경 또는 증가된 때에는 보험자는 그 사실을 안 날부터 1월내에 보험료의 증액을 청구하거나 계약을 해지할 수 있다.

제654조(보험자의 파산선고와 계약해지)

① 보험자가 파산의 선고를 받은 때에는 보험계약자는 계약을 해지할 수 있다.

② 제1항의 규정에 의하여 해지하지 아니한 보험계약은 파산선고 후 3월을 경과한 때에는 그 효력을 잃는다.

제655조(계약해지와 보험금청구권)

보험사고가 발생한 후라도 보험자가 제650조, 제651조, 제652조 및 제653조에 따라 계약을 해지하였을 때에는 보험금을 지급할 책임이 없고 이미 지급한 보험금의 반환을 청구할 수 있다. 다만, 고지의무(告知義務)를 위반한 사실 또는 위험이 현저하게 변경되거나 증가된 사실이 보험사고 발생에 영향을 미치지 아니하였음이 증명된 경우에는 보험금을 지급할 책임이 있다.

제656조(보험료의 지급과 보험자의 책임개시)

보험자의 책임은 당사자간에 다른 약정이 없으면 최초의 보험료의 지급을 받은 때로부터 개시한다.

제657조(보험사고발생의 통지의무)

① 보험계약자 또는 피보험자나 보험수익자는 보험사고의 발생을 안 때에는 지체없이 보험자에게 그 통지를 발송하여야 한다.

② 보험계약자 또는 피보험자나 보험수익자가 제1항의 통지의무를 해태함으로 인하여 손해가 증가된 때에는 보험자는 그 증가된 손해를 보상할 책임이 없다.

제658조(보험금액의 지급)

보험자는 보험금액의 지급에 관하여 약정기간이 있는 경우에는 그 기간내에 약정기간이 없는 경우에는 제657조 제1항의 통지를 받은 후 지체없이 지급할 보험금액을 정하고 그 정하여진 날부터 10일내에 피보험자 또는 보험수익자에게 보험금액을 지급하여야 한다.

제659조(보험자의 면책사유)

① 보험사고가 보험계약자 또는 피보험자나 보험수익자의 고의 또는 중대한 과실로 인하여 생긴 때에는 보험자는 보험금액을 지급할 책임이 없다.

제660조(전쟁위험 등으로 인한 면책)

보험사고가 전쟁 기타의 변란으로 인하여 생긴 때에는 당사자간에 다른 약정이 없으면 보험자는 보험금액을 지급할 책임이 없다.

제661조(재보험)

보험자는 보험사고로 인하여 부담할 책임에 대하여 다른 보험자와 재보험계약을 체결할 수 있다. 이 재보험계약은 원보험계약의 효력에 영향을 미치지 아니한다.

제662조(소멸시효)

보험금청구권은 3년간, 보험료 또는 적립금의 반환청구권은 3년간, 보험료청구권은 2년간 행사하지 아니하면 시효의 완성으로 소멸한다.

제663조(보험계약자 등의 불이익변경금지)

이 편의 규정은 당사자간의 특약으로 보험계약자 또는 피보험자나 보험수익자의 불이익으로 변경하지 못한다. 그러나 재보험 및 해상보험 기타 이와 유사한 보험의 경우에는 그러하지 아니하다.

제664조(상호보험, 공제 등에의 준용)

이 편(編)의 규정은 그 성질에 반하지 아니하는 범위에서 상호보험(相互保險), 공제(共濟), 그 밖에 이에 준하는 계약에 준용한다.

기출문제 분석

보험계약의 체결, 보험증권, 보험대리상·보험설계사의 권한, 보험료, 보험사고, 타인을 위한 보험 등 다양하게 출제가 되기에 조항을 정리하면서 꼼꼼하게 암기하는 것이 필요하다. 법조문의 숫자를 순서대로 외우는 경우 틀릴 확률이 높아지기에 키워드와 숫자를 정확하게 암기해야한다.

2015년

1 보험대리상이 갖는 권한으로 옳지 않은 것은?

① 보험자 명의의 보험계약 체결권
② 보험계약자에 대한 위험변경증가권
③ 보험계약자에 대한 보험증권교부권
④ 보험계약자로부터의 보험료수령권

TIP 보험대리상 등의 권한〈상법 제646조의2 제1항〉
1. 보험계약자로부터 보험료를 수령할 수 있는 권한
2. 보험자가 작성한 보험증권을 보험계약자에게 교부할 수 있는 권한
3. 보험계약자로부터 청약, 고지, 통지, 해지, 취소 등 보험계약에 관한 의사표시를 수령할 수 있는 권한
4. 보험계약자에게 보험계약의 체결, 변경, 해지 등 보험계약에 관한 의사표시를 할 수 있는 권한

2016년

2 보험증권에 관한 설명으로 옳지 않은 것은?

① 보험계약자가 보험료의 전부 또는 최초의 보험료를 지급하지 아니한 때에는 보험자의 보험증권 교부의무가 발생하지 않는다.
② 기존의 보험계약을 변경한 경우에는 보험자는 그 보험증권에 그 사실을 기재함으로써 보험증권의 교부에 갈음할 수 있다.
③ 보험계약의 당사자는 보험증권의 교부가 있은 날로부터 10일 내에 한하여 그 증권 내용의 정부에 관한 이의를 할 수 있음을 약정할 수 있다.
④ 보험계약자의 청구에 의하여 보험증권을 재교부하는 경우 그 증권 작성의 비용은 보험계약자가 부담한다.

TIP ③ 보험계약의 당사자는 보험증권의 교부가 있은 날로부터 일정한 기간 내에 한하여 그 증권 내용의 정부에 관한 이의를 할 수 있음을 약정할 수 있다. 이 기간은 1월을 내리지 못한다〈상법 제641조(증권에 관한 이의약관의 효력)〉.
①② 「상법」 제640조(보험증권의 교부)
④ 「상법」 제642조(증권의 재교부청구)

Answer 1.② 2.③

3 타인을 위한 보험계약에 관한 설명으로 옳은 것은?

① 타인을 위한 보험계약의 타인은 따로 수익의 의사표시를 하지 않은 경우에도 그 이익을 받는다.

② 타인을 위한 보험계약에서 그 타인은 불특정 다수이어야 한다.

③ 손해보험계약의 경우에 그 타인의 위임이 없는 때에는 보험계약자는 이를 보험자에게 고지하여 야 하나, 그 고지가 없는 때에도 타인이 그 보험계약이 체결된 사실을 알지 못하였다는 사유로 보험자에게 대항할 수 있다.

④ 타인은 어떠한 경우에도 보험료를 지급하고 보험계약을 유지할 수 없다.

> **TIP** 타인을 위한 보험〈상법 제639조〉
> ① 보험계약자는 위임을 받거나 위임을 받지 아니하고 특정 또는 불특정의 타인을 위하여 보험계약을 체결할 수 있다. 그러나 손해보험계약의 경우에 그 타인의 위임이 없는 때에는 보험계약자는 이를 보험자에게 고지하여야 하고, 그 고지가 없는 때 에는 타인이 그 보험계약이 체결된 사실을 알지 못하였다는 사유로 보험자에게 대항하지 못한다.
> ② ①의 경우에는 그 타인은 당연히 그 계약의 이익을 받는다. 그러나 손해보험계약의 경우에 보험계약자가 그 타인에게 보험 사고의 발생으로 생긴 손해의 배상을 한 때에는 보험계약자는 그 타인의 권리를 해하지 아니하는 범위 안에서 보험자에게 보험금액의 지급을 청구할 수 있다.
> ③ ①의 경우에는 보험계약자는 보험자에 대하여 보험료를 지급할 의무가 있다. 그러나 보험계약자가 파산선고를 받거나 보험 료의 지급을 지체한 때에는 그 타인이 그 권리를 포기하지 아니하는 한 그 타인도 보험료를 지급할 의무가 있다.

4 고지의무에 관한 설명으로 옳지 않은 것은?

① 보험계약 당시에 보험계약자 또는 피보험자가 고의 또는 중대한 과실로 인하여 중요한 사항을 부실의 고지를 한 때에는 보험자는 그 사실을 안 날로부터 3년 내에 계약을 해지할 수 있다.

② 보험자가 서면으로 질문한 사항은 중요한 사항으로 추정한다.

③ 손해보험의 피보험자는 고지의무자에 해당한다.

④ 보험자가 계약 당시에 고지의무위반의 사실을 알았거나 중대한 과실로 인하여 알지 못한 때에 는 보험자는 그 계약을 해지할 수 없다.

> **TIP** ①④ 보험계약 당시에 보험계약자 또는 피보험자가 고의 또는 중대한 과실로 인하여 중요한 사항을 고지하지 아니하거나 부실의 고지를 한 때에는 보험자는 그 사실을 안 날로부터 1월 내에, 계약을 체결한 날로부터 3년 내에 한하여 계약을 해지할 수 있 다. 그러나 보험자가 계약 당시에 그 사실을 알았거나 중대한 과실로 인하여 알지 못한 때에는 그러하지 아니하다〈상법 제651 조(고지의무위반으로 인한 계약해지)〉.
> ② 「상법」 제651조의2(서면에 의한 질문의 효력)
> ③ 「상법」 제651조(고지의무위반으로 인한 계약해지)

Answer 3.① 4.①

5 상법상 보험계약 관련 소멸시효의 기간으로 옳은 것은?

① 보험금청구권 : 2년

② 보험료청구권 : 3년

③ 보험료의 반환청구권 : 2년

④ 적립금의 반환청구권 : 3년

> **TIP** 보험금청구권은 3년간, 보험료 또는 적립금의 반환청구권은 3년간, 보험료청구권은 2년간 행사하지 아니하면 시효의 완성으로 소멸한다〈상법 제662조(소멸시효)〉.

6 보험자가 손해를 보상할 경우에 보험료의 지급을 받지 아니한 잔액이 있을 경우와 관련하여 상법 제677조(보험료 체납과 보상액의 공제)의 내용으로 옳은 것은?

① 보험자는 보험계약에 대한 납입최고 및 해지예고 통보를 하지 않고도 보험계약을 해지할 수 있다.

② 보험자는 보상할 금액에서 지급기일이 도래하지 않은 보험료는 공제할 수 없다.

③ 보험자는 보험금 전부에 대한 지급을 거절할 수 있다.

④ 보험자는 보상할 금액에서 지급기일이 도래한 보험료를 공제할 수 있다.

> **TIP** 보험자가 손해를 보상할 경우에 보험료의 지급을 받지 아니한 잔액이 있으면 그 지급기일이 도래하지 아니한 때라도 보상할 금액에서 이를 공제할 수 있다〈상법 제677조(보험료 체납과 보상액 공제)〉.

Answer 5.④ 6.④

7 보험계약의 해지에 관한 설명으로 옳지 않은 것은?

① 보험계약자가 보험계약을 전부 해지했을 때에는 언제든지 미경과보험료의 반환을 청구할 수 있다.

② 타인을 위한 보험의 경우를 제외하고, 보험사고가 발생하기 전에는 보험계약자는 언제든지 보험계약의 전부를 해지할 수 있다.

③ 타인을 위한 보험계약의 경우 보험사고가 발생하기 전에는 그 타인의 동의를 얻으면 그 계약을 해지할 수 있다.

④ 보험금액이 지급된 때에도 보험금액이 감액되지 아니하는 보험의 경우에는 보험계약자는 그 사고 발생 후에도 보험계약을 해지할 수 있다.

> **TIP** 사고 발생전의 임의해지〈상법 제649조〉
> ① 보험사고가 발생하기 전에는 보험계약자는 언제든지 계약의 전부 또는 일부를 해지할 수 있다. 그러나 타인을 위한 보험계약의 경우에는 보험계약자는 그 타인의 동의를 얻지 아니하거나 보험증권을 소지하지 아니하면 그 계약을 해지하지 못한다.
> ② 보험사고의 발생으로 보험자가 보험금액을 지급한 때에도 보험금액이 감액되지 아니하는 보험의 경우에는 보험계약자는 그 사고 발생 후에도 보험계약을 해지할 수 있다.
> ③ ①의 경우에는 보험계약자는 당사자 간에 다른 약정이 없으면 미경과보험료의 반환을 청구할 수 있다.

8 상법상 보험사고의 발생에 따른 보험자의 책임에 관한 설명으로 옳은 것은?

① 보험수익자가 보험사고의 발생을 안 때에는 보험자에게 그 통지를 할 의무가 없다.

② 보험사고가 보험계약자의 고의로 인하여 생긴 때에는 보험자는 보험금액을 지급할 책임이 없다.

③ 보험자는 보험금액의 지급에 관하여 약정기간이 없는 경우 지급할 보험금액이 정하여진 날로부터 5일내에 지급하여야 한다.

④ 보험자의 책임은 당사자간에 다른 약정이 없으면 보험계약자가 보험계약의 체결을 청약한 때로부터 개시한다.

> **TIP** ② 「상법」 제682조(제3자에 대한 보험대위) 제2항
> ① 보험계약자 또는 피보험자나 보험수익자는 보험사고의 발생을 안 때에는 지체 없이 보험자에게 그 통지를 발송하여야 한다〈상법 제657조(보험사고발생의 통지의무) 제1항〉.
> ③ 보험자는 보험금액의 지급에 관하여 약정기간이 있는 경우에는 그 기간 내에 약정기간이 없는 경우에는 제657조 제1항의 통지를 받은 후 지체 없이 지급할 보험금액을 정하고 그 정하여진 날부터 10일 내에 피보험자 또는 보험수익자에게 보험금액을 지급하여야 한다〈상법 제658조(보험금액의 지급)〉.
> ④ 보험자의 책임은 당사자 간에 다른 약정이 없으면 최초의 보험료의 지급을 받은 때로부터 개시한다〈상법 제656조(보험료의 지급과 보험자의 책임개시)〉.

Answer 7.① 8.②

9 상법상 보험료의 지급 및 반환 등에 관한 설명으로 옳은 것은?

① 보험사고가 발생하기 전에 보험계약자가 계약을 해지한 경우 당사자 간에 약정을 한 경우에 한해 보험계약자는 미경과 보험료의 반환을 청구할 수 있다.

② 보험계약자가 계약체결 후 제1회 보험료를 지급하지 아니하는 경우 다른 약정이 없는 한 보험자가 계약성립 후 2월 이내에 그 계약을 해제하지 않으면 그 계약은 존속한다.

③ 계속보험료가 약정한 시기에 지급되지 아니한 때에는 보험자는 보험계약자에 대하여 최고 없이 그 계약을 해지할 수 있다.

④ 특정한 타인을 위한 보험의 경우에 보험계약자가 보험료의 지급을 지체한 때에는 보험자는 그 타인에게 상당한 기간을 정하여 보험료의 지급을 최고한 후가 아니면 그 계약을 해제 또는 해지하지 못한다.

> **TIP** ④ 「상법」 제650조(보험료의 지급과 지체의 효과) 제3항
> ① 제1항의 경우에는 보험계약자는 당사자 간에 다른 약정이 없으면 미경과 보험료의 반환을 청구할 수 있다〈상법 제649조(사고발생전의 임의 해지)〉.
> ② 보험계약자는 계약체결 후 지체 없이 보험의 전부 또는 제1회 보험료를 지급하여야 하며, 보험계약자가 이를 지급하지 아니하는 경우에는 다른 약정이 없는 한 계약성립 후 2월이 경과하면 그 계약은 해제된 것으로 본다〈상법 제650조(보험료의 지급과 지체의 효과) 제1항〉.
> ③ 계속보험료가 약정한 시기에 지급되지 아니한 때에는 보험자는 상당한 기간을 정하여 보험계약자에게 최고하고 그 기간 내에 지급되지 아니한 때에는 그 계약을 해지할 수 있다〈상법 제650조(보험료의 지급과 지체의 효과) 제2항〉.

Answer 9.④

10 甲이 乙소유의 농장에 대해 乙의 허락 없이 乙을 피보험자로 하여 A보험회사와 화재보험계약을 체결한 경우, 그 법률관계에 관한 설명으로 옳지 않은 것은?

① 보험계약 체결시 A보험회사가 서면으로 질문한 사항은 중요한 사항으로 추정한다.

② 보험사고가 발생하기 전에는 甲은 언제든지 계약의 전부 또는 일부를 해지할 수 있다.

③ 甲이 乙의 위임이 없음을 A보험회사에게 고지하지 않은 때에는 乙이 그 보험계약이 체결된 사실을 알지 못하였다는 사유로 A보험회사에게 대항하지 못한다.

④ 보험계약 당시에 甲 또는 乙이 고의 또는 중대한 과실로 인하여 중요한 사항을 고지하지 아니하거나 부실의 고지를 한 때에는 A보험회사는 그 사실을 안 날로부터 1월내에, 계약을 체결한 날로부터 3년 내에 한하여 계약을 해지할 수 있다.

> **TIP** ② 보험사고가 발생하기 전에는 보험계약자는 언제든지 계약의 전부 또는 일부를 해지할 수 있다. 그러나 제639조(타인을 위한 보험)의 보험계약의 경우에는 보험계약자는 그 타인의 동의를 얻지 아니하거나 보험증권을 소지하지 아니하면 그 계약을 해지하지 못한다〈상법 제649조(사고발생전의 임의해지) 제1항〉
>
> ① 「상법」 제651조의2(서면에 의한 질문의 효력)
> ③ 「상법」 제639조(타인을 위한 보험) 제1항
> ④ 「상법」 제651조(고지의무위반으로 인한 계약해지)

Answer 10.②

출제예상문제

1 타인을 위한 보험에 대한 설명으로 옳지 않은 것은?

① 보험계약자는 위임을 받거나 위임을 받지 아니하고 특정 또는 불특정의 타인을 위하여 보험계약을 체결할 수 있다.

② 손해보험계약의 경우에 타인의 위임이 없는 때에는 보험계약자는 이를 보험자에게 고지하여야 한다.

③ 손해보험계약의 경우에 보험계약자가 그 타인에게 보험사고의 발생으로 생긴 손해의 배상을 한 때에는 보험계약자는 그 타인의 권리를 해하지 아니하는 범위안에서 보험자에게 보험금액의 지급을 청구할 수 있다.

④ 보험계약자가 파산선고를 받거나 보험료의 지급을 지체한 때에는 그 타인이 그 권리를 포기하지 아니하는 한 그 타인은 보험료를 지급할 의무가 없다.

> **TIP** 타인을 위한 보험〈상법 제639조〉
> ① 보험계약자는 위임을 받거나 위임을 받지 아니하고 특정 또는 불특정의 타인을 위하여 보험계약을 체결할 수 있다. 그러나 손해보험계약의 경우에 그 타인의 위임이 없는 때에는 보험계약자는 이를 보험자에게 고지하여야 하고, 그 고지가 없는 때에는 타인이 그 보험계약이 체결된 사실을 알지 못하였다는 사유로 보험자에게 대항하지 못한다.
> ② ①의 경우에는 그 타인은 당연히 그 계약의 이익을 받는다. 그러나 손해보험계약의 경우에 보험계약자가 그 타인에게 보험사고의 발생으로 생긴 손해의 배상을 한 때에는 보험계약자는 그 타인의 권리를 해하지 아니하는 범위안에서 보험자에게 보험금액의 지급을 청구할 수 있다.
> ③ ①의 경우에는 보험계약자는 보험자에 대하여 보험료를 지급할 의무가 있다. 그러나 보험계약자가 파산선고를 받거나 보험료의 지급을 지체한 때에는 그 타인이 그 권리를 포기하지 아니하는 한 그 타인도 보험료를 지급할 의무가 있다.

Answer 1.④

2 상법상 타인(이하 "甲"이라고 함)을 위한 보험계약에 관한 설명으로 옳은 것은?

① 보험계약자는 甲의 위임을 받거나 위임을 받지 아니하고 보험계약을 체결할 수 있다.

② 손해보험계약의 경우에 甲의 위임이 없는 때에는 보험계약자는 이를 보험자에게 고지하지 않아서 甲이 그 보험계약이 체결된 사실을 알지 못하였다는 사유로 보험자에게 대항할 수 있다.

③ 보험계약의 경우에는 보험계약자는 甲의 동의를 얻지 아니하거나 보험증권을 소지하지 아니해도 계약을 해지할 수 있다.

④ 특정한 甲을 위한 보험의 경우에 보험계약자가 보험료의 지급을 지체한 때에는 보험자는 그 즉시 계약을 해제할 수 있다.

> **TIP** ①② 보험계약자는 위임을 받거나 위임을 받지 아니하고 특정 또는 불특정의 타인을 위하여 보험계약을 체결할 수 있다. 그러나 손해보험계약의 경우에 그 타인의 위임이 없는 때에는 보험계약자는 이를 보험자에게 고지하여야 하고, 그 고지가 없는 때에는 타인이 그 보험계약이 체결된 사실을 알지 못하였다는 사유로 보험자에게 대항하지 못한다〈상법 제639조(타인을 위한 보험) 제1항〉.
> ③ 보험계약의 경우에는 보험계약자는 그 타인의 동의를 얻지 아니하거나 보험증권을 소지하지 아니하면 그 계약을 해지하지 못한다〈상법 제649조(사고발생전의 임의해지) 제1항〉.
> ④ 특정한 타인을 위한 보험의 경우에 보험계약자가 보험료의 지급을 지체한 때에는 보험자는 그 타인에게도 상당한 기간을 정하여 보험료의 지급을 최고한 후가 아니면 그 계약을 해제 또는 해지하지 못한다〈상법 제650조(보험료의 지급과 지체의 효과) 제3항〉.

3 상법상 보험증권에 대한 설명으로 옳지 않은 것은?

① 보험자는 보험계약이 성립한 때에는 지체 없이 보험증권을 작성하여 보험계약자에게 교부하여야 한다.

② 보험계약자가 보험료의 전부 또는 최초의 보험료를 지급하지 아니한 때에는 보험계약에게 보험증권을 교부하지 않아도 된다.

③ 보험계약의 당사자는 보험증권의 교부가 있은 날로부터 3월 내에 한하여 그 증권내용의 정부에 관한 이의를 할 수 있음을 약정할 수 있다.

④ 보험증권의 멸실 또는 현저하게 훼손한 때에는 보험계약자는 보험자에 대하여 증권의 재교부를 청구할 수 있다.

> **TIP** ③ 보험계약의 당사자는 보험증권의 교부가 있은 날로부터 일정한 기간 내에 한하여 그 증권내용의 정부에 관한 이의를 할 수 있음을 약정할 수 있다. 이 기간은 1월을 내리지 못한다〈상법 제641조(증권에 관한 이의약관의 효력)〉.
> ①② 「상법」 제640조(보험증권의 교부) 제1항
> ④ 「상법」 제642조(증권의 재교부청구)

Answer 2.① 3.③

4 다음에 대한 설명으로 옳은 것은?

① 보험계약 당시에 보험사고가 이미 발생한 것인가를 당사자 쌍방과 피보험자가 이를 알지 못한 때에는 그 계약은 무효로 한다.

② 대리인에 의하여 보험계약을 체결한 경우에 대리인이 안 사유는 그 본인이 안 것과 동일한 것으로 하지 않는다.

③ 보험증권을 멸실 또는 현저하게 훼손한 때에는 보험계약자는 보험자에 대하여 증권의 재교부를 청구할 수 있다.

④ 보험계약은 그 계약 후에 어느 시기를 보험기간의 시기로 반드시 해야만 한다.

> **TIP** ③「상법」제642조(증권의 재교부청구)
> ① 보험계약 당시에 보험사고가 이미 발생하였거나 또는 발생할 수 없는 것인 때에는 그 계약은 무효로 한다. 그러나 당사자 쌍방과 피보험자가 이를 알지 못한 때에는 그러하지 아니하다〈상법 제644조(보험사고의 객관적 확정의 효과)〉.
> ② 대리인에 의하여 보험계약을 체결한 경우에 대리인이 안 사유는 그 본인이 안 것과 동일한 것으로 한다〈상법 제646조(대리인이 안 것의 효과)〉.
> ④ 보험계약은 그 계약 전의 어느 시기를 보험기간의 시기로 할 수 있다〈상법 제643조(소급보험)〉.

5 보험계약이 무효로 될 수 있는 경우에 해당하는 것은?

① 보험증권이 멸실 또는 현저하게 훼손되어 있어 보험계약자가 내용을 알 수 없는 경우

② 대리인에 의해 보험계약을 체결한 경우

③ 보험계약의 청약과 함께 보험료 상당액의 일부의 지급을 받고 다른 약정 없이 15일이 지난 경우

④ 보험계약 당시 보험사고가 이미 발생하였을 경우

> **TIP** 보험계약 당시에 보험사고가 이미 발생하였거나 또는 발생할 수 없는 것인 때에는 그 계약은 무효로 한다. 그러나 당사자 쌍방과 피보험자가 이를 알지 못한 때에는 그러하지 아니하다〈상법 제644조(보험사고의 객관적 확정의 효과)〉.

Answer 4.③ 5.④

6 보험대리상의 권한으로 볼 수 없는 것은?

① 보험계약자로부터 보험료의 감액을 청구할 수 있는 권한

② 보험자가 작성한 보험증권을 보험계약자에게 교부할 수 있는 권한

③ 보험계약자로부터 보험계약 통지에 관한 의사표시를 수령할 수 있는 권한

④ 보험계약자에게 보험계약의 변경에 관한 의사표시를 할 수 있는 권한

> **TIP** 보험대리상 등의 권한〈상법 제646조의2 제1항〉… 보험대리상은 다음 각 호의 권한이 있다.
> 1. 보험계약자로부터 보험료를 수령할 수 있는 권한
> 2. 보험자가 작성한 보험증권을 보험계약자에게 교부할 수 있는 권한
> 3. 보험계약자로부터 청약, 고지, 통지, 해지, 취소 등 보험계약에 관한 의사표시를 수령할 수 있는 권한
> 4. 보험계약자에게 보험계약의 체결, 변경, 해지 등 보험계약에 관한 의사표시를 할 수 있는 권한

7 제646조의2(보험대리상 등의 권한)에 대한 설명으로 옳지 않은 것은?

① 보험대리상은 보험계약자에게 보험계약의 체결에 관한 의사표시를 할 수 있는 권한이 있다.

② 보험자는 보험대리상의 권한 제한을 이유로 선의의 보험계약자에게 대항하지 못한다.

③ 보험자는 보험대리상의 권한 중 일부를 제한할 수 있다.

④ 보험대리상이 아니면서 특정한 보험자를 위하여 계속적으로 보험계약의 체결을 중개하는 자는 보험계약자로부터 보험계약의 해지에 관한 의사표시를 수령할 수 있는 권한이 있다.

> **TIP** 보험대리상 등의 권한〈상법 제646조의2〉
> ① 보험대리상은 다음의 권한이 있다.
> 1. 보험계약자로부터 보험료를 수령할 수 있는 권한
> 2. 보험자가 작성한 보험증권을 보험계약자에게 교부할 수 있는 권한
> 3. 보험계약자로부터 청약, 고지, 통지, 해지, 취소 등 보험계약에 관한 의사표시를 수령할 수 있는 권한
> 4. 보험계약자에게 보험계약의 체결, 변경, 해지 등 보험계약에 관한 의사표시를 할 수 있는 권한
> ② ①에도 불구하고 보험자는 보험대리상의 ① 각 호의 권한 중 일부를 제한할 수 있다. 다만, 보험자는 그러한 권한 제한을 이유로 선의의 보험계약자에게 대항하지 못한다.
> ③ 보험대리상이 아니면서 특정한 보험자를 위하여 계속적으로 보험계약의 체결을 중개하는 자는 보험계약자로부터 보험료를 수령할 수 있는 권한(보험자가 작성한 영수증을 보험계약자에게 교부하는 경우만 해당) 및 보험자가 작성한 보험증권을 보험계약자에게 교부할 수 있는 권한이 있다.
> ④ 피보험자나 보험수익자가 보험료를 지급하거나 보험계약에 관한 의사표시를 할 의무가 있는 경우에는 ①부터 ③까지의 규정을 그 피보험자나 보험수익자에게도 적용한다.

Answer 6.① 7.④

8 보험료의 감액청구가 가능한 경우에 해당하는 것은?

① 보험계약의 전부 또는 일부가 무효인 경우 보험계약자와 피보험자가 선의이며 중대한 과실이 없는 경우

② 보험사고의 발생으로 보험자가 보험금액을 지급한 경우

③ 보험계약의 당사자가 특별 위험을 예기하여 보험료의 액을 정한 경우 보험기간 중 그 예기한 위험이 소멸한 경우

④ 보험대리상이 보험자에게 보험계약의 체결을 중계한 경우

> **TIP** 보험계약의 당사자가 특별한 위험을 예기하여 보험료의 액을 정한 경우에 보험기간 중 그 예기한 위험이 소멸한 때에는 보험계약자는 그 후의 보험료의 감액을 청구할 수 있다〈상법 제647조(특별위험의 소멸로 인한 보험료의 감액청구)〉.

9 다음의 (   ) 안에 들어갈 알맞은 것은?

> 보험계약의 당사자가 특별한 위험을 예기하여 보험료의 액을 정한 경우에 보험기간 중 그 예기한 위험이 소멸한 때에는 보험계약자는 그 후의 보험료의 (   )을/를 청구할 수 있다.

① 증액   ② 감액
③ 계약해지   ④ 반환

> **TIP** 보험계약의 당사자가 특별한 위험을 예기하여 보험료의 액을 정한 경우에 보험기간중 그 예기한 위험이 소멸한 때에는 보험계약자는 그 후의 보험료의 <u>감액</u>을 청구할 수 있다〈상법 제647조(특별위험의 소멸로 인한 보험료의 감액청구)〉.

10 다음 설명 중 옳지 않은 것은?

① 보험계약의 전부 또는 일부가 무효인 경우에 보험계약자와 피보험자가 선의이며 중대한 과실이 없는 때에는 보험자에 대하여 보험료의 전부 또는 일부의 반환을 청구할 수 있다.

② 보험사고가 발생하기 전에는 보험계약자는 언제든지 계약의 전부 또는 일부를 해지할 수 없다.

③ 보험사고의 발생으로 보험자가 보험금액을 지급한 때에도 보험금액이 감액되지 아니하는 보험의 경우에는 보험계약자는 그 사고발생 후에도 보험계약을 해지할 수 있다.

④ 보험계약자는 당사자 간에 다른 약정이 없으면 미경과보험료의 반환을 청구할 수 있다.

Answer 8.③ 9.② 10.②

11 임의해지에 관한 설명으로 옳지 않은 것은?

① 보험사고가 발생하기 전에는 보험계약자는 언제든지 계약의 전부 또는 일부를 해지할 수 있다.

② 타인을 위한 보험계약의 경우에는 보험계약자는 그 타인의 동의를 얻지 아니하거나 보험증권을 소지하지 아니하면 그 계약을 해지하지 못한다.

③ 보험사고의 발생으로 보험자가 보험금액을 지급한 때에도 보험금액이 감액되지 아니하는 보험의 경우에는 보험계약자는 그 사고 발생 후에도 보험계약을 해지할 수 없다.

④ 보험사고 발생 전에는 보험계약자는 당사자간에 다른 약정이 없으면 미경과 보험료의 반환을 청구할 수 있다.

TIP 사고발생전의 임의해지〈상법 제649조〉
① 보험사고가 발생하기 전에는 보험계약자는 언제든지 계약의 전부 또는 일부를 해지할 수 있다. 그러나 제639조의 보험계약의 경우에는 보험계약자는 그 타인의 동의를 얻지 아니하거나 보험증권을 소지하지 아니하면 그 계약을 해지하지 못한다.
② 보험사고의 발생으로 보험자가 보험금액을 지급한 때에도 보험금액이 감액되지 아니하는 보험의 경우에는 보험계약자는 그 사고발생 후에도 보험계약을 해지할 수 있다.
③ ①의 경우에는 보험계약자는 당사자 간에 다른 약정이 없으면 미경과 보험료의 반환을 청구할 수 있다.

12 다음의 (   ) 안에 들어갈 알맞은 것은?

> 보험계약자가 제1회 보험료를 지급하지 아니하는 경우에는 다른 약정이 없는 한 계약성립 후 (   )이 경과하면 그 계약은 해제된 것으로 본다.

① 1월   ② 2월

③ 3월   ④ 6월

TIP 보험계약자는 계약체결 후 지체 없이 보험료의 전부 또는 제1회 보험료를 지급하여야 하며, 보험계약자가 이를 지급하지 아니하는 경우에는 다른 약정이 없는 한 계약성립 후 2월이 경과하면 그 계약은 해제된 것으로 본다〈상법 제650조(보험료 지급과 지체의 효과) 제1항〉.

Answer 11.③   12.②

13 보험료의 지급과 지체에 대한 설명으로 옳지 않은 것은?

① 보험계약자는 계약 체결 후 지체 없이 보험료의 전부를 지급하여야 한다.

② 보험계약자는 계약 체결 후 지체 없이 제1회 보험료를 지급하여야 한다.

③ 계속보험료가 약정한 시기에 지급되지 아니한 때에는 보험자는 상당한 기간을 정하여 보험계약자에게 최고하고 그 기간내에 지급되지 아니한 때에는 그 계약을 해지할 수 있다.

④ 특정한 타인을 위한 보험의 경우에 보험계약자가 보험료의 지급을 지체한 때에는 보험자는 그 타인에게는 보험료의 지급을 최고하지 아니하고 그 계약을 해지할 수 있다.

> **TIP** 보험료의 지급과 지체의 효과〈상법 제650조〉
> ① 보험계약자는 계약체결후 지체없이 보험료의 전부 또는 제1회 보험료를 지급하여야 하며, 보험계약자가 이를 지급하지 아니하는 경우에는 다른 약정이 없는 한 계약성립후 2월이 경과하면 그 계약은 해제된 것으로 본다.
> ② 계속보험료가 약정한 시기에 지급되지 아니한 때에는 보험자는 상당한 기간을 정하여 보험계약자에게 최고하고 그 기간내에 지급되지 아니한 때에는 그 계약을 해지할 수 있다.
> ③ 특정한 타인을 위한 보험의 경우에 보험계약자가 보험료의 지급을 지체한 때에는 보험자는 그 타인에게도 상당한 기간을 정하여 보험료의 지급을 최고한 후가 아니면 그 계약을 해제 또는 해지하지 못한다.

14 보험계약의 부활에 대한 다음 설명 중 옳은 것은?

① 보험계약이 해지되고 보험계약자는 그 계약의 부활을 청구할 수 없다.

② 보험계약이 해지되고 해지환급금이 지급되지 아니한 경우에 보험계약자는 계약의 부활을 청구할 수 있다.

③ 보험계약자는 해지환급금을 보험자에게 지급하고 보험계약의 부활을 청구할 수 있다.

④ 보험계약이 해지된 경우에 보험자는 일정한 기간내에 연체보험료에 약정이자를 붙여 보험계약자에게 지급하고 그 계약의 부활을 청구할 수 있다.

> **TIP** 보험계약이 해지되고 해지환급금이 지급되지 아니한 경우에 보험계약자는 일정한 기간 내에 연체보험료에 약정이자를 붙여 보험자에게 지급하고 그 계약의 부활을 청구할 수 있다〈상법 제650조의2(보험계약의 부활)〉.

Answer 13.④ 14.②

15 고지의무(告知義務)에 대한 설명으로 옳지 않은 것은?

① 고지의무 위반과 보험사고 발생 사이에 인과관계가 없는 경우 상법에 의해 보험금액 지급책임을 지게 되더라도 그것과 별개로 고지의무 위반을 이유로 계약을 해지할 수 있다.

② 고지의무의 부담자는 보험계약자, 피보험자, 보험수익자이다.

③ 고지의무 위반과 보험사고 발생 사이에 인과관계를 조금이라도 엿볼 수 있는 여지가 있으면 인과관계를 인정할 수 있다는 것이 판례의 입장이다.

④ 고지의무 위반이 민법상 사기에 의한 의사표시의 취소 요건을 충족하는 경우 사기에 의한 취소를 인정한다는 것이 판례의 입장이다.

> **TIP** 상법 제655조는 고지의무위반 등으로 계약을 해지한 때에 보험금액청구에 관한 규정이므로, 그 본문뿐만 아니라 단서도 보험금액청구권의 존부에 관한 규정으로 해석함이 상당한 점, 보험계약자 또는 피보험자가 보험계약 당시에 고의 또는 중대한 과실로 중요한 사항을 불고지·부실고지하면 이로써 고지의무위반의 요건은 충족되는 반면, 고지의무에 위반한 사실과 보험사고 발생 사이의 인과관계는 '보험사고 발생 시'에 비로소 결정되는 것이므로, 보험자는 고지의무에 위반한 사실과 보험사고 발생 사이의 인과관계가 인정되지 않아 상법 제655조 단서에 의하여 보험금액 지급책임을 지게 되더라도 그것과 별개로 상법 제651조에 의하여 고지의무위반을 이유로 계약을 해지할 수 있다고 해석함이 상당한 점, 고지의무에 위반한 사실과 보험사고 발생 사이의 인과관계가 인정되지 않는다고 하여 상법 제651조에 의한 계약해지를 허용하지 않는다면, 보험사고가 발생하기 전에는 상법 제651조에 따라 고지의무위반을 이유로 계약을 해지할 수 있는 반면, 보험사고가 발생한 후에는 사후적으로 인과관계가 없음을 이유로 보험금액을 지급한 후에도 보험계약을 해지할 수 없고 인과관계가 인정되지 않는 한 계속하여 보험금액을 지급하여야 하는 불합리한 결과가 발생하는 점, 고지의무에 위반한 보험계약은 고지의무에 위반한 사실과 보험사고 발생 사이의 인과관계를 불문하고 보험자가 해지할 수 있다고 해석하는 것이 보험계약의 선의성 및 단체성에서 부합하는 점 등을 종합하여 보면, 보험자는 고지의무를 위반한 사실과 보험사고의 발생 사이의 인과관계를 불문하고 상법 제651조에 의하여 고지의무위반을 이유로 계약을 해지할 수 있다. 그러나 보험금액청구권에 관해서는 보험사고 발생 후에 고지의무위반을 이유로 보험계약을 해지한 때에는 고지의무에 위반한 사실과 보험사고 발생 사이의 인과관계에 따라 보험금액 지급책임이 달라지고, 그 범위 내에서 계약해지의 효력이 제한될 수 있다고 판시하였다〈대법원 2010. 7. 22. 선고 2010다25353〉.

16 다음은 고지의무 위반으로 인한 계약의 해지에 대한 내용이다. (   ) 안에 들어갈 알맞은 것끼리 바르게 짝지어진 것은?

> 보험계약 당시에 보험계약자 또는 피보험자가 고의 또는 중대한 과실로 인하여 중요한 사항을 고지하지 아니하거나 부실의 고지를 한 때에는 보험자는 그 사실을 안 날로부터 (㉠   )월 내에, 계약을 체결한 날로부터 (㉡   )년 내에 한하여 계약을 해지할 수 있다.

	㉠	㉡
①	1	1
②	1	3
③	2	3
④	3	1

> **TIP** 보험계약 당시에 보험계약자 또는 피보험자가 고의 또는 중대한 과실로 인하여 중요한 사항을 고지하지 아니하거나 부실의 고지를 한 때에는 보험자는 그 사실을 안 날로부터 ㉠1월 내에, 계약을 체결한 날로부터 ㉡3년 내에 한하여 계약을 해지할 수 있다. 그러나 보험자가 계약 당시에 그 사실을 알았거나 중대한 과실로 인하여 알지 못한 때에는 그러하지 아니하다〈상법 제651조(고지의무위반으로 인한 계약해지)〉.

17 상법상 제651조의2(서면에 의한 질문의 효력)의 (   ) 안에 들어갈 알맞은 것은?

> (   )가 서면으로 질문한 사항은 중요한 사항으로 추정한다.

① 보험계약자
② 보험수익자
③ 이해관계자
④ 보험자

> **TIP** 보험자가 서면으로 질문한 사항은 중요한 사항으로 추정한다〈상법 제651조의2(서면에 의한 질문의 효력)〉.

Answer 16.② 17.④

18 보험계약 해지에 관련된 설명으로 옳은 것은?

① 보험계약 당시에 피보험자가 고의로 인하여 부실의 고지를 한 때에는 보험자는 그 사실을 안 날로부터 3년내에 계약을 해지할 수 있다.

② 보험자가 파산의 선고를 받은 때에는 보험계약자는 계약을 해지할 수 없다.

③ 보험기간 중에 피보험자가 사고발생의 위험이 현저하게 변경된 사실을 안 때에는 지체 없이 보험자에게 통지하여야 한다.

④ 보험사고가 발생한 후라도 보험자가 보험계약자가 보험료의 지급을 지체하여 계약을 해지하였을 때에는 보험금을 지급할 책임이 있다.

> **TIP** ③ 「상법」 제652조(위험변경증가의 통지와 계약해지) 제1항
> ① 보험계약 당시에 보험계약자 또는 피보험자가 고의 또는 중대한 과실로 인하여 중요한 사항을 고지하지 아니하거나 부실의 고지를 한 때에는 보험자는 그 사실을 안 날로부터 1월내에, 계약을 체결한 날로부터 3년내에 한하여 계약을 해지할 수 있다. 그러나 보험자가 계약당시에 그 사실을 알았거나 중대한 과실로 인하여 알지 못한 때에는 그러하지 아니하다〈상법 제651조(고지의무위반으로 인한 계약해지)〉.
> ② 보험자가 파산의 선고를 받은 때에는 보험계약자는 계약을 해지할 수 있다〈상법 제654조(보험자의 파산선고와 계약해지)〉.
> ④ 보험사고가 발생한 후라도 보험자가 제650조, 제651조, 제652조 및 제653조에 따라 계약을 해지하였을 때에는 보험금을 지급할 책임이 없고 이미 지급한 보험금의 반환을 청구할 수 있다〈상법 제655조(계약해지와 보험금청구권)〉.

19 다음은 ( ) 안에 들어갈 알맞은 것은?

> 보험기간 중에 보험계약자, 피보험자 또는 보험수익자의 고의 또는 중대한 과실로 인하여 사고발생의 위험이 현저하게 변경 또는 증가된 때에는 보험자는 그 사실을 안 날부터 ( )월내에 보험료의 증액을 청구하거나 계약을 해지할 수 있다

① 12   ② 6

③ 3   ④ 1

> **TIP** 보험기간 중에 보험계약자, 피보험자 또는 보험수익자의 고의 또는 중대한 과실로 인하여 사고발생의 위험이 현저하게 변경 또는 는 증가된 때에는 보험자는 그 사실을 안 날부터 1월내에 보험료의 증액을 청구하거나 계약을 해지할 수 있다〈상법 제653조(보험계약자 등의 고의나 중과실로 인한 위험증가와 계약해지)〉.

Answer 18.③ 19.④

20 상법상 보험사고 발생한 후에라도 보험자의 보험금 지급의 책임에 대한 설명으로 옳은 것은?

① 보험계약자의 보험료의 지급과 지체로 계약을 해지하였을 때에는 보험금을 지급할 책임이 있다.

② 보험계약 당시에 보험계약자 또는 피보험자가 고의 또는 중대한 과실로 인하여 중요한 사항을 고지하지 아니함에 따라 계약을 해지하였을 때에는 보험금을 지급할 책임이 있다.

③ 고지의무(告知義務)를 위반한 사실이 현저하게 변경되거나 증가된 사실이 보험사고 발생에 영향을 미치지 아니하였음이 증명된 경우에는 보험금을 지급할 책임이 있다.

④ 보험기간 중에 보험계약자 또는 피보험자가 사고발생의 위험이 현저하게 변경 또는 증가된 사실을 안 때에는 지체없이 보험자에게 통지하지 않아 계약을 해지하였을 때에는 보험금을 지급할 책임이 있다.

> **TIP** 보험사고가 발생한 후라도 보험자가 제650조, 제651조, 제652조 및 제653조에 따라 계약을 해지하였을 때에는 보험금을 지급할 책임이 없고 이미 지급한 보험금의 반환을 청구할 수 있다. 다만, 고지의무(告知義務)를 위반한 사실 또는 위험이 현저하게 변경되거나 증가된 사실이 보험사고 발생에 영향을 미치지 아니하였음이 증명된 경우에는 보험금을 지급할 책임이 있다〈상법 제655조(계약해지와 보험금청구권)〉.

21 보험자의 책임개시 시기는 언제인가?

① 보험자가 최초로 보험료의 지급을 받은 날
② 보험자가 최초로 보험증권을 전달한 날
③ 보험자가 최초로 계약체결을 한 날
④ 보험자가 최초로 보험사고 발생을 안 날

> **TIP** 보험자의 책임은 당사자 간에 다른 약정이 없으면 최초의 보험료의 지급을 받은 때로부터 개시한다〈상법 제656조(보험료의 지급과 보험자의 책임개시)〉.

Answer 20.③ 21.①

22 다음 (   )에 들어가는 내용으로 옳은 것은?

> 보험자는 보험금액의 지급에 관하여 약정기간이 있는 경우에는 그 기간 내에 약정기간이 없는 경우에는 제657조 제1항의 통지를 받은 후 지체 없이 지급할 보험금액을 정하고 그 정하여진 날부터 (   ) 내에 피보험자 또는 보험수익자에게 보험금액을 지급하여야 한다.

① 2월

② 1월

③ 10일

④ 5일

TIP 보험자는 보험금액의 지급에 관하여 약정기간이 있는 경우에는 그 기간 내에 약정기간이 없는 경우에는 제657조 제1항의 통지를 받은 후 지체 없이 지급할 보험금액을 정하고 그 정하여진 날부터 <u>10일</u> 내에 피보험자 또는 보험수익자에게 보험금액을 지급하여야 한다〈상법 제658조(보험금액의 지급)〉.

23 다음은 상법에 명시된 보험에 관련된 내용으로 옳지 않은 것은?

① 보험자가 서면으로 질문한 사항은 중요한 사항으로 추정한다.

② 보험자가 위험변경증가의 통지를 받은 때에는 1월내에 보험료의 증액을 청구할 수 있다.

③ 보험사고가 보험계약자 또는 피보험자나 보험수익자의 고의 또는 중대한 과실로 인하여 생긴 때에는 보험자는 보험금액을 지급할 책임이 없다.

④ 보험자가 파산의 선고를 받은 때에는 보험계약자는 계약을 해지하지 아니한 경우 파산선고 후 5월을 경과한 때에는 그 효력을 잃는다.

TIP ④ 보험자가 파산의 선고를 받은 때에는 보험계약자는 계약을 해지할 수 있다. 이에 따라 해지하니 아니한 보험계약은 파산선고 후 3월을 경과한 때에는 그 효력을 잃는다〈상법 제654조(보험자의 파산선고와 계약해지)〉.
① 「상법」 제651조의2(서면에 의한 질문의 효력)
② 「상법」 제652조(위험변경증가의 통지와 계약해지) 제2항
③ 「상법」 제659조(보험자의 면책사유)

Answer 22.③ 23.④

24 다음 ( )에 들어가는 내용으로 옳은 것은?

> 보험료청구권은 (㉠)간, 보험료 또는 적립금의 반환청구권은 (㉡)간, 보험금청구권은 (㉢)간 행사하지 아니하면 시효의 완성으로 소멸한다.

	㉠	㉡	㉢
①	3년	3년	2년
②	3년	2년	3년
③	2년	2년	3년
④	2년	3년	3년

TIP 보험금청구권은 ㉢3년간, 보험료 또는 적립금의 반환청구권은 ㉡3년간, 보험료청구권은 ㉠2년 간 행사하지 아니하면 시효의 완성으로 소멸한다〈상법 제662조(소멸시효)〉.

25 다음 ( )에 들어가는 내용으로 옳은 것은?

> 이 편의 규정은 당사자 간의 (㉠)으로 보험계약자 또는 피보험자나 (㉡)의 불이익으로 변경하지 못한다. 그러나 (㉢) 및 해상보험 기타 이와 유사한 보험의 경우에는 그러하지 아니하다.

	㉠	㉡	㉢
①	계약	보험자	재보험
②	특약	보험수익자	재보험
③	보험계약	보험수익자	화재보험
④	원보험계약	보험자	화재보험

TIP 이 편의 규정은 당사자 간의 ㉠특약으로 보험계약자 또는 피보험자나 ㉡보험수익자의 불이익으로 변경하지 못한다. 그러나 ㉢재보험 및 해상보험 기타 이와 유사한 보험의 경우에는 그러하지 아니하다〈상법 제663조(보험계약자 등의 불이익변경금지)〉.

Answer 24.④ 25.②

03 손해보험 · 화재보험

① 통칙

제2조의2(기본계획 및 시행계획의 수립 · 시행)

손해보험계약의 보험자는 보험사고로 인하여 생길 피보험자의 재산상의 손해를 보상할 책임이 있다.

제666조(손해보험증권)

손해보험증권에는 다음의 사항을 기재하고 보험자가 기명날인 또는 서명하여야 한다.

1. 보험의 목적
2. 보험사고의 성질
3. 보험금액
4. 보험료와 그 지급방법
5. 보험기간을 정한 때에는 그 시기와 종기
6. 무효와 실권의 사유
7. 보험계약자의 주소와 성명 또는 상호

7의2. 피보험자의 주소, 성명 또는 상호

8. 보험계약의 연월일
9. 보험증권의 작성지와 그 작성년월일

제667조(상실이익 등의 불산입)

보험사고로 인하여 상실된 피보험자가 얻을 이익이나 보수는 당사자간에 다른 약정이 없으면 보험자가 보상할 손해액에 산입하지 아니한다.

제668조(보험계약의 목적)

보험계약은 금전으로 산정할 수 있는 이익에 한하여 보험계약의 목적으로 할 수 있다.

제669조(초과보험)

① 보험금액이 보험계약의 목적의 가액을 현저하게 초과한 때에는 보험자 또는 보험계약자는 보험료와 보험금액의 감액을 청구할 수 있다. 그러나 보험료의 감액은 장래에 대하여서만 그 효력이 있다.

② 제1항의 가액은 계약당시의 가액에 의하여 정한다.

③ 보험가액이 보험기간 중에 현저하게 감소된 때에도 제1항과 같다.

④ 제1항의 경우에 계약이 보험계약자의 사기로 인하여 체결된 때에는 그 계약은 무효로 한다. 그러나 보험자는 그 사실을 안 때까지의 보험료를 청구할 수 있다.

제670조(기평가보험)

당사자간에 보험가액을 정한 때에는 그 가액은 사고발생시의 가액으로 정한 것으로 추정한다. 그러나 그 가액이 사고발생시의 가액을 현저하게 초과할 때에는 사고발생시의 가액을 보험가액으로 한다.

제671조(미평가보험)

당사자간에 보험가액을 정하지 아니한 때에는 사고발생시의 가액을 보험가액으로 한다.

제672조(중복보험)

① 동일한 보험계약의 목적과 동일한 사고에 관하여 수개의 보험계약이 동시에 또는 순차로 체결된 경우에 그 보험금액의 총액이 보험가액을 초과한 때에는 보험자는 각자의 보험금액의 한도에서 연대책임을 진다. 이 경우에는 각 보험자의 보상책임은 각자의 보험금액의 비율에 따른다.

② 동일한 보험계약의 목적과 동일한 사고에 관하여 수개의 보험계약을 체결하는 경우에는 보험계약자는 각 보험자에 대하여 각 보험계약의 내용을 통지하여야 한다.

③ 제669조 제4항의 규정은 제1항의 보험계약에 준용한다.

제673조(중복보험과 보험자 1인에 대한 권리포기)

제672조의 규정에 의한 수개의 보험계약을 체결한 경우에 보험자 1인에 대한 권리의 포기는 다른 보험자의 권리의무에 영향을 미치지 아니한다.

제674조(일부보험)

보험가액의 일부를 보험에 붙인 경우에는 보험자는 보험금액의 보험가액에 대한 비율에 따라 보상할 책임을 진다. 그러나 당사자 간에 다른 약정이 있는 때에는 보험자는 보험금액의 한도 내에서 그 손해를 보상할 책임을 진다.

제675조(사고발생 후의 목적멸실과 보상책임)

보험의 목적에 관하여 보험자가 부담할 손해가 생긴 경우에는 그 후 그 목적이 보험자가 부담하지 아니하는 보험사고의 발생으로 인하여 멸실된 때에도 보험자는 이미 생긴 손해를 보상할 책임을 면하지 못한다.

제676조(손해액의 산정기준)

① 보험자가 보상할 손해액은 그 손해가 발생한 때와 곳의 가액에 의하여 산정한다. 그러나 당사자간에 다른 약정이 있는 때에는 그 신품가액에 의하여 손해액을 산정할 수 있다.

② 제1항의 손해액의 산정에 관한 비용은 보험자의 부담으로 한다.

제677조(보험료체납과 보상액의 공제)

보험자가 손해를 보상할 경우에 보험료의 지급을 받지 아니한 잔액이 있으면 그 지급기일이 도래하지 아니한 때라도 보상할 금액에서 이를 공제할 수 있다.

제678조(보험자의 면책사유)

보험의 목적의 성질, 하자 또는 자연소모로 인한 손해는 보험자가 이를 보상할 책임이 없다.

제679조(보험목적의 양도)

① 피보험자가 보험의 목적을 양도한 때에는 양수인은 보험계약상의 권리와 의무를 승계한 것으로 추정한다.

② 제1항의 경우에 보험의 목적의 양도인 또는 양수인은 보험자에 대하여 지체없이 그 사실을 통지하여야 한다.

제680조(손해방지의무)

① 보험계약자와 피보험자는 손해의 방지와 경감을 위하여 노력하여야 한다. 그러나 이를 위하여 필요 또는 유익하였던 비용과 보상액이 보험금액을 초과한 경우라도 보험자가 이를 부담한다.

제681조(보험목적에 관한 보험대위)

보험의 목적의 전부가 멸실한 경우에 보험금액의 전부를 지급한 보험자는 그 목적에 대한 피보험자의 권리를 취득한다. 그러나 보험가액의 일부를 보험에 붙인 경우에는 보험자가 취득할 권리는 보험금액의 보험가액에 대한 비율에 따라 이를 정한다.

제682조(제3자에 대한 보험대위)

① 손해가 제3자의 행위로 인하여 발생한 경우에 보험금을 지급한 보험자는 그 지급한 금액의 한도에서 그 제3자에 대한 보험계약자 또는 피보험자의 권리를 취득한다. 다만, 보험자가 보상할 보험금의 일부를 지급한 경우에는 피보험자의 권리를 침해하지 아니하는 범위에서 그 권리를 행사할 수 있다.

② 보험계약자나 피보험자의 제1항에 따른 권리가 그와 생계를 같이 하는 가족에 대한 것인 경우 보험자는 그 권리를 취득하지 못한다. 다만, 손해가 그 가족의 고의로 인하여 발생한 경우에는 그러하지 아니하다.

② 화재보험

제683조(화재보험자의 책임)

화재보험계약의 보험자는 화재로 인하여 생길 손해를 보상할 책임이 있다.

제684조(소방 등의 조치로 인한 손해의 보상)

보험자는 화재의 소방 또는 손해의 감소에 필요한 조치로 인하여 생긴 손해를 보상할 책임이 있다.

제685조(화재보험증권)

화재보험증권에는 제666조에 게기한 사항외에 다음의 사항을 기재하여야 한다.

1. 건물을 보험의 목적으로 한 때에는 그 소재지, 구조와 용도

2. 동산을 보험의 목적으로 한 때에는 그 존치한 장소의 상태와 용도

3. 보험가액을 정한 때에는 그 가액

제686조(집합보험의 목적)

집합된 물건을 일괄하여 보험의 목적으로 한 때에는 피보험자의 가족과 사용인의 물건도 보험의 목적에 포함된 것으로 한다. 이 경우에는 그 보험은 그 가족 또는 사용인을 위하여서도 체결한 것으로 본다.

제687조(동전)

집합된 물건을 일괄하여 보험의 목적으로 한 때에는 그 목적에 속한 물건이 보험기간중에 수시로 교체된 경우에도 보험사고의 발생 시에 현존한 물건은 보험의 목적에 포함된 것으로 한다.

기출문제 분석

> 손해보험의 목적, 손해액 산정, 초과보험, 일부보험, 집합보험, 보험자 면책사유, 보험증권 기재사항, 보험대
> 위, 손해방지의무 빈번하게 출제되는 키워드들에 해당한다. 특히 매년 손해액 산정에 관한 질문은 나왔기 때문
> 에 해당 영역에 내용을 꼼꼼히 암기하는 것이 필요하다.

2015년
1 보험자의 손해보상의무에 관한 설명으로 옳지 않은 것은?

① 손해보험계약이 보험자는 보험사고로 인하여 생길 피보험자의 재산상의 손해를 보상할 책임이
   있다.
② 보험자의 보험금 지급의무는 2년의 단기시효로 소멸한다.
③ 화재보험계약의 목적을 건물의 소유권으로 한 경우 보험사고로 인하여 피보험자가 얻을 임대료
   수입은 특약이 없는 한 보험자가 보상할 손해액에 산입하지 않는다.
④ 신가보험은 손해보험의 이득금지원칙에도 불구하고 인정된다.

> **TIP** ① 「상법」 제665조(손해보험자의 책임)
> ③ 특약이 없다면 임대료는 손해액에 산입되지 않는다.
> ④ 신가보험(新價保險)은 손해나 피해가 발생했을 때 손상된 재산을 원래의 상태로 복구하거나 동일한 성능과 품질을 가진 새
> 로운 재산으로 대체하는 데 필요한 비용을 보상하는 보험이다.

2016년
2 소멸시효기간이 다른 하나는?

① 보험금 청구권
② 보험료 청구권
③ 보험료의 반환 청구권
④ 적립금의 반환 청구권

> **TIP** 보험금 청구권은 3년간, 보험료 또는 적립금의 반환 청구권은 3년간, 보험료 청구권은 2년간 행사하지 아니하면 시효의 완성으
> 로 소멸한다〈상법 제662조(소멸시효)〉.

Answer 1.② 2.②

3 화재보험증권에 기재하여야 할 사항으로 옳은 것을 모두 고른 것은?

> ㉠ 보험의 목적
> ㉡ 보험계약 체결 장소
> ㉢ 동산을 보험의 목적을 한 때에는 그 존치한 장소의 상태와 용도
> ㉣ 피보험자의 주소, 성명 또는 상호
> ㉤ 보험계약자의 주민등록번호

① ㉠㉡㉢

② ㉠㉢㉣

③ ㉡㉢㉤

④ ㉡㉣㉤

TIP 화재보험증권〈상법 제685조〉 … 화재보험증권에는 제666조에 게기한 사항 외에 다음의 사항을 기재하여야 한다.
1. 건물을 보험의 목적으로 한 때에는 그 소재지, 구조와 용도
2. 동산을 보험의 목적으로 한 때에는 그 존치한 장소의 상태와 용도
3. 보험가액을 정한 때에는 그 가액
※ 손해보험증권〈상법 제666조〉 … 손해보험증권에는 다음의 사항을 기재하고 보험자가 기명날인 또는 서명하여야 한다.
1. 보험의 목적
2. 보험사고의 성질
3. 보험금액
4. 보험료와 그 지급방법
5. 보험기간을 정한 때에는 그 시기와 종기
6. 무효와 실권의 사유
7. 보험계약자의 주소와 성명 또는 상호
7의2. 피보험자의 주소, 성명 또는 상호
8. 보험계약의 연월일
9. 보험증권의 작성지와 그 작성 연월일

Answer 3.②

4 기평가보험과 미평가보험에 관한 설명으로 옳지 않은 것은?

① 당사자 간에 보험계약 체결 시 보험가액을 미리 약정하는 보험은 기평가보험이다.

② 기평가보험에서 보험가액은 사고 발생 시의 가액으로 정한 것으로 추정한다. 그러나 그 가액이 사고 발생 시의 가액을 현저하게 초과할 때에는 사고 발생 시의 가액을 보험가액으로 한다.

③ 미평가보험이란 보험사고의 발생 이전에는 보험가액을 산정하지 않고, 그 이후에 산정하는 보험을 말한다.

④ 미평가보험은 보험계약 체결 당시의 가액을 보험가액으로 한다.

> **TIP** 당사자 간에 보험가액을 정하지 아니한 때에는 사고 발생 시의 가액을 보험가액으로 한다〈상법 제671조(미평가보험)〉.
>
> ※ 당사자 간에 보험가액을 정한 때에는 그 가액은 사고 발생 시의 가액으로 정한 것으로 추정한다. 그러나 그 가액이 사고 발생 시의 가액을 현저하게 초과할 때에는 사고발생 시의 가액을 보험가액으로 한다〈상법 제670조(기평가보험)〉.

5 중복보험에 관한 설명으로 옳은 것은?

① 동일한 보험계약의 목적과 동일한 사고에 관하여 수 개의 보험계약이 동시에 또는 순차로 체결된 경우에 그 보험금액의 총액이 보험가액을 현저히 초과한 경우에만 상법상 중복보험에 해당한다.

② 동일한 보험계약의 목적과 동일한 사고에 관하여 수 개의 보험계약을 체결하는 경우에는 보험계약자는 각 보험자에 대하여 각 보험계약의 내용을 통지하여야 한다.

③ 중복보험의 경우 보험자 1인에 대한 피보험자의 권리의 포기는 다른 보험자의 권리의무에 영향을 미친다.

④ 보험자는 보험가액의 한도에서 연대책임을 진다.

> **TIP** ② 「상법」 제672조(중복보험) 제2항
>
> ①④ 동일한 보험계약의 목적과 동일한 사고에 관하여 수 개의 보험계약이 동시에 또는 순차로 체결된 경우에 그 보험금액의 총액이 보험가액을 초과한 때에는 보험자는 각자의 보험금액의 한도에서 연대책임을 진다. 이 경우에는 각 보험자의 보상책임은 각자의 보험금액의 비율에 따른다〈상법 제672조(중복보험) 제1항〉.
>
> ③ 중복보험의 규정에 의한 수 개의 보험계약을 체결한 경우에 보험자 1인에 대한 권리의 포기는 다른 보험자의 권리의무에 영향을 미치지 아니한다〈상법 제673조(중복보험과 보험자 1인에 대한 권리포기)〉.

Answer 4.④ 5.②

6 손해액의 산정에 관한 설명으로 옳지 않은 것은?

① 보험자가 보상할 손해액은 그 손해가 발생한 때와 곳의 가액에 의하여 산정하는 것이 원칙이다.

② 손해액 산정에 관하여 당사자 간에 다른 약정이 있는 때에는 신품가액에 의하여 산정할 수 있다.

③ 특약이 없는 한 보험자가 보상할 손해액에는 보험사고로 인하여 상실된 피보험자가 얻을 이익이나 보수를 산입하지 않는다.

④ 손해액 산정에 필요한 비용은 보험자와 보험계약자가 공동으로 부담한다.

TIP 손해액의 산정기준〈상법 제676조〉
① 보험자가 보상할 손해액은 그 손해가 발생한 때와 곳의 가액에 의하여 산정한다. 그러나 당사자 간에 다른 약정이 있는 때에는 그 신품가액에 의하여 손해액을 산정할 수 있다.
② ①의 손해액의 산정에 관한 비용은 보험자의 부담으로 한다.

7 일부보험에 관한 설명으로 옳은 것은?

① 계약 체결의 시점에 의도적으로 보험가액보다 낮게 보험금액을 약정하는 것은 허용되지 않는다.

② 일부보험에 관한 상법의 규정은 강행규정이다.

③ 일부보험의 경우에는 잔존물 대위가 인정되지 않는다.

④ 일부보험에 있어서 일부손해가 발생하여 비례보상원칙을 적용하면 손해액은 보상액보다 크다.

TIP ① 보험가액 한도 내에서 보험금액이 책정된다.
② 일부보험에 관한 상법의 규정은 임의규정이다.
③ 보험의 목적의 전부가 멸실되면 잔존물 대위가 성립한다. 일부보험의 경우에 잔존물 대위가 인정된다.

Answer 6.④ 7.④

8 손해보험에서의 보험가액에 관한 설명으로 옳은 것은?

① 초과보험에 있어서 보험계약의 목적의 가액은 사고 발생 시의 가액에 의하여 정한다.

② 보험금액이 보험계약의 목적의 가액을 현저하게 초과한 때에는 보험계약자는 소급하여 보험료의 감액을 청구할 수 있다.

③ 보험가액이 보험계약 당시가 아닌 보험기간 중에 현저하게 감소된 때에는 보험자는 보험료와 보험금액의 감액을 청구할 수 없다.

④ 초과보험이 보험계약자의 사기로 인하여 체결된 때에는 그 계약은 무효이며 보험자는 그 사실을 안 때까지의 보험료를 청구할 수 있다.

TIP 초과보험〈상법 제669조〉
   ① 보험금액이 보험계약의 목적의 가액을 현저하게 초과한 때에는 보험자 또는 보험계약자는 보험료와 보험금액의 감액을 청구할 수 있다. 그러나 보험료의 감액은 장래에 대하여서만 그 효력이 있다.
   ② ①의 가액은 계약당시의 가액에 의하여 정한다.
   ③ 보험가액이 보험기간 중에 현저하게 감소된 때에도 ①과 같다.
   ④ ①의 경우에 계약이 보험계약자의 사기로 인하여 체결된 때에는 그 계약은 무효로 한다. 그러나 보험자는 그 사실을 안 때까지의 보험료를 청구할 수 있다.

9 상법상 초과보험에 관한 설명으로 옳은 것은?

① 보험자 또는 보험계약자는 보험료와 보험금액의 감액을 청구할 수 있다.

② 보험계약자가 청구한 보험료의 감액은 계약체결일부터 소급하여 그 효력이 있다.

③ 보험가액이 보험기간 중에 현저하게 감소된 때에도 보험계약자는 보험료의 감액을 청구할 수 없다.

④ 보험계약자의 사기로 인하여 체결된 초과보험의 경우 보험자는 그 계약을 체결한 날부터 1월 내에 계약을 해지할 수 있다.

TIP ①② 보험금액이 보험계약의 목적의 가액을 현저하게 초과한 때에는 보험자 또는 보험계약자는 보험료와 보험금액의 감액을 청구할 수 있다. 그러나 보험료의 감액은 장래에 대하여서만 그 효력이 있다〈상법 제669조(초과보험) 제1항〉.
   ③ 보험가액이 보험기간 중에 현저하게 감소된 때에도 제1항과 같다〈상법 제669조(초과보험) 제3항〉.
   ④ 제1항의 경우에 계약이 보험계약자의 사기로 인하여 체결된 때에는 그 계약은 무효로 한다. 그러나 보험자는 그 사실을 안 때까지의 보험료를 청구할 수 있다〈상법 제669조(초과보험) 제4항〉.

Answer 8.④ 9.①

10 보험목적에 관한 보험대위(잔존물대위)의 설명으로 옳지 않은 것은?

① 보험의 목적의 전부가 멸실한 경우에 보험대위가 인정된다.

② 피보험자가 보험자로부터 보험금액의 전부를 지급받은 후에는 잔존물을 임의로 처분할 수 없다.

③ 일부보험의 경우에는 잔존물대위가 인정되지 않는다.

④ 보험자가 보험금액의 전부를 지급한 때 잔존물에 대한 권리는 물권변동절차 없이 보험자에게 이전된다.

> **TIP** ④ 손해가 제3자의 행위로 인하여 발생한 경우에 보험금을 지급한 보험자는 그 지급한 금액의 한도에서 그 제3자에 대한 보험계약자 또는 피보험자의 권리를 취득한다. 다만, 보험자가 보상할 보험금의 일부를 지급한 경우에는 피보험자의 권리를 침해하지 아니하는 범위에서 그 권리를 행사할 수 있다〈상법 제682조(제3자에 대한 보험대위) 제1항〉.
>
> ※ **보험목적에 관한 보험대위**〈상법 제681조〉 … 보험의 목적의 전부가 멸실한 경우에 보험금액의 전부를 지급한 보험자는 그 목적에 대한 피보험자의 권리를 취득한다. 그러나 보험가액의 일부를 보험에 붙인 경우에는 보험자가 취득할 권리는 보험금액의 보험가액에 대한 비율에 따라 이를 정한다.

Answer 10.③

출제예상문제

1 다음 상법 제665조(손해보험자의 책임) 조항에서 (　)에 들어가는 내용으로 옳은 것은?

> 손해보험계약의 보험자는 보험사고로 인하여 생길 피보험자의 (　)상의 손해를 보상할 책임이 있다.

① 상식이익　　　　　　　　　　② 사고

③ 보험계약　　　　　　　　　　④ 재산

> **TIP** 손해보험계약의 보험자는 보험사고로 인하여 생길 피보험자의 <u>재산</u>상의 손해를 보상할 책임이 있다〈상법 제665조(손해보험자의 책임)〉.

빈출유형

2 다음 중 손해보험증권에 기재해야 하는 사항이 아닌 것은?

① 보험의 목적　　　　　　　　　② 보험금액

③ 보험기간을 정한 때에는 그 시기　　④ 보험가액을 정한 때에는 그 가액

> **TIP** 손해보험증권〈상법 제666조〉… 손해보험증권에는 다음의 사항을 기재하고 보험자가 기명날인 또는 서명하여야 한다.
> 1. 보험의 목적
> 2. 보험사고의 성질
> 3. 보험금액
> 4. 보험료와 그 지급방법
> 5. 보험기간을 정한 때에는 그 시기와 종기
> 6. 무효와 실권의 사유
> 7. 보험계약자의 주소와 성명 또는 상호
> 7의2. 피보험자의 주소, 성명 또는 상호
> 8. 보험계약의 연월일
> 9. 보험증권의 작성지와 그 작성 연월일

Answer 1.④ 2.④

3   상법상 손해보험의 보험계약의 목적에 해당하는 것은?

① 사고유무로 산정할 수 있는 규모
② 금전으로 산정할 수 있는 이익
③ 사고유무로 산정할 수 없는 규모
④ 금전으로 산정할 수 없는 이익

> **TIP**   손해보험계약은 <u>금전으로 산정할 수 있는 이익</u>에 한하여 보험계약의 목적으로 할 수 있다〈상법 제668조(보험계약의 목적)〉.

4   다음 설명 중 옳지 않은 것은?

① 보험의 목적에 관하여 보험자가 부담할 손해가 생긴 경우에는 그 후 그 목적이 보험자가 부담하지 아니하는 보험사고의 발생으로 인하여 멸실된 때에도 보험자는 이미 생긴 손해를 보상할 책임이 없다.
② 보험가액의 일부를 보험에 붙인 경우에는 보험자는 보험금액의 보험가액에 대한 비율에 따라 보상하지만, 당사자 간에 다른 약정이 있는 때에는 보험자는 보험금액의 한도 내에서 그 손해를 보상할 책임을 진다.
③ 보험의 목적의 성질, 하자 또는 자연소모로 인한 손해는 보험자가 이를 보상할 책임이 없다.
④ 보험사고가 전쟁 기타의 변란으로 인하여 생긴 때에는 당사자 간에 다른 약정이 없으면 보험자는 보험금액을 지급할 책임이 없다.

> **TIP**   ① 보험의 목적에 관하여 보험자가 부담할 손해가 생긴 경우에는 그 후 그 목적이 보험자가 부담하지 아니하는 보험사고의 발생으로 인하여 멸실된 때에도 보험자는 이미 생긴 손해를 보상할 책임을 면하지 못한다〈상법 제675조(사고발생 후의 목적 멸실과 보상책임)〉.
> ② 「상법」 제674조(일부보험)
> ③ 「상법」 제678조(보험자의 면책사유)
> ④ 「상법」 제660조(전쟁위험 등으로 인한 면책)

Answer   3.②   4.①

5 초과보험에 관한 설명으로 옳은 것은?

① 보험가액이 보험계약의 금액을 현저하게 초과한 때에는 보험계약자는 보험료의 감액을 청구할 수 있다.

② 보험료의 감액은 계약당시에 대하여서만 그 효력이 있다.

③ 가액은 계약당시의 가액에 의하여 정한다.

④ 보험계약자의 사기로 인하여 체결된 때에는 그 계약은 유효하다.

> **TIP** 초과보험〈상법 제669조〉
> ① 보험금액이 보험계약의 목적의 가액을 현저하게 초과한 때에는 보험자 또는 보험계약자는 보험료와 보험금액의 감액을 청구할 수 있다. 그러나 보험료의 감액은 장래에 대하여서만 그 효력이 있다.
> ② ①의 가액은 계약당시의 가액에 의하여 정한다.
> ③ 보험가액이 보험기간 중에 현저하게 감소된 때에도 ①과 같다.
> ④ ①의 경우에 계약이 보험계약자의 사기로 인하여 체결된 때에는 그 계약은 무효로 한다. 그러나 보험자는 그 사실을 안 때까지의 보험료를 청구할 수 있다.

6 초과보험에 대한 설명으로 옳지 않은 것은?

① 초과보험의 여부는 보험계약 체결 시의 보험금액을 기준으로 한다.

② 초과보험은 보험기간 중 물가하락으로 인하여 보험가액이 감소한 경우에도 발생한다.

③ 단순초과보험의 경우 보험자 또는 보험계약자는 보험료와 보험금액의 감액을 청구할 수 있는데 이는 형성권이다.

④ 사기에 의한 초과보험의 경우 보험계약 전체가 무효가 되고 보험자는 그 사실을 안 때까지의 보험료를 청구할 수 있다.

> **TIP** 초과보험〈상법 제669조〉
> ① 보험금액이 보험계약의 목적의 가액을 현저하게 초과한 때에는 보험자 또는 보험계약자는 보험료와 보험금액의 감액을 청구할 수 있다. 그러나 보험료의 감액은 장래에 대하여서만 그 효력이 있다.
> ② ①의 가액은 계약당시의 가액에 의하여 정한다.
> ③ 보험가액이 보험기간 중에 현저하게 감소된 때에도 ①과 같다.
> ④ ①의 경우에 계약이 보험계약자의 사기로 인하여 체결된 때에는 그 계약은 무효로 한다. 그러나 보험자는 그 사실을 안 때까지의 보험료를 청구할 수 있다.

Answer 5.③ 6.①

7 상법상 물건보험의 보험가액에 관한 설명으로 옳지 않은 것은?

① 보험가액과 보험금액은 일치하지 않을 수 있다.

② 보험계약 당사자 간에 보험가액을 정하지 아니한 때에는 사고발생시의 가액을 보험가액으로 한다.

③ 보험계약의 당사자 간에 보험가액을 정한 경우 그 가액이 사고발생시의 가액을 현저하게 초과할 경우 보험계약은 무효이다.

④ 보험계약의 당사자 간에 보험가액을 정한 경우 그 가액은 사고발생시의 가액으로 정한 것으로 추정한다.

TIP ③ 보험가액이 사고발생시의 가액을 현저하게 초과할 때에는 사고발생시의 가액을 보험가액으로 한다〈상법 제670조(기평가보험)〉.
① 보험목적물의 실제 가치인 보험가액과 보험계약자가 설정한 보장 금액인 보험금액은 차이가 있을 수 있다. 보험금액이 보험가액보다 낮은 경우는 일부보험이고, 보험금액이 보험가액보다 높은 경우는 초과보험에 해당한다.
② 「상법」 제671조(미평가보험)
④ 「상법」 제670조(기평가보험)

8 기평가보험에 대한 내용으로 옳은 것은?

① 보험금액이 보험계약의 목적의 가액을 현저하게 초과한 때에는 보험자 또는 보험계약자는 보험료와 보험금액의 감액을 청구할 수 있다.

② 당사자 간에 보험가액을 정하지 아니한 때에는 사고발생 시의 가액을 보험가액으로 한다.

③ 당사자 간에 보험가액을 정한 때에는 그 가액은 사고발생 시의 가액을 정한 것으로 추정한다.

④ 동일한 보험계약의 목적과 동일한 사고에 관하여 수 개의 보험계약이 동시에 또는 순차로 체결된 경우에 그 보험금액의 총액이 보험가액을 초과한 때에는 보험자는 각자의 보험금액의 한도에서 연대책임을 진다.

TIP ③ 「상법」 제670조(기평가보험)
① 「상법」 제669조(초과보험) 제1항
② 「상법」 제671조(미평가보험)
④ 「상법」 제672조(중복보험) 제1항

Answer 7.③ 8.③

9 다음 (   )에 들어가는 내용으로 옳은 것은?

> 당사자 간에 (㉠)을 정하지 아니한 때에는 사고발생 시의 가액을 (㉡)으로 한다.

	㉠	㉡
①	보험가액	보험가액
②	보험금액	보험가액
③	보험기간	가액
④	보험가액	보험금액

> **TIP** 당사자 간에 ㉠ <u>보험가액</u>을 정하지 아니한 때에는 사고발생 시의 가액을 ㉡ <u>보험가액</u>으로 한다〈상법 제671조(미평가보험)〉.

10 중복보험에 관한 설명으로 옳은 것은? (다툼이 있는 경우 판례에 따름)

① 중복보험이 성립하려면 동일한 보험계약의 목적에 관하여 보험사고 및 피보험자 그리고 보험기간이 완전히 일치하여야 한다.

② 중복보험계약을 체결한 수인의 보험자 중 그 1인에 대한 권리의 포기는 다른 보험자의 권리의무에 영향을 미친다.

③ 계약이 보험계약자의 사기로 인하여 체결된 때에는 보험자가 그 사실을 안 때까지의 보험료를 청구할 수 있다.

④ 중복보험이 성립되면 각 보험자는 보험가액의 한도에서 연대책임을 부담한다.

> **TIP** ② 제672조의 규정에 의한 수개의 보험계약을 체결한 경우에 보험자 1인에 대한 권리의 포기는 다른 보험자의 권리의무에 영향을 미치지 아니한다〈상법 제673조(중복보험과 보험자 1인에 대한 권리포기)〉
> ※ 중복보험〈상법 제672조〉
> ① 동일한 보험계약의 목적과 동일한 사고에 관하여 수 개의 보험계약이 동시에 또는 순차로 체결된 경우에 그 보험금액의 총액이 보험가액을 초과한 때에는 보험자는 각자의 보험금액의 한도에서 연대책임을 진다. 이 경우에는 각 보험자의 보상책임은 각자의 보험금액의 비율에 따른다.
> ② 동일한 보험계약의 목적과 동일한 사고에 관하여 수 개의 보험계약을 체결하는 경우에는 보험계약자는 각 보험자에 대하여 각 보험계약의 내용을 통지하여야 한다.
> ③ 계약이 보험계약자의 사기로 인하여 체결된 때에는 그 계약은 무효로 한다. 그러나 보험자는 그 사실을 안 때까지의 보험료를 청구할 수 있다는 규정은 ①의 보험계약에 준용한다.

Answer 9.① 10.③

11 다음 ( )에 들어가는 내용으로 옳은 것은?

> 보험자가 보상할 손해액은 그 손해가 발생한 때와 곳의 (㉠)에 의하여 산정한다. 그러나 당사자 간에 다른 약정이 있는 때에는 그 (㉡)에 의하여 손해액을 산정할 수 있다.

	㉠	㉡
①	보험금	손해
②	손해액	보험의 목적
③	가액	신품가액
④	보험가액	성질

TIP 보험자가 보상할 손해액은 그 손해가 발생한 때와 곳의 ㉠가액에 의하여 산정한다. 그러나 당사자 간에 다른 약정이 있는 때에는 그 ㉡신품가액에 의하여 손해액을 산정할 수 있다〈상법 제676조(손해액의 산정기준)〉.

12 손해액의 산정기준으로 옳지 않은 것은?

① 보험자가 보상할 손해액은 그 손해가 발생한 때와 곳의 가액에 의하여 산정한다.

② 당사자 간에 다른 약정이 있는 때에는 그 신품가액에 의하여 손해액을 산정한다.

③ 손해액의 산정에 관한 비용은 피보험자의 부담으로 한다.

④ 보험사고로 인하여 상실된 피보험자가 얻을 이익이나 보수는 당사자간에 다른 약정이 없으면 보험자가 보상할 손해액에 산입하지 아니한다.

TIP ④ 「상법」 제667조(상실이익 등의 불산입)
※ 손해액의 산정기준〈상법 제676조〉
① 보험자가 보상할 손해액은 그 손해가 발생한 때와 곳의 가액에 의하여 산정한다. 그러나 당사자간에 다른 약정이 있는 때에는 그 신품가액에 의하여 손해액을 산정할 수 있다.
② ①의 손해액의 산정에 관한 비용은 보험자의 부담으로 한다.

Answer 11.③ 12.③

13 상법상 ( )에 들어가는 내용으로 옳은 것은?

> 보험의 목적의 성질, (㉠) 또는 (㉡)로 인한 손해는 보험자가 이를 보상할 책임이 없다.

	㉠	㉡
①	천재지변	자연소모
②	멸실	하자
③	화재	자연자해
④	하자	자연소모

TIP 보험의 목적의 성질, ㉠하자 또는 ㉡자연소모로 인한 손해는 보험자가 이를 보상할 책임이 없다〈상법 제678조(보험자의 면책사유)〉.

14 상법상 ( )에 들어가는 내용으로 옳은 것은?

> 보험계약자와 (㉠)은(는) 손해의 방지와 경감을 위하여 노력하여야 한다. 그러나 이를 위하여 필요 또는 유익하였던 비용과 보상액이 (㉡)을 초과한 경우라도 보험자가 이를 부담한다.

	㉠	㉡
①	피보험자	보험가액
②	보험대리상	보험가액
③	피보험자	보험금액
④	보험자	보험금액

TIP 보험계약자와 ㉠피보험자는 손해의 방지와 경감을 위하여 노력하여야 한다. 그러나 이를 위하여 필요 또는 유익하였던 비용과 보상액이 ㉡보험금액을 초과한 경우라도 보험자가 이를 부담한다〈상법 제680조(손해방지의무)〉.

Answer 13.④ 14.③

15 제682조(제3자에 대한 보험대위)에 대한 설명으로 옳지 않은 것은?

① 손해가 제3자의 행위로 인하여 발생한 경우 보험금을 지급한 보험자는 그 지급한 금액의 한도에서 제3자에 대한 보험자의 권리를 취득한다.

② 보험자가 보상할 보험금의 일부를 지급한 경우에는 피보험자의 권리를 침해하지 아니하는 범위에서 그 권리를 행사한다.

③ 보험계약자나 피보험자의 권리가 그와 생계를 같이 하는 가족에 대한 것인 경우 보험자는 그 권리를 취득하지 못한다.

④ 손해가 그 가족의 고의로 인하여 발생한 경우 보험자는 그 권리를 취득할 수 있다.

> **TIP** 제3자에 대한 보험대위〈상법 제682조〉
> ① 손해가 제3자의 행위로 인하여 발생한 경우에 보험금을 지급한 보험자는 그 지급한 금액의 한도에서 그 제3자에 대한 보험계약자 또는 피보험자의 권리를 취득한다. 다만, 보험자가 보상할 보험금의 일부를 지급한 경우에는 피보험자의 권리를 침해하지 아니하는 범위에서 그 권리를 행사할 수 있다.
> ② 보험계약자나 피보험자의 ①에 따른 권리가 그와 생계를 같이 하는 가족에 대한 것인 경우 보험자는 그 권리를 취득하지 못한다. 다만, 손해가 그 가족의 고의로 인하여 발생한 경우에는 그러하지 아니하다.

16 화재보험계약에 관한 설명으로 옳지 않은 것은?

① 보험자가 손해를 보상함에 있어서 화재와 손해 간에 상당인과관계는 필요하지 않다.

② 보험자는 화재의 소방에 필요한 조치로 인하여 생긴 손해를 보상할 책임이 있다.

③ 보험자는 화재발생 시 손해의 감소에 필요한 조치로 인하여 생긴 손해를 보상할 책임이 있다.

④ 화재보험계약은 화재로 인하여 생긴 손해를 보상할 것을 목적으로 하는 손해보험계약이다.

> **TIP** ① 보험자가 손해를 보상함에 있어서 화재와 손해 간에 상당인과관계가 필요하다.
> ②③ 「상법」 제684조(소방 등의 조치로 인한 손해의 보상)
> ④ 「상법」 제683조(화재보험자의 책임)

Answer 15.① 16.①

17 화재보험에 관한 설명으로 옳지 않은 것은?

① 보험자는 화재로 인한 손해의 감소에 필요한 조치로 인하여 생긴 손해를 보상할 책임이 있다.

② 연소 작용에 의하지 아니한 열의 작용으로 인한 손해는 보험자의 보상 책임이 없다.

③ 화재보험계약의 보험자는 화재로 인하여 생길 손해를 보상할 책임이 있다.

④ 화재 진화를 위해 살포한 물로 보험 목적이 훼손된 손해는 보상하지 않는다.

> **TIP** ④ 화재진압을 목적으로 방수한 결과 보험의 목적이 물에 젖거나 침수를 입는 경우, 문·창·칸막이 등이 파손, 오손되는 경우, 건물의 집단지역 등에서 화재의 연소 확대를 방지하거나 진압하기 위하여 보험의 목적인 건물이나 일부 구조물 등을 파괴 또는 도괴함으로 생긴 손해를 소방손해라 하는데 이는 화재보험에서 보상하는 손해에 해당한다.
> ① 보험자는 화재의 소방 또는 손해의 감소에 필요에 조치로 인하여 생긴 손해를 보상할 책임이 있다〈상법 제684조(소방 등의 조치로 인한 손해의 보상)〉.
> ③ 「상법」 제683조(화재보험자의 책임)

18 화재보험에 관한 설명으로 옳은 것은?

① 피보험자의 가족의 물건은 보험의 목적에 포함되지 않는다.

② 피보험자의 사용인의 물건은 보험의 목적에 포함되지 않는다.

③ 보험의 목적에 속한 물건이 보험기간 중에 수시로 교체된 경우에는 보험사고의 발생 시에 현존한 물건이라도 보험의 목적에 포함되지 않는 것으로 한다.

④ 보험자는 화재의 소방에 필요한 조치로 인하여 생긴 손해를 보상할 책임이 있다.

> **TIP** ④ 「상법」 제684조(소방 등의 조치로 인한 손해의 보상)
> ①② 집합된 물건을 일괄하여 보험의 목적으로 한 때에는 피보험자의 가족과 사용인의 물건도 보험의 목적에 포함된 것으로 한다. 이 경우에는 그 보험은 그 가족 또는 사용인을 위하여서도 체결한 것으로 본다〈상법 제686조(집합보험의 목적)〉.
> ③ 집합된 물건을 일괄하여 보험의 목적으로 한 때에는 그 목적에 속한 물건이 보험기간 중에 수시로 교체된 경우에도 보험사고의 발생 시에 현존한 물건은 보험의 목적에 포함된 것으로 한다〈상법 제687조(동전)〉.

Answer 17.④ 18.④

19 화재보험증권에 기재해야 할 사항이 아닌 것은?

① 보험기간을 정한 때에는 그 시기와 종기
② 보험가액을 정한 때에는 그 가액
③ 건물을 보험의 목적으로 한 때에는 그 소재지
④ 부동산을 보험의 목적으로 한 때에는 그 상태와 용도

> **TIP** 화재보험증권〈상법 제685조〉 ··· 화재보험증권에는 제666조에 게기한 사항 외에 다음의 사항을 기재하여야 한다.
> 1. 건물을 보험의 목적으로 한 때에는 그 소재지, 구조와 용도
> 2. 동산을 보험의 목적으로 한 때에는 그 존치한 장소의 상태와 용도
> 3. 보험가액을 정한 때에는 그 가액

20 다음 (   ) 안에 들어갈 알맞은 말이 바르게 나열된 것은?

> • 집합된 물건을 일괄하여 보험의 목적으로 한 때에는 (㉠   )의 가족과 사용인의 물건도 보험의 목적에 포함된 것으로 한다.
> • 집합된 물건을 일괄하여 보험의 목적으로 한 때에는 그 목적에 속한 물건이 (㉡   ) 중에 수시로 교체된 경우에도 보험사고의 발생 시에 현존한 물건은 보험의 목적에 포함된 것으로 한다.

	㉠	㉡
①	보험계약자	보험사고
②	피보험자	보험기간
③	보험계약자	보험기간
④	피보험자	보험금액

> **TIP** ㉠ 집합된 물건을 일괄하여 보험의 목적으로 한 때에는 피보험자의 가족과 사용인의 물건도 보험의 목적에 포함된 것으로 한다. 이 경우에는 그 보험은 그 가족 또는 사용인을 위하여서도 체결한 것으로 본다〈상법 제686조(집합보험의 목적)〉.
> ㉡ 집합된 물건을 일괄하여 보험의 목적으로 한 때에는 그 목적에 속한 물건이 보험기간 중에 수시로 교체된 경우에도 보험사고의 발생 시에 현존한 물건은 보험의 목적에 포함된 것으로 한다〈상법 제687조(동전)〉.

Answer 19.④ 20.②

PART
02

농어업재해
보험법령

01 총칙

제1조(목적)

이 법은 농어업재해로 인하여 발생하는 농작물, 임산물, 양식수산물, 가축과 농어업용 시설물의 피해에 따른 손해를 보상하기 위한 농어업재해보험에 관한 사항을 규정함으로써 농어업 경영의 안정과 생산성 향상에 이바지하고 국민경제의 균형 있는 발전에 기여함을 목적으로 한다.

제2조(정의)

이 법에서 사용하는 용어의 뜻은 다음과 같다.

1. "농어업재해"란 농작물 · 임산물 · 가축 및 농업용 시설물에 발생하는 자연재해 · 병충해 · 조수해(鳥獸害) · 질병 또는 화재(이하 "농업재해"라 한다)와 양식수산물 및 어업용 시설물에 발생하는 자연재해 · 질병 또는 화재(이하 "어업재해"라 한다)를 말한다.
2. "농어업재해보험"이란 농어업재해로 발생하는 재산 피해에 따른 손해를 보상하기 위한 보험을 말한다.
3. "보험가입금액"이란 보험가입자의 재산 피해에 따른 손해가 발생한 경우 보험에서 최대로 보상할 수 있는 한도액으로서 보험가입자와 보험사업자 간에 약정한 금액을 말한다.
4. "보험료"란 보험가입자와 보험사업자 간의 약정에 따라 보험가입자가 보험사업자에게 내야 하는 금액을 말한다.
5. "보험금"이란 보험가입자에게 재해로 인한 재산 피해에 따른 손해가 발생한 경우 보험가입자와 보험사업자 간의 약정에 따라 보험사업자가 보험가입자에게 지급하는 금액을 말한다.
6. "시범사업"이란 농어업재해보험사업(이하 "재해보험사업"이라 한다)을 전국적으로 실시하기 전에 보험의 효용성 및 보험 실시 가능성 등을 검증하기 위하여 일정 기간 제한된 지역에서 실시하는 보험사업을 말한다.

제2조의2(기본계획 및 시행계획의 수립 · 시행)

① 농림축산식품부장관과 해양수산부장관은 농어업재해보험(이하 "재해보험"이라 한다)의 활성화를 위하여 제3조에 따른 농업재해보험심의회 또는 「수산업 · 어촌 발전 기본법」 제8조 제1항에 따른 중앙 수산업 · 어촌정책심의회의 심의를 거쳐 재해보험 발전 기본계획(이하 "기본계획"이라 한다)을 5년마다 수립 · 시행하여야 한다.

② 기본계획에는 다음 각 호의 사항이 포함되어야 한다.

   1. 재해보험사업의 발전 방향 및 목표

   2. 재해보험의 종류별 가입률 제고 방안에 관한 사항

   3. 재해보험의 대상 품목 및 대상 지역에 관한 사항

   4. 재해보험사업에 대한 지원 및 평가에 관한 사항

   5. 그 밖에 재해보험 활성화를 위하여 농림축산식품부장관 또는 해양수산부장관이 필요하다고 인정하는 사항

③ 농림축산식품부장관과 해양수산부장관은 기본계획에 따라 매년 재해보험 발전 시행계획(이하 "시행계획"이라 한다)을 수립 · 시행하여야 한다.

④ 농림축산식품부장관과 해양수산부장관은 기본계획 및 시행계획을 수립하고자 할 경우 제26조에 따른 통계자료를 반영하여야 한다.

⑤ 농림축산식품부장관 또는 해양수산부장관은 기본계획 및 시행계획의 수립 · 시행을 위하여 필요한 경우에는 관계 중앙행정기관의 장, 지방자치단체의 장, 관련 기관 · 단체의 장에게 관련 자료 및 정보의 제공을 요청할 수 있다. 이 경우 자료 및 정보의 제공을 요청받은 자는 특별한 사유가 없으면 그 요청에 따라야 한다.

⑥ 그 밖에 기본계획 및 시행계획의 수립 · 시행에 필요한 사항은 대통령령으로 정한다.

제2조의3(재해보험 등의 심의)

재해보험 및 농어업재해재보험(이하 "재보험"이라 한다)에 관한 다음 각 호의 사항은 제3조에 따른 농업재해보험심의회 또는 「수산업 · 어촌 발전 기본법」 제8조 제1항에 따른 중앙 수산업 · 어촌정책심의회의 심의를 거쳐야 한다.

1. 재해보험에서 보상하는 재해의 범위에 관한 사항

2. 재해보험사업에 대한 재정지원에 관한 사항

3. 손해평가의 방법과 절차에 관한 사항

4. 농어업재해재보험사업(이하 "재보험사업"이라 한다)에 대한 정부의 책임범위에 관한 사항

5. 재보험사업 관련 자금의 수입과 지출의 적정성에 관한 사항

6. 그 밖에 제3조에 따른 농업재해보험심의회의 위원장 또는 「수산업 · 어촌 발전 기본법」 제8조 제1항에 따른 중앙 수산업 · 어촌정책심의회의 위원장이 재해보험 및 재보험에 관하여 회의에 부치는 사항

제3조(농업재해보험심의회)

① 농업재해보험 및 농업재해재보험에 관한 다음 각 호의 사항을 심의하기 위하여 농림축산식품부장관 소속
으로 농업재해보험심의회(이하 이 조에서 "심의회"라 한다)를 둔다.

    1. 제2조의3 각 호의 사항

    2. 재해보험 목적물의 선정에 관한 사항

    3. 기본계획의 수립·시행에 관한 사항

    4. 다른 법령에서 심의회의 심의사항으로 정하고 있는 사항

② 심의회는 위원장 및 부위원장 각 1명을 포함한 21명 이내의 위원으로 구성한다.

③ 심의회의 위원장은 농림축산식품부차관으로 하고, 부위원장은 위원 중에서 호선(互選)한다.

④ 심의회의 위원은 다음 각 호의 어느 하나에 해당하는 사람 중에서 농림축산식품부장관이 임명하거나 위촉
하는 사람으로 한다. 이 경우 다음 각 호에 해당하는 사람이 각각 1명 이상 포함되어야 한다.

    1. 농림축산식품부장관이 재해보험이나 농업에 관한 학식과 경험이 풍부하다고 인정하는 사람

    2. 농림축산식품부의 재해보험을 담당하는 3급 공무원 또는 고위공무원단에 속하는 공무원

    3. 자연재해 또는 보험 관련 업무를 담당하는 기획재정부·행정안전부·해양수산부·금융위원회·산림청
의 3급 공무원 또는 고위공무원단에 속하는 공무원

    4. 농림축산업인단체의 대표

⑤ 제4항 제1호의 위원의 임기는 3년으로 한다.

⑥ 심의회는 그 심의 사항을 검토·조정하고, 심의회의 심의를 보조하게 하기 위하여 심의회에 다음 각 호의
분과위원회를 둔다.

    1. 농작물재해보험분과위원회

    2. 임산물재해보험분과위원회

    3. 가축재해보험분과위원회

    4. 삭제

    5. 그 밖에 대통령령으로 정하는 바에 따라 두는 분과위원회

⑦ 심의회는 제1항 각 호의 사항을 심의하기 위하여 필요한 경우에는 농업재해보험에 관하여 전문지식이 있
는 자, 농업인 또는 이해관계자의 의견을 들을 수 있다.

⑧ 제1항부터 제7항까지에서 규정한 사항 외에 심의회 및 분과위원회의 구성과 운영 등에 필요한 사항은 대
통령령으로 정한다.

농어업재해보험법 제2조(위원장의 직무)

① 「농어업재해보험법」(이하 "법"이라 한다) 제3조에 따른 농업재해보험심의회(이하 "심의회"라 한다)의 위원장(이하 "위원장"이라 한다)은 심의회를 대표하며, 심의회의 업무를 총괄한다.

② 심의회의 부위원장은 위원장을 보좌하며, 위원장이 부득이한 사유로 직무를 수행할 수 없을 때에는 그 직무를 대행한다.

농어업재해보험법 제3조(회의)

① 위원장은 심의회의 회의를 소집하며, 그 의장이 된다.

② 심의회의 회의는 재적위원 3분의 1 이상의 요구가 있을 때 또는 위원장이 필요하다고 인정할 때에 소집한다.

③ 심의회의 회의는 재적위원 과반수의 출석으로 개의(開議)하고, 출석위원 과반수의 찬성으로 의결한다.

농어업재해보험법 제3조의2(위원의 해촉)

농림축산식품부장관은 법 제3조 제4항 제1호에 따른 위원이 다음 각 호의 어느 하나에 해당하는 경우에는 해당 위원을 해촉(解囑)할 수 있다.

1. 심신장애로 인하여 직무를 수행할 수 없게 된 경우
2. 직무와 관련된 비위사실이 있는 경우
3. 직무태만, 품위손상이나 그 밖의 사유로 인하여 위원으로 적합하지 아니하다고 인정되는 경우
4. 위원 스스로 직무를 수행하는 것이 곤란하다고 의사를 밝히는 경우

농어업재해보험법 제4조(분과위원회)

① 법 제3조 제6항 제5호에 따른 분과위원회는 농업인안전보험분과위원회로 한다.

② 법 제3조 제6항 각 호에 따른 분과위원회(이하 "분과위원회"라 한다)는 다음 각 호의 구분에 따른 사항을 검토·조정하여 심의회에 보고한다.

   1. 농작물재해보험분과위원회 : 법 제3조 제1항에 따른 심의사항 중 농작물재해보험에 관한 사항
   2. 임산물재해보험분과위원회 : 법 제3조 제1항에 따른 심의사항 중 임산물재해보험에 관한 사항
   3. 가축재해보험분과위원회 : 법 제3조 제1항에 따른 심의사항 중 가축재해보험에 관한 사항
   5. 농업인안전보험분과위원회 : 「농어업인의 안전보험 및 안전재해예방에 관한 법률」 제5조에 따른 심의사항 중 농업인안전보험에 관한 사항

③ 분과위원회는 분과위원장 1명을 포함한 9명 이내의 분과위원으로 성별을 고려하여 구성한다.

④ 분과위원장 및 분과위원은 심의회의 위원 중에서 전문적인 지식과 경험 등을 고려하여 위원장이 지명한다.

⑤ 분과위원회의 회의는 위원장 또는 분과위원장이 필요하다고 인정할 때에 소집한다.

⑥ 제1항부터 제5항까지에서 규정한 사항 외에 분과위원장의 직무 및 분과위원회의 회의에 관해서는 제2조제1항 및 제3조제1항·제3항을 준용한다.

농어업재해보험법 제5조(수당 등)

심의회 또는 분과위원회에 출석한 위원 또는 분과위원에게는 예산의 범위에서 수당, 여비 또는 그 밖에 필요한 경비를 지급할 수 있다. 다만, 공무원인 위원 또는 분과위원이 그 소관 업무와 직접 관련하여 심의회 또는 분과위원회에 출석한 경우에는 그러하지 아니하다.

제6조(운영세칙)

제2조, 제3조, 제3조의2, 제4조 및 제5조에서 규정한 사항 외에 심의회 또는 분과위원회의 운영에 필요한 사항은 심의회의 의결을 거쳐 위원장이 정한다.

기출문제 분석

용어별 정의와 농업재해보험심의회에 대한 사항은 매년 빈번하게 물어보는 빈출유형 중에 하나이다. 농업재해 보험심의회에 심의사항, 위원의 구성 등 법 제3조(농업재해보험심의회)는 매년 물어보는 조항 중에 하나이기 때문에 꼼꼼하게 암기해두는 것이 중요하다.

2015년

1 다음 설명에 해당되는 용어는?

> 보험가입자의 재산 피해에 따른 손해가 발생한 경우 보험에서 최대로 보상할 수 있는 한도액으로서 보험가 입자와 보험사업자 간에 약정한 금액

① 보험료

② 보험금

③ 보험가입금액

④ 손해액

TIP ③ 보험가입금액 : 보험가입자의 재산 피해에 따른 손해가 발생한 경우 보험에서 최대로 보상할 수 있는 한도액으로서 보험가입 자와 보험사업자 간에 약정한 금액을 말한다〈농어업재해보험법 제2조(정의) 제3호〉.

① 보험료 : 보험가입자와 보험사업자 간의 약정에 따라 보험가입자가 보험사업자에게 내야 하는 금액을 말한다〈농어업재해보험 법 제2조(정의) 제4호〉.

② 보험금 : 보험가입자에게 재해로 인한 재산 피해에 따른 손해가 발생한 경우 보험가입자와 보험사업자 간의 약정에 따라 보 험사업자가 보험가입자에게 지급하는 금액을 말한다〈농어업재해보험법 제2조(정의) 제5호〉.

Answer 1.③

2 농어업재해보험법상 용어의 설명으로 옳지 않은 것은?

① "농어업재해보험"은 농어업재해로 발생하는 인명 및 재산 피해에 따른 손해를 보상하기 위한 보험을 말한다.

② "어업재해"란 양식수산물 및 어업용 시설물에 발생하는 자연재해 · 질병 또는 화재를 말한다.

③ "농업재해"란 농작물 · 임산물 · 가축 및 농업용 시설물에 발생하는 자연재해 · 병충해 · 조수해(鳥獸害) · 질병 또는 화재를 말한다.

④ "보험료"란 보험가입자와 보험사업자 간의 약정에 따라 보험가입자가 보험사업자에게 내야 하는 금액을 말한다.

TIP "농어업재해"란 농작물 · 임산물 · 가축 및 농업용 시설물에 발생하는 자연재해 · 병충해 · 조수해(鳥獸害) · 질병 또는 화재와 양식수산물 및 어업용 시설물에 발생하는 자연재해 · 질병 또는 화재(이하 "어업재해"라 한다)를 말한다〈농어업재해보험법 제2조(정의) 제1호〉.

3 농어업재해보험법령상 농업재해보험심의회 및 회의에 관한 설명으로 옳지 않은 것은?

① 심의회는 위원장 및 부위원장 각 1명을 포함한 21명 이내의 위원으로 구성한다.

② 위원장은 심의회의 회의를 소집하며, 그 의장이 된다.

③ 심의회의 회의는 재적위원 5분의 1 이상의 요구가 있을 때 또는 위원장이 필요하다고 인정할 때에 소집한다.

④ 심의회의 회의는 재적위원 과반수의 출석으로 개의(開議)하고, 출석위원 과반수의 찬성으로 의결한다.

TIP ③ 심의회의 회의는 재적위원 3분의 1 이상의 요구가 있을 때 또는 위원장이 필요하다고 인정할 때에 소집한다〈농어업재해보험법 시행령 제3조(회의) 제2항〉.
① 「농어업재해보험법」 제3조(농업재해보험심의회) 제2항
②④ 「농어업재해보험법 시행령」 제3조(회의)

Answer 2.① 3.③

4 농어업재해보험법령상 농업재해보험심의회 위원을 해촉할 수 있는 사유로 명시된 것이 아닌 것은?

① 심신장애로 인하여 직무를 수행할 수 없게 된 경우

② 직무와 관련 없는 비위사실이 있는 경우

③ 품위손상으로 인하여 위원으로 적합하지 아니하다고 인정되는 경우

④ 위원 스스로 직무를 수행하는 것이 곤란하다고 의사를 밝히는 경우

> **TIP** 위원의 해촉〈농어업재해보험법 시행령 제3조의2〉… 농림축산식품부장관은 법 제3조 제4항 제1호에 따른 위원이 다음 각 호의 어느 하나에 해당하는 경우에는 해당 위원을 해촉(解囑)할 수 있다.
> 1. 심신장애로 인하여 직무를 수행할 수 없게 된 경우
> 2. 직무와 관련된 비위사실이 있는 경우
> 3. 직무태만, 품위손상이나 그 밖의 사유로 인하여 위원으로 적합하지 아니하다고 인정되는 경우
> 4. 위원 스스로 직무를 수행하는 것이 곤란하다고 의사를 밝히는 경우

5 농어업재해보험법상 재해보험 발전 기본계획에 포함되어야 하는 사항으로 명시되지 않은 것은?

① 재해보험의 종류별 가입률 제고 방안에 관한 사항

② 손해평가인의 정기교육에 관한 사항

③ 재해보험사업에 대한 지원 및 평가에 관한 사항

④ 재해보험의 대상 품목 및 대상 지역에 관한 사항

> **TIP** 기본계획 및 시행계획의 수립·시행〈농어업재해보험법 제2조의2 제2항〉… 기본계획에는 다음 각 호의 사항이 포함되어야 한다.
> 1. 재해보험사업의 발전 방향 및 목표
> 2. 재해보험의 종류별 가입률 제고 방안에 관한 사항
> 3. 재해보험의 대상 품목 및 대상 지역에 관한 사항
> 4. 재해보험사업에 대한 지원 및 평가에 관한 사항
> 5. 그 밖에 재해보험 활성화를 위하여 농림축산식품부장관 또는 해양수산부장관이 필요하다고 인정하는 사항

Answer 4.② 5.②

출제예상문제

1 농어업재해보험법상 설명하는 용어의 연결이 바르지 못한 것은?

① 보험료 – 보험가입자와 보험사업자 간의 약정에 따라 보험가입자가 보험사업자에게 내야 하는 금액

② 보험금 – 농작물·임산물·가축 및 농업용 시설물에 발생하는 자연재해·병충해·조수해·질병 또는 화재를 보상해 주는 제도

③ 손해평가 – 농어업재해보험법에 따른 피해가 발생한 경우 손해평가인, 손해평가사, 손해사정사가 그 피해사실을 확인하고 평가하는 일련의 과정

④ 보험가입금액 – 보험가입자의 재산 피해에 따른 손해가 발생한 경우 보험에서 최대로 보상할 수 있는 한도액으로서 보험가입자와 보험사업자 간에 약정한 금액

> **TIP** ② "보험금"이란 보험가입자에게 재해로 인한 재산 피해에 따른 손해가 발생한 경우 보험가입자와 보험사업자 간의 약정에 따라 보험사업자가 보험가입자에게 지급하는 금액을 말한다〈농어업재해보험법 제2조(정의) 제5호〉.

빈출유형

2 농어업재해보험상 재해보험 발전 기본계획에 포함되어야 하는 사항이 아닌 것은?

① 재해보험사업의 발전 방향 및 목표

② 재해보험의 종류별 가입률 제고 방안에 관한 사항

③ 재해보험의 손해평가사 관리 및 감독에 관한 사항

④ 재해보험사업에 대한 지원 및 평가에 관한 사항

> **TIP** 기본계획 및 시행계획의 수립·시행〈농어업재해보험법 제2조의2 제2항〉 … 기본계획에는 다음 각 호의 사항이 포함되어야 한다.
> 1. 재해보험사업의 발전 방향 및 목표
> 2. 재해보험의 종류별 가입률 제고 방안에 관한 사항
> 3. 재해보험의 대상 품목 및 대상 지역에 관한 사항
> 4. 재해보험사업에 대한 지원 및 평가에 관한 사항
> 5. 그 밖에 재해보험 활성화를 위하여 농림축산식품부장관 또는 해양수산부장관이 필요하다고 인정하는 사항

Answer 1.② 2.③

3 다음 중 농업재해보험심의회의 심의사항으로 볼 수 없는 것은?

① 재해보험 목적물의 선정에 관한 사항
② 재해보험에서 보상하는 교육비의 지급에 관한 사항
③ 재해보험사업에 대한 재정지원에 관한 사항
④ 손해평가의 방법과 절차에 관한 사항

> **TIP** 농업재해보험심의회〈농어업재해보험법 제3조 제1항〉… 농업재해보험 및 농업재해재보험에 관한 다음 각 호의 사항을 심의하기
> 위하여 농림축산식품부장관 소속으로 농업재해보험심의회를 둔다.
> 1. 제2조의3 각 호의 사항
> 2. 재해보험 목적물의 선정에 관한 사항
> 3. 기본계획의 수립 · 시행에 관한 사항
> 4. 다른 법령에서 심의회의 심의사항으로 정하고 있는 사항

빈출유형

4 농어업재해보험법령상 농업재해보험심의회에 대한 설명으로 옳지 않은 것은?

① 심의회는 위원장 및 부위원장 각 1명을 포함한 21명 이내의 위원으로 구성한다.
② 심의회의 위원장은 농림축산식품부차관으로 하고, 부위원장은 위원 중에서 호선(互選)한다.
③ 심의회의 회의는 재적위원 2분의 1 이상의 요구가 있을 때 또는 위원장이 필요하다고 인정할 때에 소집한다.
④ 심의회의 회의는 재적위원 과반수의 출석으로 개의(開議)하고, 출석위원 과반수의 찬성으로 의결한다.

> **TIP** ③ 심의회의 회의는 재적위원 3분의 1 이상의 요구가 있을 때 또는 위원장이 필요하다고 인정할 때에 소집한다〈농어업재해보
> 험법 제3조 제5항〉.
> ①② 「농어업재해보험법」 제3조(농업재해보험심의회)
> ④ 「농어업재해보험법 시행령」 제3조(회의)

Answer 3.② 4.③

5 농어업재해보험법령상 분과위원회에 대한 설명으로 옳은 것은?

① 농작물재해보험분과위원회에서는 농작물재해보험과 임산물재해보험에 관한 사항을 검토·조정하여 심의회에 보고한다.

② 분과위원회는 분과위원장 1명을 포함한 9명 이내의 분과위원으로 성별을 고려하여 구성한다.

③ 분과위원장은 분과위원 중에서 전문적인 지식과 경험 등을 고려하여 위원장이 지명한다.

④ 분과위원회의 회의는 분과위원이 필요하다고 인정할 때에 소집한다.

> **TIP** ②「농어업재해보험법 시행령」제4조(분과위원회) 제3항
> ① 농작물재해보험분과위원회에서는 법 제3조 제1항에 따른 심의사항 중 농작물재해보험에 관한 사항을 검토·조정하여 심의회에 보고한다〈농어업재해보험법 시행령 제4조(분과위원회) 제2항 제1호〉.
> ③ 분과위원장 및 분과위원은 심의회의 위원 중에서 전문적인 지식과 경험 등을 고려하여 위원장이 지명한다〈농어업재해보험법 시행령 제4조(분과위원회) 제4항〉.
> ④ 분과위원회의 회의는 위원장 또는 분과위원장이 필요하다고 인정할 때에 소집한다〈농어업재해보험법 시행령 제4조(분과위원회) 제5항〉.

02 재해보험사업

제4조(재해보험의 종류 등)

재해보험의 종류는 농작물재해보험, 임산물재해보험, 가축재해보험 및 양식수산물재해보험으로 한다. 이 중 농작물재해보험, 임산물재해보험 및 가축재해보험과 관련된 사항은 농림축산식품부장관이, 양식수산물재해보험과 관련된 사항은 해양수산부장관이 각각 관장한다.

제5조(보험목적물)

① 보험목적물은 다음 각 호의 구분에 따르되, 그 구체적인 범위는 보험의 효용성 및 보험 실시 가능성 등을 종합적으로 고려하여 제3조에 따른 농업재해보험심의회 또는 「수산업·어촌 발전 기본법」 제8조 제1항에 따른 중앙 수산업·어촌정책심의회를 거쳐 농림축산식품부장관 또는 해양수산부장관이 고시한다.

    1. 농작물재해보험 : 농작물 및 농업용 시설물

    1의2. 임산물재해보험 : 임산물 및 임업용 시설물

    2. 가축재해보험 : 가축 및 축산시설물

    3. 양식수산물재해보험 : 양식수산물 및 양식시설물

② 정부는 보험목적물의 범위를 확대하기 위하여 노력하여야 한다.

제6조(보상의 범위 등)

① 재해보험에서 보상하는 재해의 범위는 해당 재해의 발생 빈도, 피해 정도 및 객관적인 손해평가방법 등을 고려하여 재해보험의 종류별로 대통령령으로 정한다.

> **농어업재해보험법 시행령 제8조(재해보험에서 보상하는 재해의 범위)**
> 법 제6조 제1항에 따라 재해보험에서 보상하는 재해의 범위는 별표 1과 같다.
>
> **농어업재해보험법 시행령 [별표 1] 재해보험에서 보상하는 재해의 범위(제8조 관련)**
> 1. 농작물·임산물 재해보험 : 자연재해, 조수해(鳥獸害), 화재 및 보험목적물별로 농림축산식품부장관이 정하여 고시하는 병충해
> 2. 가축 재해보험 : 자연재해, 화재 및 보험목적물별로 농림축산식품부장관이 정하여 고시하는 질병
> 3. 양식수산물 재해보험 : 자연재해, 화재 및 보험목적물별로 해양수산부장관이 정하여 고시하는 수산질병
> ※ 비고 : 재해보험사업자는 보험의 효용성 및 보험 실시 가능성 등을 종합적으로 고려하여 위의 대상 재해의 범위에서 다양한 보험상품을 운용할 수 있다.

② 정부는 재해보험에서 보상하는 재해의 범위를 확대하기 위하여 노력하여야 한다.

제7조(보험가입자)

재해보험에 가입할 수 있는 자는 농림업, 축산업, 양식수산업에 종사하는 개인 또는 법인으로 하고, 구체적인 보험가입자의 기준은 대통령령으로 정한다.

> **농어업재해보험법 시행령 제9조(보험가입자의 기준)**
> 법 제7조에 따른 보험가입자의 기준은 다음 각 호의 구분에 따른다.
> 1. 농작물재해보험 : 법 제5조에 따라 농림축산식품부장관이 고시하는 농작물을 재배하는 자
> 1의2. 임산물재해보험 : 법 제5조에 따라 농림축산식품부장관이 고시하는 임산물을 재배하는 자
> 2. 가축재해보험 : 법 제5조에 따라 농림축산식품부장관이 고시하는 가축을 사육하는 자
> 3. 양식수산물재해보험 : 법 제5조에 따라 해양수산부장관이 고시하는 양식수산물을 양식하는 자

TIP 보험목적물〈농업재해보험에서 보상하는 보험목적물의 범위 제1조〉

재해보험의 종류	보험목적물
농작물 재해보험	사과, 배, 포도, 단감, 감귤, 복숭아, 참다래, 자두, 감자, 콩, 양파, 고추, 옥수수, 고구마, 마늘, 매실, 벼, 오디, 차, 느타리버섯, 양배추, 밀, 유자, 무화과, 메밀, 인삼, 브로콜리, 양송이버섯, 새송이버섯, 배추, 무, 파, 호박, 당근, 팥, 살구, 시금치, 보리, 귀리, 시설봄감자, 양상추, 시설(수박, 딸기, 토마토, 오이, 참외, 풋고추, 호박, 국화, 장미, 멜론, 파프리카, 부추, 시금치, 상추, 배추, 가지, 파, 무, 백합, 카네이션, 미나리, 쑥갓)
	위 농작물의 재배시설(부대시설 포함)
임산물 재해보험	떫은감, 밤, 대추, 복분자, 표고버섯, 오미자, 호두
	위 임산물의 재배시설(부대시설 포함)
가축 재해보험	소, 말, 돼지, 닭, 오리, 꿩, 메추리, 칠면조, 사슴, 거위, 타조, 양, 벌, 토기, 오소리, 관상조(觀賞鳥)
	위 가축의 축사(부대시설 포함)

제8조(보험사업자)

① 재해보험사업을 할 수 있는 자는 다음 각 호와 같다.

  2. 「수산업협동조합법」에 따른 수산업협동조합중앙회(이하 "수협중앙회"라 한다)

  2의2. 「산림조합법」에 따른 산림조합중앙회

  3. 「보험업법」에 따른 보험회사

② 제1항에 따라 재해보험사업을 하려는 자는 농림축산식품부장관 또는 해양수산부장관과 재해보험사업의 약정을 체결하여야 한다.

③ 제2항에 따른 약정을 체결하려는 자는 다음 각 호의 서류를 농림축산식품부장관 또는 해양수산부장관에게 제출하여야 한다.

1. 사업방법서, 보험약관, 보험료 및 책임준비금산출방법서

2. 그 밖에 대통령령으로 정하는 서류

④ 제2항에 따른 재해보험사업의 약정을 체결하는 데 필요한 사항은 대통령령으로 정한다.

> **농어업재해보험법 시행령 제10조(재해보험사업의 약정체결)**
> ① 법 제8조 제2항에 따라 재해보험 사업의 약정을 체결하려는 자는 농림축산식품부장관 또는 해양수산부장관이 정하는 바에 따라 재해보험사업 약정체결신청서에 같은 조 제3항 각 호에 따른 서류를 첨부하여 농림축산식품부장관 또는 해양수산부장관에게 제출하여야 한다.
> ② 농림축산식품부장관 또는 해양수산부장관은 법 제8조 제2항에 따라 재해보험사업을 하려는 자와 재해보험사업의 약정을 체결할 때에는 다음 각 호의 사항이 포함된 약정서를 작성하여야 한다.
> 1. 약정기간에 관한 사항
> 2. 재해보험사업의 약정을 체결한 자(이하 "재해보험사업자"라 한다)가 준수하여야 할 사항
> 3. 재해보험사업자에 대한 재정지원에 관한 사항
> 4. 약정의 변경·해지 등에 관한 사항
> 5. 그 밖에 재해보험사업의 운영에 관한 사항
> ③ 법 제8조 제3항 제2호에서 "대통령령으로 정하는 서류"란 정관을 말한다.
> ④ 제1항에 따른 제출을 받은 농림축산식품부장관 또는 해양수산부장관은 「전자정부법」 제36조 제1항에 따른 행정정보의 공동이용을 통하여 법인 등기사항증명서를 확인하여야 한다.

제9조(보험료율의 산정)

① 제8조 제2항에 따라 농림축산식품부장관 또는 해양수산부장관과 재해보험사업의 약정을 체결한 자(이하 "재해보험사업자"라 한다)는 재해보험의 보험료율을 객관적이고 합리적인 통계자료를 기초로 하여 보험목적물별 또는 보상방식별로 산정하되, 다음 각 호의 구분에 따른 단위로 산정하여야 한다.

1. 행정구역 단위 : 특별시·광역시·도·특별자치도 또는 시(특별자치시와 「제주특별자치도 설치 및 국제자유도시 조성을 위한 특별법」 제10조 제2항에 따라 설치된 행정시를 포함한다)·군·자치구. 다만, 「보험업법」 제129조에 따른 보험료율 산출의 원칙에 부합하는 경우에는 자치구가 아닌 구·읍·면·동 단위로도 보험료율을 산정할 수 있다.

2. 권역 단위 : 농림축산식품부장관 또는 해양수산부장관이 행정구역 단위와는 따로 구분하여 고시하는 지역 단위

② 재해보험사업자는 보험약관안과 보험료율안에 대통령령으로 정하는 변경이 예정된 경우 이를 공고하고 필요한 경우 이해관계자의 의견을 수렴하여야 한다.

> **농어업재해보험법 시행령 제11조(변경사항의 공고)**
> 법 제9조 제2항에서 "대통령령으로 정하는 변경이 예정된 경우"란 다음 각 호의 어느 하나에 해당하는 경우를 말한다.
> 1. 보험가입자의 권리가 축소되거나 의무가 확대되는 내용으로 보험약관안의 변경이 예정된 경우
> 2. 보험상품을 폐지하는 내용으로 보험약관안의 변경이 예정된 경우
> 3. 보험상품의 변경으로 기존 보험료율보다 높은 보험료율안으로의 변경이 예정된 경우

제10조(보험모집)

① 재해보험을 모집할 수 있는 자는 다음 각 호와 같다.

    1. 산림조합중앙회와 그 회원조합의 임직원, 수협중앙회와 그 회원조합 및 「수산업협동조합법」에 따라 설립된 수협은행의 임직원

    2. 「수산업협동조합법」 제60조(제108조, 제113조 및 제168조에 따라 준용되는 경우를 포함한다)의 공제규약에 따른 공제모집인으로서 수협중앙회장 또는 그 회원조합장이 인정하는 자

    2의2. 「산림조합법」 제48조(제122조에 따라 준용되는 경우를 포함한다)의 공제규정에 따른 공제모집인으로서 산림조합중앙회장이나 그 회원조합장이 인정하는 자

    3. 「보험업법」 제83조 제1항에 따라 보험을 모집할 수 있는 자

② 제1항에 따라 재해보험의 모집 업무에 종사하는 자가 사용하는 재해보험 안내자료 및 금지행위에 관하여는 「보험업법」 제95조 · 제97조, 제98조 및 「금융소비자 보호에 관한 법률」 제21조를 준용한다. 다만, 재해보험사업자가 수협중앙회, 산림조합중앙회인 경우에는 「보험업법」 제95조 제1항 제5호를 준용하지 아니하며, 「농업협동조합법」, 「수산업협동조합법」, 「산림조합법」에 따른 조합이 그 조합원에게 이 법에 따른 보험상품의 보험료 일부를 지원하는 경우에는 「보험업법」 제98조에도 불구하고 해당 보험계약의 체결 또는 모집과 관련한 특별이익의 제공으로 보지 아니한다.

제10조의2(사고예방의무 등)

① 보험가입자는 재해로 인한 사고의 예방을 위하여 노력하여야 한다.

② 재해보험사업자는 사고 예방을 위하여 보험가입자가 납입한 보험료의 일부를 되돌려줄 수 있다.

제11조(손해평가 등)

① 재해보험사업자는 보험목적물에 관한 지식과 경험을 갖춘 사람 또는 그 밖의 관계 전문가를 손해평가인으로 위촉하여 손해평가를 담당하게 하거나 제11조의2에 따른 손해평가사(이하 "손해평가사"라 한다) 또는 「보험업법」 제186조에 따른 손해사정사에게 손해평가를 담당하게 할 수 있다.

② 제1항에 따른 손해평가인과 손해평가사 및 「보험업법」 제186조에 따른 손해사정사는 농림축산식품부장관 또는 해양수산부장관이 정하여 고시하는 손해평가 요령에 따라 손해평가를 하여야 한다. 이 경우 공정하고 객관적으로 손해평가를 하여야 하며, 고의로 진실을 숨기거나 거짓으로 손해평가를 하여서는 아니 된다.

③ 재해보험사업자는 공정하고 객관적인 손해평가를 위하여 동일 시 · 군 · 구(자치구를 말한다) 내에서 교차손해평가(손해평가인 상호간에 담당지역을 교차하여 평가하는 것을 말한다. 이하 같다)를 수행할 수 있다. 이 경우 교차손해평가의 절차 · 방법 등에 필요한 사항은 농림축산식품부장관 또는 해양수산부장관이 정한다.

④ 농림축산식품부장관 또는 해양수산부장관은 제2항에 따른 손해평가 요령을 고시하려면 미리 금융위원회와 협의하여야 한다.

⑤ 농림축산식품부장관 또는 해양수산부장관은 제1항에 따른 손해평가인이 공정하고 객관적인 손해평가를 수행할 수 있도록 연 1회 이상 정기교육을 실시하여야 한다.

⑥ 농림축산식품부장관 또는 해양수산부장관은 손해평가인 간의 손해평가에 관한 기술·정보의 교환을 지원할 수 있다.

⑦ 제1항에 따라 손해평가인으로 위촉될 수 있는 사람의 자격 요건, 제5항에 따른 정기교육, 제6항에 따른 기술·정보의 교환 지원 및 손해평가 실무교육 등에 필요한 사항은 대통령령으로 정한다.

농어업재해보험법 시행령 제12조(손해평가인의 자격요건 등)

① 법 제11조에 따른 손해평가인으로 위촉될 수 있는 사람의 자격요건은 별표 2와 같다.

② 재해보험사업자는 제1항에 따른 손해평가인으로 위촉된 사람에 대하여 보험에 관한 기초지식, 보험약관 및 손해평가요령 등에 관한 실무교육을 하여야 한다.

③ 법 제11조 제5항에 따른 정기교육에는 다음 각 호의 사항이 포함되어야 하며, 교육시간은 4시간 이상으로 한다.

　1. 농어업재해보험에 관한 기초지식

　2. 농어업재해보험의 종류별 약관

　3. 손해평가의 절차 및 방법

　4. 그 밖에 손해평가에 필요한 사항으로서 농림축산식품부장관 또는 해양수산부장관이 정하는 사항

④ 제3항에서 규정한 사항 외에 정기교육의 운영에 필요한 사항은 농림축산식품부장관 또는 해양수산부장관이 정하여 고시한다.

TIP **손해평가인의 자격요건〈농어업재해보험법 시행령 [별표 2]〉**

① 농작물재해보험

　1. 재해보험 대상 농작물을 5년 이상 경작한 경력이 있는 농업인

　2. 공무원으로 농림축산식품부, 농촌진흥청, 통계청 또는 지방자치단체나 그 소속기관에서 농작물재배 분야에 관한 연구·지도, 농산물 품질관리 또는 농업 통계조사 업무를 3년 이상 담당한 경력이 있는 사람

　3. 교원으로 고등학교에서 농작물재배 분야 관련 과목을 5년 이상 교육한 경력이 있는 사람

　4. 조교수 이상으로 「고등교육법」 제2조에 따른 학교에서 농작물재배 관련학을 3년 이상 교육한 경력이 있는 사람

　5. 「보험업법」에 따른 보험회사의 임직원이나 「농업협동조합법」에 따른 중앙회와 조합의 임직원으로 영농 지원 또는 보험·공제 관련 업무를 3년 이상 담당하였거나 손해평가 업무를 2년 이상 담당한 경력이 있는 사람

　6. 「고등교육법」 제2조에 따른 학교에서 농작물재배 관련학을 전공하고 농업전문 연구기관 또는 연구소에서 5년 이상 근무한 학사학위 이상 소지자

7. 「고등교육법」 제2조에 따른 전문대학에서 보험 관련 학과를 졸업한 사람

8. 「학점인정 등에 관한 법률」 제8조에 따라 전문대학의 보험 관련 학과 졸업자와 같은 수준 이상의 학력이 있다고 인정받은 사람이나 「고등교육법」 제2조에 따른 학교에서 80학점(보험 관련 과목 학점이 45학점 이상이어야 한다) 이상을 이수한 사람 등 제7호에 해당하는 사람과 같은 수준 이상의 학력이 있다고 인정되는 사람

9. 「농수산물 품질관리법」에 따른 농산물품질관리사

10. 재해보험 대상 농작물 분야에서 「국가기술자격법」에 따른 기사 이상의 자격을 소지한 사람

② 임산물재해보험

1. 재해보험 대상 임산물을 5년 이상 경작한 경력이 있는 임업인

2. 공무원으로 농림축산식품부, 농촌진흥청, 산림청, 통계청 또는 지방자치단체나 그 소속기관에서 임산물 재배 분야에 관한 연구·지도 또는 임업 통계조사 업무를 3년 이상 담당한 경력이 있는 사람

3. 교원으로 고등학교에서 임산물재배 분야 관련 과목을 5년 이상 교육한 경력이 있는 사람

4. 조교수 이상으로 「고등교육법」 제2조에 따른 학교에서 임산물재배 관련학을 3년 이상 교육한 경력이 있는 사람

5. 「보험업법」에 따른 보험회사의 임직원이나 「산림조합법」에 따른 중앙회와 조합의 임직원으로 산림경영 지원 또는 보험·공제 관련 업무를 3년 이상 담당하였거나 손해평가 업무를 2년 이상 담당한 경력이 있는 사람

6. 「고등교육법」 제2조에 따른 학교에서 임산물재배 관련학을 전공하고 임업전문 연구기관 또는 연구소에서 5년 이상 근무한 학사학위 이상 소지자

7. 「고등교육법」 제2조에 따른 전문대학에서 보험 관련 학과를 졸업한 사람

8. 「학점인정 등에 관한 법률」 제8조에 따라 전문대학의 보험 관련 학과 졸업자와 같은 수준 이상의 학력이 있다고 인정받은 사람이나 「고등교육법」 제2조에 따른 학교에서 80학점(보험 관련 과목 학점이 45학점 이상이어야 한다) 이상을 이수한 사람 등 제7호에 해당하는 사람과 같은 수준 이상의 학력이 있다고 인정되는 사람

9. 재해보험 대상 임산물 분야에서 「국가기술자격법」에 따른 기사 이상의 자격을 소지한 사람

③ 가축 재해보험

1. 재해보험 대상 가축을 5년 이상 사육한 경력이 있는 농업인

2. 공무원으로 농림축산식품부, 농촌진흥청, 통계청 또는 지방자치단체나 그 소속기관에서 가축사육 분야에 관한 연구·지도 또는 가축 통계조사 업무를 3년 이상 담당한 경력이 있는 사람

3. 교원으로 고등학교에서 가축사육 분야 관련 과목을 5년 이상 교육한 경력이 있는 사람

4. 조교수 이상으로 「고등교육법」 제2조에 따른 학교에서 가축사육 관련학을 3년 이상 교육한 경력이 있는 사람

5. 「보험업법」에 따른 보험회사의 임직원이나 「농업협동조합법」에 따른 중앙회와 조합의 임직원으로 영농지원 또는 보험·공제 관련 업무를 3년 이상 담당하였거나 손해평가 업무를 2년 이상 담당한 경력이 있는 사람

6. 「고등교육법」제2조에 따른 학교에서 가축사육 관련학을 전공하고 축산전문 연구기관 또는 연구소에서 5년 이상 근무한 학사학위 이상 소지자

7. 「고등교육법」제2조에 따른 전문대학에서 보험 관련 학과를 졸업한 사람

8. 「학점인정 등에 관한 법률」제8조에 따라 전문대학의 보험 관련 학과 졸업자와 같은 수준 이상의 학력이 있다고 인정받은 사람이나 「고등교육법」제2조에 따른 학교에서 80학점(보험 관련 과목 학점이 45학점 이상이어야 한다) 이상을 이수한 사람 등 제7호에 해당하는 사람과 같은 수준 이상의 학력이 있다고 인정되는 사람

9. 「수의사법」에 따른 수의사

10. 「국가기술자격법」에 따른 축산기사 이상의 자격을 소지한 사람

④ 양식수산물 재해보험

1. 재해보험 대상 양식수산물을 5년 이상 양식한 경력이 있는 어업인

2. 공무원으로 해양수산부, 국립수산과학원, 국립수산물품질관리원 또는 지방자치단체에서 수산물양식 분야 또는 수산생명의학 분야에 관한 연구 또는 지도업무를 3년 이상 담당한 경력이 있는 사람

3. 교원으로 수산계 고등학교에서 수산물양식 분야 또는 수산생명의학 분야의 관련 과목을 5년 이상 교육한 경력이 있는 사람

4. 조교수 이상으로 「고등교육법」제2조에 따른 학교에서 수산물양식 관련학 또는 수산생명의학 관련학을 3년 이상 교육한 경력이 있는 사람

5. 「보험업법」에 따른 보험회사의 임직원이나 「수산업협동조합법」에 따른 수산업협동조합중앙회, 수협은행 및 조합의 임직원으로 수산업지원 또는 보험·공제 관련 업무를 3년 이상 담당하였거나 손해평가 업무를 2년 이상 담당한 경력이 있는 사람

6. 「고등교육법」제2조에 따른 학교에서 수산물양식 관련학 또는 수산생명의학 관련학을 전공하고 수산전문 연구기관 또는 연구소에서 5년 이상 근무한 학사학위 소지자

7. 「고등교육법」제2조에 따른 전문대학에서 보험 관련 학과를 졸업한 사람

8. 「학점인정 등에 관한 법률」제8조에 따라 전문대학의 보험 관련 학과 졸업자와 같은 수준 이상의 학력이 있다고 인정받은 사람이나 「고등교육법」제2조에 따른 학교에서 80학점(보험 관련 과목 학점이 45학점 이상이어야 한다) 이상을 이수한 사람 등 제7호에 해당하는 사람과 같은 수준 이상의 학력이 있다고 인정되는 사람

9. 「수산생물질병 관리법」에 따른 수산질병관리사

10. 재해보험 대상 양식수산물 분야에서 「국가기술자격법」에 따른 기사 이상의 자격을 소지한 사람

11. 「농수산물 품질관리법」에 따른 수산물품질관리사

제11조의2(손해평가사)

농림축산식품부장관은 공정하고 객관적인 손해평가를 촉진하기 위하여 손해평가사 제도를 운영한다.

제11조의3(손해평가사의 업무)

손해평가사는 농작물재해보험 및 가축재해보험에 관하여 다음 각 호의 업무를 수행한다.

1. 피해사실의 확인

2. 보험가액 및 손해액의 평가

3. 그 밖의 손해평가에 필요한 사항

제11조의4(손해평가사의 시험 등)

① 손해평가사가 되려는 사람은 농림축산식품부장관이 실시하는 손해평가사 자격시험에 합격하여야 한다.

② 보험목적물 또는 관련 분야에 관한 전문 지식과 경험을 갖추었다고 인정되는 대통령령으로 정하는 기준에 해당하는 사람에게는 손해평가사 자격시험 과목의 일부를 면제할 수 있다.

> **농어업재해보험법 시행령 제12조의5(손해평가사 자격시험의 일부 면제)**
> ① 법 제11조의4 제2항에서 "대통령령으로 정하는 기준에 해당하는 사람"이란 다음 각 호의 어느 하나에 해당하는 사람을 말한다.
>   1. 법 제11조 제1항에 따른 손해평가인으로 위촉된 기간이 3년 이상인 사람으로서 손해평가 업무를 수행한 경력이 있는 사람
>   2. 「보험업법」 제186조에 따른 손해사정사
>   3. 다음 각 목의 기관 또는 법인에서 손해사정 관련 업무에 3년 이상 종사한 경력이 있는 사람
>   가. 「금융위원회의 설치 등에 관한 법률」에 따라 설립된 금융감독원
>   나. 「농업협동조합법」에 따른 농업협동조합중앙회. 이 경우 법률 제10522호 농업협동조합법 일부개정법률 제134조의5의 개정규정에 따라 농협손해보험이 설립되기 전까지의 농업협동조합중앙회에 한정한다.
>   다. 「보험업법」 제4조에 따른 허가를 받은 손해보험회사
>   라. 「보험업법」 제175조에 따라 설립된 손해보험협회
>   마. 「보험업법」 제187조 제2항에 따른 손해사정을 업(業)으로 하는 법인
>   바. 「화재로 인한 재해보상과 보험가입에 관한 법률」 제11조에 따라 설립된 한국화재보험협회
> ② 제1항 각 호의 어느 하나에 해당하는 사람에 대해서는 손해평가사 자격시험 중 제1차 시험을 면제한다.
> ③ 제2항에 따라 제1차 시험을 면제받으려는 사람은 농림축산식품부장관이 정하여 고시하는 면제신청서에 제1항 각 호의 어느 하나에 해당하는 사실을 증명하는 서류를 첨부하여 농림축산식품부장관에게 신청해야 한다.
> ④ 제3항에 따른 면제 신청을 받은 농림축산식품부장관은 「전자정부법」 제36조 제1항에 따른 행정정보의 공동이용을 통하여 신청인의 고용보험 피보험자격 이력내역서, 국민연금가입자가입증명 또는 건강보험 자격득실확인서를 확인해야 한다. 다만, 신청인이 확인에 동의하지 않는 경우에는 그 서류를 첨부하도록 해야 한다.
> ⑤ 제1차 시험에 합격한 사람에 대해서는 다음 회에 한정하여 제1차 시험을 면제한다.

③ 농림축산식품부장관은 다음 각 호의 어느 하나에 해당하는 사람에 대하여는 그 시험을 정지시키거나 무효로 하고 그 처분 사실을 지체 없이 알려야 한다.

1. 부정한 방법으로 시험에 응시한 사람

2. 시험에서 부정한 행위를 한 사람

④ 다음 각 호에 해당하는 사람은 그 처분이 있은 날부터 2년이 지나지 아니한 경우 제1항에 따른 손해평가사 자격시험에 응시하지 못한다.

1. 제3항에 따라 정지·무효 처분을 받은 사람

2. 제11조의5에 따라 손해평가사 자격이 취소된 사람

⑤ 제1항 및 제2항에 따른 손해평가사 자격시험의 실시, 응시수수료, 시험과목, 시험과목의 면제, 시험방법, 합격기준 및 자격증 발급 등에 필요한 사항은 대통령령으로 정한다.

농어업재해보험법 시행령 제12조의2(손해평가사 자격시험의 실시 등)

① 법 제11조의4 제1항에 따른 손해평가사 자격시험(이하 "손해평가사 자격시험"이라 한다)은 매년 1회 실시한다. 다만, 농림축산식품부장관이 손해평가사의 수급(需給)상 필요하다고 인정하는 경우에는 2년마다 실시할 수 있다.

② 농림축산식품부장관은 손해평가사 자격시험을 실시하려면 다음 각 호의 사항을 시험 실시 90일 전까지 인터넷 홈페이지 등에 공고해야 한다.

1. 시험의 일시 및 장소

2. 시험방법 및 시험과목

3. 응시원서의 제출방법 및 응시수수료

4. 합격자 발표의 일시 및 방법

5. 선발예정인원(농림축산식품부장관이 수급상 필요하다고 인정하여 선발예정인원을 정한 경우만 해당한다)

6. 그 밖에 시험의 실시에 필요한 사항

③ 손해평가사 자격시험에 응시하려는 사람은 농림축산식품부장관이 정하여 고시하는 응시원서를 농림축산식품부장관에게 제출하여야 한다.

④ 손해평가사 자격시험에 응시하려는 사람은 농림축산식품부장관이 정하여 고시하는 응시수수료를 내야 한다.

⑤ 농림축산식품부장관은 다음 각 호의 어느 하나에 해당하는 경우에는 제4항에 따라 받은 수수료를 다음 각 호의 구분에 따라 반환하여야 한다.

1. 수수료를 과오납한 경우: 과오납한 금액 전부

2. 시험일 20일 전까지 접수를 취소하는 경우: 납부한 수수료 전부

3. 시험관리기관의 귀책사유로 시험에 응시하지 못하는 경우: 납부한 수수료 전부

4. 시험일 10일 전까지 접수를 취소하는 경우: 납부한 수수료의 100분의 60

농어업재해보험법 시행령 제12조의3(손해평가사 자격시험의 방법)

① 손해평가사 자격시험은 제1차 시험과 제2차 시험으로 구분하여 실시한다. 이 경우 제2차 시험은 제1차 시험에 합격한 사람과 제12조의5에 따라 제1차 시험을 면제받은 사람을 대상으로 시행한다.

② 제1차 시험은 선택형으로 출제하는 것을 원칙으로 하되, 단답형 또는 기입형을 병행할 수 있다.

③ 제2차 시험은 서술형으로 출제하는 것을 원칙으로 하되, 단답형 또는 기입형을 병행할 수 있다.

---

⑥ 손해평가사는 다른 사람에게 그 명의를 사용하게 하거나 다른 사람에게 그 자격증을 대여해서는 아니 된다.

⑦ 누구든지 손해평가사의 자격을 취득하지 아니하고 그 명의를 사용하거나 자격증을 대여받아서는 아니 되며, 명의의 사용이나 자격증의 대여를 알선해서도 아니 된다.

제11조의5(손해평가사의 자격 취소)

① 농림축산식품부장관은 다음 각 호의 어느 하나에 해당하는 사람에 대하여 손해평가사 자격을 취소할 수 있다. 다만, 제1호 및 제5호에 해당하는 경우에는 자격을 취소하여야 한다.

1. 손해평가사의 자격을 거짓 또는 부정한 방법으로 취득한 사람

2. 거짓으로 손해평가를 한 사람

3. 제11조의4 제6항을 위반하여 다른 사람에게 손해평가사의 명의를 사용하게 하거나 그 자격증을 대여한 사람

4. 제11조의4 제7항을 위반하여 손해평가사 명의의 사용이나 자격증의 대여를 알선한 사람

5. 업무정지 기간 중에 손해평가 업무를 수행한 사람

② 제1항에 따른 자격 취소 처분의 세부기준은 대통령령으로 정한다.

TIP 손해평가사 자격 취소 처분의 세부기준〈농어업재해보험법 시행령 [별표 2의3]〉

① 일반기준

　가. 위반행위의 횟수에 따른 행정처분의 가중된 처분 기준은 최근 3년간 같은 위반행위로 행정처분을 받은 경우에 적용한다. 이 경우 기간의 계산은 위반행위에 대해 행정처분을 받은 날과 그 처분 후에 다시 같은 위반행위를 하여 적발된 날을 기준으로 한다.

　나. 가목에 따라 가중된 행정처분을 하는 경우 가중처분의 적용 차수는 그 위반행위 전 행정처분 차수(가목에 따른 기간 내에 행정처분이 둘 이상 있었던 경우에는 높은 차수를 말한다)의 다음 차수로 한다.

　다. 위반행위가 둘 이상인 경우로서 그에 해당하는 각각의 처분기준이 다른 경우에는 그 중 무거운 처분기준에 따른다.

② 개별기준

위반행위	근거 법조문	처분기준	
		1회 위반	2회 이상 위반
가. 손해평가사의 자격을 거짓 또는 부정한 방법으로 취득한 경우	법 제11조의5 제1항 제1호	자격 취소	
나. 거짓으로 손해평가를 한 경우	법 제11조의5 제1항 제2호	시정명령	자격 취소
다. 법 제11조의4 제6항을 위반하여 다른 사람에게 손해평가사의 명의를 사용하게 하거나 그 자격증을 대여한 경우	법 제11조의5 제1항 제3호	자격 취소	
라. 법 제11조의4 제7항을 위반하여 손해평가사 명의의 사용이나 자격증의 대여를 알선한 경우	법 제11조의5 제1항 제4호	자격 취소	
마. 업무정지 기간 중에 손해평가 업무를 수행한 경우	법 제11조의5 제1항 제5호	자격 취소	

TIP 손해평가사 업무 정지 처분의 세부기준〈농어업재해보험법 시행령 [별표 2의4]〉

① 일반기준

　가. 위반행위의 횟수에 따른 행정처분의 가중된 처분 기준은 최근 3년간 같은 위반행위로 행정처분을 받은 경우에 적용한다. 이 경우 기간의 계산은 위반행위에 대해 행정처분을 받은 날과 그 처분 후에 다시 같은 위반행위를 하여 적발된 날을 기준으로 한다.

　나. 가목에 따라 가중된 행정처분을 하는 경우 가중처분의 적용 차수는 그 위반행위 전 행정처분 차수(가목에 따른 기간 내에 행정처분이 둘 이상 있었던 경우에는 높은 차수를 말한다)의 다음 차수로 한다.

　다. 위반행위가 둘 이상인 경우로서 그에 해당하는 각각의 처분기준이 다른 경우에는 그 중 가장 무거운 처분기준에 따르고, 가장 무거운 처분기준의 2분의 1까지 그 기간을 늘릴 수 있다. 다만, 기간을 늘리는 경우에도 법 제11조의6 제1항에 따른 업무 정지 기간의 상한을 넘을 수 없다.

　라. 농림축산식품부장관은 다음의 어느 하나에 해당하는 경우에는 제2호에 따른 처분기준의 2분의 1의 범위에서 그 기간을 줄일 수 있다.

　　1) 위반행위가 사소한 부주의나 오류로 인한 것으로 인정되는 경우

　　2) 위반의 내용·정도가 경미하다고 인정되는 경우

　　3) 위반행위자가 법 위반상태를 바로 정정하거나 시정하여 해소한 경우

　　4) 그 밖에 위반행위의 내용, 정도, 동기 및 결과 등을 고려하여 업무 정지 처분의 기간을 줄일 필요가 있다고 인정되는 경우

② 개별기준

위반행위	근거 법조문	처분기준		
		1회 위반	2회 위반	3회 이상 위반
가. 업무 수행과 관련하여 「개인정보 보호법」, 「신용정보의 이용 및 보호에 관한 법률」 등 정보 보호와 관련된 법령을 위반한 경우	법 제11조의6 제1항	업무 정지 6개월	업무 정지 1년	업무 정지 1년
나. 업무 수행과 관련하여 보험계약자 또는 보험사업자로부터 금품 또는 향응을 제공받은 경우	법 제11조의6 제1항	업무 정지 6개월	업무 정지 1년	업무 정지 1년
다. 자기 또는 자기와 생계를 같이 하는 4촌 이내의 친족이 가입한 보험계약에 관한 손해평가를 한 경우	법 제11조의6 제1항	업무 정지 3개월	업무 정지 6개월	업무 정지 6개월
라. 자기 또는 이해관계자가 모집한 보험계약에 대해 손해평가를 한 경우	법 제11조의6 제1항	업무 정지 3개월	업무 정지 6개월	업무 정지 6개월
마. 법 제11조 제2항 전단에 따른 손해평가 요령을 준수하지 않고 손해평가를 한 경우	법 제11조의6 제1항	경고	업무 정지 1개월	업무 정지 3개월
바. 그 밖에 손해평가사가 그 직무를 게을리하거나 직무를 수행하면서 부적절한 행위를 했다고 인정되는 경우	법 제11조의6 제1항	경고	업무 정지 1개월	업무 정지 3개월

제11조의6(손해평가사의 감독)

① 농림축산식품부장관은 손해평가사가 그 직무를 게을리하거나 직무를 수행하면서 부적절한 행위를 하였다고 인정하면 1년 이내의 기간을 정하여 업무의 정지를 명할 수 있다.

② 제1항에 따른 업무 정지 처분의 세부기준은 대통령령으로 정한다.

제11조의7(보험금수급전용계좌)

① 재해보험사업자는 수급권자의 신청이 있는 경우에는 보험금을 수급권자 명의의 지정된 계좌(이하 "보험금수급전용계좌"라 한다)로 입금하여야 한다. 다만, 정보통신장애나 그 밖에 대통령령으로 정하는 불가피한 사유로 보험금을 보험금수급계좌로 이체할 수 없을 때에는 현금 지급 등 대통령령으로 정하는 바에 따라 보험금을 지급할 수 있다.

② 보험금수급전용계좌의 해당 금융기관은 이 법에 따른 보험금만이 보험금수급전용계좌에 입금되도록 관리하여야 한다.

③ 제1항에 따른 신청의 방법·절차와 제2항에 따른 보험금수급전용계좌의 관리에 필요한 사항은 대통령령으로 정한다.

> **농어업재해보험법 시행령 제12조의11(보험금수급전용계좌의 신청 방법·절차 등)**
> ① 법 제11조의7 제1항 본문에 따라 보험금을 수급권자 명의의 지정된 계좌(이하 "보험금수급전용계좌"라 한다)로 받으려는 사람은 재해보험사업자가 정하는 보험금 지급청구서에 수급권자 명의의 보험금수급전용계좌를 기재하고, 통장의 사본(계좌번호가 기재된 면을 말한다)을 첨부하여 재해보험사업자에게 제출해야 한다. 보험금수급전용계좌를 변경하는 경우에도 또한 같다.
> ② 법 제11조의7 제1항 단서에서 "대통령령으로 정하는 불가피한 사유"란 보험금수급전용계좌가 개설된 금융기관의 폐업·업무 정지 등으로 정상영업이 불가능한 경우를 말한다.
> ③ 재해보험사업자는 법 제11조의7 제1항 단서에 따른 사유로 보험금을 이체할 수 없을 때에는 수급권자의 신청에 따라 다른 금융기관에 개설된 보험금수급전용계좌로 이체해야 한다. 다만, 다른 보험금수급전용계좌로도 이체할 수 없는 경우에는 수급권자 본인의 주민등록증 등 신분증명서의 확인을 거쳐 보험금을 직접 현금으로 지급할 수 있다.

제11조의8(손해평가에 대한 이의신청)

① 제11조 제2항에 따른 손해평가 결과에 이의가 있는 보험가입자는 재해보험사업자에게 재평가를 요청할 수 있으며, 재해보험사업자는 특별한 사정이 없으면 재평가 요청에 따라야 한다.

② 제1항의 재평가를 수행하였음에도 이의가 해결되지 아니하는 경우 보험가입자는 농림축산식품부장관 또는 해양수산부장관이 정하는 기관에 이의신청을 할 수 있다.

③ 신청요건, 절차, 방법 등 이의신청 처리에 관한 구체적인 사항은 농림축산식품부장관 또는 해양수산부장관이 정하여 고시한다.

제12조(수급권의 보호)

① 재해보험의 보험금을 지급받을 권리는 압류할 수 없다. 다만, 보험목적물이 담보로 제공된 경우에는 그러하지 아니하다.

② 제11조의7 제1항에 따라 지정된 보험금수급전용계좌의 예금 중 대통령령으로 정하는 액수 이하의 금액에 관한 채권은 압류할 수 없다.

> **농어업재해보험법 시행령 제12조의12(보험금의 압류 금지)**
> 법 제12조 제2항에서 "대통령령으로 정하는 액수"란 다음 각 호의 구분에 따른 보험금 액수를 말한다.
> 1. 농작물·임산물·가축 및 양식수산물의 재생산에 직접적으로 소요되는 비용의 보장을 목적으로 법 제11조의7 제1항 본문에 따라 보험금수급전용계좌로 입금된 보험금 : 입금된 보험금 전액
> 2. 제1호 외의 목적으로 법 제11조의7 제1항 본문에 따라 보험금수급전용계좌로 입금된 보험금 : 입금된 보험금의 2분의 1에 해당하는 액수

제13조(보험목적물의 양도에 따른 권리 및 의무의 승계)

재해보험가입자가 재해보험에 가입된 보험목적물을 양도하는 경우 그 양수인은 재해보험계약에 관한 양도인의 권리 및 의무를 승계한 것으로 추정한다.

제14조(업무 위탁)

재해보험사업자는 재해보험사업을 원활히 수행하기 위하여 필요한 경우에는 보험모집 및 손해평가 등 재해보험 업무의 일부를 대통령령으로 정하는 자에게 위탁할 수 있다.

> **농어업재해보험법 시행령 제13조(업무 위탁)**
> 법 제14조에서 "대통령령으로 정하는 자"란 다음 각 호의 자를 말한다.
> 1. 「농업협동조합법」에 따라 설립된 지역농업협동조합·지역축산업협동조합 및 품목별·업종별협동조합
> 1의2. 「산림조합법」에 따라 설립된 지역산림조합 및 품목별·업종별산림조합
> 2. 「수산업협동조합법」에 따라 설립된 지구별 수산업협동조합, 업종별 수산업협동조합, 수산물가공 수산업협동조합 및 수협은행
> 3. 「보험업법」 제187조에 따라 손해사정을 업으로 하는 자
> 4. 농어업재해보험 관련 업무를 수행할 목적으로 「민법」 제32조에 따라 농림축산식품부장관 또는 해양수산부장관의 허가를 받아 설립된 비영리법인

제15조(회계 구분)

재해보험사업자는 재해보험사업의 회계를 다른 회계와 구분하여 회계처리함으로써 손익관계를 명확히 하여야 한다.

제17조(분쟁조정)

재해보험과 관련된 분쟁의 조정(調停)은 「금융소비자 보호에 관한 법률」 제33조부터 제43조까지의 규정에 따른다.

제18조(「보험업법」 등의 적용)

① 이 법에 따른 재해보험사업에 대하여는 「보험업법」 제104조부터 제107조까지, 제118조 제1항, 제119조, 제120조, 제124조, 제127조, 제128조, 제131조부터 제133조까지, 제134조 제1항, 제136조, 제162조, 제176조 및 제181조 제1항을 적용한다. 이 경우 "보험회사"는 "보험사업자"로 본다.

② 이 법에 따른 재해보험사업에 대해서는 「금융소비자 보호에 관한 법률」 제45조를 적용한다. 이 경우 "금융상품직접판매업자"는 "보험사업자"로 본다.

제19조(재정지원)

① 정부는 예산의 범위에서 재해보험가입자가 부담하는 보험료의 일부와 재해보험사업자의 재해보험의 운영 및 관리에 필요한 비용(이하 "운영비"라 한다)의 전부 또는 일부를 지원할 수 있다. 이 경우 지방자치단체는 예산의 범위에서 재해보험가입자가 부담하는 보험료의 일부를 추가로 지원할 수 있다.

② 농림축산식품부장관·해양수산부장관 및 지방자치단체의 장은 제1항에 따른 지원 금액을 재해보험사업자에게 지급하여야 한다.

③ 「풍수해·지진재해보험법」에 따른 풍수해·지진재해보험에 가입한 자가 동일한 보험목적물을 대상으로 재해보험에 가입할 경우에는 제1항에도 불구하고 정부가 재정지원을 하지 아니한다.

④ 제1항에 따른 보험료와 운영비의 지원 방법 및 지원 절차 등에 필요한 사항은 대통령령으로 정한다.

> **농어업재해보험법 시행령 제15조(보험료 및 운영비의 지원)**
> ① 법 제19조 제1항 전단 및 제2항에 따라 보험료 또는 운영비의 지원금액을 지급받으려는 재해보험사업자는 농림축산식품부장관 또는 해양수산부장관이 정하는 바에 따라 재해보험 가입현황서나 운영비 사용계획서를 농림축산식품부장관 또는 해양수산부장관에게 제출하여야 한다.
> ② 제1항에 따른 재해보험 가입현황서나 운영비 사용계획서를 제출받은 농림축산식품부장관 또는 해양수산부장관은 제9조에 따른 보험가입자의 기준 및 제10조 제2항 제3호에 따른 재해보험사업자에 대한 재정지원에 관한 사항 등을 확인하여 보험료 또는 운영비의 지원금액을 결정·지급한다.
> ③ 법 제19조 제1항 후단 및 같은 조 제2항에 따라 지방자치단체의 장은 보험료의 일부를 추가 지원하려는 경우 재해보험 가입현황서와 제9조에 따른 보험가입자의 기준 등을 확인하여 보험료의 지원금액을 결정·지급한다.

기출문제 분석

재해보험의 종류, 보험목적물의 종류, 손해평가사의 자격기준, 손해평가사의 자격취소 세부기준에 대한 것과 손해평가사의 업무와 관련된 것은 빈번하게 묻는다. 또한 보험률 산정을 위한 단위에 대해서도 빈번하게 묻는 편이니 상세하게 암기해두는 것이 중요하다.

2015년

1 농어업재해보험법상 재해보험의 종류가 아닌 것은?

① 농기계재해보험

② 농작물재해보험

③ 양식수산물재해보험

④ 가축재해보험

TIP 재해보험의 종류는 농작물재해보험, 임산물재해보험, 가축재해보험 및 양식수산물재해보험으로 한다. 이 중 농작물재해보험, 임산물재해보험 및 가축재해보험과 관련된 사항은 농림축산식품부장관이, 양식수산물재해보험과 관련된 사항은 해양수산부장관이 각각 관장한다〈농어업재해보험법 제4조(재해보험의 종류 등)〉.

2016년

2 농어업재해보험법상 재해보험의 종류와 보험목적물로 옳지 않은 것은?

① 농작물재해보험 : 농작물 및 농업용 시설물

② 임산물재해보험 : 임산물 및 임업용 시설물

③ 축산물재해보험 : 축산물 및 축산시설물

④ 양식수산물재해보험 : 양식수산물 및 양식시설물

TIP 보험목적물〈농어업재해보험법 제5조 제1항〉… 보험목적물은 다음 각 호의 구분에 따르되, 그 구체적인 범위는 보험의 효용성 및 보험 실시 가능성 등을 종합적으로 고려하여 제3조에 따른 농업재해보험심의회 또는 「수산업・어촌 발전 기본법」 제8조 제 1항에 따른 중앙 수산업・어촌정책심의회를 거쳐 농림축산식품부장관 또는 해양수산부장관이 고시한다.
1. 농작물재해보험 : 농작물 및 농업용 시설물
1의2. 임산물재해보험 : 임산물 및 임업용 시설물
2. 가축재해보험 : 가축 및 축산시설물
3. 양식수산물재해보험 : 양식수산물 및 양식시설물

Answer 1.① 2.③

3 재해보험에서 보상하는 재해의 범위 중 보험목적물 "벼"에서 보상하는 병충해가 아닌 것은?

① 흰잎마름병

② 잎집무늬마름병

③ 줄무늬잎마름병

④ 벼멸구

> **TIP** 벼의 보상하는 재해의 범위〈농업재해보험의 보험목적물별 보상하는 병충해 및 질병규정 별표〉
> 1. 병해 : 흰잎마름병, 줄무늬 잎마름병, 도열병, 깨씨무늬병
> 2. 충해 : 벼멸구, 먹노린재, 세균성벼알마름병

4 현행 농어업재해보험법령상 농작물 재해보험의 보험목적물이 아닌 것은?

① 옥수수

② 복분자

③ 국화

④ 밀

> **TIP** 보험목적물〈농업재해보험에서 보상하는 보험목적물의 범위 제1조〉

종류	보험목적물
농작물 재해보험	사과 · 배 · 포도 · 단감 · 감귤 · 복숭아 · 참다래 · 자두 · 감자 · 콩 · 양파 · 고추 · 옥수수 · 고구마 · 마늘 · 매실 · 벼 · 오디 · 차 · 느타리버섯 · 양배추 · 밀 · 유자 · 무화과 · 메밀 · 인삼 · 브로콜리 · 양송이버섯 · 새송이버섯 · 배추 · 무 · 파 · 호박 · 당근 · 팥 · 살구 · 시금치 · 보리 · 귀리 · 시설봄감자 · 양상추 · 시설(수박 · 딸기 · 토마토 · 오이 · 참외 · 풋고추 · 호박 · 국화 · 장미 · 멜론 · 파프리카 · 부추 · 시금치 · 상추 · 배추 · 가지 · 파 · 무 · 백합 · 카네이션 · 미나리 · 쑥갓)
	위 농작물의 재배시설(부대시설 포함)
임산물 재해보험	떫은 감 · 밤 · 대추 · 복분자 · 표고버섯 · 오미자 · 호두
	위 임산물의 재배시설(부대시설 포함)
가축 재해보험	소 · 말 · 돼지 · 닭 · 오리 · 꿩 · 메추리 · 칠면조 · 사슴 · 거위 · 타조 · 양 · 벌 · 토끼 · 오소리 · 관상조(觀賞鳥)
	위 가축의 축사(부대시설 포함)

Answer 3.② 4.②

5 농어업재해보험법령상 재해보험에 관한 설명으로 옳지 않은 것은?

① 재해보험의 종류는 농작물재해보험, 임산물재해보험, 가축재해보험 및 양식수산물재해보험으로 한다.

② 재해보험에서 보상하는 재해의 범위는 해당 재해의 발생 빈도, 피해 정도 및 객관적인 손해평가방법 등을 고려하여 재해보험의 종류별로 대통령령으로 정한다.

③ 보험목적물의 구체적인 범위는 농업재해보험심의회 또는 중앙 수산업·어촌정책심의회를 거치지 않고 농업정책보험금융원장이 고시한다.

④ 자연재해, 조수해(鳥獸害), 화재 및 보험목절물별로 농림축산식품부장관이 정하여 고시하는 병충해는 농작물·임산물 재해보험이 보상하는 재해의 범위에 해당한다.

> **TIP** ③ 보험목적물은 다음 각 호의 구분에 따르되, 그 구체적인 범위는 보험의 효용성 및 보험 실시 가능성 등을 종합적으로 고려하여 제3조에 따른 농업재해보험심의회 또는 「수산업·어촌 발전 기본법」 제8조 제1항에 따른 중앙 수산업·어촌정책심의회를 거쳐 농림축산식품부장관 또는 해양수산부장관이 고시한다〈농어업재해보험법 제5조(보험목적물) 제1항〉.
> ① 「농어업재해보험법」 제4조(재해보험의 종류 등)
> ② 「농어업재해보험법」 제6조(보상의 범위 등) 제1항
> ④ 「농어업재해보험법 시행령」 제8조(재해보험에서 보상하는 재해의 범위)

6 농어업재해보험법령상 재해보험사업에 관한 내용으로 옳지 않은 것은?

① 재해보험사업을 하려는 자는 기획재정부장관과 재해보험사업의 약정을 체결하여야 한다.

② 재해보험의 종류는 농작물재해보험, 임산물재해보험, 가축재해보험 및 양식수산물재해보험으로 한다.

③ 재해보험에 가입할 수 있는 자는 농림업, 축산업, 양식수산업에 종사하는 개인 또는 법인으로 한다.

④ 재해보험에서 보상하는 재해의 범위는 해당 재해의 발생 빈도, 피해 정도 및 객관적인 손해평가방법 등을 고려하여 재해보험의 종류별로 대통령령으로 정한다.

> **TIP** ① 재해보험사업을 하려는 자는 농림축산식품부장관 또는 해양수산부장관과 재해보험사업의 약정을 체결하여야 한다〈농어업재해보험법 제8조(보험사업자) 제2항〉.
> ② 「농어업재해보험법」 제4조(재해보험의 종류 등)
> ③ 「농어업재해보험법」 제7조(보험가입자)
> ④ 「농어업재해보험법」 제6조(보상의 범위 등)

Answer 5.③ 6.①

7 농어업재해보험법령상 재해보험사업 및 보험료율의 산정에 관한 설명으로 옳지 않은 것은?

① 재해보험사업의 약정을 체결하려는 자는 보험료 및 책임준비금 산출방법서 등을 농림축산식품부장관 또는 해양수산부장관에게 제출하여야 한다.

② 재해보험사업자는 보험료율을 객관적이고 합리적인 통계자료를 기초로 산정하여야 한다.

③ 보험료율은 보험목적물별 또는 보상방식별로 산정한다.

④ 보험료율은 대한민국 전체를 하나의 단위로 산정하여야 한다.

> **TIP** 보험료율의 산정〈농어업재해보험법 제9조〉
>
> ① 제8조 제2항에 따라 농림축산식품부장관 또는 해양수산부장관과 재해보험사업의 약정을 체결한 자(이하 "재해보험사업자"라 한다)는 재해보험의 보험료율을 객관적이고 합리적인 통계자료를 기초로 하여 보험목적물별 또는 보상방식별로 산정하되, 다음 각 호의 구분에 따른 단위로 산정하여야 한다.
>
>   1. 행정구역 단위 : 특별시 · 광역시 · 도 · 특별자치도 또는 시(특별자치시와 「제주특별자치도 설치 및 국제자유도시 조성을 위한 특별법」 제10조 제2항에 따라 설치된 행정시를 포함한다) · 군 · 자치구. 다만, 「보험업법」 제129조에 따른 보험료율 산출의 원칙에 부합하는 경우에는 자치구가 아닌 구 · 읍 · 면 · 동 단위로도 보험료율을 산정할 수 있다.
>
>   2. 권역 단위 : 농림축산식품부장관 또는 해양수산부장관이 행정구역 단위와는 따로 구분하여 고시하는 지역 단위
>
> ② 재해보험사업자는 보험약관안과 보험료율안에 대통령령으로 정하는 변경이 예정된 경우 이를 공고하고 필요한 경우 이해관계자의 의견을 수렴하여야 한다.

8 농어업재해보험법령상 재해보험을 모집할 수 있는 자가 아닌 것은?

① 「수산업협동조합법」에 따라 설립된 수협은행의 임직원

② 「수산업협동조합법」의 공제규약에 따른 공제모집인으로서 해양수산부장관이 인정하는 자

③ 「산림조합법」에 따른 산림조합중앙회의 임직원

④ 「보험업법」 제83조 제1항에 따라 보험을 모집할 수 있는 자

> **TIP** 보험모집〈농어업재해보험법 제10조 제1항〉
>
>   1. 산림조합중앙회와 그 회원조합의 임직원, 수협중앙회와 그 회원조합 및 「수산업협동조합법」에 따라 설립된 수협은행의 임직원
>
>   2. 「수산업협동조합법」의 공제규약에 따른 공제모집인으로서 수협중앙회장 또는 그 회원조합장이 인정하는 자
>
>   3. 「산림조합법」의 공제규정에 따른 공제모집인으로서 산림조합중앙회장이나 그 회원조합장이 인정하는 자
>
>   4. 「보험업법」에 따라 보험을 모집할 수 있는 자

Answer 7.④ 8.②

9 농어업재해보험법상 손해평가사에 관한 설명으로 옳은 것은?

① 농림축산식품부장관과 해양수산부장관은 공정하고 객관적인 손해평가를 촉진하기 위하여 손해평가사 제도를 운영한다.

② 임산물재해보험에 관한 피해사실의 확인은 손해평가사가 수행하는 업무에 해당하지 않는다.

③ 손해평가사 자격이 취소된 사람은 그 처분이 있은 날부터 3년이 지나지 아니한 경우 손해평가사 자격시험에 응시하지 못한다.

④ 손해평가사는 다른 사람에게 그 자격증을 대여해서는 아니 되나, 손해평가사 자격증의 대여를 알선하는 것은 허용된다.

> **TIP** ② 「농어업재해보험법」 제11조의3(손해평가사의 업무)
> ① 농림축산식품부장관은 공정하고 객관적인 손해평가를 촉진하기 위하여 손해평가사 제도를 운영한다〈농어업재해보험법 제11조의2(손해평가사)〉.
> ③ 정지·무효 처분을 받은 사람, 손해평가사 자격이 취소된 사람에 해당하는 사람은 그 처분이 있은 날부터 2년이 지나지 아니한 경우 손해평가사 자격시험에 응시하지 못한다〈농어업재해보험법 제11조의4(손해평가사의 시험 등) 제4항〉.
> ④ 누구든지 손해평가사의 자격을 취득하지 아니하고 그 명의를 사용하거나 자격증을 대여 받아서는 아니 되며, 명의의 사용이나 자격증의 대여를 알선해서도 아니 된다〈농어업재해보험법제11조의4(손해평가사의 시험 등) 제7항〉.

10 농어업재해보험법령상 손해평가사에 관한 설명으로 옳지 않은 것은?

① 농림축산식품부장관은 공정하고 객관적인 손해평가를 촉진하기 위하여 손해평가사 제도를 운영한다.

② 손해평가사 자격이 취소된 사람은 그 취소 처분이 있은 날부터 2년이 지나지 아니한 경우 손해평가사 자격시험에 응시하지 못한다.

③ 손해평가사 자격시험의 제1차 시험은 선택형으로 출제하는 것을 원칙으로 하되, 단답형 또는 기입형을 병행할 수 있다.

④ 보험목적물 또는 관련 분야에 관한 전문 지식과 경험을 갖추었다고 인정되는 대통령령으로 정하는 기준에 해당하는 사람에게는 손해평가사 자격시험 과목의 전부를 면제할 수 있다.

> **TIP** ④ 보험목적물 또는 관련 분야에 관한 전문 지식과 경험을 갖추었다고 인정되는 대통령령으로 정하는 기준에 해당하는 사람에게는 손해평가사 자격시험 과목의 일부를 면제할 수 있다〈농어업재해보험법 제11조의4(손해평가사의 시험 등) 제2항〉.

Answer 9.② 10.④

2017년

11 농어업재해보험법령상 가축재해보험의 손해평가인으로 위촉될 수 있는 자격요건을 갖춘 자는?

① 「수의사법」에 따른 수의사

② 농촌진흥청에서 가축사육분야에 관한 연구 · 지도 업무를 1년간 담당한 공무원

③ 「수산업협동조합법」에 따른 중앙회와 조합의 임직원으로 수산업지원 관련 업무를 2년간 담당한 경력이 있는 사람

④ 재해보험 대상 가축을 3년간 사육한 경력이 있는 농업인

> **TIP** ② 공무원으로 농림축산식품부, 농촌진흥청, 통계청 또는 지방자치단체나 그 소속기관에서 가축사육 분야에 관한 연구 · 지도 또는 가축 통계조사 업무를 3년 이상 담당한 경력이 있는 사람〈농어업재해보험법 시행령 별표 2 가축재해보험 손해평가인의 자격요건〉
> ③ 「수산업협동조합법」에 따른 수산업협동조합중앙회, 수협은행 및 조합의 임직원으로 수산업지원 또는 보험 · 공제 관련 업무를 3년 이상 담당하였거나 손해평가 업무를 2년 이상 담당한 경력이 있는 사람〈농어업재해보험법 시행령 별표 2 가축재해보험 손해평가인의 자격요건〉
> ④ 재해보험 대상 가축을 5년 이상 사육한 경력이 있는 농업인〈농어업재해보험법 시행령 별표 2 가축재해보험 손해평가인의 자격요건〉

2018년

12 농어업재해보험법상 손해평가사의 자격 취소사유에 해당하지 않는 것은?

① 손해평가사의 자격을 거짓 또는 부정한 방법으로 취득한 사람

② 거짓으로 손해평가를 한 사람

③ 다른 사람에게 손해평가사 자격증을 빌려준 사람

④ 업무수행 능력과 자질이 부족한 사람

> **TIP** 손해평가사의 자격 취소〈농어업재해보험법 제11조의5〉 ··· 농림축산식품부장관은 다음 각 호의 어느 하나에 해당하는 사람에 대하여 손해평가사 자격을 취소할 수 있다. 다만, 제1호 및 제5호에 해당하는 경우에는 자격을 취소하여야 한다.
> 1. 손해평가사의 자격을 거짓 또는 부정한 방법으로 취득한 사람
> 2. 거짓으로 손해평가를 한 사람
> 3. 다른 사람에게 손해평가사의 명의를 사용하게 하거나 그 자격증을 대여한 사람
> 4. 손해평가사 명의의 사용이나 자격증의 대여를 알선한 사람
> 5. 업무정지 기간 중에 손해평가 업무를 수행한 사람

Answer 11.① 12.④

13 농어업재해보험법령상 보험금 수급권에 관한 설명으로 옳은 것은?

① 재해보험사업자는 보험금을 현금으로 지급하여야 하나, 불가피한 사유가 있을 때에는 수급권자의 신청이 없더라도 수급권자 명의의 계좌로 입금할 수 있다.

② 재해보험가입자가 재해보험에 가입된 보험목적물을 양도하는 경우 그 양수인은 재해보험계약에 관한 양도인의 권리 및 의무를 승계한다.

③ 재해보험의 보험목적물이 담보로 제공된 경우에는 보험금을 지급받을 권리를 압류할 수 있다.

④ 농작물의 재생산에 직접적으로 소요되는 비용의 보장을 목적으로 보험금수급전용계좌로 입금된 보험금의 경우 그 2분의 1에 해당하는 액수 이하의 금액에 관하여는 채권을 압류할 수 있다.

> **TIP** ③ 「농어업재해보험법」 제12조(수급권의 보호) 제1항
> ① 재해보험사업자는 법 제11조의7 제1항 단서에 따른 사유로 보험금을 이체할 수 없을 때에는 수급권자의 신청에 따라 다른 금융기관에 개설된 보험금수급전용계좌로 이체해야 한다. 다만, 다른 보험금수급전용계좌로도 이체할 수 없는 경우에는 수급권자 본인의 주민등록증 등 신분증명서의 확인을 거쳐 보험금을 직접 현금으로 지급할 수 있다〈농어업재해보험법 시행령 제12조의11(보험금수급전용계좌의 신청 방법·절차 등) 제3항〉.
> ② 재해보험가입자가 재해보험에 가입된 보험목적물을 양도하는 경우 그 양수인은 재해보험계약에 관한 양도인의 권리 및 의무를 승계한 것으로 추정한다〈농어업재해보험법 제13조(보험목적물의 양도에 따른 권리 및 의무의 승계)〉.
> ④ 제11조의7 제1항에 따라 지정된 보험금수급전용계좌의 예금 중 대통령령으로 정하는 액수 이하의 금액(보험금수급전용계좌로 입금된 보험금은 입금된 보험금의 2분의 1에 해당하는 액수)에 관한 채권은 압류할 수 없다〈농어업재해보험법 제12조(수급권의 보호) 제2항〉.

14 농어업재해보험법령상 재해보험사업자가 보험모집 및 손해평가 등 재해보험 업무의 일부를 위탁할 수 있는 자에 해당하지 않는 것은?

① 「보험업법」 제187조에 따라 손해사정을 업으로 하는 자

② 「농업협동조합법」에 따라 설립된 지역농업협동조합

③ 「수산업협동조합법」에 따라 설립된 지구별 수산업협동조합

④ 농어업재해보험 관련 업무를 수행할 목적으로 농림축산식품부장관의 허가를 받아 설립된 영리법인

> **TIP** 업무 위탁〈농어업재해보험법 시행령 제13조〉
> 1. 「농업협동조합법」에 따라 설립된 지역농업협동조합·지역축산업협동조합 및 품목별·업종별 협동조합
> 1의2 「산림조합법」에 따라 설립된 지역산림조합 및 품목별·업종별 산림조합
> 2. 「수산업협동조합법」에 따라 설립된 지구별 수산업협동조합, 업종별 수산업협동조합, 수산물가공 수산업협동조합 및 수협은행
> 3. 「보험업법」 제187조에 따라 손해사정을 업으로 하는 자
> 4. 농어업재해보험 관련 업무를 수행할 목적으로 「민법」 제32조에 따라 농림축산식품부장관 또는 해양수산부장관의 허가를 받아 설립된 비영리법인

Answer 13.③ 14.④

15 **농어업재해보험법령상 재정지원에 관한 내용으로 옳지 않은 것은?**

① 정부는 예산의 범위에서 재해보험사업자의 재해보험의 운영 및 관리에 필요한 비용의 전부 또는 일부를 지원할 수 있다.

② 「풍수해・지진재해보험법」에 따른 풍수해・지진재해보험에 가입한 자가 동일한 보험목적물을 대상으로 재해보험에 가입할 경우에는 정부가 재정지원을 하지 아니한다.

③ 보험료와 운영비의 지원 방법 및 지원 절차 등에 필요한 사항은 대통령령으로 정한다.

④ 지방자치단체는 예산의 범위에서 재해보험가입자가 부담하는 보험료의 일부를 추가로 지원할 수 있으며, 지방자치단체의 장은 지원금액을 재해보험가입자에게 지급하여야 한다.

>**TIP** 재정지원〈농어업재해보험법 제19조〉
>
>① 정부는 예산의 범위에서 재해보험가입자가 부담하는 보험료의 일부와 재해보험사업자의 재해보험의 운영 및 관리에 필요한 비용(이하 "운영비"라 한다)의 전부 또는 일부를 지원할 수 있다. 이 경우 지방자치단체는 예산의 범위에서 재해보험가입자가 부담하는 보험료의 일부를 추가로 지원할 수 있다.
>② 농림축산식품부장관・해양수산부장관 및 지방자치단체의 장은 ①에 따른 지원 금액을 재해보험사업자에게 지급하여야 한다.
>③ 「풍수해・지진재해보험법」에 따른 풍수해・지진재해보험에 가입한 자가 동일한 보험목적물을 대상으로 재해보험에 가입할 경우에는 ①에도 불구하고 정부가 재정지원을 하지 아니한다.
>④ ①에 따른 보험료와 운영비의 지원 방법 및 지원 절차 등에 필요한 사항은 대통령령으로 정한다.

Answer 15.④

출제예상문제

빈출유형

1 다음 중 재해보험의 종류를 모두 고른 것은?

> ㉠ 농작물재해보험 ㉡ 임산물재해보험
> ㉢ 가축재해보험 ㉣ 양식수산물재해보험

① ㉠㉡
② ㉡㉢
③ ㉠㉡㉢
④ ㉠㉡㉢㉣

TIP 재해보험의 종류는 농작물재해보험, 임산물재해보험, 가축재해보험 및 양식수산물재해보험으로 한다〈농어업재해보험법 제4조(재해보험의 종류 등) 전단〉.

2 다음 (   ) 안에 들어가는 내용으로 옳은 것은?

> 재해보험의 종류는 농작물재해보험, 임산물재해보험, 가축재해보험 및 양식수산물재해보험으로 한다. 이 중 농작물재해보험, 임산물재해보험 및 가축재해보험과 관련된 사항은 (㉠)이, 양식수산물재해보험과 관련된 사항은 (㉡)이 각각 관장한다.

	㉠	㉡
①	농협중앙회	수협중앙회
②	농림축산식품부장관	해양수산부장관
③	대통령	지방자치단체장
④	재해보험사업자	재해보험사업자

TIP 재해보험의 종류는 농작물재해보험, 임산물재해보험, 가축재해보험 및 양식수산물재해보험으로 한다. 이 중 농작물재해보험, 임산물재해보험 및 가축재해보험과 관련된 사항은 ㉠농림축산식품부장관이, 양식수산물재해보험과 관련된 사항은 ㉡해양수산부장관이 각각 관장한다〈농어업재해보험법 제4조(재해보험의 종류 등)〉.

Answer 1.④ 2.②

3 농어업재해보험법령상 (   ) 안에 들어가는 내용으로 옳은 것은?

> 농작물·임산물 재해보험이 보상하는 재해 범위는 (㉠   ), 자연재해, 화재 및 보험목적물별로 농림축산식품부장관이 정하여 고시하는 (㉡   )에 해당한다.

	㉠	㉡
①	수해	병해
②	조수해(鳥獸害)	병충해
③	한해	질병
④	냉해	재해

TIP 농작물·임산물 재해보험이 보상하는 재해의 범위는 ㉠ 조수해(鳥獸害), 자연재해, 화재 및 보험목적물별로 농림축산식품부장관이 정하여 고시하는 ㉡ 병충해이다.〈농어업재해보험법 시행령 [별표 1] 재해보험에서 보상하는 재해의 범위〉.

빈출유형

4 다음 중 재해보험 사업을 할 수 있는 자에 해당하지 않는 자는?

① 「산림조합법」에 따른 산림조합중앙회
② 「수산업협동조합법」에 따른 수산업협동조합중앙회
③ 「농업협동조합법」에 따른 농업협동조합중앙회
④ 「보험업법」에 따른 보험회사

TIP 보험사업자〈농어업재해보험법 제8조 제1항〉… 재해보험사업을 할 수 있는 자는 다음 각 호와 같다.
1. 「수산업협동조합법」에 따른 수산업협동조합중앙회(이하 "수협중앙회"라 한다)
2. 「산림조합법」에 따른 산림조합중앙회
3. 「보험업법」에 따른 보험회사

Answer 3.② 4.③

5 농림축산식품부장관이 재해보험사업을 하려는 자와 재해보험사업의 약정을 체결할 경우 작성해야 하는 약정서의 내용에 해당하지 않는 것은?

① 약정기간에 대한 사항

② 재해보험사업의 약정을 체결한 자가 준수하여야 할 사항

③ 재해보험사업자의 경제력, 법인 유무에 관한 사항

④ 약정의 변경 · 해지 등에 관한 사항

> **TIP** 재해보험사업의 약정체결〈농어업재해보험법 시행령 제10조 제2항〉 … 농림축산식품부장관 또는 해양수산부장관은 법 제8조 제2항에 따라 재해보험사업을 하려는 자와 재해보험사업의 약정을 체결할 때에는 다음 각 호의 사항이 포함된 약정서를 작성하여야 한다.
> 1. 약정기간에 관한 사항
> 2. 재해보험사업의 약정을 체결한 자(이하 "재해보험사업자"라 한다)가 준수하여야 할 사항
> 3. 재해보험사업자에 대한 재정지원에 관한 사항
> 4. 약정의 변경 · 해지 등에 관한 사항
> 5. 그 밖에 재해보험사업의 운영에 관한 사항

6 농어업재해보험법령에 따라 보험가입자의 기준으로 옳지 않은 것은?

① 재해보험에 가입할 수 있는 자는 농림업에 종사하는 개인이다.

② 농작물재해보험의 가입자 기준은 농업협동조합중앙회에서 고시하는 농작물을 재배하는 자에 해당한다.

③ 양식수산물재해보험의 가입자 기준은 해양수산부장관이 고시하는 양식수산물을 양식하는 자에 해당한다.

④ 가축재해보험의 가입자 기준은 농림축산식품부장관이 고시하는 가축을 사육하는 자에 해당한다.

> **TIP** ② 농작물재해보험의 가입자 기준은 법 제5조에 따라 농림축산식품부장관이 고시하는 농작물을 재배하는 자이다〈농어업재해보험법 시행령 제9조(보험가입자의 기준) 제1호〉
> ① 「농어업재해보험법」 제7조(보험가입자)
> ③④ 「농어업재해보험법 시행령」 제9조(보험가입자의 기준)

Answer 5.③ 6.②

7 농어업재해보험법에 따라 다음 (   ) 안에 들어가는 내용으로 옳은 것은?

> 농림축산식품부장관 또는 해양수산부장관과 재해보험사업의 약정을 체결한 자는 재해보험의 보험료율을 객관적이고 합리적인 통계자료를 기초로 하여 보험목적물별 또는 보상방식별로 산정하되, (㉠) 단위, (㉡) 단위 구분에 따른 단위로 산정하여야 한다.

	㉠	㉡
①	구역	지역
②	보험료율	보험목적물
③	특별시	서류
④	권역	행정구역

TIP 보험료율의 산정⟨농어업재해보험법 제9조 제1항⟩ … 제8조 제2항에 따라 농림축산식품부장관 또는 해양수산부장관과 재해보험사업의 약정을 체결한 자(이하 "재해보험사업자"라 한다)는 재해보험의 보험료율을 객관적이고 합리적인 통계자료를 기초로 하여 보험목적물별 또는 보상방식별로 산정하되, 다음 각 호의 구분에 따른 단위로 산정하여야 한다.
　1. ㉠ 행정구역 단위 : 특별시ㆍ광역시ㆍ도ㆍ특별자치도 또는 시(특별자치시와 「제주특별자치도 설치 및 국제자유도시 조성을 위한 특별법」 제10조 제2항에 따라 설치된 행정시를 포함한다)ㆍ군ㆍ자치구. 다만, 「보험업법」 제129조에 따른 보험료율 산출의 원칙에 부합하는 경우에는 자치구가 아닌 구ㆍ읍ㆍ면ㆍ동 단위로도 보험료율을 산정할 수 있다.
　2. ㉡ 권역 단위 : 농림축산식품부장관 또는 해양수산부장관이 행정구역 단위와는 따로 구분하여 고시하는 지역 단위

8 농어업재해보험법에 따른 손해평가사의 업무에 해당하지 않는 것은?

① 농작물재해보험 및 가축재해보험에 관한 피해사실의 확인
② 농작물재해보험 및 가축재해보험에 관한 보험가액 평가
③ 농작물재해보험 및 가축재해보험에 관한 손해액의 평가
④ 농작물재해보험 및 가축재해보험에 관한 지식의 평가

TIP 손해평가사의 업무⟨농어업재해보험법 제11조의3⟩
　1. 농작물재해보험 및 가축재해보험에 관한 피해사실의 확인
　2. 농작물재해보험 및 가축재해보험에 관한 보험가액 및 손해액의 평가
　3. 그 밖에 손해평가에 필요한 사항

Answer 7.④ 8.④

9 농어업재해보험법에 따른 손해평가사의 자격이 취소되는 사유로 볼 수 없는 것은?

① 손해평가사의 자격을 부정한 방법으로 취득한 사람

② 거짓으로 손해평가를 실시한 사람

③ 다른 사람에게 손해평가사의 업무를 수행하게 한 사람

④ 업무 기간 중에 손해평가 업무를 수행한 사람

> **TIP** 손해평가사의 자격 취소〈농어업재해보험법 제11조의5 제1항〉… 농림축산식품부장관은 다음 각 호의 어느 하나에 해당하는 사람
> 에 대하여 손해평가사 자격을 취소할 수 있다. 다만, 제1호 및 제5호에 해당하는 경우에는 자격을 취소하여야 한다.
> 1. 손해평가사의 자격을 거짓 또는 부정한 방법으로 취득한 사람
> 2. 거짓으로 손해평가를 한 사람
> 3. 다른 사람에게 손해평가사의 명의를 사용하게 하거나 그 자격증을 대여한 사람
> 4. 손해평가사 명의의 사용이나 자격증의 대여를 알선한 사람
> 5. 업무정지 기간 중에 손해평가 업무를 수행한 사람

10 농어업재해보험법령에 따라 2회 이상 위반시 자격 취소가 되는 위반행위에 해당하는 것은?

① 업무정지 기간 중에 손해평가 업무를 수행한 경우

② 손해평가사 명의의 사용이나 자격증의 대여를 알선한 경우

③ 다른 사람에게 손해평가사의 명의를 사용하게 하거나 그 자격증을 대여한 경우

④ 거짓으로 손해평가를 한 경우

> **TIP** ④ 농어업재해보험법 시행령 [별표 2의3] 손해평가사 자격 취소 처분의 세부기준의 개별기준에 따라 거짓으로 손해평가를 한
> 경우에는 1회 위반시에는 시정명령 처분이 내려진다.
> ①②③ 농어업재해보험법 시행령 [별표 2의3] 손해평가사 자격 취소 처분의 세부기준의 개별기준에 따라 1회 위반시 자격 취
> 소에 해당한다.

Answer 9.④ 10.④

11 다음 중 보험모집인에 해당하지 않는 자는?

① 산림조합중앙회 임직원

② 「보험업법」에 따른 보험 모집이 가능한 자

③ 「산림조합법」 공제규정에 따른 공제모집인

④ 농협중앙회의 회원조합의 임직원

> **TIP** 보험모집〈농어업재해보험법 제10조 제1항〉… 재해보험을 모집할 수 있는 자는 다음 각 호와 같다.
> 1. 산림조합중앙회와 그 회원조합의 임직원, 수협중앙회와 그 회원조합 및 「수산업협동조합법」에 따라 설립된 수협은행의 임직원
> 2. 「수산업협동조합법」 제60조(제108조, 제113조 및 제168조에 따라 준용되는 경우를 포함한다)의 공제규약에 따른 공제모집인으로서 수협중앙회장 또는 그 회원조합장이 인정하는 자
> 2의2. 「산림조합법」 제48조(제122조에 따라 준용되는 경우를 포함한다)의 공제규정에 따른 공제모집인으로서 산림조합중앙회장이나 그 회원조합장이 인정하는 자
> 3. 「보험업법」 제83조 제1항에 따라 보험을 모집할 수 있는 자

12 다음 중 재해보험사업자가 손해평가 업무를 위탁할 수 있는 자는?

① 농업협동조합법에 따른 농업인

② 「산림조합법」에 따른 지역산림조합원

③ 「보험업법」에 따라 손해사정을 업으로 하는 자

④ 농어업재해보험법에 따라 농림축산식품부장관의 허가를 받은 영리법인

> **TIP** 업무위탁〈농어업재해보험법 시행령 제13조〉… 재해보험사업자는 재해보험사업을 원활히 수행하기 위하여 필요한 경우에는 보험모집 및 손해평가 등 재해보험 업무의 일부를 대통령령으로 정하는 자에게 위탁할 수 있다. 여기서 "대통령령으로 정하는 자"란 다음의 자를 말한다.
> 1. 「농업협동조합법」에 따라 설립된 지역농업협동조합·지역축산업협동조합 및 품목별·업종별협동조합
> 2. 「산림조합법」에 따라 설립된 지역산림조합 및 품목별·업종별산림조합
> 3. 「수산업협동조합법」에 따라 설립된 지구별 수산업협동조합, 업종별 수산업협동조합, 수산물가공 수산업협동조합 및 수협은행
> 4. 「보험업법」 제187조에 따라 손해사정을 업으로 하는 자
> 5. 농어업재해보험 관련 업무를 수행할 목적으로 「민법」 제32조에 따라 농림축산식품부장관 또는 해양수산부장관의 허가를 받아 설립된 비영리법인(손해평가 관련 업무를 위탁하는 경우만 해당)

Answer 11.④ 12.③

13 농어업재해보험법령에 따라 보험금수급전용계좌에 대한 설명으로 옳은 것은?

① 재해보험사업자는 농림축산식품부장관의 명령이 있는 경우에는 보험금수급전용계좌로 입금하여야 한다.

② 정보통신장애로 보험금을 보험금수급계좌로 이체할 수 없을 때에는 현금을 지급할 수 있다.

③ 보험금수급전용계좌의 해당 금융기관은 모든 보험금을 보험금수급전용계좌에 입금되도록 관리하여야 한다.

④ 보험금을 보험금수급전용계좌로 받으려는 사람은 보험금수급전용계좌의 해당 금융기관에 보험금 지급청구서를 제출해야 한다.

> **TIP** ①② 재해보험사업자는 수급권자의 신청이 있는 경우에는 보험금을 수급권자 명의의 지정된 계좌(보험금수급전용계좌)로 입금하여야 한다. 다만, 정보통신장애나 그 밖에 대통령령으로 정하는 불가피한 사유로 보험금을 보험금수급계좌로 이체할 수 없을 때에는 현금 지급 등 대통령령으로 정하는 바에 따라 보험금을 지급할 수 있다〈농어업재해보험법 제11조의7(보험금수급전용계좌) 제1항〉.
> ③ 보험금수급전용계좌의 해당 금융기관은 이 법에 따른 보험금만이 보험금수급전용계좌에 입금되도록 관리하여야 한다〈농어업재해보험법 제11조의7(보험금수급전용계좌) 제2항〉.
> ④ 법 제11조의7 제1항 본문에 따라 보험금을 수급권자 명의의 지정된 계좌(보험금수급전용계좌)로 받으려는 사람은 재해보험사업자가 정하는 보험금 지급청구서에 수급권자 명의의 보험금수급전용계좌를 기재하고, 통장의 사본(계좌번호가 기재된 면을 말한다)을 첨부하여 재해보험사업자에게 제출해야 한다〈농어업재해보험법 시행령 제12조의11(보험금수급전용계좌의 신청 방법·절차 등) 제1항〉.

14 재해보험의 재정지원에 관한 설명으로 옳지 않은 것은?

① 정부는 예산의 범위에서 재해보험가입자가 부담하는 보험료의 일부와 재해보험사업자의 재해보험의 운영 및 관리에 필요한 비용의 전부 또는 일부를 지원할 수 있다.

② 농림축산식품부장관 및 지방자치단체의 장은 지원금액을 재해보험사업자에게 지급하여야 한다.

③ 정부가 지원하는 보험료 외에 지방자치단체는 예산의 범위에서 재해보험가입자가 부담하는 보험료의 일부를 추가로 지원할 수는 없다.

④ 「풍수해·지진재해보험법」에 따른 풍수해·지진재해보험에 가입한 자가 동일한 보험목적물을 대상으로 재해보험에 가입할 경우에는 정부가 재정지원을 하지 아니한다.

> **TIP** ③ 정부는 예산의 범위에서 재해보험가입자가 부담하는 보험료의 일부와 재해보험사업자의 재해보험의 운영 및 관리에 필요한 비용의 전부 또는 일부를 지원할 수 있다. 이 경우 지방자치단체는 예산의 범위에서 재해보험가입자가 부담하는 보험료의 일부를 추가로 지원할 수 있다〈농어업재해보험법 제19조(재정지원) 제1항〉.
> ①②③ 「농어업재해보험법」 제19조(재정지원)

Answer 13.② 14.③

15 다음은 농어업재해보험법상 재정지원에 관한 내용이다. (   ) 안에 들어갈 용어를 순서대로 바르게 나열한 것은?

> 정부는 예산의 범위에서 재해보험가입자가 부담하는 (㉠)의 일부와 재해보험사업자의 (㉡)의 운영 및 관리에 필요한 비용(이하 "운영비")의 전부 또는 일부를 지원할 수 있다. 이 경우 지방자치단체는 예산의 범위에서 재해보험가입자가 부담하는 (㉢)의 일부를 추가로 지원할 수 있다.

	㉠	㉡	㉢
①	재해보험	보험료	재해보험
②	보험료	재해보험	보험료
③	보험료	재해보험	보험금
④	보험가입액	보험료	보험가입액

TIP 정부는 예산의 범위에서 재해보험가입자가 부담하는 ㉠ 보험료의 일부와 재해보험사업자의 ㉡ 재해보험의 운영 및 관리에 필요한 비용(이하 "운영비"라 한다)의 전부 또는 일부를 지원할 수 있다. 이 경우 지방자치단체는 예산의 범위에서 재해보험가입자가 부담하는 ㉢ 보험료의 일부를 추가로 지원할 수 있다〈농어업재해보험법 제19조(재정지원) 제1항〉.

Answer 15.②

03 재보험사업 및 농어업재해재보험기금

제20조(재보험사업)

① 정부는 재해보험에 관한 재보험사업을 할 수 있다.

② 농림축산식품부장관 또는 해양수산부장관은 재보험에 가입하려는 재해보험사업자와 다음 각 호의 사항이 포함된 재보험 약정을 체결하여야 한다.

   1. 재해보험사업자가 정부에 내야 할 보험료(이하 "재보험료"라 한다)에 관한 사항

   2. 정부가 지급하여야 할 보험금(이하 "재보험금"이라 한다)에 관한 사항

   3. 그 밖에 재보험수수료 등 재보험 약정에 관한 것으로서 대통령령으로 정하는 사항

> **농어업재해보험법 시행령 제16조(재보험 약정서)**
> 법 제20조 제2항 제3호에서 "대통령령으로 정하는 사항"이란 다음 각 호의 사항을 말한다.
> 1. 재보험수수료에 관한 사항
> 2. 재보험 약정기간에 관한 사항
> 3. 재보험 책임범위에 관한 사항
> 4. 재보험 약정의 변경·해지 등에 관한 사항
> 5. 재보험금 지급 및 분쟁에 관한 사항
> 6. 그 밖에 재보험의 운영·관리에 관한 사항

③ 농림축산식품부장관은 해양수산부장관과 협의를 거쳐 재보험사업에 관한 업무의 일부를 「농업·농촌 및 식품산업 기본법」 제63조의2 제1항에 따라 설립된 농업정책보험금융원(이하 "농업정책보험금융원"이라 한다)에 위탁할 수 있다.

제21조(기금의 설치)

농림축산식품부장관은 해양수산부장관과 협의하여 공동으로 재보험사업에 필요한 재원에 충당하기 위하여 농어업재해재보험기금(이하 "기금"이라 한다)을 설치한다.

> **농어업재해보험법 시행령 제17조(기금계정의 설치)**
> 농림축산식품부장관은 해양수산부장관과 협의하여 법 제21조에 따른 농어업재해재보험기금(이하 "기금"이라 한다)의 수입과 지출을 명확히 하기 위하여 한국은행에 기금계정을 설치하여야 한다.

제22조(기금의 조성)

① 기금은 다음 각 호의 재원으로 조성한다.

    1. 제20조 제2항 제1호에 따라 받은 재보험료

    2. 정부, 정부 외의 자 및 다른 기금으로부터 받은 출연금

    3. 재보험금의 회수 자금

    4. 기금의 운용수익금과 그 밖의 수입금

    5. 제2항에 따른 차입금

    6. 「농어촌구조개선 특별회계법」 제5조 제2항 제7호에 따라 농어촌구조개선 특별회계의 농어촌특별세사업계정으로부터 받은 전입금

② 농림축산식품부장관은 기금의 운용에 필요하다고 인정되는 경우에는 해양수산부장관과 협의하여 기금의 부담으로 금융기관, 다른 기금 또는 다른 회계로부터 자금을 차입할 수 있다.

제23조(기금의 용도)

기금은 다음 각 호에 해당하는 용도에 사용한다.

1. 제20조 제2항 제2호에 따른 재보험금의 지급

2. 제22조 제2항에 따른 차입금의 원리금 상환

3. 기금의 관리ㆍ운용에 필요한 경비(위탁경비를 포함한다)의 지출

4. 그 밖에 농림축산식품부장관이 해양수산부장관과 협의하여 재보험사업을 유지ㆍ개선하는 데에 필요하다고 인정하는 경비의 지출

제24조(기금의 관리ㆍ운용)

① 기금은 농림축산식품부장관이 해양수산부장관과 협의하여 관리ㆍ운용한다.

② 농림축산식품부장관은 해양수산부장관과 협의를 거쳐 기금의 관리ㆍ운용에 관한 사무의 일부를 농업정책보험금융원에 위탁할 수 있다.

③ 제1항 및 제2항에서 규정한 사항 외에 기금의 관리ㆍ운용에 필요한 사항은 대통령령으로 정한다.

농어업재해보험법 시행령 제18조(기금의 관리·운용에 관한 사무의 위탁)

① 농림축산식품부장관은 해양수산부장관과 협의하여 법 제24조제2항에 따라 기금의 관리·운용에 관한 다음 각 호의 사무를 「농업·농촌 및 식품산업 기본법」 제63조의2에 따라 설립된 농업정책보험금융원(이하 "농업정책보험금융원"이라 한다)에 위탁한다.

   1. 기금의 관리·운용에 관한 회계업무

   2. 법 제20조 제2항 제1호에 따른 재보험료를 납입받는 업무

   3. 법 제20조 제2항 제2호에 따른 재보험금을 지급하는 업무

   4. 제20조에 따른 여유자금의 운용업무

   5. 그 밖에 기금의 관리·운용에 관하여 농림축산식품부장관이 해양수산부장관과 협의를 거쳐 지정하여 고시하는 업무

② 제1항에 따라 기금의 관리·운용을 위탁받은 농업정책보험금융원(이하 "기금수탁관리자"라 한다)은 기금의 관리 및 운용을 명확히 하기 위하여 기금을 다른 회계와 구분하여 회계처리하여야 한다.

③ 제1항 각 호의 사무처리에 드는 경비는 기금의 부담으로 한다.

제19조(기금의 결산)

① 기금수탁관리자는 회계연도마다 기금결산보고서를 작성하여 다음 회계연도 2월 15일까지 농림축산식품부장관 및 해양수산부장관에게 제출하여야 한다.

② 농림축산식품부장관은 해양수산부장관과 협의하여 기금수탁관리자로부터 제출받은 기금결산보고서를 검토한 후 심의회의 심의를 거쳐 다음 회계연도 2월 말일까지 기획재정부장관에게 제출하여야 한다.

③ 제1항의 기금결산보고서에는 다음 각 호의 서류를 첨부하여야 한다.

   1. 결산 개요

   2. 수입지출결산

   3. 재무제표

   4. 성과보고서

   5. 그 밖에 결산의 내용을 명확하게 하기 위하여 필요한 서류

제20조(여유자금의 운용)

농림축산식품부장관은 해양수산부장관과 협의하여 기금의 여유자금을 다음 각 호의 방법으로 운용할 수 있다.

1. 「은행법」에 따른 은행에의 예치

2. 국채, 공채 또는 그 밖에 「자본시장과 금융투자업에 관한 법률」 제4조에 따른 증권의 매입

제25조(기금의 회계기관)

① 농림축산식품부장관은 해양수산부장관과 협의하여 기금의 수입과 지출에 관한 사무를 수행하게 하기 위하여 소속 공무원 중에서 기금수입징수관, 기금재무관, 기금지출관 및 기금출납공무원을 임명한다.

② 농림축산식품부장관은 제24조 제2항에 따라 기금의 관리·운용에 관한 사무를 위탁한 경우에는 해양수산부장관과 협의하여 농업정책보험금융원의 임원 중에서 기금수입담당임원과 기금지출원인행위담당임원을, 그 직원 중에서 기금지출원과 기금출납원을 각각 임명하여야 한다. 이 경우 기금수입담당임원은 기금수입징수관의 업무를, 기금지출원인행위담당임원은 기금재무관의 업무를, 기금지출원은 기금지출관의 업무를, 기금출납원은 기금출납공무원의 업무를 수행한다.

기출문제 분석

농어업재해보험기금에 대한 질문은 매년 빈출유형으로 나오는 기출문제에 해당한다. 기금에 대해서 통틀어서 질문하는 문제유형이 빈출유형이다. 그 중에서 기금의 재원 조성과 기금의 용도는 최근에 자주 나오고 있는 문제이므로 정확한 암기를 하고 있으면 도움이 된다.

2017년

1 농어업재해보험법령상 농림축산식품부장관이 재보험에 가입하려는 재해보험사업자와 재보험 약정체결 시 포함되어야 할 사항으로 옳지 않은 것은?

① 재보험수수료

② 정부가 지급하여야 할 보험금

③ 농어업재해재보험기금의 운용수익금

④ 재해보험사업자가 정부에 내야 할 보험료

> **TIP** 재보험 사업〈농어업재해보험법 제20조 제2항〉… 농림축산식품부장관 또는 해양수산부장관은 재보험에 가입하려는 재해보험사업자와 다음 사항이 포함된 재보험 약정을 체결하여야 한다
> 1. 재해보험사업자가 정부에 내야 할 보험료(이하 "재보험료"라 한다)에 관한 사항
> 2. 정부가 지급하여야 할 보험금(이하 "재보험금"이라 한다)에 관한 사항
> 3. 그 밖에 재보험수수료 등 재보험 약정에 관한 것으로서 대통령령으로 정하는 사항(재보험수수료에 관한 사항, 재보험 약정 기간에 관한 사항, 재보험 책임범위에 관한 사항, 재보험 약정의 변경·해지 등에 관한 사항, 재보험금 지급 및 분쟁에 관한 사항, 그 밖에 재보험의 운영·관리에 관한 사항)

2016년

2 농어업재해보험법령상 농림축산식품부장관으로부터 재보험 사업에 관한 업무의 위탁을 받을 수 있는 자는?

① 「보험업법」에 따른 보험회사

② 「농업·농촌 및 식품산업기본법」 제63조의2 제1항에 따라 설립된 농업정책보험금융원

③ 「정부출연연구기관 등의 설립·운영 및 육성에 관한 법률」 제8조에 따라 설립된 연구기관

④ 「공익법인의 설립·운영에 관한 법률」 제4조에 따라 농림축산식품부장관 또는 해양수산부 장관의 허가를 받아 설립된 공익법인

> **TIP** 농림축산식품부장관은 해양수산부장관과 협의를 거쳐 재보험사업에 관한 업무의 일부를 「농업·농촌 및 식품산업 기본법」 제63조의2 제1항에 따라 설립된 농업정책보험금융원에 위탁할 수 있다〈농어업재해보험법 제20조(재보험사업) 제3항〉.

Answer 1.③ 2.②

3 농어업재해보험법령상 재보험 약정에 포함되는 사항을 모두 고른 것은?

> ㉠ 재보험 약정의 변경 · 해지 등에 관한 사항
> ㉡ 재보험 책임범위에 관한 사항
> ㉢ 재보험금 지급 및 분쟁에 관한 사항

① ㉠㉡   ② ㉠㉢
③ ㉡㉢   ④ ㉠㉡㉢

> **TIP** 재보험 약정서〈농어업재해보험법 시행령 제16조〉
> 1. 재보험수수료에 관한 사항
> 2. 재보험 약정기간에 관한 사항
> 3. 재보험 책임범위에 관한 사항
> 4. 재보험 약정의 변경 · 해지 등에 관한 사항
> 5. 재보험금 지급 및 분쟁에 관한 사항
> 6. 그 밖에 재보험의 운영 · 관리에 관한 사항

4 농어업재해보험법령상 농어업재해재보험기금의 관리 · 운용에 관한 설명으로 옳지 않은 것은?

① 기금은 농림축산식품부장관이 해양수산부장관과 협의하여 관리 · 운용한다.
② 농림축산식품부장관은 기획재정부장관과 협의를 거쳐 기금의 관리 · 운용에 관한 사무의 전부를 농업정책보험금융원에 위탁할 수 있다.
③ 기금수탁관리자는 회계연도마다 기금결산보고서를 작성하여 다음 회계연도 2월 15일까지 농림축산식품부장관 및 해양수산부장관에게 제출하여야 한다.
④ 농림축산식품부장관은 해양수산부장관과 협의하여 기금의 여유자금을 「은행법」에 따른 은행에의 예치의 방법으로 운용할 수 있다.

> **TIP** ② 농림축산식품부장관은 해양수산부장관과 협의를 거쳐 기금의 관리 · 운용에 관한 사무의 일부를 농업정책보험금융원에 위탁할 수 있다〈농어업재해보험법 제24조(기금의 관리 · 운용) 제2항〉.
> ① 「농어업재해보험법」 제24조(기금의 관리 · 운용) 제1항
> ③ 「농어업재해보험법 시행령」 제19조(기금의 결산) 제2항
> ④ 「농어업재해보험법 시행령」 제20조(여유자금의 운용) 제1호

Answer 3.④ 4.②

5 농어업재해보험법령상 "시범사업"을 하기 위해 재해보험사업자가 농림축산식품부장관에게 제출하여야 하는 사업계획서 내용에 해당하는 것을 모두 고른 것은?

> ㉠ 사업지역 및 사업기간에 관한 사항
> ㉡ 보험상품에 관한 사항
> ㉢ 보험계약사항 등 전반적인 사업운영 실적에 관한 사항
> ㉣ 그 밖에 금융감독원장이 필요하다고 인정하는 사항

① ㉠㉡
③ ㉡㉢
② ㉠㉢
④ ㉡㉣

> **TIP** 시범사업 실시〈농어업재해보험법 시행령 제22조 제1항〉 … 재해보험사업자는 법 제27조 제1항에 따른 시범사업을 하려면 다음 각 호의 사항이 포함된 사업계획서를 농림축산식품부장관 또는 해양수산부장관에게 제출하고 협의하여야 한다.
> 1. 대상목적물, 사업지역 및 사업기간에 관한 사항
> 2. 보험상품에 관한 사항
> 3. 정부의 재정지원에 관한 사항
> 4. 그 밖에 농림축산식품부장관 또는 해양수산부장관이 필요하다고 인정하는 사항

6 농어업재해보험법상 농어업재해재보험기금의 재원에 포함되는 것을 모두 고른 것은?

> ㉠ 재해보험가입자가 재해보험사업자에게 내야 할 보험료의 회수 자금
> ㉡ 정부, 정부 외의 자 및 다른 기금으로부터 받은 출연금
> ㉢ 농어업재해재보험기금의 운용수익금
> ㉣ 「농어촌구조개선 특별회계법」 제5조 제2항 제7호에 따라 농어촌구조개선 특별회계의 농어촌특별세사업계정으로부터 받은 전입금

① ㉠㉡㉢
③ ㉠㉢㉣
② ㉠㉡㉣
④ ㉡㉢㉣

> **TIP** 기금의 조성〈농어업재해보험 제22조 제1항〉
> 1. 재해보험사업자가 정부에 내야 할 보험료(이하 "재보험료"라 한다)에 관한 사항에 따라 받은 재보험료
> 2. 정부, 정부 외의 자 및 다른 기금으로부터 받은 출연금
> 3. 재보험금의 회수 자금
> 4. 기금의 운용수익금과 그 밖의 수입금
> 5. 제2항에 따른 차입금
> 6. 「농어촌구조개선 특별회계법」 제5조 제2항 제7호에 따라 농어촌구조개선 특별회계의 농어촌특별세사업계정으로부터 받은 전입금

Answer 5.① 6.④

7 농어업재해보험법령상 농어업재해재보험기금의 기금수탁관리자가 농림축산식품부장관 및 해양수산부장관에게 제출해야 하는 기금결산보고서에 첨부해야 할 서류로 옳은 것을 모두 고른 것은?

㉠ 결산 개요	㉡ 수입지출결산
㉢ 재무제표	㉣ 성과보고서

① ㉠㉡ ② ㉡㉢

③ ㉠㉢㉣ ④ ㉠㉡㉢㉣

TIP 기금의 결산〈농어업재해보험법 시행령 제19조 제3항〉 … 기금결산보고서에는 다음의 서류를 첨부하여야 한다.
1. 결산 개요
2. 수입지출결산
3. 재무제표
4. 성과보고서
5. 그 밖에 결산의 내용을 명확하게 하기 위하여 필요한 서류

8 농어업재해보험법령상 농어업재해재보험기금(이하 "기금"이라 한다)에 관한 설명으로 옳은 것은?

① 농림축산식품부장관은 행정안전부장관과 협의를 거쳐 기금의 관리·운용에 관한 사무의 일부를 농업정책보험금융원에 위탁할 수 있다.

② 농림축산식품부장관은 기금의 수입과 지출을 명확히 하기 위하여 농업정책보험금융원에 기금계정을 설치하여야 한다.

③ 기금의 관리·운용에 필요한 경비의 지출은 기금의 용도에 해당한다.

④ 기금은 농림축산식품부장관이 환경부장관과 협의하여 관리·운용한다.

TIP ③ 「농어업재해보험법」 제23조(기금의 용도)
① 농림축산식품부장관은 해양수산부장관과 협의를 거쳐 기금의 관리·운용에 관한 사무의 일부를 농업정책보험금융원에 위탁할 수 있다〈농어업재해보험법 제24조(기금의 관리·운용) 제2항〉.
② 농림축산식품부장관은 해양수산부장관과 협의하여 법 제21조에 따른 농어업재해재보험기금의 수입과 지출을 명확히 하기 위하여 한국은행에 기금계정을 설치하여야 한다〈농어업재해보험법 시행령 제17조(기금계정의 설치)〉.
④ 기금은 농림축산식품부장관이 해양수산부장관과 협의하여 관리·운용한다〈농어업재해보험법 제24조(기금의 관리·운용) 제1항〉.

Answer 7.④ 8.③

9 농어업재해보험법상 농어업재해재보험기금의 용도에 해당하지 않는 것은?

① 재해보험가입자가 부담하는 보험료의 일부 지원

② 제20조 제2항 제2호에 따른 재보험금의 지급

③ 제22조 제2항에 따른 차입금의 원리금 상환

④ 기금의 관리·운용에 필요한 경비(위탁경비를 포함한다)의 지출

> **TIP** 기금의 용도〈농어업재해보험법 제23조〉
> 1. 제20조 제2항 제2호(재보험사고)에 따른 재보험금의 지급
> 2. 제22조 제2항(기금의 조성)에 따른 차입금의 원리금 상환
> 3. 기금의 관리·운용에 필요한 경비(위탁경비를 포함한다)의 지출
> 4. 그 밖에 농림축산식품부장관이 해양수산부장관과 협의하여 재보험 사업을 유지·개선하는 데에 필요하다고 인정하는 경비의 지출

10 농어업재해보험법령상 농어업재해재보험기금에 관한 설명으로 옳지 않은 것은?

① 기금 조성의 재원에는 재보험금의 회수 자금도 포함된다.

② 농림축산식품부장관은 해양수산부장관과 협의하여 기금의 수입과 지출을 명확히 하기 위하여 한국은행에 기금계정을 설치하여야 한다.

③ 농림축산식품부장관은 해양수산부장관과 협의를 거쳐 기금의 관리·운용에 관한 사무의 일부를 농업정책보험금융원에 위탁할 수 있다.

④ 농림축산식품부장관은 기금의 관리·운용에 관한 사무를 위탁한 경우에는 해양수산부장관과 협의하여 소속 공무원 중에서 기금지출원과 기금출납원을 임명한다.

> **TIP** ④ 농림축산식품부장관은 기금의 관리·운용에 관한 사무를 위탁한 경우에는 해양수산부장관과 협의하여 농업정책보험금융원의 임원 중에서 기금수입담당임원과 기금지출원인행위담당임원을, 그 직원 중에서 기금지출원과 기금출납원을 각각 임명하여야 한다. 이 경우 기금수입담당임원은 기금수입징수관의 업무를, 기금지출원인행위담당임원은 기금재무관의 업무를, 기금지출원은 기금지출관의 업무를, 기금출납원은 기금출납공무원의 업무를 수행한다〈농어업재해보험법 제25조(기금의 회계기관) 제2항〉.
> ① 「농어업재해보험법」 제22조(기금의 조성) 제1항
> ② 「농어업재해보험법 시행령」 제17조(기금계정의 설치)
> ③ 「농어업재해보험법」 제24조(기금의 관리·운용) 제2항

Answer 9.① 10.④

출제예상문제

1 제20조(재보험사업)에 대한 설명으로 적절하지 못한 것은?

① 정부는 재해보험에 관한 재보험사업을 할 수 있다.

② 농림축산식품부장관은 재보험사업에 관한 업무의 일부를 농업정책보험금융원에 위탁할 수 있다.

③ 농림축산식품부장관은 재보험에 가입하려는 재해보험사업자와 재보험금에 대한 사항 및 수수료, 약정에 관한 사항이 포함된 재보험약정을 체결하여야 한다.

④ 농림축산식품부장관은 재보험사업에 관한 모든 업무를 「농업·농촌 및 식품산업 기본법」에 따라 설립된 농업정책보험금융원에 위탁할 수 있다.

> **TIP** 재보험사업 〈농어업재해보험법 제20조〉
> ① 정부는 재해보험에 관한 재보험사업을 할 수 있다.
> ② 농림축산식품부장관 또는 해양수산부장관은 재보험에 가입하려는 재해보험사업자와 다음의 사항이 포함된 재보험 약정을 체결하여야 한다.
> 　1. 재해보험사업자가 정부에 내야 할 보험료(이하 "재보험료")에 관한 사항
> 　2. 정부가 지급하여야 할 보험금(이하 "재보험금")에 관한 사항
> 　3. 그 밖에 재보험수수료 등 재보험 약정에 관한 것으로서 대통령령으로 정하는 사항
> ③ 농림축산식품부장관은 해양수산부장관과 협의를 거쳐 재보험사업에 관한 업무의 일부를 「농업·농촌 및 식품산업 기본법」에 따라 설립된 농업정책보험금융원에 위탁할 수 있다.

Answer 1.④

2 농어업재해보험법상 농어업재해재보험기금의 재원을 조성하는 것이 아닌 것은?

① 정부 외의 자로부터 받은 출연금
② 보험계약자의 차입금
③ 농어촌구조개선 특별회계의 농어촌특별세사업계정으로부터 받은 전입금
④ 기금의 운용수익금

> **TIP** 기금의 조성〈농어업재해보험법 제22조〉
> 1. 제20조 제2항 제1호(재해보험사업자가 정부에 내야 할 보험료에 관한 사항)에 따라 받은 재보험료
> 2. 정부, 정부 외의 자 및 다른 기금으로부터 받은 출연금
> 3. 재보험금의 회수 자금
> 4. 기금의 운용수익금과 그 밖의 수입금
> 5. 제2항에 따른 차입금
> 6. 「농어촌구조개선 특별회계법」 제5조 제2항 제7호에 따라 농어촌구조개선 특별회계의 농어촌특별세사업계정으로부터 받은 전입금

3 농어업재해보험법에 따라 농어업재해재보험기금의 용도로 옳지 않은 것은?

① 재보험금의 지급
② 차입금의 원리금 상환
③ 재해보험의 운영 및 관리에 필요한 비용
④ 재보험사업을 유지하는 데에 필요하다고 인정하는 경비의 지출

> **TIP** 기금의 용도〈농어업재해보험법 제23조〉
> 1. 재보험금의 지급
> 2. 차입금의 원리금 상환
> 3. 기금의 관리·운용에 필요한 경비(위탁경비 포함)의 지출
> 4. 그 밖에 농림축산식품부장관이 해양수산부장관과 협의하여 재보험사업을 유지·개선하는 데에 필요하다고 인정하는 경비의 지출

Answer 2.② 3.③

4 농어업재해보험법령에 따라 농어업재해재보험기금에 대한 설명으로 옳은 것은?

① 농림축산식품부장관은 기금의 운용에 필요하다고 인정되는 경우에는 기금의 부담으로 금융기관, 다른 기금 또는 다른 회계로부터 자금을 차입할 수 있다.

② 농림축산식품부장관은 해양수산부장관과 협의를 거쳐 기금의 관리·운용에 관한 사무의 일부를 농업정책보험금융원에 위탁할 수 있다.

③ 농림축산식품부장관은 한국은행에 농어업재해재보험기금의 계정을 설치하여야 한다.

④ 농림축산식품부장관은 해양수산부장관과 협의하여 기금수탁관리자로부터 제출받은 기금결산보고서를 검토한 후 심의회의 심의를 거쳐 다음 회계연도 1월 말일까지 기획재정부장관에게 제출하여야 한다.

> **TIP** ② 「농어업재해보험법」 제24조(기금의 관리·운용) 제2항
> ① 농림축산식품부장관은 기금의 운용에 필요하다고 인정되는 경우에는 해양수산부장관과 협의하여 기금의 부담으로 금융기관, 다른 기금 또는 다른 회계로부터 자금을 차입할 수 있다〈농어업재해보험법 제22조(기금의 조성) 제2항〉.
> ③ 농림축산식품부장관은 해양수산부장관과 협의하여 법 제21조에 따른 농어업재해재보험기금의 수입과 지출을 명확히 하기 위하여 한국은행에 기금계정을 설치하여야 한다〈농어업재해보험법 시행령 제17조(기금계정의 설치)〉.
> ④ 농림축산식품부장관은 해양수산부장관과 협의하여 기금수탁관리자로부터 제출받은 기금결산보고서를 검토한 후 심의회의 심의를 거쳐 다음 회계연도 2월 말일까지 기획재정부장관에게 제출하여야 한다〈농어업재해보험법 시행령 제19조(기금의 결산) 제2항〉.

5 농어업재해보험법상 기금의 회계기관에 대한 설명으로 옳지 않은 것은?

① 농림축산식품부장관 또는 해양수산부장관은 기금의 관리·운용에 관한 사무를 위탁한 경우 농업정책보험금융원의 임원 중에서 임명하여야 한다.

② 기금수입담당임원은 기금수입징수관의 업무를 한다.

③ 기금지출원인행위담당임원은 기금재무관의 업무를 한다.

④ 기금출납원은 기금출납공무원의 업무를 수행한다.

> **TIP** 농림축산식품부장관은 기금의 관리·운용에 관한 사무를 위탁한 경우에는 해양수산부장관과 협의하여 농업정책보험금융원의 임원 중에서 기금수입담당임원과 기금지출원인행위담당임원을, 그 직원 중에서 기금지출원과 기금출납원을 각각 임명하여야 한다. 이 경우 기금수입담당임원은 기금수입징수관의 업무를, 기금지출원인행위담당임원은 기금재무관의 업무를, 기금지출원은 기금지출관의 업무를, 기금출납원은 기금출납공무원의 업무를 수행한다〈농어업재해보험법 제25조(기금의 회계기관) 제2항〉

Answer 4.② 5.①

04 보험사업의 관리

제25조의2(농어업재해보험사업의 관리)

① 농림축산식품부장관 또는 해양수산부장관은 재해보험사업을 효율적으로 추진하기 위하여 다음 각 호의 업무를 수행한다.

1. 재해보험사업의 관리 · 감독
2. 재해보험 상품의 연구 및 보급
3. 재해 관련 통계 생산 및 데이터베이스 구축 · 분석
4. 손해평가인력의 육성
5. 손해평가기법의 연구 · 개발 및 보급

② 농림축산식품부장관 또는 해양수산부장관은 다음 각 호의 업무를 농업정책보험금융원에 위탁할 수 있다.

1. 제1항 제1호부터 제5호까지의 업무
2. 제8조 제2항에 따른 재해보험사업의 약정 체결 관련 업무
3. 제11조의2에 따른 손해평가사 제도 운용 관련 업무
4. 그 밖에 재해보험사업과 관련하여 농림축산식품부장관 또는 해양수산부장관이 위탁하는 업무

③ 농림축산식품부장관은 제11조의4에 따른 손해평가사 자격시험의 실시 및 관리에 관한 업무를 「한국산업인력공단법」에 따른 한국산업인력공단에 위탁할 수 있다.

제26조(통계의 수집 · 관리 등)

① 농림축산식품부장관 또는 해양수산부장관은 보험상품의 운영 및 개발에 필요한 다음 각 호의 지역별, 재해별 통계자료를 수집 · 관리하여야 하며, 이를 위하여 관계 중앙행정기관 및 지방자치단체의 장에게 필요한 자료를 요청할 수 있다.

1. 보험대상의 현황
2. 보험확대 예비품목(제3조 제1항 제2호에 따라 선정한 보험목적물 도입예정 품목을 말한다)의 현황
3. 피해 원인 및 규모
4. 품목별 재배 또는 양식 면적과 생산량 및 가격
5. 그 밖에 농림축산식품부장관 또는 해양수산부장관이 필요하다고 인정하는 통계자료

② 제1항에 따라 자료를 요청받은 경우 관계 중앙행정기관 및 지방자치단체의 장은 특별한 사유가 없으면 요청에 따라야 한다.

③ 농림축산식품부장관 또는 해양수산부장관은 재해보험사업의 건전한 운영을 위하여 재해보험 제도 및 상품 개발 등을 위한 조사·연구, 관련 기술의 개발 및 전문인력 양성 등의 진흥 시책을 마련하여야 한다.

④ 농림축산식품부장관 및 해양수산부장관은 제1항 및 제3항에 따른 통계의 수집·관리, 조사·연구 등에 관한 업무를 대통령령으로 정하는 자에게 위탁할 수 있다.

> **농어업재해보험법 시행령 제21조(통계의 수집·관리 등에 관한 업무의 위탁)**
> ① 농림축산식품부장관 또는 해양수산부장관은 법 제26조 제4항에 따라 같은 조 제1항 및 제3항에 따른 통계의 수집·관리, 조사·연구 등에 관한 업무를 다음 각 호의 어느 하나에 해당하는 자에게 위탁할 수 있다.
> 1. 「농업협동조합법」에 따른 농업협동조합중앙회
> 1의2. 「산림조합법」에 따른 산림조합중앙회
> 2. 「수산업협동조합법」에 따른 수산업협동조합중앙회 및 수협은행
> 3. 「정부출연연구기관 등의 설립·운영 및 육성에 관한 법률」 제8조에 따라 설립된 연구기관
> 4. 「보험업법」에 따른 보험회사, 보험료율산출기관 또는 보험계리를 업으로 하는 자
> 5. 「민법」 제32조에 따라 농림축산식품부장관 또는 해양수산부장관의 허가를 받아 설립된 비영리법인
> 6. 「공익법인의 설립·운영에 관한 법률」 제4조에 따라 농림축산식품부장관 또는 해양수산부장관의 허가를 받아 설립된 공익법인
> 7. 농업정책보험금융원
> ② 농림축산식품부장관 또는 해양수산부장관은 제1항에 따라 업무를 위탁한 때에는 위탁받은 자 및 위탁업무의 내용 등을 고시하여야 한다.

제27조(시범사업)

① 재해보험사업자는 신규 보험상품을 도입하려는 경우 등 필요한 경우에는 농림축산식품부장관 또는 해양수산부장관과 협의하여 시범사업을 할 수 있다.

② 정부는 시범사업의 원활한 운영을 위하여 필요한 지원을 할 수 있다.

③ 제1항 및 제2항에 따른 시범사업 실시에 관한 구체적인 사항은 대통령령으로 정한다.

> **농어업재해보험법 시행령 제22조(시범사업 실시)**
> ① 재해보험사업자는 법 제27조 제1항에 따른 시범사업을 하려면 다음 각 호의 사항이 포함된 사업계획서를 농림축산식품부장관 또는 해양수산부장관에게 제출하고 협의하여야 한다.
> 1. 대상목적물, 사업지역 및 사업기간에 관한 사항
> 2. 보험상품에 관한 사항
> 3. 정부의 재정지원에 관한 사항
> 4. 그 밖에 농림축산식품부장관 또는 해양수산부장관이 필요하다고 인정하는 사항
> ② 재해보험사업자는 시범사업이 끝나면 지체 없이 다음 각 호의 사항이 포함된 사업결과보고서를 작성하여 농림축산식품부장관 또는 해양수산부장관에게 제출하여야 한다.
> 1. 보험계약사항, 보험금 지급 등 전반적인 사업운영 실적에 관한 사항
> 2. 사업 운영과정에서 나타난 문제점 및 제도개선에 관한 사항
> 3. 사업의 중단·연장 및 확대 등에 관한 사항
> ③ 농림축산식품부장관 또는 해양수산부장관은 제2항에 따른 사업결과보고서를 받으면 그 사업결과를 바탕으로 신규 보험상품의 도입 가능성 등을 검토·평가하여야 한다.

제28조(보험가입의 촉진 등)

정부는 농어업인의 재해대비의식을 고양하고 재해보험의 가입을 촉진하기 위하여 교육·홍보 및 보험가입자에 대한 정책자금 지원, 신용보증 지원 등을 할 수 있다.

제28조의2(보험가입촉진계획의 수립)

① 재해보험사업자는 농어업재해보험 가입 촉진을 위하여 보험가입촉진계획을 매년 수립하여 농림축산식품부장관 또는 해양수산부장관에게 제출하여야 한다.

② 보험가입촉진계획의 내용 및 그 밖에 필요한 사항은 대통령령으로 정한다.

> **농어업재해보험법 시행령 제22조의2(보험가입촉진계획의 제출 등)**
> ① 법 제28조의2 제1항에 따른 보험가입촉진계획에는 다음 각 호의 사항이 포함되어야 한다.
>   1. 전년도의 성과분석 및 해당 연도의 사업계획
>   2. 해당 연도의 보험상품 운영계획
>   3. 농어업재해보험 교육 및 홍보계획
>   4. 보험상품의 개선·개발계획
>   5. 그 밖에 농어업재해보험 가입 촉진을 위하여 필요한 사항
> ② 재해보험사업자는 법 제28조의2 제1항에 따라 수립한 보험가입촉진계획을 해당 연도 1월 31일까지 농림축산식품부장관 또는 해양수산부장관에게 제출하여야 한다.

제29조(보고 등)

농림축산식품부장관 또는 해양수산부장관은 재해보험의 건전한 운영과 재해보험가입자의 보호를 위하여 필요하다고 인정되는 경우에는 재해보험사업자에게 재해보험사업에 관한 업무 처리 상황을 보고하게 하거나 관계 서류의 제출을 요구할 수 있다.

제29조의2(청문)

농림축산식품부장관은 다음 각 호의 어느 하나에 해당하는 처분을 하려면 청문을 하여야 한다.

1. 제11조의5에 따른 손해평가사의 자격 취소

2. 제11조의6에 따른 손해평가사의 업무 정지

기출문제 분석

농어업재해보험사업의 관리와 시범사업의 실시에 대한 질문이 자주 출제된다. 시범사업의 실시에 대해서는 최근 기출문제에서 자주 출제되고 있다. 다른 조항에서 보험사업의 관리에 대한 질문에서 조항이 문제지문으로 많이 제시되기 때문에 법조항에 대한 꼼꼼한 이해가 필요하다.

2015년

1   농어업재해보험법상 재해보험사업을 효율적으로 추진하기 위한 농림축산식품부의 업무(업무를 위탁한 경우를 포함한다)로 볼 수 없는 것은?

① 재해보험 요율의 승인   ② 재해보험 상품의 연구 및 보급

③ 손해평가인력의 육성   ④ 손해평가기법의 연구 · 개발 및 보급

> **TIP** 농어업재해보험사업의 관리〈농어업재해보험법 제25조의2 제1항〉 ··· 농림축산식품부장관 또는 해양수산부장관은 재해보험사업을 효율적으로 추진하기 위하여 다음 각 호의 업무를 수행한다.
> 1. 재해보험사업의 관리 · 감독
> 2. 재해보험 상품의 연구 및 보급
> 3. 재해 관련 통계 생산 및 데이터베이스 구축 · 분석
> 4. 손해평가인력의 육성
> 5. 손해평가기법의 연구 · 개발 및 보급

2016년

2   농어업재해보험법상 농업재해보험사업의 효율적 추진을 위하여 농림축산식품부장관이 수행하는 업무가 아닌 것은?

① 재해보험사업의 관리 · 감독   ② 재해보험 상품의 개발 및 보험료율의 산정

③ 손해평가인력의 육성   ④ 손해평가기법의 연구 · 개발 및 보급

> **TIP** 농어업재해보험사업의 관리〈농어업재해보험법 제25조의2〉 ··· 농림축산식품부장관 또는 해양수산부장관은 재해보험사업을 효율적으로 추진하기 위하여 다음 각 호의 업무를 수행한다.
> 1. 재해보험사업의 관리 · 감독
> 2. 재해보험 상품의 연구 및 보급
> 3. 재해 관련 통계 생산 및 데이터베이스 구축 · 분석
> 4. 손해평가인력의 육성
> 5. 손해평가기법의 연구 · 개발 및 보급

Answer 1.① 2.②

3 농어업재해보험법령상 "시범사업"을 하기 위해 재해보험사업자가 농림축산식품부장관에게 제출하여야 하는 사업계획서 내용에 해당하는 것을 모두 고른 것은?

ㄱ 사업지역 및 사업기간에 관한 사항

ㄴ 보험상품에 관한 사항

ㄷ 보험계약사항 등 전반적인 사업운영 실적에 관한 사항

ㄹ 그 밖에 금융감독원장이 필요하다고 인정하는 사항

---

① ㄱㄴ   ② ㄱㄷ

③ ㄴㄷ   ④ ㄴㄹ

> **TIP** 시범사업 실시〈농어업재해보험법 시행령 제22조 제1항〉 ⋯ 재해보험사업자는 법 제27조 제1항에 따른 시범사업을 하려면 다음 각 호의 사항이 포함된 사업계획서를 농림축산식품부장관 또는 해양수산부장관에게 제출하고 협의하여야 한다.
> 1. 대상목적물, 사업지역 및 사업기간에 관한 사항
> 2. 보험상품에 관한 사항
> 3. 정부의 재정지원에 관한 사항
> 4. 그 밖에 농림축산식품부장관 또는 해양수산부장관이 필요하다고 인정하는 사항

4 농어업재해보험법령상 시범사업의 실시에 관한 설명으로 옳은 것은?

① 기획재정부장관이 신규 보험상품을 도입하려는 경우 재해보험사업자와의 협의를 거치지 않고 시범사업을 할 수 있다.

② 재해보험사업자가 시범사업을 하려면 사업계획서를 농림축산식품부장관에게 제출하고 기획재정부장관과 협의하여야 한다.

③ 재해보험사업자는 시범사업이 끝나면 정부의 재정지원에 관한 사항이 포함된 사업결과 보고서를 제출하여야 한다.

④ 농림축산식품부장관 또는 해양수산부장관은 시범사업의 사업결과보고서를 받으면 그 사업결과를 바탕으로 신규 보험상품의 도입 가능성 등을 검토·평가하여야 한다.

> **TIP** ④ 「농어업재해보험법 시행령」 제22조(시범사업 실시) 제3항
> ①② 재해보험사업자는 신규 보험상품을 도입하려는 경우 등 필요한 경우에는 농림축산식품부장관 또는 해양수산부장관과 협의하여 시범사업을 할 수 있다〈농어업재해보험법 제27조(시범사업) 제1항〉.
> ③ 재해보험사업자는 시범사업이 끝나면 지체 없이 보험계약사항, 보험금 지급 등 전반적인 사업운영 실적에 관한 사항, 사업 운영과정에서 나타난 문제점 및 제도개선에 관한 사항, 사업의 중단·연장 및 확대 등에 관한 사항이 포함된 사업결과보고서를 작성하여 농림축산식품부장관 또는 해양수산부장관에게 제출하여야 한다〈농어업재해보험 시행령 제22조(시범사업 실시) 제2항〉.

Answer 3.① 4.④

5 **농어업재해보험법상 보험사업의 관리에 관한 설명으로 옳지 않은 것은?**

① 농림축산식품부장관 또는 해양수산부장관은 재해보험사업을 효율적으로 추진하기 위하여 손해평가인력의 육성 업무를 수행한다.

② 농림축산식품부장관은 손해평가사의 업무 정지 처분을 하는 경우 청문을 하지 않아도 된다.

③ 농림축산식품부장관은 손해평가사 자격시험의 실시 및 관리에 관한 업무를 「한국산업인력공단법」에 따른 한국산업인력공단에 위탁할 수 있다.

④ 정부는 농어업인의 재해대비의식을 고양하고 재해보험의 가입을 촉진하기 위하여 교육·홍보 및 보험가입자에 대한 정책자금 지원, 신용보증 지원 등을 할 수 있다.

TIP ② 손해평가사의 자격 취소, 손해평가사의 업무 정지 어느 하나에 해당하는 처분을 하려면 청문을 하여야 한다〈농어업재해보험법 제29조의2(청문)〉.
①③ 「농어업재해보험법」 제25조의2(농어업재해보험사업의 관리)
④ 「농어업재해보험법」 제28조(보험가입의 촉진 등)

Answer 5.②

출제예상문제

1 재해보험사업을 효율적으로 추진하기 위한 농림축산식품부장관의 수행업무로 볼 수 없는 것은?

① 재해보험사업의 관리 · 감독

② 재해보험 상품의 연구 및 보급

③ 재해 관련 통계 생산 및 데이터베이스 구축 · 분석

④ 손해평가사 시험의 관리 · 감독

> **TIP** 농어업재해보험사업의 관리〈농어업재해보험법 제25조의2 제1항〉… 농림축산식품부장관 또는 해양수산부장관은 재해보험사업을 효율적으로 추진하기 위하여 다음 각 호의 업무를 수행한다.
> 1. 재해보험사업의 관리 · 감독
> 2. 재해보험 상품의 연구 및 보급
> 3. 재해 관련 통계 생산 및 데이터베이스 구축 · 분석
> 4. 손해평가인력의 육성
> 5. 손해평가기법의 연구 · 개발 및 보급

2 농어업재해보험법에 따라 다음의 업무를 수행하지 않는 자는?

> 1. 재해보험사업의 관리 · 감독
> 2. 재해보험 상품의 연구 및 보급
> 3. 재해 관련 통계 생산 및 데이터베이스 구축 · 분석
> 4. 손해평가인력의 육성
> 5. 손해평가기법의 연구 · 개발 및 보급

① 농업재해보험심의회　　　　② 농림축산식품부장관

③ 농업정책보험금융원　　　　④ 해양수산부장관

> **TIP** 「농어업재해보험법」 제25조의2(농어업재해보험사업의 관리) 제1항에 따라 농림축산식품부장관 또는 해양수산부장관은 재해보험사업을 효율적으로 추진하기 위하여 수행한다. 또한 동법 제2항에 따라 농림축산식품부장관 또는 해양수산부장관은 업무를 농업정책보험금융원에 위탁할 수 있다.

Answer 1.④ 2.①

3 농어업재해보험법에 따라 농림축산식품부장관이 농업정책보험금융원에 위탁할 수 있는 업무가 아닌 것은?

① 재해보험사업의 관리 · 감독
② 재해보험사업의 약정 체결 관련 업무
③ 손해평가사 제도 운용 관련 업무
④ 자격시험 실시 및 관리

TIP 농어업재해보험사업의 관리〈농어업재해보험법 제25조의2 제2항〉 … 농림축산식품부장관 또는 해양수산부장관은 다음 각 호의 업무를 농업정책보험금융원에 위탁할 수 있다.
  1. 제1항 제1호부터 제5호까지의 업무 : 재해보험사업의 관리 · 감독, 재해보험 상품의 연구 및 보급, 재해 관련 통계 생산 및 데이터베이스 구축 · 분석, 손해평가인력의 육성, 손해평가기법의 연구 · 개발 및 보급
  2. 제8조 제2항에 따른 재해보험사업의 약정 체결 관련 업무
  3. 제11조의2에 따른 손해평가사 제도 운용 관련 업무
  4. 그 밖에 재해보험사업과 관련하여 농림축산식품부장관 또는 해양수산부장관이 위탁하는 업무

4 농림축산식품부장관은 농어업재해보험법 제11조의4에 따른 손해평가사 자격시험의 실시 및 관리에 관한 업무를 위탁할 수 있는 기관은?

① 한국산업인력공단
② 농업협동조합중앙회
③ 보험료율산출기관 또는 보험계리를 업으로 하는 자
④ 「정부출연연구기관 등의 설립 · 운영 및 육성에 관한 법률」 제8조에 따라 설립된 연구기관

TIP 농림축산식품부장관은 제11조의4에 따른 손해평가사 자격시험의 실시 및 관리에 관한 업무를 「한국산업인력공단법」에 따른 한국산업인력공단에 위탁할 수 있다〈농어업재해보험법 제25조의2(농어업재해보험사업의 관리) 제3항〉.

Answer 3.④ 4.①

5 농어업재해보험법에 따라 해양수산부장관이 보험상품 운영 및 개발을 위해서 지방자치단체의 장에서 요청할 수 있는 자료로 옳지 않은 것은?

① 보험대상의 현황

② 보험확대 예비품목의 현황

③ 생산량 및 가격

④ 정부의 재정지원에 관한 사항

> **TIP** 통계의 수집·관리 등〈농어업재해보험법 제26조〉… 농림축산식품부장관 또는 해양수산부장관은 보험상품의 운영 및 개발에 필요한 다음 각 호의 지역별, 재해별 통계자료를 수집·관리하여야 하며, 이를 위하여 관계 중앙행정기관 및 지방자치단체의 장에게 필요한 자료를 요청할 수 있다.
> 1. 보험대상의 현황
> 2. 보험확대 예비품목(제3조 제1항 제2호에 따라 선정한 보험목적물 도입예정 품목을 말한다)의 현황
> 3. 피해 원인 및 규모
> 4. 품목별 재배 또는 양식 면적과 생산량 및 가격
> 5. 그 밖에 농림축산식품부장관 또는 해양수산부장관이 필요하다고 인정하는 통계자료

<빈출유형>

6 농어업재해보험법령에 따라 농림축산식품부장관이 통계의 수집·관리, 조사·연구 등에 관한 업무를 다음 각 호의 어느 하나에 해당하는 자에게 위탁할 수 있지 않은 자는?

① 「수산업협동조합법」에 따른 수협은행

② 「농업협동조합법」에 따른 농협은행

③ 「산림조합법」에 따른 산림조합중앙회

④ 농업정책보험금융원

> **TIP** ② 「농어업재해보험법 시행령」 제21조(통계의 수집·관리 등에 관한 업무의 위탁) 제1항 제1호에 따라 「농업협동조합법」에 따른 농업협동조합중앙회에 해당한다.

Answer 5.④ 6.②

7 농어업재해보험법령에 따라 시범사업에 대한 설명으로 옳은 것은?

① 재해보험사업자는 신규 보험상품을 도입하려는 경우 협의 없이 시범사업을 할 수 있다.
② 정부는 시범사업의 원활한 운영을 위하여 필요한 지원을 하여서는 안된다.
③ 재해보험사업자는 시범사업이 끝나면 지체 없이 사업결과보고서를 작성하여 농림축산식품부장관 또는 해양수산부장관에게 제출하여야 한다.
④ 시범사업 실시를 위한 사업계획서에는 보험계약사항, 보험금 지급 등 전반적인 사업운영 실적에 관한 사항이 포함되어야 한다.

> **TIP**
> ③ 「농어업재해보험법 시행령」 제22조(시범사업 실시) 제2항
> ① 재해보험사업자는 신규 보험상품을 도입하려는 경우 등 필요한 경우에는 농림축산식품부장관 또는 해양수산부장관과 협의하여 시범사업을 할 수 있다〈농어업재해보험법 제27조(시범사업) 제1항〉.
> ② 정부는 시범사업의 원활한 운영을 위하여 필요한 지원을 할 수 있다〈농어업재해보험법 제27조(시범사업) 제2항〉.
> ④ 「농어업재해보험법 시행령」 제22조(시범사업 실시) 제1항·제2항에 따라서 사업결과보고서에 포함되어야 하는 사항이다.

8 농어업재해보험법령에 따라 재해보험사업자가 제출하는 사업결과보고서에 포함되는 것을 모두 고른 것은?

> ㉠ 보험계약사항, 보험금 지급 등 전반적인 사업운영 실적에 관한 사항
> ㉡ 사업 운영과정에서 나타난 문제점 및 제도개선에 관한 사항
> ㉢ 사업의 중단·연장 및 확대 등에 관한 사항

① ㉠   ② ㉡
③ ㉠㉢   ④ ㉠㉡㉢

> **TIP**
> 시범사업 실시〈농어업재해보험법 시행령 제22조 제2항〉 … 재해보험사업자는 시범사업이 끝나면 지체 없이 다음 각 호의 사항이 포함된 사업결과보고서를 작성하여 농림축산식품부장관 또는 해양수산부장관에게 제출하여야 한다.
> 1. 보험계약사항, 보험금 지급 등 전반적인 사업운영 실적에 관한 사항
> 2. 사업 운영과정에서 나타난 문제점 및 제도개선에 관한 사항
> 3. 사업의 중단·연장 및 확대 등에 관한 사항

Answer 7.③ 8.④

9 농어업재해보험법령에 따라 보험가입의 촉진을 위한 설명으로 옳은 것은?

① 재해보험사업자는 농어업재해보험 가입 촉진을 위하여 보험가입촉진계획을 매달 수립하여 농림축산식품부장관에게 제출하여야 한다.

② 보험가입촉진계획에는 내년도의 성과분석, 보험상품 운영계획 등의 사항이 포함되어야 한다.

③ 재해보험사업자는 보험가입촉진계획을 해당 연도 1월 31일까지 농림축산식품부장관 또는 해양수산부장관에게 제출하여야 한다.

④ 정부는 농어업인의 재해보험의 가입을 촉진하기 위하여 보험가입자에 대한 정책자금 지원을 하여서는 안된다.

TIP ③ 「농어업재해보험법 시행령」 제22조의2(보험가입촉진계획의 제출 등) 제2항
① 재해보험사업자는 농어업재해보험 가입 촉진을 위하여 보험가입촉진계획을 매년 수립하여 농림축산식품부장관 또는 해양수산부장관에게 제출하여야 한다〈농어업재해보험법 제28조의2(보험가입촉진계획의 수립) 제1항〉.
② 「농어업재해보험법 시행령」 제22조의2(보험가입촉진계획의 제출 등) 제1항에 따라 전년도의 성과분석 및 해당 연도의 사업계획, 해당 연도의 보험상품 운영계획, 농어업재해보험 교육 및 홍보계획, 보험상품의 개선·개발계획, 그 밖에 농어업재해보험 가입 촉진을 위하여 필요한 사항이 포함되어야 한다.
④ 정부는 농어업인의 재해대비의식을 고양하고 재해보험의 가입을 촉진하기 위하여 교육·홍보 및 보험가입자에 대한 정책자금 지원, 신용보증 지원 등을 할 수 있다〈농어업재해보험법 제28조(보험가입의 촉진 등)〉.

10 농어업재해보험법에 따라 농림축산식품부장관이 청문을 열어야 하는 처분은?

① 보험사고 피해 원인 및 규모 파악시

② 손해평가사의 자격 취소

③ 손해평가기법을 보급 전에

④ 재해보험사업자에게 관계 서류의 제출을 요구 전에

TIP 청문〈농어업재해보험법 제29조의2〉
농림축산식품부장관은 다음 각 호의 어느 하나에 해당하는 처분을 하려면 청문을 하여야 한다.
1. 제11조의5에 따른 손해평가사의 자격 취소
2. 제11조의6에 따른 손해평가사의 업무 정지

Answer 9.③ 10.②

05 벌칙

제30조(벌칙)

① 제10조 제2항에서 준용하는 「보험업법」 제98조에 따른 금품 등을 제공(같은 조 제3호의 경우에는 보험금 지급의 약속을 말한다)한 자 또는 이를 요구하여 받은 보험가입자는 3년 이하의 징역 또는 3천만원 이하의 벌금에 처한다.

② 다음 각 호의 어느 하나에 해당하는 자는 1년 이하의 징역 또는 1천만원 이하의 벌금에 처한다.

1. 제10조 제1항을 위반하여 모집을 한 자
2. 제11조 제2항 후단을 위반하여 고의로 진실을 숨기거나 거짓으로 손해평가를 한 자
3. 제11조의4 제6항을 위반하여 다른 사람에게 손해평가사의 명의를 사용하게 하거나 그 자격증을 대여한 자
4. 제11조의4 제7항을 위반하여 손해평가사의 명의를 사용하거나 그 자격증을 대여받은 자 또는 명의의 사용이나 자격증의 대여를 알선한 자

③ 제15조를 위반하여 회계를 처리한 자는 500만원 이하의 벌금에 처한다.

제31조(양벌규정)

법인의 대표자나 법인 또는 개인의 대리인, 사용인, 그 밖의 종업원이 그 법인 또는 개인의 업무에 관하여 제30조의 위반행위를 하면 그 행위자를 벌하는 외에 그 법인 또는 개인에게도 해당 조문의 벌금형을 과(科)한다. 다만, 법인 또는 개인이 그 위반행위를 방지하기 위하여 해당 업무에 관하여 상당한 주의와 감독을 게을리하지 아니한 경우에는 그러하지 아니하다.

제32조(과태료)

① 재해보험사업자가 제10조 제2항에서 준용하는 「보험업법」 제95조를 위반하여 보험안내를 한 경우에는 1천만원 이하의 과태료를 부과한다.

② 재해보험사업자의 발기인, 설립위원, 임원, 집행간부, 일반간부직원, 파산관재인 및 청산인이 다음 각 호의 어느 하나에 해당하면 500만원 이하의 과태료를 부과한다.

1. 제18조 제1항에서 적용하는 「보험업법」 제120조에 따른 책임준비금과 비상위험준비금을 계상하지 아니하거나 이를 따로 작성한 장부에 각각 기재하지 아니한 경우
2. 제18조 제1항에서 적용하는 「보험업법」 제131조 제1항·제2항 및 제4항에 따른 명령을 위반한 경우
3. 제18조 제1항에서 적용하는 「보험업법」 제133조에 따른 검사를 거부·방해 또는 기피한 경우

③ 다음 각 호의 어느 하나에 해당하는 자에게는 500만원 이하의 과태료를 부과한다.

1. 제10조 제2항에서 준용하는 「보험업법」 제95조를 위반하여 보험안내를 한 자로서 재해보험사업자가 아닌 자
2. 제10조 제2항에서 준용하는 「보험업법」 제97조 제1항 또는 「금융소비자 보호에 관한 법률」 제21조를 위반하여 보험계약의 체결 또는 모집에 관한 금지행위를 한 자
3. 제29조에 따른 보고 또는 관계 서류 제출을 하지 아니하거나 보고 또는 관계 서류 제출을 거짓으로 한 자

④ 제1항, 제2항 제1호 및 제3항에 따른 과태료는 농림축산식품부장관 또는 해양수산부장관이, 제2항 제2호 및 제3호에 따른 과태료는 금융위원회가 대통령령으로 정하는 바에 따라 각각 부과·징수한다.

> **농어업재해보험법 시행령 제22조의4(규제의 재검토)**
> ① 농림축산식품부장관 또는 해양수산부장관은 제12조 및 별표 2에 따른 손해평가인의 자격요건에 대하여 2018년 1월 1일을 기준으로 3년마다(매 3년이 되는 해의 1월 1일 전까지를 말한다) 그 타당성을 검토하여 개선 등의 조치를 하여야 한다.

TIP 과태료의 부과기준〈농어업재해보험법 시행령 [별표 3]〉

① 일반기준 : 농림축산식품부장관, 해양수산부장관 또는 금융위원회는 위반행위의 정도, 위반횟수, 위반행위의 동기와 그 결과 등을 고려하여 개별기준에 따른 해당 과태료 금액을 2분의 1의 범위에서 줄이거나 늘릴 수 있다. 다만, 늘리는 경우에도 법 제32조 제1항부터 제3항까지의 규정에 따른 과태료 금액의 상한을 초과할 수 없다.

② 개별기준

위반행위	해당 법 조문	과태료
재해보험사업자가 법 제10조 제2항에서 준용하는 「보험업법」 제95조를 위반하여 보험안내를 한 경우	법 제32조 제1항	1,000만원
법 제10조 제2항에서 준용하는 「보험업법」 제95조를 위반하여 보험안내를 한 자로서 재해보험사업자가 아닌 경우	법 제32조 제3항 제1호	500만원
법 제10조 제2항에서 준용하는 「보험업법」 제97조 제1항 또는 「금융소비자 보호에 관한 법률」 제21조를 위반하여 보험계약의 체결 또는 모집에 관한 금지행위를 한 경우	법 제32조 제3항 제2호	300만원
재해보험사업자의 발기인, 설립위원, 임원, 집행간부, 일반간부직원, 파산관재인 및 청산인이 법 제18조 제1항에서 적용하는 「보험업법」 제120조에 따른 책임준비금 또는 비상위험준비금을 계상하지 아니하거나 이를 따로 작성한 장부에 각각 기재하지 아니한 경우	법 제32조 제2항 제1호	500만원
재해보험사업자의 발기인, 설립위원, 임원, 집행간부, 일반간부직원, 파산관재인 및 청산인이 법 제18조 제1항에서 적용하는 「보험업법」 제131조 제1항·제2항 및 제4항에 따른 명령을 위반한 경우	법 제32조 제2항 제2호	300만원
재해보험사업자의 발기인, 설립위원, 임원, 집행간부, 일반간부직원, 파산관재인 및 청산인이 법 제18조 제1항에서 적용하는 「보험업법」 제133조에 따른 검사를 거부·방해 또는 기피한 경우	법 제32조 제2항 제3호	200만원
법 제29조에 따른 보고 또는 관계 서류 제출을 하지 아니하거나 보고 또는 관계 서류 제출을 거짓으로 한 경우	법 제32조 제3항 제3호	300만원

기출문제 분석

과태료와 벌칙에 관련한 문제는 매년 한 문제 이상은 출제되는 영역이다. 과태료 및 벌금 부과대상에 대해서 정확하게 알고 있는 것이 중요하다. 난이도가 높아져 부과기준액을 모두 계산한 것을 고르라는 유형도 출제되면서 부과기준 및 부과대상에 대한 정확한 암기가 필요하다. 매년 출제되는 유형이기 때문에 정확하게 외워야 문제풀이가 수월하다.

2015년

1 농어업재해보험법상 과태료의 부과대상이 아닌 것은?

① 재해보험사업자가 「보험업법」을 위반하여 보험안내를 한 경우

② 재해보험사업자가 아닌 자가 「보험업법」을 위반하여 보험안내를 한 경우

③ 손해평가사가 고의로 진실을 숨기거나 거짓으로 손해평가를 한 경우

④ 재해보험사업자가 농림축산식품부에 관계서류 제출을 거짓으로 한 경우

TIP ③ 고의로 진실을 숨기거나 거짓으로 손해평가를 한 자는 1년 이하의 징역 또는 1천만 원 이하의 벌금에 처한다〈농어업재해보험법 제30조(벌칙) 제2항 제2호〉.

※ **과태료**〈농어업재해보험법 제32조〉

① 재해보험사업자가 제10조 제2항에서 준용하는 「보험업법」 제95조를 위반하여 보험안내를 한 경우에는 1천만 원 이하의 과태료를 부과한다.

② 재해보험사업자의 발기인, 설립위원, 임원, 집행간부, 일반간부직원, 파산관재인 및 청산인이 다음 각 호의 어느 하나에 해당하면 500만 원 이하의 과태료를 부과한다.

　1. 책임준비금과 비상위험준비금을 계상하지 아니하거나 이를 따로 작성한 장부에 각각 기재하지 아니한 경우

　2. 제18조 제1항에서 적용하는 「보험업법」 제131조 제1항·제2항 및 제4항에 따른 명령을 위반한 경우

　3. 제18조 제1항에서 적용하는 「보험업법」 제133조에 따른 검사를 거부·방해 또는 기피한 경우

③ 다음 각 호의 어느 하나에 해당하는 자에게는 500만 원 이하의 과태료를 부과한다.

　1. 보험안내를 한 자로서 재해보험사업자가 아닌 자

　2. 보험계약의 체결 또는 모집에 관한 금지행위를 한 자

　3. 보고 또는 관계 서류 제출을 하지 아니하거나 보고 또는 관계서류 제출을 거짓으로 한 자

④ ①, ②의 제1호 및 ③에 따른 과태료는 농림축산식품부장관 또는 해양수산부장관이, ②의 제2호 및 제3호에 따른 과태료는 금융위원회가 대통령령으로 정하는 바에 따라 각각 부과·징수한다.

Answer 1.③

2 농어업재해보험법령상 고의로 진실을 숨기거나 거짓으로 손해평가를 한 손해평가인과 손해평가사에게 부과 될 수 있는 벌칙이 아닌 것은?

① 징역 6월

② 과태료 2,000만 원

③ 벌금 500만 원

④ 벌금 1,000만 원

TIP 벌칙〈농어업재해보험법 제30조〉

① 「보험업법」 제98조에 따른 금품 등을 제공(같은 조 제3호의 경우에는 보험금 지급의 약속을 말한다)한 자 또는 이를 요구 하여 받은 보험가입자는 3년 이하의 징역 또는 3천만 원 이하의 벌금에 처한다.

② 다음 각 호의 어느 하나에 해당하는 자는 1년 이하의 징역 또는 1천만 원 이하의 벌금에 처한다.

  1. 제10조 ①을 위반하여 모집을 한 자

  2. 고의로 진실을 숨기거나 거짓으로 손해평가를 한 자

  3. 다른 사람에게 손해평가사의 명의를 사용하게 하거나 그 자격증을 대여한 자

  4. 손해평가사의 명의를 사용하거나 그 자격증을 대여받은 자 또는 명의의 사용이나 자격증의 대여를 알선한 자

③ 제15조를 위반하여 회계를 처리한 자는 500만 원 이하의 벌금에 처한다.

Answer 2.②

3 농어업재해보험법령상 과태료 부과의 개별기준에 관한 설명으로 옳은 것은?

① 재해보험사업자의 발기인이 법 제18조에서 적용하는 「보험업법」 제133조에 따른 검사를 기피한 경우 : 200만 원
② 법 제29조에 따른 보고 또는 관계 서류 제출을 거짓으로 한 경우 : 200만 원
③ 법 제10조 제2항에서 준용하는 「보험업법」 제97조 제1항을 위반하여 보험계약의 모집에 관한 금지행위를 한 경우 : 500만 원
④ 법 제10조 제2항에서 준용하는 「보험업법」 제95조를 위반하여 보험안내를 한 자로서 재해보험사업자가 아닌 경우 : 1,000만 원

TIP 과태료 부과의 개별기준〈농어업재해보험법 시행령 별표 3〉

위반행위	해당 법 조문	과태료
가. 재해보험사업자가 법 제10조 제2항에서 준용하는 「보험업법」 제95조를 위반하여 보험 안내를 한 경우	법 제32조 제1항	1,000만 원
나. 법 제10조 제2항에서 준용하는 「보험업법」 제95조를 위반하여 보험 안내를 한 자로서 재해보험사업자가 아닌 경우	법 제32조 제3항 제1호	500만 원
다. 법 제10조 제2항에서 준용하는 「보험업법」 제97조 제1항 또는 「금융소비자 보호에 관한 법률」 제21조를 위반하여 보험계약의 체결 또는 모집에 관한 금지행위를 한 경우	법 제32조 제3항 제2호	300만 원
라. 재해보험사업자의 발기인, 설립위원, 임원, 집행간부, 일반간부직원, 파산관재인 및 청산인이 법 제18조 제1항에서 적용하는 「보험업법」 제120조에 따른 책임준비금 또는 비상위험준비금을 계상하지 아니하거나 이를 따로 작성한 장부에 각각 기재하지 아니한 경우	법 제32조 제2항 제1호	500만 원
마. 재해보험사업자의 발기인, 설립위원, 임원, 집행간부, 일반간부직원, 파산관재인 및 청산인이 법 제18조 제1항에서 적용하는 「보험업법」 제131조 제1항·제2항 및 제4항에 따른 명령을 위반한 경우	법 제32조 제2항 제2호	300만 원
바. 재해보험사업자의 발기인, 설립위원, 임원, 집행간부, 일반간부직원, 파산관재인 및 청산인이 법 제18조 제1항에서 적용하는 「보험업법」 제133조에 따른 검사를 거부·방해 또는 기피한 경우	법 제32조 제2항 제3호	200만 원
사. 법 제29조에 따른 보고 또는 관계 서류 제출을 하지 아니하거나 보고 또는 관계 서류 제출을 거짓으로 한 경우	법 제32조 제3항 제3호	300만 원

Answer 3.①

4 농어업재해보험법 시행령에서 정하고 있는 다음 사항에 대한 과태료 부과기준액을 모두 합한 금액은?

> • 법 제10조 제2항에서 준용하는 「보험업법」 제95조를 위반하여 보험 안내를 한 자로서 재해보험사업자가 아닌 경우
> • 법 제29조에 따른 보고 또는 관계 서류 제출을 하지 아니하거나 보고 또는 관계서류 제출을 거짓으로 한 경우
> • 법 제10조 제2항에서 준용하는 「보험업법」 제97조 제1항을 위반하여 보험계약의 체결 또는 모집에 관한 금지행위를 한 경우

① 1,000만 원
② 1,100만 원
③ 1,200만 원
④ 1,300만 원

TIP 과태료의 부과 개별기준〈농어업재해보험법 시행령 별표 3〉

위반행위	해당 법 조문	과태료
가. 재해보험사업자가 법 제10조 제2항에서 준용하는 「보험업법」 제95조를 위반하여 보험 안내를 한 경우	법 제32조 제1항	1,000만 원
나. 법 제10조 제2항에서 준용하는 「보험업법」 제95조를 위반하여 보험 안내를 한 자로서 재해보험사업자가 아닌 경우	법 제32조 제3항 제1호	500만 원
다. 법 제10조 제2항에서 준용하는 「보험업법」 제97조 제1항 또는 「금융소비자 보호에 관한 법률」 제21조를 위반하여 보험계약의 체결 또는 모집에 관한 금지행위를 한 경우	법 제32조 제3항 제2호	300만 원
라. 재해보험사업자의 발기인, 설립위원, 임원, 집행간부, 일반간부직원, 파산관재인 및 청산인이 법 제18조 제1항에서 적용하는 「보험업법」 제120조에 따른 책임준비금 또는 비상위험준비금을 계상하지 아니하거나 이를 따로 작성한 장부에 각각 기재하지 아니한 경우	법 제32조 제2항 제1호	500만 원
마. 재해보험사업자의 발기인, 설립위원, 임원, 집행간부, 일반간부직원, 파산관재인 및 청산인이 법 제18조 제1항에서 적용하는 「보험업법」 제131조 제1항·제2항 및 제4항에 따른 명령을 위반한 경우	법 제32조 제2항 제2호	300만 원
바. 재해보험사업자의 발기인, 설립위원, 임원, 집행간부, 일반간부직원, 파산관재인 및 청산인이 법 제18조 제1항에서 적용하는 「보험업법」 제133조에 따른 검사를 거부·방해 또는 기피한 경우	법 제32조 제2항 제3호	200만 원
사. 법 제29조에 따른 보고 또는 관계 서류 제출을 하지 아니하거나 보고 또는 관계 서류 제출을 거짓으로 한 경우	법 제32조 제3항 제3호	300만 원

Answer 4.②

5 농어업재해보험법상 벌칙에 관한 설명이다. (   )에 들어갈 내용은?

> 「보험업법」 제98조에 따른 금품 등을 제공(같은 조 제3호의 경우에는 보험금 지급의 약속을 말한다)한 자 또는 이를 요구하여 받은 보험가입자는 (㉠)년 이하의 징역 또는 (㉡)천만 원 이하의 벌금에 처한다.

	㉠	㉡
①	1	1
②	1	3
③	3	3
④	3	5

TIP 벌칙〈농어업재해보험법 제30조 제1항〉… 「보험업법」 제98조에 따른 금품 등을 제공(같은 조 제3호의 경우에는 보험금 지급의 약속을 말한다)한 자 또는 이를 요구하여 받은 보험가입자는 ㉠3년 이하의 징역 또는 ㉡3천만 원 이하의 벌금에 처한다.

Answer 5.③

출제예상문제

1 농어업재해보험법령상 고의로 진실을 숨기거나 거짓으로 손해평가를 한 손해평가인과 손해평가사에게 부과될 수 있는 벌칙이 아닌 것은?

① 징역 6월

② 과태료 2,000만 원

③ 벌금 500만 원

④ 벌금 1,000만 원

> **TIP** 벌칙〈농어업재해보험법 제30조〉
> ① 「보험업법」제98조에 따른 금품 등을 제공(같은 조 제3호의 경우에는 보험금 지급의 약속을 말한다)한 자 또는 이를 요구하여 받은 보험가입자는 3년 이하의 징역 또는 3천만 원 이하의 벌금에 처한다.
> ② 다음 각 호의 어느 하나에 해당하는 자는 1년 이하의 징역 또는 1천만 원 이하의 벌금에 처한다.
> 　1. 제10조 ①을 위반하여 모집을 한 자
> 　2. 제11조 ② 후단을 위반하여 고의로 진실을 숨기거나 거짓으로 손해평가를 한 자
> 　3. 다른 사람에게 손해평가사의 명의를 사용하게 하거나 그 자격증을 대여한 자
> 　4. 손해평가사의 명의를 사용하거나 그 자격증을 대여 받은 자 또는 명의의 사용이나 자격증의 대여를 알선한 자
> ③ 제15조를 위반하여 회계를 처리한 자는 500만 원 이하의 벌금에 처한다.

2 다음 설명 중 옳지 않은 것은?

① 「보험업법」에 따른 금품 등을 제공한 자 또는 이를 요구하여 받은 보험가입자는 3년 이하의 징역 또는 3천만 원 이하의 벌금에 처한다.

② 보험모집의 규정을 위반하여 모집을 한 자는 1년 이하의 징역 또는 1천만 원 이하의 벌금에 처한다.

③ 고의로 진실을 숨기거나 거짓으로 손해평가를 한 자는 1년 이하의 징역 또는 1천만 원이하의 벌금에 처한다.

④ 회계 구분 조항을 위반하여 회계를 처리한 자는 1년 이하의 징역 또는 1천만 원 이하의 벌금에 처한다.

> **TIP** 회계 구분 조항을 위반하여 회계를 처리한 자는 500만 원 이하의 벌금에 처한다〈농어업재해보험법 제30조 제3항〉.

Answer 1.② 2.④

3 과태료 규정에 대한 설명으로 옳지 않은 것은?

① 재해보험사업자는 「보험업법」을 위반하여 보험안내를 한 경우에는 1천만 원 이하의 과태료를 부과한다.

② 재해보험사업자의 임원이 「보험업법」 금융위원회의 명령권에 따른 명령을 위반한 경우에는 500만 원 이하의 과태료를 부과한다.

③ 「보험업법」을 위반하여 보험안내를 한 자로 재해보험사업자가 아닌 자에게는 500만 원 이하의 과태료를 부과한다.

④ 관계 서류 제출을 하지 아니하거나 보고 또는 관계 서류 제출을 거짓으로 한 자에게는 1천만 원 이하의 과태료를 부과한다.

TIP 과태료〈농어업재해보험법 제32조〉
① 재해보험사업자가 「보험업법」을 위반하여 보험안내를 한 경우에는 1천만 원 이하의 과태료를 부과한다.
② 재해보험사업자의 발기인, 설립위원, 임원, 집행간부, 일반간부직원, 파산관재인 및 청산인이 다음의 어느 하나에 해당하면 500만 원 이하의 과태료를 부과한다.
  1. 「보험업법」에 따른 책임준비금과 비상위험준비금을 계상하지 아니하거나 이를 따로 작성한 장부에 각각 기재하지 아니한 경우
  2. 「보험업법」 금융위원회의 명령권에 따른 명령을 위반한 경우
  3. 「보험업법」 자료 제출 및 검사 등 검사를 거부 · 방해 또는 기피한 경우
③ 다음의 어느 하나에 해당하는 자에게는 500만 원 이하의 과태료를 부과한다.
  1. 「보험업법」을 위반하여 보험안내를 한 자로서 재해보험사업자가 아닌 자
  2. 「보험업법」 보험계약의 체결 또는 모집에 관한 금지행위 또는 「금융소비자 보호에 관한 법률」 부당권유행위 금지를 위반하여 보험계약의 체결 또는 모집에 관한 금지행위를 한 자
  3. 보고 또는 관계 서류 제출을 하지 아니하거나 보고 또는 관계 서류 제출을 거짓으로 한 자

Answer 3.④

4 농어업재해보험법령상 "재해보험사업자는 재해보험사업의 회계를 다른 회계와 구분하여 회계처리함으로써 손익관계를 명확히 하여야 한다."라는 규정을 위반하여 회계를 처리한 자에 대한 벌칙은?

① 3,000만원 이하의 과태료

② 500만원 이하의 벌금

③ 1,000만원 이하의 벌금

④ 1년 이하의 징역

TIP 「농어업재해보험법」 제30조(벌칙) 제3항에 따라 '재해보험사업자는 재해보험사업의 회계를 다른 회계와 구분하여 회계처리함으로 써 손익관계를 명확히 하여야 한다.'는 동법 제15조(회계 구분)를 위반하여 회계를 처리한 자는 500만원 이하의 벌금에 처한다.

5 농어업재해보험법령상 수협은행의 임직원이 아닌 자가 재해보험을 모집한 자에게 해당하는 벌칙은?

① 3년 이하의 징역

② 500만 원 이하의 과태료

③ 1년 이하의 징역

④ 3,000만 원 이하의 벌금

TIP 「농어업재해보험법」 제10조(보험모집) 제1항 제1호에 따른 수협은행의 임직원이 아닌 자가 재해보험을 모집한 경우에 해당하 는 자는 1년 이하의 징역 또는 1천만 원 이하의 벌금에 처한다.

Answer 4.② 5.③

06 농업재해보험 손해평가요령

제1조(목적)

이 요령은 「농어업재해보험법」 제11조 제2항에 따른 손해평가에 필요한 세부사항을 규정함을 목적으로 한다.

제2조(용어의 정의)

이 요령에서 사용하는 용어의 정의는 다음 각 호와 같다.

1. "손해평가"라 함은 「농어업재해보험법」(이하 "법"이라 한다) 제2조 제1호에 따른 피해가 발생한 경우 법 제11조 및 제11조의3에 따라 손해평가인, 손해평가사 또는 손해사정사가 그 피해사실을 확인하고 평가하는 일련의 과정을 말한다.

2. "손해평가인"이라 함은 법 제11조 제1항과 「농어업재해보험법 시행령」(이하 "시행령"이라 한다) 제12조 제1항에서 정한 자 중에서 재해보험사업자가 위촉하여 손해평가업무를 담당하는 자를 말한다.

3. "손해평가사"라 함은 법 제11조의4 제1항에 따른 자격시험에 합격한 자를 말한다.

4. "손해평가보조인"이라 함은 제1호에서 정한 손해평가 업무를 보조하는 자를 말한다.

5. "농업재해보험"이란 법 제4조에 따른 농작물재해보험, 임산물재해보험 및 가축재해보험을 말한다.

제3조(손해평가 업무)

① 손해평가 시 손해평가인, 손해평가사, 손해사정사는 다음 각 호의 업무를 수행한다.

    1. 피해사실 확인

    2. 보험가액 및 손해액 평가

    3. 그 밖에 손해평가에 관하여 필요한 사항

② 손해평가인, 손해평가사, 손해사정사는 제1항의 임무를 수행하기 전에 보험가입자("피보험자"를 포함한다. 이하 동일)에게 손해평가인증, 손해평가사자격증, 손해사정사등록증 등 신분을 확인할 수 있는 서류를 제시하여야 한다.

제4조(손해평가인 위촉)

① 재해보험사업자는 법 제11조 제1항과 시행령 제12조 제1항에 따라 손해평가인을 위촉한 경우에는 그 자격을 표시할 수 있는 손해평가인증을 발급하여야 한다.

② 재해보험사업자는 피해 발생 시 원활한 손해평가가 이루어지도록 농업재해보험이 실시되는 시·군·자치구별 보험가입자의 수 등을 고려하여 적정 규모의 손해평가인을 위촉할 수 있다.

③ 재해보험사업자 및 법 제14조에 따라 손해평가 업무를 위탁받은 자는 손해평가 업무를 원활히 수행하기 위하여 손해평가보조인을 운용할 수 있다.

제5조(손해평가인 실무교육)

① 재해보험사업자는 제4조에 따라 위촉된 손해평가인을 대상으로 농업재해보험에 관한 기초지식, 보험상품 및 약관, 손해평가의 방법 및 절차 등 손해평가에 필요한 실무교육을 실시하여야 한다.

② 삭제

③ 제1항에 따른 손해평가인에 대하여 재해보험사업자는 소정의 교육비를 지급할 수 있다.

제5조의2(손해평가인 정기교육)

① 법 제11조 제5항에 따른 손해평가인 정기교육의 세부내용은 다음 각 호와 같다.
　　1. 농업재해보험에 관한 기초지식 : 농어업재해보험법 제정 배경·구성 및 조문별 주요내용, 농업재해보험 사업현황
　　2. 농업재해보험의 종류별 약관 : 농업재해보험 상품 주요내용 및 약관 일반 사항
　　3. 손해평가의 절차 및 방법 : 농업재해보험 손해평가 개요, 보험목적물별 손해평가 기준 및 피해유형별 보상사례
　　4. 피해유형별 현지조사표 작성 실습

② 재해보험사업자는 정기교육 대상자에게 소정의 교육비를 지급할 수 있다.

제6조(손해평가인 위촉의 취소 및 해지 등)

① 재해보험사업자는 손해평가인이 다음 각 호의 어느 하나에 해당하게 되거나 위촉당시에 해당하는 자이었음이 판명된 때에는 그 위촉을 취소하여야 한다.
　　1. 피성년후견인
　　2. 파산선고를 받은 자로서 복권되지 아니한 자

3. 법 제30조에 의하여 벌금이상의 형을 선고받고 그 집행이 종료(집행이 종료된 것으로 보는 경우를 포함한다)되거나 집행이 면제된 날로부터 2년이 경과되지 아니한 자

4. 동 조에 따라 위촉이 취소된 후 2년이 경과하지 아니한 자

5. 거짓 그 밖의 부정한 방법으로 제4조에 따라 손해평가인으로 위촉된 자

6. 업무정지 기간 중에 손해평가업무를 수행한 자

② 재해보험사업자는 손해평가인이 다음 각 호의 어느 하나에 해당하는 때에는 6개월 이내의 기간을 정하여 그 업무의 정지를 명하거나 위촉 해지 등을 할 수 있다.

1. 법 제11조 제2항 및 이 요령의 규정을 위반 한 때

2. 법 및 이 요령에 의한 명령이나 처분을 위반한 때

3. 업무수행과 관련하여 「개인정보보호법」, 「신용정보의 이용 및 보호에 관한 법률」 등 정보보호와 관련된 법령을 위반한 때

③ 재해보험사업자는 제1항 및 제2항에 따라 위촉을 취소하거나 업무의 정지를 명하고자 하는 때에는 손해평가인에게 청문을 실시하여야 한다. 다만, 손해평가인이 청문에 응하지 아니할 경우에는 서면으로 위촉을 취소하거나 업무의 정지를 통보할 수 있다.

④ 재해보험사업자는 손해평가인을 해촉하거나 손해평가인에게 업무의 정지를 명한 때에는 지체 없이 이유를 기재한 문서로 그 뜻을 손해평가인에게 통지하여야 한다.

⑤ 제2항에 따른 업무정지와 위촉 해지 등의 세부기준은 [별표 3]과 같다.

⑥ 재해보험사업자는 「보험업법」 제186조에 따른 손해사정사가 「농어업재해보험법」 등 관련 규정을 위반한 경우 적정한 제재가 가능하도록 각 제재의 구체적 적용기준을 마련하여 시행하여야 한다.

TIP 업무정지 · 위촉해지 등 제재조치의 세부기준〈농업재해보험 손해평가요령 별표 3〉

① 일반기준

가. 위반행위가 둘 이상인 경우로서 각각의 처분기준이 다른 경우에는 그중 무거운 처분기준을 적용한다. 다만, 각각의 처분기준이 업무정지인 경우에는 무거운 처분기준의 2분의 1까지 가중할 수 있으며, 이 경우 업무정지 기간은 6개월을 초과할 수 없다.

나. 위반행위의 횟수에 따른 제재조치의 기준은 최근 1년간 같은 위반행위로 제재조치를 받는 경우에 적용한다. 이 경우 제재조치 기준의 적용은 같은 위반행위에 대하여 최초로 제재조치를 한 날과 다시 같은 위반행위로 적발한 날을 기준으로 한다.

다. 위반행위의 내용으로 보아 고의성이 없거나 특별한 사유가 인정되는 경우에는 그 처분을 업무정지의 경우에는 2분의 1의 범위에서 경감할 수 있고, 위촉해지인 경우에는 업무정지 6개월로, 경고인 경우에는 주의 처분으로 경감할 수 있다.

② 개별기준

위반행위	근거조문	과태료		
		1차	2차	3차
1. 법 제11조제 2항 및 이 요령의 규정을 위반한 때	제6조 제2항 제1호			
1) 고의 또는 중대한 과실로 손해평가의 신뢰성을 크게 악화 시킨 경우		위촉해지		
2) 고의로 진실을 숨기거나 거짓으로 손해평가를 한 경우		위촉해지		
3) 정당한 사유 없이 손해평가반구성을 거부하는 경우		위촉해지		
4) 현장조사 없이 보험금 산정을 위해 손해평가행위를 한 경우		위촉해지		
5) 현지조사서를 허위로 작성한 경우		위촉해지		
6) 검증조사 결과 부당·부실 손해평가로 확인된 경우		경고	업무정지 3개월	위촉해지
7) 기타 업무수행상 과실로 손해평가의 신뢰성을 약화시킨 경우		주의	경고	업무정지 3개월
2. 법 및 이 요령에 의한 명령이나 처분을 위반한 때	제6조 제2항 제2호	업무정지 6개월	위촉해지	
3. 업무수행과 관련하여 「개인정보보호법」, 「신용정보의 이용 및 보호에 관한 법률」 등 정보보호와 관련된 법령을 위반한 때	제6조 제2항 제3호	위촉해지		

제8조(손해평가반 구성 등)

① 재해보험사업자는 제2조 제1호의 손해평가를 하는 경우에는 손해평가반을 구성하고 손해평가반별로 평가 일정계획을 수립하여야 한다.

② 제1항에 따른 손해평가반은 다음 각 호의 어느 하나에 해당하는 자로 구성하며, 5인 이내로 한다.

   1. 제2조 제2호에 따른 손해평가인

   2. 제2조 제3호에 따른 손해평가사

   3. 「보험업법」 제186조에 따른 손해사정사

③ 제2항의 규정에도 불구하고 다음 각 호의 어느 하나에 해당하는 손해평가에 대하여는 해당자를 손해평가 반 구성에서 배제하여야 한다.

1. 자기 또는 자기와 생계를 같이 하는 친족(이하 "이해관계자"라 한다)이 가입한 보험계약에 관한 손해평가
2. 자기 또는 이해관계자가 모집한 보험계약에 관한 손해평가
3. 직전 손해평가일로부터 30일 이내의 보험가입자간 상호 손해평가
4. 자기가 실시한 손해평가에 대한 검증조사 및 재조사

제8조의2(교차손해평가)

① 재해보험사업자는 공정하고 객관적인 손해평가를 위하여 교차손해평가가 필요한 경우 재해보험 가입규모, 가입분포 등을 고려하여 교차손해평가 대상 시·군·구(자치구를 말한다. 이하 같다)를 선정하여야 한다.

② 재해보험사업자는 제1항에 따라 선정한 시·군·구 내에서 손해평가 경력, 타지역 조사 가능여부 등을 고려하여 교차손해평가를 담당할 지역손해평가인을 선발하여야 한다.

③ 교차손해평가를 위해 손해평가반을 구성할 경우에는 제2항에 따라 선발된 지역손해평가인 1인 이상이 포함되어야 한다. 다만, 거대재해 발생, 평가인력 부족 등으로 신속한 손해평가가 불가피하다고 판단되는 경우 그러하지 아니할 수 있다.

제9조(피해사실 확인)

① 보험가입자가 보험책임기간 중에 피해발생 통지를 한 때에는 재해보험사업자는 손해평가반으로 하여금 지체 없이 보험목적물의 피해사실을 확인하고 손해평가를 실시하게 하여야 한다.

② 손해평가반이 손해평가를 실시할 때에는 재해보험사업자가 해당 보험가입자의 보험계약사항 중 손해평가와 관련된 사항을 손해평가반에게 통보하여야 한다.

제10조(손해평가준비 및 평가결과 제출)

① 재해보험사업자는 손해평가반이 실시한 손해평가결과와 손해평가업무를 수행한 손해평가반 구성원을 기록할 수 있도록 현지조사서를 마련하여야 한다.

② 재해보험사업자는 손해평가를 실시하기 전에 제1항에 따른 현지조사서를 손해평가반에 배부하고 손해평가시의 주의사항을 숙지시킨 후 손해평가에 임하도록 하여야 한다.

③ 손해평가반은 현지조사서에 손해평가 결과를 정확하게 작성하여 보험가입자에게 이를 설명한 후 서명을 받아 재해보험사업자에게 최종 조사일로부터 7영업일 이내에 제출하여야 한다. (다만, 하우스 등 원예시설과 축사 건물은 7영업일을 초과하여 제출할 수 있다.) 또한, 보험가입자가 정당한 사유 없이 서명을 거부하는 경우 손해평가반은 보험가입자에게 손해평가 결과를 통지한 후 서명없이 현지조사서를 재해보험사업자에게 제출하여야 한다.

④ 손해평가반은 보험가입자가 정당한 사유없이 손해평가를 거부하여 손해평가를 실시하지 못한 경우에는 그 피해를 인정할 수 없는 것으로 평가한다는 사실을 보험가입자에게 통지한 후 현지조사서를 재해보험사업자에게 제출하여야 한다.

⑤ 재해보험사업자는 보험가입자가 손해평가반의 손해평가결과에 대하여 설명 또는 통지를 받은 날로부터 7일 이내에 손해평가가 잘못되었음을 증빙하는 서류 또는 사진 등을 제출하는 경우 재해보험사업자는 다른 손해평가반으로 하여금 재조사를 실시하게 할 수 있다.

제11조(손해평가결과 검증)

① 재해보험사업자 및 법 제25조의2에 따라 농어업재해보험사업의 관리를 위탁받은 기관(이하 "사업 관리 위탁 기관"이라 한다)은 손해평가반이 실시한 손해평가결과를 확인하기 위하여 손해평가를 실시한 보험목적물 중에서 일정수를 임의 추출하여 검증조사를 할 수 있다.

② 농림축산식품부장관은 재해보험사업자로 하여금 제1항의 검증조사를 하게 할 수 있으며, 재해보험사업자는 특별한 사유가 없는 한 이에 응하여야 하고, 그 결과를 농림축산식품부장관에게 제출하여야 한다.

③ 제1항 및 제2항에 따른 검증조사결과 현저한 차이가 발생되어 재조사가 불가피하다고 판단될 경우에는 해당 손해평가반이 조사한 전체 보험목적물에 대하여 재조사를 할 수 있다.

④ 보험가입자가 정당한 사유없이 검증조사를 거부하는 경우 검증조사반은 검증조사가 불가능하여 손해평가결과를 확인할 수 없다는 사실을 보험가입자에게 통지한 후 검증조사결과를 작성하여 재해보험사업자에게 제출하여야 한다.

⑤ 사업 관리 위탁 기관이 검증조사를 실시한 경우 그 결과를 재해보험사업자에게 통보하고 필요에 따라 결과에 대한 조치를 요구할 수 있으며, 재해보험사업자는 특별한 사유가 없는 한 그에 따른 조치를 실시해야 한다.

제12조(손해평가 단위)

① 보험목적물별 손해평가 단위는 다음 각 호와 같다.

1. 농작물 : 농지별
2. 가축 : 개별가축별(단, 벌은 벌통 단위)
3. 농업시설물 : 보험가입 목적물별

② 제1항 제1호에서 정한 농지라 함은 하나의 보험가입금액에 해당하는 토지로 필지(지번) 등과 관계없이 농작물을 재배하는 하나의 경작지를 말하며, 방풍림, 돌담, 도로(농로 제외) 등에 의해 구획된 것 또는 동일한 울타리, 시설 등에 의해 구획된 것을 하나의 농지로 한다. 다만, 경사지에서 보이는 돌담 등으로 구획되어 있는 면적이 극히 작은 것은 동일 작업 단위 등으로 정리하여 하나의 농지에 포함할 수 있다.

제13조(농작물의 보험가액 및 보험금 산정)

① 농작물에 대한 보험가액 산정은 다음 각 호와 같다.

1. 특정위험방식인 인삼은 가입면적에 보험가입 당시의 단위당 가입가격을 곱하여 산정하며, 보험가액에 영향을 미치는 가입면적, 연근 등이 가입당시와 다를 경우 변경할 수 있다.

2. 적과전종합위험방식의 보험가액은 적과후착과수(달린 열매 수)조사를 통해 산정한 기준수확량에 보험가입 당시의 단위당 가입가격을 곱하여 산정한다.

3. 종합위험방식 보험가액은 보험증권에 기재된 보험목적물의 평년수확량에 보험가입 당시의 단위당 가입가격을 곱하여 산정한다. 다만, 보험가액에 영향을 미치는 가입면적, 주수, 수령, 품종 등이 가입당시와 다를 경우 변경할 수 있다.

4. 생산비보장의 보험가액은 작물별로 보험가입 당시 정한 보험가액을 기준으로 산정한다. 다만, 보험가액에 영향을 미치는 가입면적 등이 가입당시와 다를 경우 변경할 수 있다.

5. 나무손해보장의 보험가액은 기재된 보험목적물이 나무인 경우로 최초 보험사고 발생 시의 해당 농지 내에 심어져 있는 과실생산이 가능한 나무 수(피해 나무 수 포함)에 보험가입 당시의 나무당 가입가격을 곱하여 산정한다.

② 농작물에 대한 보험금 산정은 [별표1]과 같다.

③ 농작물의 손해수량에 대한 품목별·재해별·시기별 조사방법은 [별표2]와 같다.

④ 재해보험사업자는 손해평가반으로 하여금 재해발생 전부터 보험품목에 대한 평가를 위해 생육상황을 조사하게 할 수 있다. 이때 손해평가반은 조사결과 1부를 재해보험사업자에게 제출하여야 한다.

제14조(가축의 보험가액 및 손해액 산정)

① 가축에 대한 보험가액은 보험사고가 발생한 때와 곳에서 평가한 보험목적물의 수량에 적용가격을 곱하여 산정한다.

② 가축에 대한 손해액은 보험사고가 발생한 때와 곳에서 폐사 등 피해를 입은 보험목적물의 수량에 적용가격을 곱하여 산정한다.

③ 제1항 및 제2항의 적용가격은 보험사고가 발생한 때와 곳에서의 시장가격 등을 감안하여 보험약관에서 정한 방법에 따라 산정한다. 다만, 보험가입당시 보험가입자와 재해보험사업자가 보험가액 및 손해액 산정 방식을 별도로 정한 경우에는 그 방법에 따른다.

제15조(농업시설물의 보험가액 및 손해액 산정)

① 농업시설물에 대한 보험가액은 보험사고가 발생한 때와 곳에서 평가한 피해목적물의 재조달가액에서 내용연수에 따른 감가상각률을 적용하여 계산한 감가상각액을 차감하여 산정한다.

② 농업시설물에 대한 손해액은 보험사고가 발생한 때와 곳에서 산정한 피해목적물의 원상복구비용을 말한다.

③ 제1항 및 제2항에도 불구하고 보험가입당시 보험가입자와 재해보험사업자가 보험가액 및 손해액 산정 방식을 별도로 정한 경우에는 그 방법에 따른다.

제16조(손해평가업무방법서)

재해보험사업자는 이 요령의 효율적인 운용 및 시행을 위하여 필요한 세부적인 사항을 규정한 손해평가업무방법서를 작성하여야 한다.

제17조(재검토기한)

농림축산식품부장관은 이 고시에 대하여 2024년 1월 1일 기준으로 매 3년이 되는 시점(매 3년째의 12월 31일까지를 말한다)마다 그 타당성을 검토하여 개선 등의 조치를 하여야 한다.

TIP 농작물의 보험금 산정〈농업재해보험 손해평가요령 [별표1]〉

① 특정위험방식

보장범위	산정내용	비고
작물특정위험 보장	보험가입금액 × (피해율 − 자기부담비율) ※ 피해율 $= (1 - \dfrac{수확량}{연근별기준수확량}) \times \dfrac{피해면적}{재배면적}$	인삼

② 적과전 종합위험방식

보장범위	산정내용	비고
착과감소	(착과감소량 − 미보상감수량 − 자기부담감수량) × 가입가격 × 보장수준(50%, 70%)	
과실손해	(적과종료 이후 누적감수량−자기부담감수량) × 가입가격	
나무손해보장	보험가입금액 × (피해율 − 자기부담비율) ※ 피해율 = 피해주수(고사된 나무) ÷ 실제결과주수	

③ 종합위험방식

보장범위	산정내용	비고
해가림시설	• 보험가입금액이 보험가액과 같거나 클 때 : 보험가입금액을 한도로 손해액에서 자기부담금을 차감한 금액 • 보험가입금액이 보험가액보다 작을 때 : (손해액 - 자기부담금) × (보험가입금액 ÷ 보험가액)	인삼
비가림시설	MIN(손해액 - 자기부담금, 보험가입금액)	
수확감소	보험가입금액 × (피해율 - 자기부담비율) ※ 피해율(감자·복숭아 제외) = (평년수확량 - 수확량 - 미보상감수량) ÷ 평년수확량 ※ 피해율(감자·복숭아) = {(평년수확량 - 수확량 - 미보상감수량) + 병충해감수량} ÷ 평년수확량	옥수수 외
수확감소	MIN(보험가입금액, 손해액) - 자기부담금 ※ 손해액 = 피해수확량 × 가입가격 ※ 자기부담금 = 보험가입금액 × 자기부담비율	옥수수
수확량감소 추가보장	보험가입금액 × (피해율 × 10%) 단, 피해율이 자기부담비율을 초과하는 경우에 한함 ※ 피해율 = (평년수확량 - 수확량 - 미보상감수량) ÷ 평년수확량	
나무손해	보험가입금액 × (피해율 - 자기부담비율) ※ 피해율 = 피해주수(고사된 나무) ÷ 실제결과주수	
이앙· 직파불능	보험가입금액 × 15%	벼
재이앙· 재직파	보험가입금액 × 25% × 면적피해율 단, 면적피해율이 10%를 초과하고 재이앙(재직파) 한 경우 ※ 면적피해율 = 피해면적 ÷ 보험가입면적	벼
재정식· 재파종	보험가입금액 × 20% × 면적피해율 단, 면적피해율이 자기부담비율을 초과하고, 재정식·재파종한 경우에 한함 ※ 면적피해율 = 피해면적 ÷ 보험가입면적	마늘 외
조기파종	보험가입금액 × 35% × 표준출현피해율 단, 10a당 출현주수가 30,000주보다 작고, 10a당 30,000주 이상으로 재파종한 경우에 한함 ※ 표준출현피해율(10a 기준) = (30,000 - 출현주수) ÷ 30,000	마늘

보장범위	산정내용						비고

보장범위	산정내용	비고
경작불능	보험가입금액 × 일정비율 단, 식물체 피해율이 65%(가루쌀 60%) 이상이고, 계약자가 경작불능보험금을 신청한 경우에 한함 ※ 자기부담비율에 따라 적용 비율 상이 | 자기부담비율별	10%형	15%형	20%형	30%형	40%형 | |---|---|---|---|---|---| | 보험가입금액 대비 비율 | 45% | 42% | 40% | 35% | 30% |	사료용 옥수수, 조사료용 벼 외
	보험가입금액 × 보장비율 × 경과비율 단, 식물체 피해율이 65% 이상이고, 계약자가 경작불능보험금을 신청한 경우에 한함 ※ 경과비율은 사고발생일이 속한 월에 따라 다름 | 월별 | 5월 | 6월 | 7월 | 8월 | |---|---|---|---|---| | 벼 | 80% | 85% | 90% | 100% | | 옥수수 | 80% | 80% | 90% | 100% |	사료용 옥수수, 조사료용 벼
수확불능	보험가입금액 × 일정비율 단, 제현율이 65%(가루쌀 70%) 미만으로 떨어져 정상 벼로서 출하가 불가능하게 되고, 계약자가 수확불능보험금을 신청한 경우에 한함 ※ 자기부담비율에 따라 적용 비율 상이 | 자기부담비율별 | 10%형 | 15%형 | 20%형 | 30%형 | 40%형 | |---|---|---|---|---|---| | 보험가입금액대비 비율 | 60% | 57% | 55% | 50% | 45% |	벼
생산비보장	(잔존보험가입금액 × 경과비율 × 피해율) - 자기부담금 ※ 잔존보험가입금액 = 보험가입금액 - 보상액(기 발생 생산비보장보험금 합계액) ※ 자기부담금 = 잔존보험가입금액 × 계약 시 선택한 비율	브로콜리
	• 병충해가 없는 경우 : (잔존보험가입금액 × 경과비율 × 피해율) - 자기부담금 • 병충해가 있는 경우 : (잔존보험가입금액 × 경과비율 × 피해율 × 병충해 등급별 인정비율) - 자기부담금 ※ 피해율 = 피해비율 × 손해정도비율 × (1 - 미보상비율) ※ 자기부담금 = 잔존보험가입금액 × 계약 시 선택한 비율	고추 (시설고추 제외)
	보험가입금액 × (피해율 - 자기부담비율) ※ 피해율(단호박, 당근, 양상추) = 피해비율 × 손해정도비율 × (1 - 미보상비율) ※ 피해율(배추, 무, 파, 시금치) = 면적피해율 × 평균손해정도비율 × (1 - 미보상비율) ※ 피해율(메밀) = 면적피해율 × (1 - 미보상비율) ※ 면적피해율 : 피해면적(m^2) ÷ 재배면적(m^2) 피해면적 : (도복(쓰러짐)으로 인한 피해면적 × 70%) + (도복(쓰러짐) 이외 피해면적 × 평균 손해정도비율)	배추, 파, 무, 단호박, 당근 (시설 무 제외), 메밀

보장범위	산정내용	비고
생산비보장	피해작물재배면적 × 단위면적당 보장생산비 × 경과비율 × 피해율 ※ 피해율 = 피해비율 × 손해정도비율 × (1 − 미보상비율) ※ 단, 장미, 부추, 시금치, 파, 무, 쑥갓, 버섯은 별도로 구분하여 산출	시설 작물
농업시설물 · 버섯재배사 · 부대시설	한 사고마다 재조달가액(재조달가액보장 특약 미가입시 시가) 기준으로 계산한 손해액에서 자기부담금을 차감한 금액을 보험가입금액 내에서 보상 ※ 단, 수리, 복구를 하지 않은 경우 시가로 손해액 계산	
과실손해보장	보험가입금액 × (피해율 − 자기부담비율) ※ 피해율(7월 31일 이전에 사고가 발생한 경우) = 　(평년수확량 − 수확량 − 미보상감수량) ÷ 평년수확량 ※ 피해율(8월 1일 이후에 사고가 발생한 경우) = 　(1 − 수확전사고 피해율) × 경과비율 × 결과지 피해율	무화과
과실손해보장	보험가입금액 × (피해율 − 자기부담비율) ※ 피해율 = 고사결과모지수 ÷ 평년결과모지수	복분자
	보험가입금액 × (피해율 − 자기부담비율) ※ 피해율 = (평년결실수 − 조사결실수 − 미보상감수결실수) ÷ 평년결실수	오디
과실손해보장	과실손해보험금 = 손해액 − 자기부담금 ※ 손해액 = 보험가입금액 × 피해율 ※ 자기부담금 = 보험가입금액 × 자기부담비율 ※ 피해율 = (등급내 피해과실수 + 등급외 피해과실수 × 50%) ÷ 기준과실수 × 　(1 − 미보상비율)	감귤 (온주 밀감류)
	동상해손해보험금 = 손해액 − 자기부담금 ※ 손해액 = {보험가입금액 − (보험가입금액 × 기사고피해율)} × 수확기 잔존비율 × 　동상해피해율수 × (1 − 미보상비율) ※ 자기부담금 = ｜보험가입금액 × min(주계약피해율 − 자기부담비율, 0)｜ ※ 동상해 피해율 = {(동상해 80%형 피해과실수 합계 × 80%) + 　(동상해 100%형 피해과실수 합계 × 100%)} ÷ 기준과실수	
과실손해 추가보장	보험가입금액 × 주계약피해율 × 10% 단, 손해액이 자기부담금을 초과하는 경우에 한함 * 다만, 보험가액이 보험가입금액보다 적을 경우에는 보험가액에 의하며, 기타 세부적인 　내용은 재해보험사업자가 작성한 손해평가 업무방법서에 따름 ※ 피해율 = {(등급 내 피해과실수 + 등급외 피해과실수 × 50%) ÷ 기준과실수} × (1 　− 미보상비율)	감귤 (온주 밀감류)
농업수입감소	보험가입금액 × (피해율 − 자기부담비율) ※ 피해율 = (기준수입 − 실제수입) ÷ 기준수입	

※ 다만, 보험가액이 보험가입금액보다 적을 경우에는 보험가액에 의하며, 기타 세부적인 내용은 재해보험사업자가 작성한 손해평가 업무방법서에 따름

TIP 농작물의 품목별 · 재해별 · 시기별 손해수량 조사방법〈농업재해보험 손해평가요령 [별표 2]〉

① 특정위험방식 상품(인삼)

생육시기	재해	조사내용	조사시기	조사방법	비고
보험기간	태풍(강풍) · 폭설 · 집중호우 · 침수 · 화재 · 우박 · 냉해 · 폭염	수확량 조사	피해 확인이 가능한 시기	보상하는 재해로 인하여 감소된 수확량 조사 • 조사방법 : 전수조사 또는 표본조사	

② 적과전종합위험방식 상품(사과, 배, 단감, 떫은감)

생육시기	재해	조사내용	조사시기	조사방법	비고
보험계약 체결일 ~ 적과 전	보상하는 재해 전부	피해사실 확인 조사	사고접수 후 지체 없이	보상하는 재해로 인한 피해발생여부 조사	피해사실이 명백한 경우 생략 가능
	우박		사고접수 후 지체 없이	우박으로 인한 유과(어린과실) 및 꽃(눈)등의 타박비율 조사 • 조사방법 : 표본조사	적과종료 이전 특정위험 5종 한정 보장 특약 가입건에 한함
6월1일 ~ 적과전	태풍(강풍), 우박, 집중호우, 화재, 지진		사고접수 후 지체 없이	보상하는 재해로 발생한 낙엽피해 정도 조사 – 단감 · 떫은감에 대해서만 실시 • 조사방법 : 표본조사	
적과 후		적과 후 착과수 조사	적과 종료 후	보험가입금액의 결정 등을 위하여 해당 농지의 적과종료 후 총 착과 수를 조사 • 조사방법 : 표본조사	피해와 관계없이 전 과수원 조사

생육시기	재해	조사내용	조사시기	조사방법	비고
적과후 ~ 수확기 종료	보상하는 재해	낙과피해 조사	사고접수 후 지체 없이	재해로 인하여 떨어진 피해과실수 조사 −낙과피해조사는 보험약관에서 정한 과실피해분류기준에 따라 구분하여 조사 • 조사방법 : 전수조사 또는 표본조사	
				낙엽률 조사(우박 및 일소 제외) − 낙엽피해정도 조사 • 조사방법 : 표본조사	단감 · 떫은감
	우박, 일소, 가을동상해	착과피해 조사	수확 직전	달려있는 과실 중 재해로 인한 피해과실수 조사 − 착과피해조사는 보험약관에서 정한 과실 피해분류기준에 따라 구분하여 조사 • 조사방법 : 표본조사	
수확완료 후 ~ 보험종기	보상하는 재해 전부	고사나무 조사	수확완료 후 보험 종기 전	보상하는 재해로 고사되거나 또는 회생이 불가능한 나무 수를 조사 − 특약 가입 농지만 해당 • 조사방법 : 전수조사	수확완료 후 추가 고사나무가 없는 경우 생략 가능

※ 전수조사는 조사대상 목적물을 전부 조사하는 것을 말하며, 표본조사는 손해평가의 효율성 제고를 위해 재해보험사업자가 통계이론을 기초로 산정한 조사표본에 대해 조사를 실시하는 것을 말함.

③ 종합위험방식 상품(농업수입보장 포함)

㉠ 해가림시설 · 비가림시설 및 원예시설

생육시기	재해	조사내용	조사시기	조사방법	비고
보험 기간 내	보상하는 재해 전부	해가림시설 조사	사고접수 후 지체 없이	보상하는 재해로 인하여 손해를 입은 시설 조사 • 조사방법: 전수조사	인삼
		비가림시설 조사			
		시설조사			원예시설, 버섯재배사

ⓛ 수확감소보장 · 과실손해보장 및 농업수입보장

생육시기	재해	조사내용	조사시기	조사방법	비고
수확 전	보상하는 재해 전부	피해사실 확인 조사	사고접수 후 지체 없이	보상하는 재해로 인한 피해발생 여부 조사(피해사실이 명백한 경우 생략 가능)	
		이앙(직파) 불능피해 조사	이앙 한계일 (7.31)이후	이앙(직파)불능 상태 및 통상적인 영농활동 실시여부조사	벼만 해당
		재이앙 (재직파) 조사	사고접수 후 지체 없이	해당농지에 보상하는 손해로 인하여 재이앙(재직파)이 필요한 면적 또는 면적비율 조사	벼만 해당
		재파종 조사	사고접수 후 지체 없이	해당농지에 보상하는 손해로 인하여 재파종이 필요한 면적 또는 면적비율 조사	마늘만 해당
		재정식 조사	사고접수 후 지체 없이	해당농지에 보상하는 손해로 인하여 재정식이 필요한 면적 또는 면적비율 조사	양배추만 해당
		경작불능 조사	사고접수 후 지체 없이	해당 농지의 피해면적비율 또는 보험목적인 식물체 피해율 조사	벼 · 밀, 밭작물 (차(茶)제외), 복분자만 해당
수확 전	보상하는 재해 전부	과실손해 조사	수정완료 후	살아있는 결과모지수 조사 및 수정불량(송이)피해율 조사 • 조사방법 : 표본조사	복분자만 해당
			결실완료 후	결실수 조사 • 조사방법 : 표본조사	오디만 해당
		수확전 사고조사	사고접수 후 지체 없이	표본주의 과실 구분 • 조사방법 : 표본조사	감귤(온주 밀감류)만 해당

생육시기	재해	조사내용	조사시기	조사방법	비고
수확 직전	–	착과수조사	수확직전	해당농지의 최초 품종 수확 직전 총 착과 수를 조사 −피해와 관계없이 전 과수원 조사 • 조사방법 : 표본조사	포도, 복숭아, 자두, 감귤(만감류)만 해당
	보상하는 재해 전부	수확량 조사	수확직전	사고발생 농지의 수확량 조사 • 조사방법 : 전수조사 또는 표본조사	
		과실손해 조사	수확직전	사고발생 농지의 과실피해조사 • 조사방법 : 표본조사	무화과, 감귤(온주 밀감류)만 해당
수확 시작 후 ~ 수확 종료	보상하는 재해 전부	수확량조사	조사 가능일	사고발생농지의 수확량조사 • 조사방법 : 표본조사	차(茶)만 해당
			사고접수 후 지체 없이	사고발생 농지의 수확 중의 수확량 및 감수량의 확인을 통한 수확량 조사 • 조사방법 : 전수조사 또는 표본조사	
		동상해 과실손해 조사	사고접수 후 지체 없이	표본주의 착과피해 조사 −12월 21일 ~ 익년 2월 말일 사고건에 한함 • 조사방법 : 표본조사	감귤(온주 밀감류)만 해당
		수확불능 확인조사	조사 가능일	사고발생 농지의 제현율 및 정상출하 불가 확인 조사 • 조사방법 : 전수조사 또는 표본조사	벼만 해당
	태풍(강풍), 우박	과실손해 조사	사고접수 후 지체 없이	전체 열매수(전체 개화수) 및 수확 가능 열매수 조사 −6월 1일 ~ 6월 20일 사고 건에 한함 • 조사방법 : 표본조사	복분자만 해당
				표본주의 고사 및 정상 결과지수 조사 • 조사방법 : 표본조사	무화과만 해당
수확완료 후 ~ 보험종기	보상하는 재해 전부	고사나무 조사	수확완료 후 보험 종기 전	보상하는 재해로 고사되거나 또는 회생이 불가능한 나무 수를 조사 −특약 가입 농지만 해당 • 조사방법 : 전수조사	수확완료 후 추가고사나무가 없는 경우 생략 가능

ⓒ 생산비 보장

생육시기	재해	조사내용	조사시기	조사방법	비고
정식 (파종) ~ 수확 종료	보상하는 재해 전부	생산비 피해조사	사고발생시 마다	① 재배일정 확인 ② 경과비율 산출 ③ 피해율 산정 ④ 병충해 등급별 인정비율 확인 (노지 고추만 해당)	
수확전	보상하는 재해 전부	피해사실 확인 조사	사고접수 후 지체 없이	보상하는 재해로 인한 피해발생 여부 조사(피해사실이 명백한 경우 생략 가능)	메밀, 단호박, 시금치, 양상추, 노지 배추, 노지 당근, 노지 파, 노지 무만 해당
		재파종 조사	사고접수 후 지체 없이	해당농지에 보상하는 손해로 인하여 재파종이 필요한 면적 또는 면적비율 조사 ※ 월동무, 쪽파, 시금치, 메밀만 해당	
		재정식 조사	사고접수 후 지체 없이	해당농지에 보상하는 손해로 인하여 재정식이 필요한 면적 또는 면적비율 조사 ※ 가을배추, 월동배추, 브로콜리, 양상추만 해당	
		경작불능 조사	사고접수 후 지체 없이	해당 농지의 피해면적비율 또는 보험목적인 식물체 피해율 조사	
수확 직전		생산비 피해조사	수확 직전	사고발생 농지의 피해비율 및 손해정도 비율 확인을 통한 피해율 조사 • 조사방법 : 표본조사	

기출문제 분석

모든 조항에서 문제가 출제되는 편으로 매우 중요한 영역이다. 빈번하게 출제되는 농작물의 보험금 산정에 따른 계산, 농작물의 품목별 · 재해별 · 시기별 손해수량 조사방법, 보험가액 및 손해액 산정은 반드시 나오는 유형 중에 하나이다. 해당하는 계산식, 해당하는 작물을 정확하게 암기하고 있어야 하며 세세하게 질문을 하기 때문에 정확한 암기는 필수적인 영역에 해당한다. 용어의 정의, 손해평가인 위촉 및 업무, 손해평가사 구성 등에 대한 문항은 자주 출제되기에 정확히 암기하고 있는 것이 도움이 된다.

2023년

1 농업재해보험 손해평가요령상 농업재해보험의 종류에 해당하지 않는 것은?

① 농작물재해보험

② 양식수산물재해보험

③ 가축재해보험

④ 임산물재해보험

> **TIP** "농업재해보험"이란 법 제4조에 따른 농작물재해보험, 임산물재해보험 및 가축재해보험을 말한다〈농업재해보험 손해평가요령 제2조(용어의 정의) 제5호〉.

2023년

2 농업재해보험 손해평가요령상 손해평가인에 관한 설명으로 옳지 않은 것은?

① 재해보험사업자는 피해 발생 시 원활한 손해평가가 이루어지도록 농업재해보험이 실시되는 시 · 군 · 자치구별 보험가입자의 수 등을 고려하여 적정 규모의 손해평가인을 위촉할 수 있다.

② 손해평가인증은 농림축산식품부장관 또는 해양수산부장관이 발급한다.

③ 재해보험사업자는 손해평가 업무를 원활히 수행하기 위하여 손해평가보조인을 운용할 수 있다.

④ 재해보험사업자는 실무교육을 받는 손해평가인에 대하여 소정의 교육비를 지급할 수 있다.

> **TIP** ② 재해보험사업자는 법 제11조 제1항과 시행령 제12조 제1항에 따라 손해평가인을 위촉한 경우에는 그 자격을 표시할 수 있는 손해평가인증을 발급하여야 한다〈농업재해보험 손해평가요령 제4조(손해평가인 위촉) 제1항〉.
> ① 「농업재해보험 손해평가요령」 제4조(손해평가인 위촉) 제2항
> ③ 「농업재해보험 손해평가요령」 제4조(손해평가인 위촉) 제3항
> ④ 「농업재해보험 손해평가요령」 제5조(손해평가인 실무교육) 제3항

Answer 1.② 2.②

2021년

3 농업재해보험 손해평가요령상 손해평가인 정기교육의 세부내용에 명시적으로 포함되어 있지 않은 것은?

① 농어업재해보험법 제정 배경
② 손해평가 관련 민원사례
③ 피해유형별 보상사례
④ 농업재해보험 상품 주요내용

TIP 손해평가인 정기교육〈농업재해보험 손해평가요령 제5조의2〉
① 손해평가인 정기교육의 세부내용은 다음과 같다.
1. 농업재해보험에 관한 기초지식 : 농어업재해보험법 제정 배경·구성 및 조문별 주요내용, 농업재해보험사업현황
2. 농업재해보험의 종류별 약관 : 농업재해보험 상품 주요내용 및 약관 일반 사항
3. 손해평가의 절차 및 방법 : 농업재해보험 손해평가 개요, 보험목적물별 손해평가 기준 및 피해유형별 보상사례
4. 피해유형별 현지조사표 작성 실습
② 재해보험사업자는 정기교육 대상자에게 소정의 교육비를 지급할 수 있다.

2024년

4 농어업재해보험법 및 농업재해보험 손해평가요령상 교차손해평가에 관한 설명으로 옳지 않은 것을 모두 고른 것은?

> ⊙ 교차손해평가란 공정하고 객관적인 손해평가를 위하여 재해보험사업자 상호간에 농어업재해로 인한 손해를 교차하여 평가하는 것을 말한다.
> ⓒ 동일 시·군·구(자치구를 말한다) 내에서는 교차손해평가를 수행할 수 없다.
> ⓒ 교차손해평가를 위해 손해평가반을 구성할 때, 거대재해 발생으로 신속한 손해평가가 불가피하다고 판단되는 경우에는 지역손해평가인을 포함하지 않을 수 있다.

① ⊙ⓒ   ② ⊙ⓒ
③ ⓒⓒ   ④ ⊙ⓒⓒ

TIP ⊙ⓒ 재해보험사업자는 공정하고 객관적인 손해평가를 위하여 동일 시·군·구(자치구를 말한다) 내에서 교차손해평가(손해평가인 상호간에 담당지역을 교차하여 평가하는 것을 말한다)를 수행할 수 있다〈농어업재해보험법 제11조(손해평가 등) 제3항〉.
ⓒ 「농업재해보험 손해평가요령」 제8조의2(교차손해평가) 제3항

Answer 3.② 4.①

5 농업재해보험 손해평가요령상 손해평가반의 구성에 관한 설명으로 옳지 않은 것은?

① 손해평가반은 재해보험사업자가 구성한다.

②「보험업법」제186조에 따른 손해사정사는 손해평가반에 포함될 수 있다.

③ 손해평가인 2인과 손해평가보조인 3인으로는 손해평가반을 구성할 수 없다.

④ 자기 또는 이해관계자가 모집한 보험계약에 관한 손해평가에 대하여는 해당자를 손해평가반 구성에서 배제하여야 한다.

> **TIP** ③ 제1항에 따른 손해평가반은 손행평가인, 손행평가사, 손해사정사 어느 하나에 해당하는 자를 1인 이상 포함하여 5인 이내로 구성한다〈농업재해보험 손해평가요령 제8조(손해평가반 구성 등) 제2항〉.
> ①「농업재해보험 손해평가요령」제8조(손해평가반 구성 등) 제1항
> ②「농업재해보험 손해평가요령」제8조(손해평가반 구성 등) 제2항 제3호
> ④「농업재해보험 손해평가요령」제8조(손해평가반 구성 등) 제3항 제1호

6 농업재해보험 손해평가요령상 손해평가반 구성에 관한 설명으로 옳은 것은?

① 자기가 실시한 손해평가에 대한 검증조사 및 재조사에 해당하는 손해평가의 경우 해당자를 손해평가반 구성에서 배제하여야 한다.

② 자기가 가입하였어도 자기가 모집하지 않은 보험계약에 관한 손해평가의 경우 해당자는 손해평가반 구성에 참여할 수 있다.

③ 손해평가인은 손해평가를 하는 경우에는 손해평가반을 구성하고 손해평가반별로 평가일정계획을 수립하여야 한다.

④ 손해평가반은 손해평가인을 3인 이상 포함하여 7인 이내로 구성한다.

> **TIP** 손해평가반 구성 등〈농업재해보험 손해평가요령 제8조〉
> ① 재해보험사업자는 제2조 제1호의 손해평가를 하는 경우에는 손해평가반을 구성하고 손해평가반별로 평가일정계획을 수립하여야 한다.
> ② ①에 따른 손해평가반은 다음 각 호의 어느 하나에 해당하는 자를 1인 이상 포함하여 5인 이내로 구성한다.
> 　1. 제2조 제2호에 따른 손해평가인
> 　2. 제2조 제3호에 따른 손해평가사
> 　3.「보험업법」제186조에 따른 손해사정사
> ③ ②의 규정에도 불구하고 다음 각 호의 어느 하나에 해당하는 손해평가에 대하여는 해당자를 손해평가반 구성에서 배제하여야 한다.
> 　1. 자기 또는 자기와 생계를 같이 하는 친족(이하 "이해관계자"라 한다)이 가입한 보험계약에 관한 손해평가
> 　2. 자기 또는 이해관계자가 모집한 보험계약에 관한 손해평가
> 　3. 직전 손해평가일로부터 30일 이내의 보험가입자간 상호 손해평가
> 　4. 자기가 실시한 손해평가에 대한 검증조사 및 재조사

Answer 5.③ 6.①

7 **농업재해보험 손해평가요령상 손해평가에 관한 설명으로 옳지 않은 것은?**

① 손해평가반은 손해평가인, 손해평가사, 손해사정사 중 어느 하나에 해당하는 자를 1인 이상 포함하여 5인 이내로 구성한다.

② 교차손해평가에 있어서 거대재해 발생 등으로 신속한 손해평가가 불가피하다고 판단되는 경우에도 손해평가반 구성에 지역손해평가인을 포함하여야 한다.

③ 재해보험사업자는 손해평가반이 실시한 손해평가결과를 기록할 수 있도록 현지조사서를 마련하여야 한다.

④ 손해평가반이 손해평가를 실시할 때에는 재해보험사업자가 해당 보험가입자의 보험계약사항 중 손해평가와 관련된 사항을 손해평가반에게 통보하여야 한다.

TIP ✎ ② 교차손해평가를 위해 손해평가반을 구성할 경우에는 제2항에 따라 선발된 지역손해평가인 1인 이상이 포함되어야 한다. 다만, 거대재해 발생, 평가인력 부족 등으로 신속한 손해평가가 불가피하다고 판단되는 경우 그러하지 아니할 수 있다〈농업재해보험 손해평가요령 제8조의2(교차손해평가) 제3항〉.
① 「농업재해보험 손해평가요령」 제8조(손해평가반 구성 등) 제2항
③ 「농업재해보험 손해평가요령」 제10조(손해평가준비 및 평가결과 제출) 제1항
④ 「농업재해보험 손해평가요령」 제9조(피해사실 확인) 제2항

Answer 7.②

8 농업재해보험 손해평가요령상 농작물의 보험가액 산정에 관한 설명으로 옳지 않은 것을 모두 고른 것은?

> ㉠ 인삼의 특정위험방식 보험가액은 적과후착과수조사를 통해 산정한 기준수확량에 보험가입 당시의 단위당 가입가격을 곱하여 산정한다.
> ㉡ 적과전종합위험방식의 보험가액은 적과후착과수조사를 통해 산정한 기준수확량에 보험가입 당시의 단위당 가입가격을 곱하여 산정한다.
> ㉢ 종합위험방식 보험가액은 특별한 사정이 없는 한 보험증권에 기재된 보험목적물의 평년수확량에 최초 보험사고 발생 시의 단위당 가입가격을 곱하여 산정한다.

① ㉠　　　　　　　　　　　　　　　　② ㉢
③ ㉠㉢　　　　　　　　　　　　　　　④ ㉡㉢

TIP ㉠ 특정위험방식인 인삼은 가입면적에 보험가입 당시의 단위당 가입가격을 곱하여 산정하며, 보험가액에 영향을 미치는 가입면적, 연근 등이 가입 당시와 다를 경우 변경할 수 있다〈농어업재해보험 손해평가요령 제13조(농작물의 보험가액 및 보험금 산정) 제1항 제1호〉.
　　 ㉢ 종합위험방식 보험가액은 보험증권에 기재된 보험목적물의 평년수확량에 보험가입 당시의 단위당 가입가격을 곱하여 산정한다. 다만, 보험가액에 영향을 미치는 가입면적, 주수, 수령, 품종 등이 가입 당시와 다를 경우 변경할 수 있다〈농어업재해보험 손해평가요령 제13조(농작물의 보험가액 및 보험금 산정) 제1항 제3호〉.

9 농업재해보험 손해평가요령상 농작물의 품목별·재해별·시기별 손해수량 조사방법 중 종합위험방식 상품에 관한 표의 일부이다. (　　)에 들어갈 농작물에 해당하지 않는 것은?

생육시기	재해	조사내용	조사시기	조사방법	비고
② 수확감소보장·과실손해보장 및 농업수입보장					
수확전	보상하는 재해 전부	경작불능조사	사고접수 후 지체 없이	해당 농지의 피해면적비율 또는 보험목적인 식물체 피해율 조사	(　　)만 해당

① 벼　　　　　　　　　　　　　　　　② 밀
③ 차(茶)　　　　　　　　　　　　　　④ 복분자

Answer 8.③ 9.③

TIP 🖉 수확감소보장·과실손해보장 및 농업수입보장〈농업재해보험 손해평가요령 [별표 2 농작물의 품목별·재해별·시기별 손해수량 조사방법]〉

생육시기	재해	조사내용	조사시기	조사방법	비고
수확전	보상하는 재해 전부	경작불능조사	사고접수 후 지체 없이	해당 농지의 피해면적비율 또는 보험목적인 식물체 피해율 조사	벼·밀, 밭작물 (차(茶)제외), 복분자만 해당

2018년

10 농업재해보험 손해평가요령에 따른 적과전종합위험방식 「과실손해보장」에서 "사과"의 경우 다음 조건으로 산정한 보험금은?

- 가입가격 : 1만 원/kg
- 기준수확량 : 20,000kg
- 적과종류 이후 누적감수량 : 4,000kg
- 미보상감수량 : 3,000kg
- 자기부담감수량 : 500kg

① 3,000만 원

② 3,500만 원

③ 4,000만 원

④ 4,500만 원

TIP 🖉 농작물의 보험금 산정〈농업재해보험 손해평가요령 별표1〉
① 적과전종합위험방식 과실손해 보험금 계산법 = (적과종료 이후 누적감수량−자기부담감수량) × 가입가격
② (4,000kg − 500kg) × 10,000원 = 3,500만 원

Answer 10.②

출제예상문제

1 다음은 농업재해보험 손해평가요령에 관한 내용이다. ( ) 안에 들어갈 알맞은 용어는?

> ( )라 함은 「농어업재해보험법」에 따른 피해가 발생한 경우 손해평가인, 손해평가사 또는 손해사정사가 그 피해사실을 확인하고 평가하는 일련의 과정을 말한다.

① 피해조사   ② 손해평가

③ 검증조사   ④ 현지조사

TIP "손해평가"라 함은 「농어업재해보험법」(이하 "법"이라 한다) 제2조 제1호에 따른 피해가 발생한 경우 법 제11조 및 제11조의3에 따라 손해평가인, 손해평가사 또는 손해사정사가 그 피해사실을 확인하고 평가하는 일련의 과정을 말한다〈농업재해보험 손해평가요령 제2조 제1호〉.

2 농업재해보험 손해평가요령상 손해평가사가 수행하는 업무를 모두 고른 것은?

> ㉠ 피해사실 확인
> ㉡ 재해보험사업의 관리 · 감독
> ㉢ 보험가액 및 손해액 평가
> ㉣ 재해 관련 통계 생산 및 데이터베이스 구축 · 분석

① ㉠㉡   ② ㉡㉢

③ ㉢㉣   ④ ㉠㉢

TIP 손해평가 업무〈농업재해보험 손해평가요령 제3조〉… 손해평가 시 손해평가인, 손해평가사, 손해사정사는 다음 각 호의 업무를 수행한다.
1. 피해사실 확인
2. 보험가액 및 손해액 평가
3. 그 밖에 손해평가에 관하여 필요한 사항

Answer 1.② 2.④

3 농업재해보험 손해평가요령에 따른 손해평가인의 위촉 및 교육에 관한 내용으로 옳은 것은?

① 농림축산식품부장관은 피해 발생 시 원활한 손해평가가 이루어지도록 농업재해보험이 실시되는 시·군·자치구별 보험가입자의 수 등을 고려하여 적정 규모의 손해평가인을 위촉할 수 있다.

② 재해보험사업자를 대상으로 농업재해보험에 관한 기초지식, 보험상품 및 약관, 손해평가의 방법 및 절차 등 손해평가에 필요한 실무교육을 실시하여야 한다.

③ 손해평가인은 재해보험사업자에게 소정의 교육비를 지급한다.

④ 재해보험사업자는 손해평가인이 피성년 후견인에 해당하게 되거나 위촉당시에 해당하는 자이었음이 판명된 때에는 그 위촉을 취소하여야 한다.

> **TIP** ④ 「농업재해보험 손해평가요령」 제6조(손해평가인 위촉의 취소 및 해지 등) 제1항 제1호
> ① 재해보험사업자는 피해 발생 시 원활한 손해평가가 이루어지도록 농업재해보험이 실시되는 시·군·자치구별 보험가입자의 수 등을 고려하여 적정 규모의 손해평가인을 위촉할 수 있다〈농업재해보험 손해평가요령 제4조(손해평가인 위촉) 제2항〉.
> ② 재해보험사업자는 제4조에 따라 위촉된 손해평가인을 대상으로 농업재해보험에 관한 기초지식, 보험상품 및 약관, 손해평가의 방법 및 절차 등 손해평가에 필요한 실무교육을 실시하여야 한다〈농업재해보험 손해평가요령 제5조(손해평가인 실무교육) 제1항〉.
> ③ 재해보험사업자는 정기교육 대상자에게 소정의 교육비를 지급할 수 있다〈농업재해보험 손해평가요령 제5조의2(손해평가인 정기교육) 제2항〉.

빈출유형

4 농업재해보험 손해평가요령에 따른 손해평가인 위촉의 취소 사유에 해당되지 않는 것은?

① 파산선고를 받은 자로서 복권되지 아니한 자

② 업무정지 기간 중에 손해평가업무를 수행한 자

③ 거짓 그 밖의 부정한 방법으로 손해평가인으로 위촉된 자

④ 손해평가인 위촉이 취소된 후 1년이 경과되지 아니한 자

> **TIP** 손해평가인 위촉의 취소 및 해지 등〈농업재해보험 손해평가요령 제6조〉… 재해보험사업자는 손해평가인이 다음의 어느 하나에 해당하게 되거나 위촉 당시에 해당하는 자이었음이 판명된 때에는 그 위촉을 취소하여야 한다.
> 1. 피성년 후견인
> 2. 파산선고를 받은 자로서 복권되지 아니한 자
> 3. 법 제30조에 의하여 벌금이상의 형을 선고받고 그 집행이 종료(집행이 종료된 것으로 보는 경우를 포함한다)되거나 집행이 면제된 날로부터 2년이 경과되지 아니한 자
> 4. 동 조에 따라 위촉이 취소된 후 2년이 경과하지 아니한 자
> 5. 거짓 그 밖의 부정한 방법으로 제4조에 따라 손해평가인으로 위촉된 자
> 6. 업무정지 기간 중에 손해평가업무를 수행한 자

Answer 3.④ 4.④

5 농업재해보험 손해평가요령상 재해보험사업자가 손해평가인의 위촉을 반드시 취소하여야 하는 경우는?

① 공정하고 객관적으로 손해평가를 하지 않은 자

② 고의로 진실을 숨기거나 거짓으로 손해평가를 한 자

③ 벌금 이상의 형을 선고받고 그 집행이 면제된 날로부터 1년이 경과되지 아니한 자

④ 업무수행 시 「신용정보의 이용 및 보호에 관한 법률」 등 정보보호와 관련된 법령을 위반한 때

> **TIP** ③ 「농업재해보험 손해평가요령」 제6조(손해평가인 위촉의 취소 및 해지 등) 제1항 제3호
> ※ 손해평가인 위촉의 취소 및 해지 등〈농업재해보험 손해평가요령 제6조 제3항〉… 재해보험사업자는 손해평가인이 다음 각 호의 어느 하나에 해당하는 때에는 6개월 이내의 기간을 정하여 그 업무의 정지를 명하거나 위촉 해지 등을 할 수 있다.
> 1. 법 제11조 제2항(손해평가인과 손해평가사 및 「보험업법」 제186조에 따른 손해사정사는 농림축산식품부장관 또는 해양수산부장관이 정하여 고시하는 손해평가 요령에 따라 손해평가를 하여야 한다. 이 경우 공정하고 객관적으로 손해평가를 하여야 하며, 고의로 진실을 숨기거나 거짓으로 손해평가를 하여서는 아니 된다) 및 이 요령의 규정을 위반 한 때
> 2. 법 및 이 요령에 의한 명령이나 처분을 위반한 때
> 3. 업무수행과 관련하여 「개인정보보호법」, 「신용정보의 이용 및 보호에 관한 법률」 등 정보보호와 관련된 법령을 위반한 때

6 농업재해보험 손해평가요령에 따른 손해평가반 구성으로 옳지 않은 것은?

① 손해평가인 1인을 포함하여 3인으로 구성

② 손해사정사 1인을 포함하여 4인으로 구성

③ 손해평가인 1인과 손해평가사 1인을 포함하여 5인으로 구성

④ 손해평가보조인 5인으로 구성

> **TIP** 손해평가반 구성 등〈농업재해보험 손해평가요령 제8조〉
> ① 재해보험사업자는 손해평가를 하는 경우에는 손해평가반을 구성하고 손해평가반별로 평가일정계획을 수립하여야 한다.
> ② 손해평가반은 다음의 어느 하나에 해당하는 자를 1인 이상 포함하여 5인 이내로 구성한다.
> 1. 손해평가인
> 2. 손해평가사
> 3. 「보험업법」에 따른 손해사정사

Answer 5.③ 6.④

빈출유형

7 재해보험사업자가 손해평가반을 구성할 경우 그 해당인력이 아닌 자는?

① 손해평가인　　　　　　　　　　　② 손해평가사

③ 손해사정사　　　　　　　　　　　④ 손해평가보조인

> **TIP** 손해평가반 구성 등〈농업재해보험 손해평가요령 제8조 제2항〉… 손해평가반은 다음 각 호의 어느 하나에 해당하는 자로 구성하며, 5인 이내로 한다.
> 1. 손해평가인
> 2. 손해평가사
> 3. 「보험업법」에 따른 손해사정사

빈출유형

8 농업재해보험 손해평가요령에 따라 손해평가에서 손해평가반 구성에서 배제해야 하지 않는 자는?

① 자기와 생계를 같이 하는 친족이 가입한 보험계약에 관한 손해평가

② 자기가 가입한 보험계약에 관한 손해평가

③ 직전 손해평가일로부터 3년 이내의 보험가입자간 상호 손해평가

④ 이해관계자가 모집한 보험계약에 관한 손해평가

> **TIP** 손해평가반 구성 등〈농업재해보험 손해평가요령 제8조 제3항〉… 다음 각 호의 어느 하나에 해당하는 손해평가에 대하여는 해당자를 손해평가반 구성에서 배제하여야 한다.
> 1. 자기 또는 자기와 생계를 같이 하는 친족(이하 "이해관계자"라 한다)이 가입한 보험계약에 관한 손해평가
> 2. 자기 또는 이해관계자가 모집한 보험계약에 관한 손해평가
> 3. 직전 손해평가일로부터 30일 이내의 보험가입자간 상호 손해평가
> 4. 자기가 실시한 손해평가에 대한 검증조사 및 재조사

Answer 7.④ 8.③

9 다음은 농업재해보험 손해평가요령에 따른 손해평가준비 및 평가결과 제출에 관한 내용이다. ( ) 안에 들어갈 알맞은 숫자는?

> 손해평가반은 현지조사서에 손해평가 결과를 정확하게 작성하여 보험가입자에게 이를 설명한 후 서명을 받아 재해보험사업자에게 최종 조사일로부터 ( )영업일 이내에 제출하여야 한다(다만, 하우스 등 원예시설과 축사 건물은 ( )영업일을 초과하여 제출할 수 있다.)

① 5   ② 7

③ 10   ④ 15

TIP 손해평가반은 현지조사서에 손해평가 결과를 정확하게 작성하여 보험가입자에게 이를 설명한 후 서명을 받아 재해보험사업자에게 최종 조사일로부터 <u>7영업일</u> 이내에 제출하여야 한다(다만, 하우스 등 원예시설과 축사 건물은 <u>7영업일</u>을 초과하여 제출할 수 있다.)〈농업재해보험 손해평가요령 제10조(손해평가준비 및 평가결과 제출)〉.

10 농업재해보험 손해평가요령에 따라 빈칸에 들어가는 것으로 적절한 것은?

> 재해보험사업자는 보험가입자가 손해평가반의 손해평가결과에 대하여 설명 또는 통지를 받은 날로부터 ( ) 이내에 손해평가가 잘못되었음을 증빙하는 서류 또는 사진 등을 제출하는 경우 재해보험사업자는 다른 손해평가반으로 하여금 재조사를 실시하게 할 수 있다.

① 3월   ② 1월

③ 7영업일   ④ 7일

TIP 재해보험사업자는 보험가입자가 손해평가반의 손해평가결과에 대하여 설명 또는 통지를 받은 날로부터 <u>7일</u> 이내에 손해평가가 잘못되었음을 증빙하는 서류 또는 사진 등을 제출하는 경우 재해보험사업자는 다른 손해평가반으로 하여금 재조사를 실시하게 할 수 있다〈농업재해보험 손해평가요령 제10조 제5항〉.

Answer 9.② 10.④

11 농업재해보험 손해평가요령에 따라 손해평가 준비 및 평가결과 제출에 대한 것으로 옳은 것은?

① 손해평가반은 실시한 손해평가결과와 손해평가업무를 수행한 손해평가반 구성원을 기록할 수 있도록 현지조사서를 마련하여야 한다.

② 손해평가사는 손해평가를 실시하기 전에 현지조사서를 손해평가반에 배부하고 손해평가시의 주의사항을 숙지시킨 후 손해평가에 임하도록 하여야 한다.

③ 현지조사서에 손해평가 결과를 작성하여 하우스 등 원예시설과 축사 건물 보험가입자에게 서명을 받아 최종 조사일로부터 7영업일을 이내에 재해보험사업자에게 반드시 제출하여야 한다.

④ 손해평가반은 보험가입자가 정당한 사유없이 손해평가를 거부하여 손해평가를 실시하지 못한 경우에는 그 피해를 인정할 수 없는 것으로 평가한다는 사실을 보험가입자에게 통지한 후 현지조사서를 재해보험사업자에게 제출하여야 한다.

TIP 손해평가준비 및 평가결과 제출〈농업재해보험 손해평가요령 제10조〉
① 재해보험사업자는 손해평가반이 실시한 손해평가결과와 손해평가업무를 수행한 손해평가반 구성원을 기록할 수 있도록 현지조사서를 마련하여야 한다.
② 재해보험사업자는 손해평가를 실시하기 전에 제1항에 따른 현지조사서를 손해평가반에 배부하고 손해평가시의 주의사항을 숙지시킨 후 손해평가에 임하도록 하여야 한다.
③ 손해평가반은 현지조사서에 손해평가 결과를 정확하게 작성하여 보험가입자에게 이를 설명한 후 서명을 받아 재해보험사업자에게 최종 조사일로부터 7영업일 이내에 제출하여야 한다. (다만, 하우스 등 원예시설과 축사 건물은 7영업일을 초과하여 제출할 수 있다.) 또한, 보험가입자가 정당한 사유 없이 서명을 거부하는 경우 손해평가반은 보험가입자에게 손해평가 결과를 통지한 후 서명 없이 현지조사서를 재해보험사업자에게 제출하여야 한다.
④ 손해평가반은 보험가입자가 정당한 사유 없이 손해평가를 거부하여 손해평가를 실시하지 못한 경우에는 그 피해를 인정할 수 없는 것으로 평가한다는 사실을 보험가입자에게 통지한 후 현지조사서를 재해보험사업자에게 제출하여야 한다.
⑤ 재해보험사업자는 보험가입자가 손해평가반의 손해평가결과에 대하여 설명 또는 통지를 받은 날로부터 7일 이내에 손해평가가 잘못되었음을 증빙하는 서류 또는 사진 등을 제출하는 경우 재해보험사업자는 다른 손해평가반으로 하여금 재조사를 실시하게 할 수 있다.

12 농업재해보험 손해평가요령에 따른 손해평가에 대한 설명으로 옳은 것은?

① 농림축산식품부장관은 공정하고 객관적인 손해평가를 위하여 교차손해평가가 필요한 경우 재해 보험 가입규모, 가입분포 등을 고려하여 교차손해평가 대상 시·군·구를 선정하여야 한다.

② 보험가입자가 보험책임기간 중에 피해발생 통지를 한 때에는 손해평가반은 손해평가사로 하여 금 지체 없이 보험목적물의 피해사실을 확인하고 손해평가를 실시하게 하여야 한다.

③ 재해보험사업자는 손해평가반이 실시한 손해평가결과와 손해평가업무를 수행한 손해평가반 구 성원을 기록할 수 있도록 현지조사서를 마련하여야 한다.

④ 사업 관리 위탁 기관이 검증조사를 실시한 경우 그 결과를 농림축산식품부장관에게 통보하고 필요에 따라 결과에 대한 조치를 요구할 수 있다.

> **TIP** ③ 「농업재해보험 손해평가요령」 제10조(손해평가준비 및 평가결과 제출) 제1항
> ① 재해보험사업자는 공정하고 객관적인 손해평가를 위하여 교차손해평가가 필요한 경우 재해보험 가입규모, 가입분포 등을 고 려하여 교차손해평가 대상 시·군·구(자치구를 말한다)를 선정하여야 한다〈농업재해보험 손해평가요령 제8조의2(교차손해 평가) 제1항〉.
> ② 보험가입자가 보험책임기간 중에 피해발생 통지를 한 때에는 재해보험사업자는 손해평가반으로 하여금 지체 없이 보험목적물 의 피해사실을 확인하고 손해평가를 실시하게 하여야 한다〈농업재해보험 손해평가요령 제9조(피해사실 확인) 제1항〉.
> ④ 사업 관리 위탁 기관이 검증조사를 실시한 경우 그 결과를 재해보험사업자에게 통보하고 필요에 따라 결과에 대한 조치를 요 구할 수 있으며, 재해보험사업자는 특별한 사유가 없는 한 그에 따른 조치를 실시해야 한다〈농업재해보험 손해평가요령 제 11조(손해평가결과 검증) 제5항〉.

Answer 12.③

13 농업재해보험 손해평가요령에 따라 손해평가결과 검증에 대한 것으로 옳은 것은?

① 사업 관리 위탁 기관은 손해평가반이 실시한 손해평가결과를 확인하기 위하여 손해평가를 실시한 보험목적물 중에서 일정수를 임의 추출하여 검증조사를 할 수 없다.

② 농림축산식품부장관은 재해보험사업자로 하여금 검증조사를 하게 할 수 없다.

③ 재해보험사업자는 검증조사 결과를 보험가입자에게 제출하여야 한다.

④ 검증조사결과 현저한 차이가 발생되어 재조사가 불가피하다고 판단될 경우에는 해당 손해평가반이 조사한 전체 보험목적물에 대하여 재조사를 할 수 있다.

> **TIP** 손해평가결과 검증⟨농업재해보험 손해평가요령 제11조⟩
> ① 재해보험사업자 및 법 제25조의2에 따라 농어업재해보험사업의 관리를 위탁받은 기관(이하 "사업 관리 위탁 기관"이라 한다)은 손해평가반이 실시한 손해평가결과를 확인하기 위하여 손해평가를 실시한 보험목적물 중에서 일정수를 임의 추출하여 검증조사를 할 수 있다.
> ② 농림축산식품부장관은 재해보험사업자로 하여금 제1항의 검증조사를 하게 할 수 있으며, 재해보험사업자는 특별한 사유가 없는 한 이에 응하여야 하고, 그 결과를 농림축산식품부장관에게 제출하여야 한다.
> ③ 제1항 및 제2항에 따른 검증조사결과 현저한 차이가 발생되어 재조사가 불가피하다고 판단될 경우에는 해당 손해평가반이 조사한 전체 보험목적물에 대하여 재조사를 할 수 있다.
> ④ 보험가입자가 정당한 사유 없이 검증조사를 거부하는 경우 검증조사반은 검증조사가 불가능하여 손해평가 결과를 확인할 수 없다는 사실을 보험가입자에게 통지한 후 검증조사결과를 작성하여 재해보험사업자에게 제출하여야 한다.
> ⑤ 사업 관리 위탁 기관이 검증조사를 실시한 경우 그 결과를 재해보험사업자에게 통보하고 필요에 따라 결과에 대한 조치를 요구할 수 있으며, 재해보험사업자는 특별한 사유가 없는 한 그에 따른 조치를 실시해야 한다.

Answer 13.④

14 농업재해보험 손해평가요령에 따라 보험목적물별 손해평가 단위로 (   )에 들어가는 것으로 적절한 것은?

> 1. 농작물 : (㉠   )
> 2. (㉡   ) : 보험가입 목적물별

	㉠	㉡
①	농지별	농업시설물
②	농지별	가축
③	면적별	가축
④	면적별	농업시설물

TIP 손해평가 단위〈농업재해보험 손해평가요령 제12조〉… 보험목적물별 손해평가 단위는 다음 각 호와 같다.
1. 농작물 : ㉠농지별
2. 가축 : 개별가축별(단, 벌은 벌통 단위)
3. ㉡농업시설물 : 보험가입 목적물별

15 농업재해보험 손해평가요령에 따른 보험목적물별 손해평가 단위로 옳은 것은?

① 사과 – 농지별
② 벼 – 목적물별
③ 가축 – 축사별
④ 농업시설물 – 시설물별

TIP 손해평가 단위〈농업재해보험 손해평가요령 제12조〉
① 보험목적물별 손해평가 단위는 다음과 같다.
1. 농작물 : 농지별
2. 가축 : 개별가축별(단, 벌은 벌통 단위)
3. 농업시설물 : 보험가입 목적물별
② ① 제1호에서 정한 농지라 함은 하나의 보험가입금액에 해당하는 토지로 필지(지번) 등과 관계없이 농작물을 재배하는 하나의 경작지를 말하며, 방풍림, 돌담, 도로(농로 제외) 등에 의해 구획된 것 또는 동일한 울타리, 시설 등에 의해 구획된 것을 하나의 농지로 한다. 다만, 경사지에서 보이는 돌담 등으로 구획되어 있는 면적이 극히 작은 것은 동일 작업 단위 등으로 정리하여 하나의 농지에 포함할 수 있다.

Answer 14.① 15.①

16 농업재해보험 손해평가요령에 따른 농작물 및 농업시설물의 보험가액 산정방법으로 옳은 것은?

① 적과전종합위험방식의 보험가액은 가입면적에 보험가입 당시의 단위당 가입가격을 곱하여 산정한다.

② 특정위험방식 보험가액은 보험증권에 기재된 보험목적물의 기준수확량에 보험가입 당시의 단위당 가입가격을 곱하여 산정한다.

③ 생산비보장의 보험가액은 보험목적물의 평년수확량에 보험가입 당시 정한 보험가액을 기준으로 산정한다.

④ 나무손해보장의 보험가액은 기재된 보험목적물이 나무인 경우로 최초 보험사고 발생 시의 해당 농지 내에 심어져 있는 과실생산이 가능한 나무 수(피해 나무 수 포함)에 보험가입 당시의 나무당 가입가격을 곱하여 산정한다.

> **TIP** 농작물에 대한 보험가액 산정 〈농업재해보험 손해평가요령 제13조 제1항〉
> 1. 특정위험방식인 인삼은 가입면적에 보험가입 당시의 단위당 가입가격을 곱하여 산정하며, 보험가액에 영향을 미치는 가입면적, 연근 등이 가입당시와 다를 경우 변경할 수 있다.
> 2. 적과전종합위험방식의 보험가액은 적과후착과수(달린 열매 수)조사를 통해 산정한 기준수확량에 보험가입 당시의 단위당 가입가격을 곱하여 산정한다.
> 3. 종합위험방식 보험가액은 보험증권에 기재된 보험목적물의 평년수확량에 보험가입 당시의 단위당 가입가격을 곱하여 산정한다. 다만, 보험가액에 영향을 미치는 가입면적, 주수, 수령, 품종 등이 가입당시와 다를 경우 변경할 수 있다.
> 4. 생산비보장의 보험가액은 작물별로 보험가입 당시 정한 보험가액을 기준으로 산정한다. 다만, 보험가액에 영향을 미치는 가입면적 등이 가입당시와 다를 경우 변경할 수 있다.
> 5. 나무손해보장의 보험가액은 기재된 보험목적물이 나무인 경우로 최초 보험사고 발생 시의 해당 농지 내에 심어져 있는 과실생산이 가능한 나무 수(피해 나무 수 포함)에 보험가입 당시의 나무당 가입가격을 곱하여 산정한다.

Answer 16.④

17 농업재해보험 손해평가요령에 따라 보험가액 및 손해액 산정에 대한 설명으로 옳은 것은?

① 특정위험방식인 인삼의 보험가액은 작물별로 보험가입 당시 정한 보험가액을 기준으로 산정한다. 다만, 보험가액에 영향을 미치는 가입면적 등이 가입당시와 다를 경우 변경할 수 있다.

② 마늘은 종합위험방식 재정식·재파종으로 보험가입금액에 20%와 면적피해율을 곱하여 산정한다.

③ 가축에 대한 보험가액은 보험사고가 발생한 때와 곳에서 평가한 보험목적물의 수량에 적용가격을 곱하여 산정한다.

④ 농업시설물에 대한 보험가액은 보험사고가 발생한 때와 곳에서 평가한 피해목적물의 재조달가액에서 산정한다.

> **TIP** ③ 「농업재해보험 손해평가요령」 제14조(가축의 보험가액 및 손해액 산정) 제1항
> ① 특정위험방식인 인삼은 가입면적에 보험가입 당시의 단위당 가입가격을 곱하여 산정하며, 보험가액에 영향을 미치는 가입면적, 연근 등이 가입당시와 다를 경우 변경할 수 있다〈농업재해보험 손해평가요령 제13조(농작물의 보험가액 및 보험금 산정) 제1항 제1호〉.
> ② 농업재해보험 손해평가요령 [별표 1] 농작물의 보험금 산정에 따라 종합위험방식 재정식·재파종은 마늘은 해당하지 않는다.
> ④ 농업시설물에 대한 보험가액은 보험사고가 발생한 때와 곳에서 평가한 피해목적물의 재조달가액에서 내용연수에 따른 감가상각률을 적용하여 계산한 감가상각액을 차감하여 산정한다〈농업재해보험 손해평가요령 제15조(농업시설물의 보험가액 및 손해액 산정) 제1항〉.

18 농업재해보험 손해평가요령에 따라 가축과 농업시설물의 보험가액 및 손해액 산정에 대한 설명으로 옳지 않은 것은?

① 가축에 대한 보험가액은 보험사고가 발생한 때와 곳에서 평가한 보험목적물의 수량에 적용가격을 곱하여 산정한다.

② 농업시설물에 대한 보험가액은 보험사고가 발생한 때와 곳에서 평가한 피해목적물의 재조달가액에서 내용연수에 따른 감가상각률을 적용하여 계산한 감가상각액을 차감하여 산정한다.

③ 가축에 대한 손해액은 보험사고가 발생한 때와 곳에서 폐사 등 피해를 입은 보험목적물의 수량에 감가상각률을 적용하여 산정한다.

④ 농업시설물에 대한 손해액은 보험사고가 발생한 때와 곳에서 산정한 피해목적물의 원상복구비용을 말한다.

> **TIP** ③ 가축에 대한 손해액은 보험사고가 발생한 때와 곳에서 폐사 등 피해를 입은 보험목적물의 수량에 적용가격을 곱하여 산정한다〈농업재해보험 손해평가요령 제14조(가축의 보험가액 및 손해액 산정) 제2항〉.
> ① 「농업재해보험 손해평가요령」 제14조(가축의 보험가액 및 손해액 산정)
> ②④ 「농업재해보험 손해평가요령」 제15조(농업시설물의 보험가액 및 손해액 산정)

Answer 17.③ 18.③

19 농업재해보험 손해평가요령에 따라 제17조(재검토기한)에 대한 (   )에 들어가는 것으로 옳은 것은?

> 농림축산식품부장관은 이 고시에 대하여 2024년 1월 1일 기준으로 매 (㉠)이 되는 시점(매 (㉠)째의 (㉡)까지를 말한다)마다 그 타당성을 검토하여 개선 등의 조치를 하여야 한다.

	㉠	㉡
①	1년	1월 1일
②	2년	12월 31일
③	3년	1월 31일
④	3년	12월 31일

TIP 농림축산식품부장관은 이 고시에 대하여 2024년 1월 1일 기준으로 매 ㉠3년이 되는 시점(매 3년째의 ㉡12월 31일까지를 말한다)마다 그 타당성을 검토하여 개선 등의 조치를 하여야 한다〈농업재해보험 손해평가요령 제17조(재검토기한)〉.

20 농업재해보험 손해평가요령상 농작물의 보험금 산정 시에 종합위험방식에서 '과실손해 추가보장'에 해당하는 것은?

① 브로콜리
② 감귤(온주밀감류)
③ 무화과
④ 배추

TIP 「농업재해보험 손해평가요령」 [별표 1] 농작물의 보험금 산정에 따라 종합위험방식에서 '과실손해 추가보장'을 하는 상품은 감귤(온주밀감류)가 있다.

Answer 19.④ 20.②

21 농업재해보험 손해평가요령에 따른 종합위험방식 과실손해조사의 「수정완료 후」 살아있는 결과모지수 및 수정불량(송이)피해율 조사에 해당되는 품목은?

① 벼

② 오디

③ 복분자

④ 마늘

> **TIP** '복분자'의 경우 수정완료 후에 살아있는 결과모지수 및 수정불량(송이)피해율 조사를 실시한다. 이때, 표본조사의 형태로 실시한다.

22 종합위험방식 생산비 보장 중 '당근'의 경우 다음의 조건에 해당되는 보험금은 얼마인가?

> • 보험가입금액 500만 원
> • 자기부담비율 0.1%
> • 피해비율 0.5%
> • 손해정도비율 0.8%
> • 미보상비율 0.1%

① 100만 원

② 130만 원

③ 250만 원

④ 300만 원

> **TIP** 농작물의 보험금 산정〈농업재해보험 손해평가요령 별표 1〉
> ① 종합위험방식 생산비보장 보험금 계산법 : 보험가입금액 × (피해율 − 자기부담비율)
> ② 피해율 = 피해비율 × 손해정도비율 × (1 − 미보상비율)
> 피해율 = $0.5 \times 0.8 \times (1-0.1) = 0.36(\%)$
> ③ 종합위험방식 생산비보장 보험금 계산법 : 500만원 × (0.36 − 0.1) = 130만원

Answer 21.③ 22.②

23 종합위험방식 중 '인삼 해가림시설'의 경우 다음 조건에 해당되는 보험금은?

> • 보험 가입금액 : 800만 원
> • 손해액 : 500만 원
> • 보험가액 : 1,000만 원
> • 자기부담금 : 100만 원

① 300만 원
② 320만 원
③ 350만 원
④ 400만 원

> **TIP** 농작물의 보험금 산정〈농업재해보험 손해평가요령 별표 1〉
> ① 보험가입금액이 보험가액보다 작을 때 : (손해액 – 자기부담금) × (보험가입금액 ÷ 보험가액)
> ② (500만 원 – 100만 원) × (800만원 ÷ 1,000만 원) = 320만 원

24 농업재해보험 손해평가요령에 따른 종합위험방식의 복분자의 과실손해보장의 보험금은?

> • 보험 가입금액 : 1,000만 원
> • 고사결과모지수 : 40개
> • 평년결과모지수 : 80개
> • 자기부담비율 : 30%

① 100만 원
② 200만 원
③ 300만 원
④ 400만 원

> **TIP** 농작물의 보험금 산정〈농업재해보험 손해평가요령 별표 1〉
> ① 피해율 = 고사결과모지수 ÷ 평년결과모지수
> ② 피해율 = 40 ÷ 80 = 0.5
> ③ 보험금 = 보험가입금액 × (피해율 – 자기부담비율) = 1,000 × (0.5-0.3) = 200만 원

Answer 23.② 24.②

25 농업재해보험 손해평가요령에 따른 종합위험방식 상품에서 수확전 사고조사를 하는 작물은?

① 온주밀감   ② 벼

③ 양배추   ④ 마늘

TIP

생육시기	재해	조사내용	조사시기	조사방법	비고
수확 전	보상하는 재해 전부	수확전 사고조사	사고접수 후 지체 없이	표본주의 과실 구분 ※ 조사방법 : 표본조사	감귤(온주밀감류)만 해당

26 농업재해보험 손해평가요령에 따른 종합위험방식 상품에서 생육시기 「수확직전」 포도 작물의 조사내용은?

① 수확전사고조사   ② 수확량조사

③ 과실손해조사   ④ 착과수조사

TIP

생육시기	재해	조사내용	조사시기	조사방법	비고
수확 직전	–	착과수 조사	수확직전	해당농지의 최초 품종 수확 직전 총 착과수를 조사 –피해와 관계없이 전 과수원 조사 ※ 조사방법: 표본조사	포도, 복숭아, 자두, 감귤(만감류)만 해당

빈출유형

27 농업재해보험 손해평가요령에 따른 적과전종합위험방식 상품 생육시기 「6월 1일~적과전」에 해당하는 피해사실 확인 조사에 해당하는 재해가 아닌 것은?

① 화재   ② 지진

③ 태풍(강풍)   ④ 냉해

TIP 「농업재해보험 손해평가요령」 [별표 2] 농작물의 품목별 · 재해별 · 시기별 손해수량 조사방법에 따라 적과전종합위험방식 상품 생육시기 「6월 1일~적과전」에 해당하는 피해사실 확인 조사에 해당하는 재해는 '태풍(강풍), 우박, 집중호우, 화재, 지진'에 해당한다.

Answer   25.①   26.④   27.④

28 농업재해보험 손해평가요령상 종합위험방식 상품에서 수확감소보장을 위한 「수확전」 '경작불능피해조사'에 해당하는 농작물이 아닌 것은?

① 벼
② 밀
③ 차(茶)
④ 복분자

TIP 농업재해보험 손해평가요령 [별표 2] 농작물의 품목별·재해별·시기별 손해수량 조사방법에 따라 종합위험방식 상품에서 수확 감소보장 「수확전」 경작불능피해조사는 벼·밀, 밭작물(차(茶)제외),복분자만 해당한다.

29 농업재해보험 손해평가요령상 적과전종합위험방식 상품 생육시기 「적과후~수확기 종료」에 해당하는 착과피해조사에 해당하는 재해가 아닌 것은?

① 가을동상해
② 염해
③ 우박
④ 일소

TIP 「농업재해보험 손해평가요령」 [별표 2] 농작물의 품목별·재해별·시기별 손해수량 조사방법에 따라 적과전종합위험방식 상품 생육시기 「적과후~수확기 종료」에 해당하는 착과피해조사에 해당하는 재해는 '우박, 일소, 가을동상해'에 해당한다.

빈출유형

30 농업재해보험 손해평가요령상 적과적종합위험방식 상품에서 생육시기 「적과후~수확기 종료」에 낙과피해 조사로 낙엽률 조사로 낙엽피해정도를 조사하는 상품에 해당하는 것은?

① 사과
② 배
③ 떫은감
④ 오디

TIP 「농업재해보험 손해평가요령」 [별표 2] 농작물의 품목별·재해별·시기별 손해수량 조사방법에 따라 적과전종합위험방식 상품 생육시기 「적과후~수확기 종료」에 낙엽률 조사를 하는 상품은 단감과 떫은감에 해당한다.

Answer 28.③ 29.② 30.③

PART 03

농학개론 중
재배학 및 원예작물학

01 재배

1 재배작물의 개요

① 작물의 개념 및 특성

  ㉠ 작물의 개념

   ⓐ 작물은 원래 야생상태에서 자생하였으나 어떤 용도에 이용하기 위해 사람이 만들어 주는 특수한 환경에 잘 순화되고, 사람이 필요로 하는 부분은 잘 발달된 반면 필요하지 않은 부분은 퇴화되어 원래의 형태와는 현저하게 달라졌다.

   ⓑ 사람의 보호·관리하에 큰 군락을 이루고 생육되며, 인류와 공생관계에 있는 식물이라 할 수 있다.

  ㉡ 작물의 특성

   ⓐ 일종의 기형식물인 작물은 인위적인 보호조치, 즉 재배가 수반되어야 한다.

   ⓑ 일반 식물에 비해 경제성과 이용성이 높아야 한다.

② 재배의 개념 및 특성

  ㉠ 재배의 개념 : 사람이 일정한 목적을 가지고 경지에 작물을 길러 수확을 올리는 경제적인 영위체계이다.

  ㉡ 재배의 특성

   ⓐ 유기적 생물체가 대상이기 때문에 자연환경의 제약으로 인하여 자본회전이 늦고, 생산조절의 곤란, 노동수요의 연중 불균형, 분업의 곤란 등 여러 가지 문제점이 있다.

   ⓑ 수확체감의 법칙, 토지의 분산상태, 토지의 소유제도 등이 농업생산에 영향을 미친다.

  ㉢ 수확체감의 법칙

   ⓐ 식물의 성장곡선은 S자를 이룬다.

   ⓑ 식물의 생장이 한계에 이르면 투자를 하여도 식물이 더 이상 생장하지 않는다.

③ 재배이론

  ㉠ 재배의 목적과 수량삼각형

   ⓐ 재배의 목적

    • 일정 면적의 경작지에서 최대의 수확을 올리는 일이다.

    • 최대의 생산을 올리기 위해서는 작물의 선천적 생산능력(유전성)과 이 선천적 능력을 발휘하는 데 알맞은 환경조건이 필요하다. 그러나 모든 경작지 및 작물이 유전성과 환경조건에 대해서 완전한 조건을 갖추고 있는 경우가 거의 없으므로, 이 두 가지를 합리적으로 조작하는 기술이 필요하다. 이 기술을 재배기술이라 하며, 유전성과 환경조건이 합쳐져서 세 가지 조건이 필요하게 된다.

ⓑ 작물수량이 삼각형 원리
- 유전성, 환경, 재배기술을 세 변으로 하는 삼각형의 면적이 작물수량을 나타낸다.
- 작물수량(면적)이 커지려면 유전성, 환경, 재배기술이 균형있게 발달해야 하며, 다른 두 변이 발달해도 한 변이 발달하지 않으면 수량(면적)은 커지지 않는다.(최소율의 법칙)
ⓒ 작물의 수확량을 높이는 방법
- 유전성 : 재배환경에 맞는 품종을 선택하여 씨를 뿌리고 옮겨 심는다.
- 재배기술 : 단위 면적당 작물의 개체 수를 확보하고, 재식방법을 조절한다.
- 환경 : 비료의 적절한 사용으로 영양성장을 이룬다.
ⓛ 재배학 : 여러 가지 작물의 재배에 관한 원리를 밝히는 학문을 말한다.

❷ 작물의 분류

① 용도에 의한 분류
ⓐ 원예작물
　ⓐ 과수
　　- 장과류 : 무화과, 포도, 딸기 등
　　- 인과류 : 사과, 비파, 배 등
　　- 준인과류 : 감, 귤 등
　　- 핵과류 : 살구, 자두, 앵두, 복숭아 등
　　- 각과류 : 밤, 호두, 아몬드 등
　ⓑ 채소
　　- 협채류 : 강낭콩, 동부, 완두 등
　　- 과채류 : 오이, 참외, 수박, 토마토, 호박 등
　　- 엽채류 : 상추, 양상추, 배추, 양배추, 시금치, 치커리 등
　　- 엽경채류 : 파, 미나리, 부추, 아스파라거스 등
　　- 근채류 : 우엉, 무, 연근, 토란, 당근 등
　ⓒ 화초 및 관상식물
　　- 초본류 : 난초, 코스모스, 다알리아, 국화 등
　　- 목본류 : 동백, 철쭉, 고무나무 등
ⓛ 녹비작물
　ⓐ 화본과 : 기장, 호밀, 귀리 등
　ⓑ 콩과 : 벳치, 자운영, 콩 등
ⓒ 사료작물
　ⓐ 화본과 : 티머시, 귀리, 옥수수, 오차드그라스, 라이그라스 등
　ⓑ 콩과 : 알팔파, 화이트클로버 등
　ⓒ 이외 순무, 해바라기 등

ⓔ 공예작물(특용작물)
　　ⓐ 당료작물 : 사탕수수, 단수수 등
　　ⓑ 기호작물 : 담배, 차 등
　　ⓒ 유료작물 : 땅콩, 콩, 해바라기, 참깨, 들깨, 아주까리, 유채 등
　　ⓓ 약료작물 : 제충국, 박하, 호프, 인삼 등
　　ⓔ 섬유작물 : 닥나무, 아마, 양마, 목화, 삼, 수세미, 왕골, 모시풀 등
　　ⓕ 전분작물 : 고구마, 감자, 옥수수 등
ⓜ 식용작물(일반작물)
　　ⓐ 곡숙류
　　　• 화곡류
　　　– 미곡 : 수도(水稻), 육도(陸稻)
　　　– 맥류 : 호밀, 보리, 귀리, 밀
　　　– 잡곡류 : 피, 조, 수수, 옥수수, 기장 등
　　　• 두류 : 콩, 팥, 땅콩, 녹두, 완두, 강낭콩 등
　　ⓑ 서류 : 고구마, 감자

② 생태적 특성에 따른 분류
ⓐ 저항성에 따른 분류
　　ⓐ 내풍성 작물 : 고구마 등
　　ⓑ 내염성 작물 : 목화, 유채, 수수, 사탕무 등
　　ⓒ 내습성 작물 : 벼, 밭벼, 골풀 등
　　ⓓ 내건성 작물 : 조, 기장, 수수 등
　　ⓔ 내산성 작물 : 아마, 벼, 감자, 호밀, 귀리 등
ⓑ 생육형에 따른 분류
　　ⓐ 포복형 작물 : 고구마나 호박처럼 땅을 기어서 지표를 덮는 작물
　　ⓑ 주향작물 : 벼나 맥류처럼 각각 포기를 형성하는 작물
ⓒ 생육적온에 따른 분류
　　ⓐ 열대작물 : 아열대 기온에서 생육이 좋은 작물(고무나무 등)
　　ⓑ 저온작물 : 비교적 저온에서 생육이 좋은 작물(맥류, 감자 등)
　　ⓒ 고온작물 : 비교적 고온에서 생육이 좋은 작물(벼, 콩 등)
ⓓ 생육계절에 따른 분류
　　ⓐ 겨울작물 : 가을에 파종하여 가을, 겨울, 봄에 생육하는 월년생 작물(가을보리, 밀 등)
　　ⓑ 여름작물 : 봄에 파종하여 여름철에 생육하는 일년생 작물(대두, 옥수수 등)

ⓜ 생존연수에 따른 분류
　　　ⓐ **월년생 작물** : 가을에 파종하여 이듬해에 성숙·고사하는 작물(가을밀, 가을보리 등)
　　　ⓑ **영년생 작물** : 경제적 생존연수가 긴 작물(호프, 아스파라거스 등)
　　　ⓒ **1년생 작물** : 봄에 파종하여 그 해 중에 성숙·고사하는 작물(벼, 옥수수, 대두 등)
　　　ⓓ **2년생 작물** : 봄에 파종하여 그 다음 해에 성숙·고사하는 작물(사탕무, 무 등)

③ **재배·이용면으로 본 특수분류**
　　㉠ **건초용 작물** : 풋베기하여 사료로 이용할 수 있는 작물(티머시, 알팔파 등)
　　㉡ **자급작물** : 농가에서 자급하기 위해 재배하는 작물(벼, 보리 등)
　　㉢ **환금작물** : 판매하기 위해 재배하는 작물로 그 중 특히 수익성이 높은 작물을 경제작물이라고 한다(담배, 아마 등).
　　㉣ **피복작물** : 토양 전면을 덮는 작물로 토양침식을 막는다(목초류).
　　㉤ **구황작물** : 기후가 나빠도 비교적 안전한 수확을 얻을 수 있는 작물(조, 피, 기장, 메밀, 고구마, 감자 등)
　　㉥ **대용작물** : 나쁜 기상조건 때문에 주작물의 수확 가망이 없을 때 지력과 시용한 비료를 이용하여 대파하는 작물(조, 메밀, 팥, 채소, 감자 등)
　　㉦ **흡비작물** : 미량의 성분비료도 잘 흡수하고 체내에 축적함으로써 그 이용률을 높일 수 있는 작물(알팔파, 스위트클로버 등)
　　㉧ **동반작물** : 초기의 산초량을 높이기 위해 섞어서 덧뿌리는 작물
　　㉨ **보호작물** : 주작물과 함께 파종하여 생육 초기의 주작물을 냉풍 등으로부터 보호하는 작물
　　㉩ **중경작물** : 잡초방제 효과와 토양을 부드럽게 해주는 효과가 있으며(옥수수, 수수 등) 생육기간 중에 반드시 중경을 해주는 작물

기출문제 분석

> 작물의 분류에 대한 질문은 자주 물어보는 편에 해당한다. 용도별, 생태적, 구조적 분류를 정확히 알고 있는 것이 중요하다.

2018년

1　**과실의 구조적 특징에 따른 분류로 옳은 것은?**

① 인과류 – 사과, 배

② 핵과류 – 밤, 호두

③ 장과류 – 복숭아, 자두

④ 각과류 – 포도, 참다래

　　TIP ✎　② 밤, 호두 – 각과류
　　　　　　　③ 복숭아, 자두 – 핵과류
　　　　　　　④ 포도, 참다래 – 장과류

2019년

2　**과실의 구조적 특징에 따른 분류로 옳은 것은?**

① 인과류 – 사과, 자두

② 핵과류 – 복숭아, 매실

③ 장과류 – 포도, 체리

④ 각과류 – 밤, 키위

　　TIP ✎　② 핵과류 : 내과피가 단단히 경화되어 핵을 형성하는 과실로, 복숭아, 매실 자두 등이 속한다.
　　　　　　　① 인과류 : 꽃받기가 발달하여 식용부위가 된 과실로, 사과, 배 등이 속한다. 자두는 핵과류이다.
　　　　　　　③ 장과류 : 1개 이상의 먹을 수 있는 씨앗이 들어 있는 작은 액과로, 포도, 블루베리 등이 속한다. 체리는 핵과류이다.
　　　　　　　④ 각과류 : 단단한 껍데기에 싸여 있는 열매로 호두, 밤 등이 속한다. 키위는 장과류이다.

Answer　1.①　2.②

3 채소의 식용부위에 따른 분류 중 화채류에 속하는 것은?

① 양배추
② 브로콜리
③ 우엉
④ 고추

TIP ✎ 양배추는 엽채류, 우엉은 직근류, 고추는 과채류이다.

4 작물 분류학적으로 가지과에 해당하는 것을 모두 고른 것은?

> ㉠ 고추
> ㉡ 토마토
> ㉢ 감자
> ㉣ 딸기

① ㉠㉣
② ㉠㉡㉢
③ ㉡㉢㉣
④ ㉠㉡㉢㉣

TIP ✎ ㉣ 딸기는 장미과에 속한다.

5 작물의 분류에서 공예작물에 해당하는 것을 모두 고른 것은?

> ㉠ 목화
> ㉡ 아마
> ㉢ 모시풀
> ㉣ 수세미

① ㉠㉣
② ㉠㉡㉢
③ ㉡㉢㉣
④ ㉠㉡㉢㉣

TIP ✎ 공예작물은 주로 섬유, 염료, 종이, 기름 등 산업적 목적으로 재배되는 작물이다. 섬유작물, 유료작물, 기호작물, 약료작물, 당료작물, 향료작물, 전분작물, 염료작물 등이 있다. ㉠㉡㉢㉣은 공예작물 중에 섬유작물에 해당한다.

Answer 3.② 4.② 5.④

출제예상문제

1 다음 과수류에 해당하는 것은?

① 참외 ② 참다래
③ 양파 ④ 부추

TIP ① 과채류에 해당한다. 수박, 딸기, 오이, 토마토, 호박, 가지 등이 있다.
③ 인경채류이다. 양파, 마늘 등이 있다.
④ 경엽채류이다. 배추, 양배추, 샐러리, 상추, 케일 등이 있다.

2 작물의 일반적 분류가 아닌 것은?

① 식용작물 ② 원예작물
③ 사료작물 ④ 구황작물

TIP 작물의 분류
㉠ 일반적인 분류
• 용도에 의한 분류 : 원예작물, 녹비작물, 사료작물, 공예작물, 식용작물
• 생태적 특성에 의한 분류
– 저항성에 따른 분류 : 내풍성, 내염성, 내습성, 내건성, 내산성 작물
– 생육형에 따른 분류 : 포복형, 주형작물
– 생육적온에 따른 분류 : 열대, 고온, 저온작물
– 생육계절에 따른 분류 : 겨울, 여름작물
– 생존연수에 따른 분류 : 월년생, 영년생, 1년생, 2년생 작물
㉡ 특수분류 : 건초용, 자급, 환금, 피복, 구황, 대용, 흡비, 동반, 보호, 중경작물

Answer 1.② 2.④

3 식물분류학적 방법의 작물 분류가 아닌 것은?

① 가지과 작물   ② 공예작물

③ 벼과 작물   ④ 콩과 작물

> **TIP** 공예작물, 사료작물, 식량작물 등은 용도에 의한 분류에 해당한다.

4 용도에 의한 작물의 분류로 옳은 것은?

① 식용작물 – 벼, 고구마, 연근

② 공예작물 – 사탕수수, 고구마, 감자

③ 원예작물 – 국화, 사과, 고추냉이

④ 사료작물 – 티머시, 해바라기, 옥수수

> **TIP** 용도에 의한 작물의 분류
> ㉠ 원예작물 : 무화과, 사과, 감, 호두, 오이, 연근, 국화 등
> ㉡ 식용작물 : 호밀, 보리, 옥수수, 강낭콩, 고구마, 감자 등
> ㉢ 사료작물 : 귀리, 옥수수, 해바라기, 알팔파, 순무 등
> ㉣ 공예작물 : 사탕수수, 담배, 땅콩, 고구마, 아마, 목화 등

5 작물의 생리·생태적 분류에 해당하지 않는 것은?

① 1년생 작물   ② 내염성 작물

③ 식용작물   ④ 여름작물

> **TIP** 작물의 생리·생태적 분류
> ㉠ 생리적 분류 : 내염성 작물, 내냉성 작물, 내한성 작물 등
> ㉡ 생태적인 분류
> • 생존연한에 따른 분류 : 1년생 작물, 월년생 작물, 2년생 작물, 영년생 작물
> • 생육계절에 따른 분류 : 여름작물, 겨울작물

Answer 3.② 4.② 5.③

02 재배환경 및 재해

제3과목 농학개론 중 재배학 및 원예작물학

① 재배환경의 개요

① **환경의 의의** … 재배환경에 있어서 작물생육에 직접적으로 관련되어 있는 것을 자연환경이라고 해석한다. 유전성이 우수한 작물이나 품종도 자연환경이 좋지 못하면 그 특성을 잘 발휘할 수 없기 때문에 재배환경의 중요성은 매우 높다고 할 것이다.

② 재배환경의 구성요소

 ㉠ 기상조건

  ⓐ 수분 : 강수량, 증발량, 토양 수분 함유량, 수증기, 공기 습도, 수량(水量) 등

  ⓑ 빛 : 조도, 일조시간, 파장조성 등

  ⓒ 온도 : 기온, 지온, 수온 등

  ⓓ 공기 : 대기, 바람, 이산화탄소 함량, 산소의 분압(分壓) 등

 ㉡ 토양조건

  ⓐ 위치 : 표고, 위도, 해안에서의 거리 등

  ⓑ 토양 : 토양성분, 토양공기, 부식, 광물질입자의 대소, 토양의 pH 등

  ⓒ 지세 : 평탄지, 경사지 등

 ㉢ 생물조건

  ⓐ 동물 : 곤충, 조수 등

  ⓑ 식물 : 기생식물, 잡초 등

  ⓒ 미생물 : 토양미생물, 병원균 등

② 토양

① 지력

 ㉠ 지력의 개념

  ⓐ 토양의 화학적·이학적·미생물학적인 여러 성질이 종합된 토양의 작물생산력을 지력이라고 한다.

  ⓑ 영양분이 많은 토양일수록 지력이 높다.

ⓒ 옥토의 조건

- pH가 적정해야 한다. 약 5.5~6.5 정도이면 대부분의 작물에 적당하다.
- 공극의 조화가 이루어져야 한다. 공극이란 흙 사이의 빈 공간을 말하는데, 여기에는 수분과 토양 내의 공기가 있다.
- 토양입자의 크기가 균등해야 한다. 너무 작은 입자만 있으면 땅이 단단해져서 뿌리가 제대로 성장하지 않고, 큰 것만 있으면 공극이 너무 커져 물이 그냥 빠져 나간다.
- 필수원소가 골고루 있어야 한다. 토양에 질소가 너무 많으면 수량은 많아지지만 당도는 떨어질 수 있다. 필수원소는 적당히 골고루 있어야 한다.

ⓒ 지력의 구성요소

ⓐ 토성
- 토양의 모래, 미사, 점토의 비율을 말한다.
- 사토는 토양수분과 비료성분이 부족하고 식토는 토양공기가 부족하다.

ⓑ 토양구조 : 1차적인 토양입자(모래, 점토 등 토양입자의 최소단위 상태에 있는 것)가 복합·응집하여 이루는 배열상태를 말한다.

ⓒ 토층 : 토층 중 경운된 부분은 작토(作土)라 하고, 그 밑에 있는 토층을 심토(心土)라고 한다.

ⓓ 토양반응 : 중성 내지 약산성(pH 약 5.5~6.5)이 알맞다.

ⓔ 유기물 : 토양 중의 유기물은 많은 것이 좋으나 습답 등에 있어서는 너무 많은 유기물은 오히려 해가 되기도 한다.

ⓕ 무기물 : 무기물이 풍부하고 균형 있게 있어야 지력이 높다.

ⓖ 토양수분 : 토양수분이 적당해야 작물생육이 좋으며, 일반적으로 밭작물은 포장최대용수량의 80% 내외가 적당하다.

ⓗ 토양공기 : 토양 중에 공기가 적거나 이산화탄소 등의 유해가스가 많아지면 작물뿌리의 기능을 저하시켜 생장에 지장을 준다.

ⓘ 토양 미생물 : 해로운 미생물이 적어야 하며, 이로운 미생물이 번식할 수 있는 환경을 조성해 주도록 하여야 한다.

ⓙ 유해물질 : 유기물 및 무기물의 유해물질에 의해 토양이 오염되면 작물의 생장이 불량해진다.

② 토양입자와 토성

㉠ 토양입자

ⓐ 토양 삼상(三相)
- 토양에는 고체·액체·기체가 존재하는데, 각각을 고상(固相)·액상(液相)·기상(氣相)이라고 하며 이것을 토양의 삼상(三相)이라 한다.
- 토양의 삼상은 작물의 생육을 지배하는 중요한 토양의 성질이다.
- 작물생육에 알맞은 토양의 삼상분포는 고상이 약 50%, 액상 및 기상이 각각 약 25% 정도이다.

ⓑ 토양입자의 크기(입경)에 따른 분류
  • 자갈
    – 암석이 풍화되어 제일 처음 생긴 굵은 입자이다.
    – 비료와 수분의 보유능력이 작다.
    – 투기성과 투수성을 좋게 한다.
  • 모래
    – 굵은 모래는 점토 주변에서 골격 역할을 한다.
    – 잔모래는 물이 양분을 흡착할 수 있게 해주며, 토양의 투수성과 투기성을 좋게 해준다.
  • 점토
    – 토양입자 중 크기가 0.002mm 이하로 가장 작다.
    – 물과 양분의 흡착성이 강하며, 토양의 투수성과 투기성을 저해한다.
  • 토양교질
    – 토양입자 중 크기가 0.1μ 이하의 미세한 입자를 말한다.
    – 토양에 교질입자가 많으면 치환성 양이온을 강하게 흡착한다.
ⓛ 토성
  ⓐ 토성의 개념
    • 토양입자의 입경에 의한 토양의 분류를 토성이라고 한다.
    • 모래, 미사, 점토의 백분율을 삼각형의 3변에 표시한 삼각도표를 써서 명명한다. 현재 우리나라는 미국 농무부(USDA)법을 쓰고 있다.
    • 토성구분을 하려면 우선 2mm 이하의 입자지름을 분석한다.
    • 토성의 분류

토성의 종류	점토함량
사토	〈 12.5
사양토	12.5 ~ 25
양토	25 ~ 37.5
식양토	37.4 ~ 50
식토	〉 50

    • 작물의 생육에는 일반적으로 자갈이 적고 부식이 풍부한 사양토 또는 식양토가 적당하다.
  ⓑ 각 토성별 특성
    • 사토
      – 척박하고 한해를 입기 쉽다.
      – 토양침식이 심하기 때문에 점토를 객토하고 토성을 개량해야 한다.

- 식토
  - 투기 · 투수가 불량하고 유기질 분해가 느리다.
  - 습해나 유해물질에 의해 피해를 입기 쉽다.
  - 접착력이 강하고 건조하면 굳어져서 경작이 불편하다.
- 역토
  - 척박하여 경작이 곤란하며 한해를 입기 쉽다.
  - 굵은 자갈을 제거하고 세토와 부식토를 많이 넣어주도록 한다.
- 부식토
  - 세토가 부족하고 강한 산성을 나타내는 경우가 많다.
  - 산성을 교정하고 점토를 객토하도록 한다.

③ 토양구조와 토층
  ㉠ 토양구조
    ⓐ 토양구조의 의의
      - 토양을 구성하는 입자들이 모여 있는 상태를 말하는 것으로, 토양구조형태에 따라서 단립구조, 입단구조, 이상구조로 나뉜다.
      - 토양구조가 단립이냐 입단이냐에 따라서 통기성, 투수성이 달라진다.
      - 토양구조는 모양에 따라서 입상(粒狀), 설립상(屑粒狀), 판상(板商), 괴상(塊狀), 과립상(顆粒狀), 각주상(角柱狀), 원주상(圓柱狀)이 있다.
    ⓑ 토양구조의 형태별 분류
      - 단립구조
        - 대공극이 많고 소공극이 적다.
        - 투기 · 투수는 좋으나 수분과 비료의 보유력은 작다.
        - 해변의 사구지가 이에 속한다.
      - 입단구조
        - 단일입자가 결합하여 입단을 만들고, 이들 입단이 모여서 토양을 만든 것이다.
        - 대공극과 소공극이 모두 많다.
        - 투기 · 투수성이 좋고 수분과 비료의 보유력도 커서 작물생육에 알맞다.
        - 유기물이나 석회가 많은 표토에서 많이 볼 수 있다.
      - 이상구조
        - 각 입자가 서로 결합하여 부정형의 흙덩이를 형성하는 것이 단립구조와 다르다.
        - 대공극이 적고 소공극이 많다.
        - 부식함량이 적고 토양통기가 불량하다.
        - 과습한 식질토양에서 많이 보인다.

ⓒ 입단의 형성
- 유기물 시용
  - 유기물이 증가할 때 입단구조가 형성된다.
  - 미생물에 의해 유기물이 분해되면 분비되는 점액에 의해 토양입자가 결합된다.
  - 미숙유기물이 완숙유기물보다 효과적이다.
- 석회와 칼슘의 시용
  - 석회는 유기물의 분해속도를 촉진시킨다.
  - 칼슘은 토양입자를 결합시킨다.
- 토양의 피복
  - 유기물을 공급하고 미생물의 활동을 왕성하게 한다.
  - 토양유실을 방지하여 입단을 형성 · 유지시킨다.
  - 표토의 건조와 비 · 바람으로부터 토양유실을 방지한다.
- 작물의 재배
  - 작물의 뿌리는 물리작용과 유기물의 공급 등으로 인해 입단형성에 효과적이다.
  - 클로버와 같은 콩과작물은 잔뿌리가 많고 석회분이 풍부하며 토양을 잘 피복하여 입단형성 효과가 크다.
- 토양개량제의 시용 : 입단을 형성하는 효과가 있는 크릴륨(Krillium) 등을 시용한다.

ⓓ 입단의 파괴
- 경운 : 경운에 의해 토양통기가 이루어지면 토양입자의 결합이 분해되어 입단이 파괴된다.
- 입단의 팽창과 수축의 반복 : 습기나 온도 등의 환경조건에 의해 입단이 팽창 · 수축하는 과정을 반복하면 입단이 파괴된다.
- 비, 바람 : 토양입자의 결합이 약할 때는 빗물이나 바람에 날린 모래의 타격에 의해서도 입단이 파괴된다.
- 나트륨 이온의 작용 : 나트륨은 점토의 결합을 분산시킨다.

ⓔ 토양의 공극률과 밀도
- 토양의 공극률

$$공극률(\%) = \left(1 - \frac{부피\ 밀도}{알갱이\ 밀도}\right) \times 100$$

- 토양의 밀도
  - 토양의 밀도 : 토양질량을 토양부피로 나눈 값이다.
  - 토양의 부피밀도(가밀도) : 알갱이가 차지하는 부피 뿐 아니라 알갱이 사이의 공극까지 합친 부피로 구하는 밀도를 말한다.
  - 알갱이 밀도 $= \dfrac{건조한\ 토양의\ 질량}{토양\ 알갱이가\ 차지하는\ 부피}$
  - 부피 밀도 $= \dfrac{건조한\ 토양의\ 질량}{토양\ 알갱이가\ 차지하는\ 부피 + 토양공극}$

ⓛ 토층

  ⓐ **토층의 개념** : 토양이 수직적으로 분화된 층위를 토층이라고 하며, 작토·서상·심토로 분류한다.

  ⓑ **토층의 분류**

- 작토

  - 경토(耕土)라고도 하며, 계속 경운되는 층위이다.

  - 작물의 뿌리가 발달한다.

  - 부식이 많고 흙이 검으며 입단의 형성이 좋다.

  - 미경지에는 경지의 작토와 같은 부식이 풍부한 층위가 표면에만 얕게 형성되어 있는데 이것을 표토라고 한다.

  - 유기물 및 석회를 충분히 시용하여 작토층이 깊게 형성되도록 한다.

- 서상

  - 작토 바로 밑의 하층을 말한다.

  - 작토보다 부식이 적다.

- 심토

  - 서상층 바로 밑의 하층이며, 일반적으로 부식이 매우 적고 구조가 치밀하다.

  - 심토가 너무 치밀하면 투기·투수가 불량해지고 지온이 낮아지며 뿌리가 제대로 성장하지 못한다. 따라서 가끔 깊이갈이를 해서 심토의 조직을 부수어 주어야 한다.

④ 식물필수원소

  ㉠ **식물필수원소의 개요**

    ⓐ **식물필수원소의 개념** : 식물필수원소란 식물의 전 생활과정에서 반드시 필요한 원소다.

    ⓑ **필수원소의 기준**

- 필수원소가 결핍되면 식물의 생장, 생존, 번식 중 어느 것도 완성되지 않는다.

- 필수원소의 결핍은 그 원소를 줌으로써 회복되고 다른 원소로는 대체되지 않는다.

- 필수원소는 식물체의 필수적인 구성분이거나 체내의 생화학적 반응에 반드시 필요하다.

    ⓒ **16종의 필수원소**

- 탄소(C), 수소(H), 산소(O), 질소(N), 인산(P), 칼륨(K), 칼슘(Ca), 마그네슘(Mg), 유황(S), 철(Fe), 붕소(B), 아연(Zn), 망간(Mn), 몰리브덴(Mo), 염소(Cl), 구리(Cu)

- 탄소는 대기상태의 이산화탄소에서, 수소는 물에서, 산소는 공기 중에서 얻을 수 있고, 이들을 제외한 나머지 13가지 원소들은 토양 중 모암에서 직·간접적으로 얻을 수 있다.

    ⓓ **식물필수원소의 분류**

- 다량필수원소 : 질소, 인산, 칼륨, 유황, 칼슘, 마그네슘 등

- 미량필수원소 : 철, 구리, 아연, 몰리브덴, 망간, 붕소, 염소 등

- 비료의 3요소 : 질소, 인, 칼륨

- 비료의 4요소 : 질소, 인, 칼륨, 칼슘

ⓛ 필수원소의 결핍진단

ⓐ 결핍진단법

- 이동성이 좋은 N, P, K, Mg, S 등 : 결핍이 원칙적으로 오래된 잎에 증상이 먼저 나타나는데, 잎에서는 하엽에 결핍이 나타난다.
- 이동성이 나쁜 Fe, Si, Zn, Mo, Mn, Ca, Cu, B 등 : 생장이 왕성한 생장점과 생식기관에 결핍이 나타난다.

ⓑ 필수원소별 결핍진단

- 질소(N)
  - 자연계에 가장 많이 존재하는 원소이다.
  - 질산이온(NO_3^-)으로 식물에 흡수된다.
  - 초장·분지수·분자장 등이 작고 짧아지며, 노엽은 성숙 전에 떨어진다.
  - 식물체에 엽록체 생성이 잘 되지 않아 황백화(Chlorosis)가 생기며, 결국 백화되어 괴사하게 된다.
  - Fe, S, Ca의 결핍 시 나타나는 황백화 현상은 신엽에서 먼저 발생한다.
  - N 결핍 시 황백화 현상은 노엽에서 먼저 발생한다.
- 인산(P)
  - 핵산 중 RNA 합성이 감소되어 식물의 영양생장에 지장을 주며, 특히 근계가 작아지고 줄기가 가늘어지며 키가 작아진다.
  - 곡류는 분얼이 안 되고 과수는 신초의 발육과 화아분화가 저하되며, 종실 형성도 감소된다.
  - 결핍증상은 먼저 늙은 잎에 나타나고 벼의 잎은 암청색을 띠며 세장형(細長型)을 이룬다.
  - 어린 식물의 인산 함량이 높다.
- 칼륨(K)
  - 벼에서는 잎의 폭이 좁아지고 초장이 짧아진다.
  - 생육 초기 결핍 시에는 잎이 암록색으로 변하고, 점차 아랫잎으로부터 적갈색의 반점이 나타난다.
  - 세포의 팽압이 저하되고 수분부족으로 잎이 축 늘어진다.
  - 조기낙엽현상을 일으킨다.
  - 보통 엽록소의 생성이 적어지므로 담황색의 무늬가 생기며, 후에는 갈색으로 변하는데 이와 같은 증상이 잎 둘레에 나타나므로 쉽게 알아볼 수 있다.
  - 한발에 대한 저항성이 약해지며 염해 등에 대해서도 민감해진다.
- 칼슘(Ca)
  - 결핍증상은 분열이 왕성한 생장점과 어린잎에서 나타나는데, 분열조직의 생장이 감소하고 황화되며 심해지면 잎 주변이 백화되어 고사한다.
  - 결핍이 심한 조직은 세포벽이 용해되어 연해지고, 세포의 공간과 유관조직에는 갈색 물질이 생긴 후 집적되며, 전류물질의 수송에 영향을 끼치기도 한다.
  - 식물의 잎에 많이 함유되어 있다.
  - 과실 끝부분의 세포질이 파괴되는 화단부패가 생긴다(토마토, 수박 : 배꼽썩이병).

- 칼슘은 뿌리에서 흡수·이동하므로 뿌리생장의 저해, 통기불량, 저온 등도 칼슘의 흡수를 저해하여 칼슘 결핍을 유발시킨다.
- 칼슘 과다 시 망간, 붕소, 아연, 마그네슘 등의 흡수를 방해한다.
- 전체 표면이 적갈색과 흑반점의 병증(고두병)이 생긴다(사과).
- 작물들의 칼슘 함유율의 차이

작물	Ca(%)	작물	Ca(%)	작물	Ca(%)
벼	0.22	옥수수	0.42	오이	2.62
수수	0.42	강낭콩	1.82	배추	2.16
당근	2.14	무	2.62	토마토	2.57

• 마그네슘(Mg)
- 포드졸과 라테라이트 토양처럼 용탈과 풍화작용이 심한 토양은 마그네슘 함량이 낮다.
- 잎맥과 잎맥 사이가 황변 또는 황백화되고 심하면 괴사한다.
- 곡류의 경우에는 잎의 기부에 녹색 반점이 나타난다.

• 황(S)
- 잎이 황백화된다. 황백화 현상은 신엽(어린 잎)에서 먼저 발생한다.
- 동일 토양에 생육하는 작물들의 유황 함량의 차이

작물	S(%)	작물	S(%)	작물	S(%)
양배추	3.37	유채	2.39	콩	0.92
꽃치자	2.88	참외류	1.32	밀	0.82
겨자	2.78	상추	0.99	수수	0.48

• 철(Fe)
- 결핍 시 엽록소가 형성되지 않으며, 증상은 마그네슘과는 달리 반드시 생장이 왕성한 어린잎부터 먼저 나타난다.
- 엽록체의 그라나의 수와 크기가 현저히 감소되어 광합성 작용을 방해한다.
- 잎맥과 잎맥 사이에 황백화 증상이 나타나며, 어린잎은 완전히 백화된다.
- 곡류에서는 잎의 상하로 노란 줄과 녹색 줄이 번갈아 그어진다.
- 시트르산염을 다량 축적하게 한다.

• 붕소(B)
- 붕소의 농도가 높은 곳은 주로 식물의 잎의 끝, 잎의 가장자리, 꽃밥, 암술머리, 씨방 등이다.
- 불임 또는 과실이 생기지 않는다(밀).
- 줄기, 엽병이 쪼개진다(샐러리, 배추심부, 뽕나무 줄기).
- 비대근 내부가 괴사한다(무, 사탕무의 심부, 순무 갈색 심부).
- 과실의 비대나 내부의 괴사가 발생한다(토마토의 배꼽썩이병, 오이 열과, 사과 축과병, 감귤 경과병).
- 생장점이 괴사한다(토마토, 당근, 사탕무, 고구마).

- 망간(Mn)
  - pH가 높고 유기물이 많을수록 망간 결핍이 일어나기 쉽다.
  - 조직은 작아지고 세포벽이 두꺼워지며 표피조직이 오그라든다.
  - 결핍증상은 노엽에서 먼저 일어난다.
  - 쌍자엽 식물은 잎에 작은 노란반점이 생긴다.
  - 단자엽 식물은 잎의 밑 부분에 녹회색 반점과 줄이 나타난다(귀리).
  - 과잉 시 뿌리가 갈색으로 변하고 잎의 황백화와 만곡현상이 나타난다(사과의 적진병).
- 몰리브덴(Mo)
  - 초기에는 잎이 황색이나 황록색으로 변하여 괴사반점이 나타나고 위쪽으로 말려 올라간다(꽃양배추).
  - 잎맥과 잎맥 사이에 황백화된 반점이 나타나고 잎은 전체적으로 녹회색으로 변해 결국 시들어버린다.
  - 결핍이 심하면 잎 모양이 회초리처럼 보이는데, 이를 편상엽증(Whiptail Disease)이라 한다.
- 아연(Zn)
  - 저온이나 대사 저해제 등이 아연흡수를 방해한다.
  - 식물체 내의 아연은 이동성이 적어서 뿌리조직 내에 축적되기도 한다.
  - 식물 잎의 잎맥과 잎맥 사이에 황백화 현상이 나타나는데 담녹색, 황색, 때로는 백색이 되기도 한다(감귤).
  - 엽록체 그라나의 발육이 나빠지고 동시에 액포가 발생된다.
  - 갈색의 작은 반점이 엽병이나 잎맥 간에 많이 나타난다. 반점의 발생부위는 오래된 구엽이지만 생육저해는 신엽에서 나타난다.
  - 엽신과 절간의 신장이 악화되어 잎이 앞으로 퍼져서 로제트형이 되어 신엽이 기형이 되며 잎이 작아진다(사과나무).
- 구리(Cu)
  - 유기질 토양, 이탄토, 석회질 토양에서 구리결핍이 야기되기 쉽다.
  - 곡류에서 분얼기 잎의 끝이 백색으로 변하고 나중에 잎 전체가 좁아진 채로 뒤틀린다.
  - 절간신장이 억제되고 이삭 형성이 불량하며 덤불 모양이 된다.
  - 과다 시 뿌리의 신장저해를 유발한다.
  - 구리 결핍에 대한 작물별 감수성의 차이

민감도	작물
예민	시금치, 밀, 귀리, 자주개자리
중간	양배추, 사탕무, 꽃양배추, 옥수수
둔함	콩, 감자, 화본과류 등

- 규소(Si)
  - 결핍 시 식물이 축 늘어지고 잎이 마르며 시든다.
  - 초본과 곡류의 잎에서는 괴사반점이 생기고, 규소 농도가 낮아지면 지상부의 망간(Mn), 철(Fe) 및 다른 무기영양소가 농축되어 망간과 철의 독성이 생기기도 한다.
- 염소(Cl)
  - 결핍 시 잎 끝의 위조현상과 증산작용에 영향을 미치고, 때로는 식물이 황백화되기도 한다.
  - 과다 시 잎 끝이나 잎 가장자리의 엽소현상, 청동색변, 조숙황화 등으로 잎이 조기낙엽 된다.

⑤ 토양공기와 토양수분

㉠ 토양공기

ⓐ 토양공기의 조성
- 토양공기 중의 이산화탄소 함량은 0.25로 대기보다 약 8배가 높다.
- 토양 속으로 깊이 들어갈수록 산소의 농도는 낮아지고 이산화탄소의 농도는 높아진다.
- 유기물의 분해, 뿌리와 미생물의 호흡에 의해서 산소가 소모되고 이산화탄소가 배출된다.

ⓑ 토양공기의 지배요인
- 토성
  - 일반적으로 사질인 토양은 용기량이 크다.
  - 토양의 용기량이 크면 산소의 농도도 증가한다.
- 토양구조 : 식질토양에서 입단형성이 되면 용기량도 증가한다.
- 경운 : 심경을 하면 토양의 깊은 곳까지 용기량이 증가한다.
- 토양수분 : 토양 내 수분량이 증가하면 용기량이 적어지고 이산화탄소의 농도가 높아진다.
- 유기물
  - 미숙유기물을 시용하면 이산화탄소의 농도가 현저히 높아진다.
  - 부숙유기물을 시용하면 토양의 가스교환이 원활히 이루어지므로 이산화탄소의 농도가 거의 증대되지 않는다.
- 식생 : 식물이 자라고 있는 토양은 그렇지 않은 토양보다 뿌리의 호흡작용에 의한 이산화탄소의 농도가 훨씬 높다.

ⓒ 토양의 용기량
- 토양 속에서 공기로 차 있는 공극량을 토양의 용기량(Air Capacity)이라고 한다.
- 최소용기량 : 토양의 수분함량이 최대용수량에 달했을 때의 용기량을 말한다.
- 최대용기량 : 풍건상태에서의 용기량을 말한다.
- 최적용기량 : 작물의 최적용기량은 대체로 10 ~ 25%이다.

작물	최적용기량(%)	작물	최적용기량(%)
벼, 양파	10%	보리, 밀, 순무, 오이	20%
귀리, 수수	15%	양배추, 강낭콩	24%

ⓓ **토양공기와 작물생육**

- 토양용기량이 증가하고 산소가 많아지며, 이산화탄소가 적어지는 것이 작물에 이롭다.
- 토양 중 이산화탄소의 농도가 증가하면 토양이 산성화되고 수분과 무기염류의 흡수가 저해된다.

$$H_2O + CO_2 \leftrightarrow H_2CO_3 \leftrightarrow H^+ + HCO_3^-$$

- 산소가 부족하면 환원성 유해물질(H_2S 등)이 생성되어 뿌리가 상하게 되고, 유용한 호기성 토양미생물의 활동이 저해되어 작물생육에 악영향을 준다.

ⓔ **토양 통기법**

- 토양 처리
  - 배수가 원활하도록 한다.
  - 심경을 한다.
  - 객토를 한다.
  - 식질토성은 개량하고 습지의 지반을 높인다.
- 재배적 처리
  - 답리작, 답전작을 한다.
  - 중경을 실시한다.
  - 복토의 두께를 알맞게 조절한다.
  - 답전 윤환재배를 한다.

ⓛ **토양수분**

ⓐ 개념 : 토양 중에 존재하는 물을 의미한다.

ⓑ **토양수분의 역할**

- 작물이 생리적으로 필요로 하는 물을 공급한다.
- 작물의 뿌리나 토양미생물의 활동에 영향을 미친다.

ⓒ **절대수분함량**

- 건토에 대한 수분의 중량비를 말한다.
- 절대수분함량은 작물의 흡수량을 제대로 나타내 줄 수 없으며, 토양수분장력을 이용한 측정법을 사용한다.

ⓓ **물의 에너지 함량 측정**

- 보통 토양수분장력(Soil Moisture Tension)을 측정하는데 진공게이지형 텐시오미터(Tensio-meter)를 사용한다.

$$\text{토양수분장력(SMT)} = \text{수압} \times (-1)$$

- 임의의 수분함량의 토양에서 수분을 제거하는 데 소요되는 단위면적당 힘을 나타내며, 단위는 수주의 높이 또는 기압으로 표시한다.
- 수주 높이를 간략히 하기 위해 수주 높이의 대수를 취하여 pF(Potential Force)라 한다.

- pF로 표시된 토양의 수분장력은 0(수분포화) ~ 7(건토) 사이에 있다.
- pF는 토양수분의 성격을 표시하는 데 이용되고 있다.

$$pF = \log H \; (H : 수주의\ 높이)$$

- 수분장력의 영향
  - 수분함량이 많아질수록 수분장력은 작아지고, 수분함량이 적을수록 수분장력은 커진다.
  - 수분장력이 커질수록 식물의 생장속도는 작아진다.

ⓔ **토양수분의 종류**

- 결합수
  - 토양구성성분의 하나를 이루고 있는 수분으로 분리시킬 수 없어 작물이 이용할 수 없다.
  - pF 7.0 이상으로 작물이 이용할 수 없다.
- 흡습수
  - 분자 간 인력에 의해 토양입자에 흡착되거나 토양입자 표면에 피막현상으로 흡착되어 있다.
  - pF 4.5 이상으로 작물은 거의 이용하지 못한다.
- 중력수
  - 중력에 의해 토양층 아래로 내려가는 수분을 말한다.
  - pF 0 ~ 2.7로써 작물이 쉽게 이용할 수 있다.
- 모관수
  - 표면장력에 의한 모세관 현상에 의해 보유되는 수분을 말한다.
  - pF 2.7 ~ 4.5로써 작물이 주로 이용하고 있다.
- 지하수
  - 중력수가 지하에 스며들어 정체상태로 된 수분이다.
  - 수위가 너무 높으면 토양은 과습상태가 되기 쉽고, 수위가 너무 낮으면 건조하기 쉽다.

ⓕ **토양의 수분항수**

- 수분항수의 개념 : 작물생육과 뚜렷한 관계를 가진 특정한 수분함유 상태를 말한다.
- 최대용수량
  - 토양이 물로 포화된 상태에서 중력에 저항하여 모세관에 최대로 포화되어 있는 수분을 말한다.
  - pF값은 0이다.
- 최소용수량
  - 포장용수량이라고도 한다.
  - 수분으로 포화된 토양으로부터 증발을 방지하면서 중력수를 완전히 배제하고 남은 수분 상태를 말한다.
  - pF값은 2.5 ~ 2.7이다.

- 위조계수
  - 영구위조점에서의 토양함수량[토양 건물중(乾物重)에 대한 수분의 중량비]를 위조계수라 한다.
  - 초기위조점 : pF값은 약 3.9이며, 생육이 정지하고 하엽이 위조하기 시작하는 토양의 수분상태를 말한다.
  - 영구위조점 : 위조한 식물을 포화습도의 대기 중에 24시간 놓아두어도 회복되지 못하는 위조를 말하며, 영구위조를 최초로 유발하는 수분상태를 영구위조점이라 한다. pF값은 약 4.2이다.
- 흡습계수
  - 상대습도의 공기 중 건조토양이 흡수하는 수분량을 백분율로 환산한 값이다.
  - 작물이 이용할 수 없는 수분상태로서 pF값은 약 4.5이다.

ⓖ 작물생육과 토양수분
- 과잉수분 : 포장용수량 이상의 토양수분을 말한다.
- 무효수분 : 영구위조점 이하의 토양수분으로, 작물이 이용할 수 없는 수분을 말한다.
- 유효수분 : 포장용수량과 영구위조점 사이의 수분으로 작물이 이용할 수 있는 수분을 말한다. 즉, 위조점 이하의 약한 결합력으로 토양에 보유되어 있는 수분의 전부를 유효수분이라 한다.
- 최적함수량 : 최적함수량은 작물에 따라 다르며, 일반적으로 최대용수량의 60 ~ 80% 정도이다.

⑥ 토양유기물과 토양미생물

㉠ 토양유기물
ⓐ 토양유기물의 기능
- 토양보호 : 유기물을 피복하면 토양침식이 방지된다.
- 양분의 공급 : 유기물이 분해되어 질소, 인 등의 원소를 공급한다.
- 완충력의 증대 : 부식 콜로이드는 토양반응을 급격히 변동시키지 않는 토양의 완충능력을 증대시킨다.
- 보수ㆍ보비력의 증대 : 입단과 부식 콜로이드의 작용에 의해 토양의 통기, 보수력, 보비력이 증가한다.
- 입단의 형성 : 부식 콜로이드(Humus Colloid)와 유기물은 토양입단의 형성을 유발하여 토양의 물리성을 개선한다.
- 생장촉진물질의 생성 : 유기물이 분해될 때 호르몬, 비타민, 핵산물질 등의 생장촉진물질을 생성한다.
- 지온의 상승 : 토양의 색을 검게 하여 지온을 상승시킨다.
- 미생물의 번식유발 : 미생물의 영양분이 되어 유용한 미생물의 번식을 유발한다.
- 대기 중의 이산화탄소 공급 : 유기물이 분해될 때 방출되는 이산화탄소는 작물 주변 대기 중의 이산화탄소 농도를 높여서 광합성을 유발한다.
- 암석의 분해촉진 : 유기물이 분해될 때 여러 가지 산을 생성하여 암석의 분해를 촉진한다.

ⓑ 토양의 부식함량
- 일반적으로 토양부식의 함량증대는 지력의 증대를 의미한다.
- 배수가 잘 되는 토양에서는 유기물의 분해가 왕성하므로 유기물의 축적이 이루어지지 않는다.

ⓒ 토양유기물의 공급 : 퇴비, 녹비, 구비 등이 주요 공급원이다.

ⓛ 토양미생물

　　ⓐ 토양미생물의 개념 : 토양 속에 서식하면서 유기물을 분해하는 미생물을 말한다.

　　ⓑ 토양미생물의 유익작용

　　　• 균사 등의 점토물질에 의해 토양입단을 형성한다.

　　　• 호르몬 같은 생장촉진물질을 분비한다.

　　　• 미생물 간의 길항작용에 의해 유해작용을 경감시킨다.

　　　• 토양의 무기성분을 변화시킨다.

　　　• 유기물을 분해하여 암모니아를 생성한다.

　　ⓒ 토양미생물의 유해작용

　　　• 황화수소 등의 해로운 환원성 물질을 생성한다.

　　　• 작물과 미생물 간에 양분 쟁탈 경쟁이 일어날 수 있다.

　　　• 식물에 병을 유발하는 미생물이 많이 존재한다.

　　　• 탈질작용을 한다.

　　ⓓ 근류균과 세균비료

　　　• 근류균의 접종

　　　　– 콩과작물을 새로운 땅에 재배할 경우 순수 배양한 근류균의 우량계통을 종자와 혼합하거나 직접 토양에 첨가한다.

　　　　– 콩과작물의 생육이 좋았던 밭의 그루 주변의 표토를 채취하여 근류균을 40 ~ 60kg/10a 정도 첨가한다.

　　　• 세균비료 : Azotobacter와 같은 단독질소고정균, Bacillus Megatherium 같은 질소나 인산을 가급태화하는 세균, 근류균, 미생물의 길항작용에 관여하는 항생물질, 세균의 영양원 등을 혼합하여 만드는 비료를 말한다.

⑦ 토양반응과 토양의 산성화

　ⓘ 토양반응

　　ⓐ 토양반응의 표시법

$$pH = \log \frac{1}{[H^+]}$$

　　　• 토양반응은 토양용액 중 수소이온농도(H^+)와 수산이온농도(OH^-)의 비율에 따라 결정된다.

　　　• 일반적으로 pH로 표시한다.

　　　• 토양반응은 1 ~ 14의 수치로 표시되며 7은 중성, 7 이하는 산성, 7 이상은 알칼리성으로 분류된다.

• 토양반응의 표시법

pH	반응의 표시	pH	반응의 표시
4.0 ~ 4.5	극히 강한 산성	7.0	중성
4.5 ~ 5.0	매우 강한 산성	7.0 ~ 8.0	미알칼리성
5.0 ~ 5.5	강산성	8.0 ~ 8.5	약알칼리성
5.5 ~ 6.0	약산성	8.5 ~ 9.5	강알칼리성
6.0 ~ 6.5	미산성	9.5 ~ 10.0	매우 강한 알칼리성
6.5 ~ 7.0	경미한 미산성		

ⓑ 토양반응과 작물생육
• 토양 중 작물양분의 가급도는 pH에 따라 다르며 중성 또는 미산성에서 가장 크다.
• 강산성 토양과 강알칼리성 토양
  – 강산성 토양 : 용해도가 증가하고 가급도가 감소되어 작물생육에 불리하다.
  – 강알칼리성 토양 : 강염기가 다량으로 존재하고 용해도가 감소하여 작물생육에 불리하다.
• pH에 따른 작물의 생육
  – 작물생육에는 pH 6 ~ 7이 가장 적당하다.
  – 산성 토양에 강한 작물

구분	종류
극히 강한 것	호밀, 수박, 감자, 밭벼, 벼, 기장, 귀리, 토란, 아마, 땅콩, 봄무 등
강한 것	헤어리베치, 밀, 조, 오이, 포도, 당근, 메밀, 옥수수, 호박, 목화, 완두, 딸기, 고구마, 토마토, 담배 등
약간 강한 것	무, 피, 유채 등
약한 것	양배추, 완두, 삼, 겨자, 보리, 클로버, 근대, 가지, 고추, 상추 등
가장 약한 것	부추, 콩, 팥, 알팔파, 자운영, 시금치, 사탕무, 샐러리, 양파 등

  – 알칼리성 토양에 강한 작물

구분	종류
강한 것	수수, 보리, 목화, 사탕무, 유채 등
중간 정도인 것	호밀, 올리브, 귀리, 당근, 무화과, 상추, 포도, 양파 등
약한 것	레몬, 사과, 배, 샐러리, 감자, 레드클로버 등

ⓛ 토양의 산성화

    ⓐ 산성화의 개념 : 기후나 공해에 의해 토양의 pH가 낮아지는 현상을 말한다.

    ⓑ 산성화의 원인

- 토양 중의 Ca^{2+}, Mg^{2+}, K^+ 등의 치환성 염기가 용탈되어 미포화 교질이 많아져 산성화가 이루어진다.
  - 포화 교질 : 토양 콜로이드가 Ca^{2+}, Mg^{2+}, K^+, Na^+ 등으로 포화된 것을 말한다.
  - 미포화 교질 : H^+ 등도 함께 흡착되고 있는 것을 말한다.
- 빗물에 의해 토양염기가 서서히 빠져나가면 토양이 산성화한다.
- 토양 중의 탄산, 유기산은 토양산성화의 원인이 된다.
- 부엽토는 부식산에 의해 산성이 강해진다.
- 비료에는 황산암모늄·과인산석회·황산칼륨 등이 들어 있는데, 식물이 자라는 데 필요한 질소·인산·칼륨을 이용하고 황산이 남기 때문에 토양은 산성화된다.
- 식물은 생장을 위해 흙 속에서 염기성 금속을 섭취하는데, 염기를 충분히 섭취한 작물을 뿌리째 뽑으면 흙이 염기를 빼앗겨 산성이 강해진다.
- 아황산가스나 기타 공해를 유발하는 산성물질 등이 토양에 흡수되면 토양은 산성화된다.

    ⓒ 토양산성화의 영향

- 작물생육에 큰 지장을 준다.
- 낙엽이나 동물 사체의 분해가 제대로 되지 않아 토양미생물의 영양공급에 직접적으로 영향을 주게 된다.

    ⓓ 산성화 방지대책

- 석회와 유기물을 뿌려서 중화시킨다.
- 산성에 강한 작물을 심는다.
- 산성비료의 사용을 가급적 피한다.
- 양토나 식토는 사토보다 잠산성이 높으므로 pH가 같더라도 중화시키는 데 더 많은 석회를 넣어야 한다.

⑧ 논토양

    ㉠ 논토양의 일반적 특성

        ⓐ 논이 갖는 자연환경보전의 기능

- 저수지, 댐으로서 활용한다.
- 토양의 침식을 방지한다.
- 토양 중에 무기염류의 집적을 방지한다.
- 온도를 완화하고 잡초를 억제한다.
- 끝없는 연작(連作)에 견딘다.
- 경관이 아름다운 조화를 이루고 생태계를 유지한다.

ⓑ 토층분화
- 논토양의 유기물 분해가 왕성할 때 미생물의 산소 소비가 논으로의 산소 공급보다 크기 때문에 논 토양은 환원층을 형성하게 된다. 시간이 경과할수록 유기물은 감소하고 논으로의 산소 공급은 미생 물이 소비하는 산소량보다 많아지게 된다.
- 표층의 수 mm에서 1 ~ 2cm층 : 산화 제2철(Fe_2O_3)로 적갈색을 띤 산화층이 된다.
- 그 이하의 작토층 : 산화 제1철(FeO)로 청회색을 띤 환원층이 된다.
- 심토 : 유기물이 적어서 산화층을 형성한다.

ⓒ 탈질작용과 방지법
- 탈질작용의 개념 : 질산태 질소가 환원되어 생성된 산화질소(NO), 이산화질소(N_2O), 질소가스(N_2) 등이 작물에 이용되지 못하고 대기 중으로 날아가는 것을 말한다.
- 탈질작용의 방지법
  - 심층시비 : 토양에 잘 흡착되는 암모니아 질소를 논토양의 심부 환원층에 준다.
  - 전층시비 : 암모니아태 질소를 논갈기 전에 논 전면에 미리 뿌린 후, 작토의 전층에 섞이도록 하 는 방법이다.

ⓓ 유기태 질소의 변화
- 건토효과
  - 토양을 건조시키면 토양유기물의 성질이 변화하여 미생물에 의해 쉽게 분해될 수 있는 상태가 되 고, 물에 잠기면 미생물의 활동이 촉진되어 다량의 암모니아가 생성되는 것을 건토효과라고 한다.
  - 건토효과는 유기물이 많을수록 커진다. 또한 습답과 1모작답에서 높은 건토효과를 나타낸다.
- 알칼리효과 : 석회 등의 알칼리성 물질을 토양에 첨가하여 유기태 질소의 무기화를 촉진시키는 것을 말한다.
- 지온상승 : 논토양의 지온이 높아지면 유기태 질소의 무기화가 촉진되어 암모니아가 생성된다.
- 질소고정 : 논토양의 표층에서 서식하는 남조류는 일광을 받아 대기 중의 질소를 고정하여 질소를 공급한다.
- 인산의 유효화 : 밭 상태에서는 인산알루미늄, 인산철 등이 유효화 된다.

ⓛ 논토양의 노후화
ⓐ 노후화 현상 : 논토양에서 작토층의 환원으로 인해 Fe^{3+}, Mn^{3+}을 비롯한 대부분의 무기양분이 유실 또는 하층토로 용탈·집적되어 부족하게 되는 현상을 말한다.

ⓑ 추락현상
- 늦여름이나 초가을에 벼의 하엽부터 마르고 깨씨무늬병 등이 많이 발생하여 수량이 급격히 감소하 는 현상을 의미한다.
- 추락현상은 노후답이나 누수가 심해서 양분보유력이 적은 사질답이나 역질답에서 나타나며 습답에서 유기물이 과다하게 집적될 때도 나타난다.

ⓒ 노후화답의 개량법
- 산의 붉은 흙, 못의 밑바닥 흙, 바닷가의 진흙 등을 객토하여 점토와 철·규산·마그네슘·망간 등을 보급한다.
- 토양의 노후화 정도가 낮은 경우에는 심경을 하여 작토층으로 무기성분을 갈아 올린다.
- 갈철광의 분말, 비철토, 퇴비철 등을 시용한다.
- 규산, 석회, 철, 망간, 마그네슘 등을 함유하고 있는 규산석회나 규회석을 시용한다.

ⓓ 노후화답의 재배 시 대처법
- 유해물질에 강한 품종을 선택한다.
- 무황산근 비료를 시용한다.
- 조기수확을 하여 추락을 경감시킨다.
- 후기 영양의 확보를 위한 추비강화에 중점을 둔다.
- 엽면시비 : 추락 초기에 요소망간 및 미량요소를 추가하여 엽면시비 한다.

ⓒ 간척지 토양
ⓐ 간척지 토양의 특성
- 다량의 염분을 함유하여 벼의 생육을 저해한다.
- 토양의 염분농도(NaCl)가 0.3% 이하일 경우에는 벼의 재배가 가능하나 0.1% 이상이 되면 염해의 우려가 있다.
- 환원상태가 매우 발달하여 유해한 황화수소(H_2S) 등이 생성된다.
- 점토와 나트륨이온(Na^+)이 많아서 토양의 투수성, 통기성이 저하된다.
- 간척 후 다량 집적되어 있던 황화물이 황산으로 산화되어 토양이 강산성으로 변한다.

ⓑ 간척지 토양의 개량법
- 제염법
  - 담수법 : 물을 열흘간씩 깊이 대어 염분을 용출시킨 후 배수하는 것을 반복하여 염분을 제거한다.
  - 명거법 : 5 ~ 10cm 간격으로 도랑을 내어 염분이 도랑으로 흘러내리도록 한다.
  - 여과법 : 땅 속에 암거를 설치하여 염분을 여과시키고 토양통기도 조장한다.
- 석회를 사용하여 염분의 유출을 쉽게 하며, 유해한 황화물을 중화하여 유해작용을 방지한다.
- 유기물을 병용함으로써 토양의 내부 배수를 양호하게 하여 제염효과를 높인다.
- 염생(鹽生)식물을 심어 염분을 흡수·제거한다.
- 석고(石膏), 토양개량제, 생고(生藁) 등을 시용하여 토양의 물리성을 개량한다.

ⓒ 내염재배
- 내염성이 강한 작물과 품종을 선택한다.
- 조기재배, 휴립재배를 하며, 논물을 말리지 않으며 자주 갈아준다.
- 비료는 수차례 나누어서 많은 양을 시료한다.
- 석회, 규산석회, 규회석을 시용한다.
- 황산근을 가진 비료를 시용한다. 또한, 요소, 인산암모니아, 염화가리 등을 시용한다.

ⓔ 습답, 건답, 중점토답, 사력질답
　ⓐ 습답
　　• 습답의 개념 : 지대가 낮고 지하수의 수위가 높아 배수가 잘 되지 않거나 지하수가 용출되는 등의 이유로 토양이 항상 포화상태 이상의 수분을 지니고 있는 논을 말한다.
　　• 습답의 특징
　　　– 지하수가 용출되어 습답에서는 지온이 낮아져 벼의 생육이 억제된다.
　　　– 유기물 분해가 저해되어 미숙유기물이 다량 집적되어 있다.
　　　– 지하수위가 높고 수분침투가 적다.
　　　– 투수가 적으므로 작토 중에 유기산이 집적되어 뿌리의 생장과 흡수작용에 장해를 준다.
　　• 습답의 대책
　　　– 명거배수, 암거배수를 통하여 투수성을 좋게 하고 유해물질을 배출한다.
　　　– 객토(흙넣기)를 하여 철분을 공급한다.
　　　– 휴립재배를 하여 통기성을 증대시킨다.
　　　– 이랑재배로 배수를 좋게 한다.
　　　– 석회물질을 시용하고 질소 시용량은 줄인다.
　ⓑ 건답
　　• 건답의 개념 : 벼를 재배하는 기간에는 물을 대면 담수상태가 되지만, 물을 떼면 배수가 잘 되어 벼를 수확한 후에는 마른 논 상태가 되는 논을 말한다.
　　• 전답기간 중에 토양이 산화되고 담수기간에도 유기물의 분해가 잘 되어 습답에서 일어나는 토양의 과도한 환원현상이 일어나지 않는다.
　ⓒ 중점토답
　　• 중점토답의 특징
　　　– 건조하면 단단해져서 경운이 힘들고 천경이 되기 쉽다.
　　　– 작토층 밑에 점토의 경반이 형성되어 배수가 불량한 경우가 많다.
　　• 중점토답의 대책
　　　– 유기물과 토양개량제를 시용하여 입단의 형성을 조장한다.
　　　– 규산질 비료와 퇴비철을 시용한다.
　　　– 답전유환, 추경, 휴립재배 등을 한다.

ⓓ 사력질답(누수답)
  • 사력질답의 특징
    – 투수가 심해 수온과 지온이 낮으며 한해를 입기 쉽다.
    – 양분의 함량과 보유력이 적어 토양이 척박하다.
  • 사력질답의 대책
    – 점토를 객토한다.
    – 유기물을 증시하여 토성을 개량한다.
    – 비료는 분시하여 유실을 적게 한다.
    – 귀리, 호밀 등을 녹비로 재배·시용한다.

⑨ 토양침식의 원인과 대책
  ㉠ 토양침식의 원인
    ⓐ 토양침식의 개념 : 주로 농경지의 표토가 물·바람 등의 힘으로 이동하여 상실되는 현상을 토양침식
       이라 한다.
    ⓑ 토양침식의 원인
      • 빗물에 의해 표토의 비산이 증가하고 유거수도 일시에 증가하여 표토의 비산과 유거가 증가한다.
      • 우리나라의 위험 강우기는 7 ~ 8월이다.
      • 사토는 분산되기 쉽고 식토는 빗물의 흡수 등이 작아서 침식되기 쉽다.
      • 경사도가 크고 경사면의 길이가 길면 토양이 불안정하고 유거수의 유속이 커지므로 침식을 유발한다.
    ⓒ 토양침식의 종류
      • 수식(Water Erosion) : 강우가 원인이 되는 침식을 말한다.
        – 우적침식 : 빗물이 표토를 비산시키는 것을 말한다.
        – 귀류침식 : 빗물이 표토를 씻어 내리는 것을 말한다.
      • 풍식(Wind Erosion) : 바람이 원인이 되는 침식을 말한다.
  ㉡ 토양침식의 대책
    ⓐ 수식대책
      • 삼림조성
      • 초지조성
      • 초생재배 : 목초·녹비 등을 나무 밑에 재배하는 방식으로, 토양침식의 방지, 지력증진, 제초효과
        등을 얻을 수 있다.
      • 토양피복
        – 비에 의한 토양침식방지를 위해 지표면을 항상 피복하도록 한다.
        – 피복 재료에 볏짚, 작물유체, 건초, 거적, 비닐, 폴리에틸렌 등을 이용한다.

- 합리적인 작부체계
  - 피복식물은 침식을 방지하며, 중경식물과 나지는 침식을 유발한다.
  - 우기에 휴간이나 부분피복을 피한다.
  - 연중 내내 피복할 수 있는 작물을 재배할 수 있도록 윤작체계를 수립한다.
  - 간작을 한다.
- 경사지 재배
  - 등고선 재배 : 경사지에 등고선을 따라 이랑을 만드는 방법으로 강우 시에는 이랑 사이의 물이 고여 유거수가 발생하지 않는다.
  - 대상 재배 : 등고선으로 일정한 간격(3 ~ 10mm)을 두고 적당한 폭의 목초대를 두는 방법으로 간격이 좁고 목초대의 폭이 넓을수록 토양보호 효과가 크다.
  - 단구식 재배 : 경사가 심한 곳을 개간할 경우 단구를 구축하고 콘크리트나 돌 등으로 축대를 쌓거나 잔디 등으로 초생화하는 방법이다.

ⓑ 풍식대책
- 방풍림, 방풍울타리를 조성한다.
- 토양을 피복한다.
- 관개를 하여 토양이 젖어 있게 한다.
- 이랑이 풍향과 직각이 되게 한다.
- 건조하고 바람이 센 지역에서는 작물의 높이베기를 통해 벤 그루터기를 높게 남겨 풍세를 약화시킨다.

⑩ **토양의 비옥도 향상**

㉠ 담수세척 : 염류농도가 과다한 염류집적토양은 답전윤환으로 여름철에 담수하여 염류를 씻어내고, 강우기에는 시설자재를 벗기고 집적된 염류를 세탈시키며, 관개용수가 충분하면 비재배기간을 이용하여 석고 등 석회물질을 처리한 물로 담수하여 염류를 제거한다.

㉡ 객토 및 환토 : 시설원예지 토양은 일반적으로 충적모질물에서 유래하고 있어 점토의 함량이 적고 미사와 모래의 함량이 많은 사질토이므로 보비력이 낮다. 양질의 붉은 산흙 등으로 객토하여 염류가 과잉 집적된 표토가 밑으로 가도록 심토반전시켜 염류의 농도를 줄여주도록 한다.

㉢ 비료의 선택과 시비량의 적정화 : 시설재배 시에는 일반적으로 다수확을 위해 적정시비량 이상의 비료를 사용하는 경향이 있는데 이는 경영·경제적으로도 손실일 뿐 아니라 염류과잉집적에 의한 토양의 이화학적 성질을 악화시키는 결과가 된다. 염기나 산기를 많이 남기지 않는 복합비료를 선택하여 사용하여야 한다.

㉣ 퇴비·녹비 등 유기물의 적량 사용 : 염류과잉집적에 의한 작물의 생육장해가 큰 토양은 퇴비·녹비 등 유기질비료를 적절히 사용하여 토양보비력을 증대시켜 염류장해를 방지한다. 또한 유기물 사용에 의한 토양의 입단화 촉진으로 통기성·통수성을 양호하게 하여 물리성을 개량한다.

Ⓜ 미량요소의 보급 : 시설원예지 토양에서는 미량요소의 결핍으로 인한 작물생육장해를 간과하기가 쉽다. 그렇기 때문에 작물의 종류에 따른 요구도를 고려하여 부족하지 않도록 시용하여야 한다.

ⓗ 토양개량제 사용 : 목탄, 피트모스, 맥반석 등의 토양개량제를 사용하여 토양의 물리성을 회복시키도록 한다.

ⓢ 윤작 : 시설토양에서는 고농도염류에 의한 뿌리절임 등 생육장해가 적은 작물을 선택하여 윤작하고 일반적으로 지력소모 작물 후에 지력유지 작물, 천근성 작물 후에 심근성 작물 등 윤작원리에 의해 윤작함으로써 지력의 저하를 방지하도록 한다.

❸ 수분

① 수분과 작물의 요수량

ㄱ 작물의 수분흡수

ⓐ 작물에 대한 수분의 역할
- 식물체에 필요한 물질의 합성·분해의 매개체가 된다.
- 식물체 내의 물질분포를 고르게 한다.
- 필요물질흡수의 용매역할을 한다.
- 세포가 긴장상태를 유지하여 식물의 체제유지가 가능해진다.
- 식물체를 구성하는 주요 성분이 된다.
- 식물세포 원형질을 유지시킨다.

ⓑ 흡수기구
- 삼투 : 식물세포 외액의 수분이 세포액과의 농도 차에 의해 반투성인 원형질막을 통하여 세포 속으로 확산해 가는 것을 말한다.
- 삼투압
  - 삼투에 의해 나타나는 압력을 말한다.
  - 용매는 통과시키나 용질은 통과시키지 않는 반투막을 고정시키고 그 양쪽에 용액과 순용매를 따로 넣으면 용매의 일정량이 용액 속으로 침투하여 평형에 이른다. 이 때 반투막의 양쪽에서 온도는 같지만 압력차가 생기는데, 이 때의 압력차를 삼투압이라 한다.
- 팽압
  - 식물의 세포를 저장액에 담그면 세포의 내용물인 원형질이 물을 흡수하여 팽창하고 세포벽을 넓히려는 힘이 생기는데 이 때의 힘을 말한다.
  - 잎의 기공의 개폐운동도 기공을 둘러싸는 세포의 팽압의 변화가 원인이 되어 일어나는 팽압운동이다.
- 막압 : 팽압에 의해 세포막이 늘어날 경우 세포막의 탄력에 의해 다시 수축하려는 힘을 말한다.
- 흡수압 : 작물의 흡수가 삼투압과 막압의 차이에 의해 이루어지는 것을 말한다.

- SMS(Soil Moisture Stress, 토양수분장력)
  - 토양의 수분보유력 및 삼투압을 합친 것을 말하며, DPD라고도 한다.
  - 작물뿌리의 수분흡수는 DPD와 SMS 차이에 의해서 이루어진다.

$$DPD - SMS(DPD') = (a-m) - (t+a')$$
• a : 세포의 삼투압 • m : 세포의 팽압(막압) • t : 토양의 수분보유력 • a' : 토양 용액의 삼투압

- DPDD(Diffusion Pressure Deficit Difference, 확산압차 구배)
  - 작물의 세포 사이에 DPD 차이가 발생하는데, 이것을 DPDD라 한다.
  - 세포 사이의 수분이동은 DPDD에 따라 이루어진다.
- 팽만상태 : 세포가 최대한 수분을 흡수하면 삼투압과 막압이 같아져 흡수압이 0이 되는 상태를 말한다.
- 원형질 분리 : 세포액의 수분농도가 외액보다 높아질 때에는 세포액의 수분이 외액으로 스며나가 원형질이 수축되고 세포막에서 분리된다.
- 수동적 흡수
  - 증산이 왕성할 때에는 도관 내의 DPD가 주위의 세포보다 극히 커지고 DPDD를 크게 하여 흡수를 왕성하게 한다.
  - 도관 내의 부압(負壓)에 의한 흡수를 말한다.
- 적극적 흡수
  - 세포의 삼투압에 기인한 흡수를 말한다.
  - 비삼투적 흡수란 대사에너지를 소비하여 도관 주위의 세포들로부터 도관으로 수분이 비삼투적으로 배출되는 현상이다.
- 일비현상
  - 수세미 등의 줄기를 절단했을 때 절구(切口)에서 수분이 솟아나오는 현상을 말한다.
  - 일비현상은 뿌리세포의 흡수압(근압)에 의해서 생기며 적극적 흡수의 일종이다.

ⓛ 작물의 요수량
  ⓐ 요수량의 의의
  - 작물의 요수량 : 건물 1g을 생산하는 데 소비하는 수분량(g)을 말한다.
  - 증산계수
    - 건물 1g을 생산하는 데 소비된 증산량(g)을 개념화한 수치이다.
    - 요수량 또는 증산계수가 작은 작물은 건조한 토양과 한발에 대한 저항성(내건성)이 크다.
  - 수분소비량의 대부분이 증산량에 해당되므로 요수량과 증산계수는 같은 의미로 사용되기도 한다.
  ⓑ 요수량의 지배요인
  - 환경 : 비 부족, 저온과 고온, 많은 바람, 토양수분의 과다 및 과소, 공기습도의 저하, 척박한 토양 등은 요수량을 크게 만든다.
  - 생육단계 : 건물생산속도가 느린 생육 초기에 요수량이 크다.
  - 작물의 종류 : 옥수수 · 기장 · 수수 등은 요수량이 적고, 알팔파 · 호박 · 흰명아주 등은 요수량이 크다.

② 공기 중의 수분

㉠ 공기 중 수분의 여러 형태

ⓐ 이슬

• 이슬의 일반적 특징

- 지표면 가까이의 풀이나 물체에 공기 중의 수증기가 응결되어 생긴 물방울을 말한다.
- 야간의 복사냉각에 의하여 기온이 이슬점 이하로 내려갔을 때 생긴다.
- 이슬점 온도가 어는점 이하가 될 경우에는 서리가 맺히게 된다.
- 이슬이 맺힌 다음 어는점 이하로 내려가면 이슬이 동결되어 동무(凍霧)가 된다.
- 수증기가 많이 증발되는 호수나 하천 부근에서 이슬이 잘 맺힌다.
- 이슬의 양이 많지는 않지만, 식물에 대해서는 큰 역할을 하기도 한다(특히 사막지방).
- 기공을 막아 광합성을 저해하기도 한다.
- 잎의 증산작용을 억제하여 식물체를 도장시키는 경향이 있다.

• 이슬이 맺히는 조건

- 복사 냉각되는 표면이 토양으로부터 열을 절연할 것
- 바람이 약하고 맑으며 비습(比濕)이 낮을 것
- 하층 공기의 상대습도가 높을 것

ⓑ 안개

• 안개의 일반적 특징

- 극히 작은 물방울이 대기 중에 떠다니는 것을 말한다.
- 구름과 비슷하지만 고도가 낮기 때문에 안개라고 하며, 농도에 따라 계급을 붙인다.
- 안개는 관측지점으로부터 1,000m 이내의 목표물이 보이지 않을 때를 말하며, 그것보다 농도가 엷은 것을 박무(薄霧)라고 한다.
- 안개는 일광을 차단하여 지온의 상승을 저해하고 공기를 과습하게 하는 등 작물의 생육에 지장을 준다.
- 작물의 개화 · 결실이 저해되고, 병충해에 대한 저항성이 약해진다.

• 발생 메커니즘에 따른 분류

- 증기안개 : 찬 공기가 그보다 훨씬 따뜻한 수면 상을 이동할 때 생기는 안개이다.
- 전선안개 : 온난전선에서 따뜻한 공기가 찬 공기의 경사면을 타고 올라갈 때 단열냉각에 의하여 구름을 만들고 비를 내리게 하는데, 그 빗방울이 찬 공기 중에 떨어질 때 증발하여 생긴다.

• 공기냉각에 따른 분류

- 복사안개(방사안개) : 지면이 복사에 의하여 냉각되고, 지면 부근의 공기도 냉각되어 생기는 안개이며 맑은 날 밤, 바람이 없고 상대습도가 높을 때 잘 생긴다.
- 이류안개 : 공기가 수평으로 퍼질 때 냉각에 의하여 생긴다.

ⓒ 비
- 대기 중의 수증기가 지름 0.2mm 이상의 물방울이 되어 지상에 떨어지는 현상을 말한다.
- 장기간에 걸친 강우는 일광 부족, 공기 다습, 토양 과습, 기온·지온·작물 체온의 저하 등을 유발시켜 작물생육에 지장을 준다.

ⓓ 우박
- 주로 적란운에서 내리는 지름 5mm 정도의 얼음 또는 얼음덩어리 및 그것이 내리는 현상을 말한다.
- 작물에 직접적인 손상을 입힌다.

ⓔ 눈
- 구름에서 내리는 얼음 결정(눈 결정) 또는 얼음 결정이 구름에서 내리는 현상을 말한다.
- 적당한 보온효과로 작물의 동사를 방지하고 건조사를 방지한다.
- 과다한 적설은 광합성 저하, 작물의 기계적 상해, 작물의 생리적 쇠약을 가져온다.
- 맥류의 설부병을 유발한다.
- 저습지에 습해를 유발하기도 한다.
- 눈이 오랫동안 녹지 않으면 봄철 목초 생육이 늦어질 수 있다.

ⓛ 공기습도
ⓐ **최적의 공기습도** : 공기습도가 높지 않고 공기가 적당히 건조해야 양분흡수가 촉진되고 생육에 좋다.
ⓑ **높은 공기습도가 끼치는 영향**
- 병충해에 대한 저항력이 약해지고 병원균이 쉽게 퍼진다.
- 작물의 개화수정과 건조를 방해하고 과실의 품질을 떨어뜨린다.
- 표피가 약해지고 작물체가 도장하게 되는 등 낙과 및 도복의 원인이 된다.
- 기공이 폐쇄되어 광합성이 제대로 이루어지지 않는다.
- 증산작용이 약해지고 뿌리의 수분흡수력이 떨어진다.

③ 관개와 배수
ⓐ 관개
ⓐ **관개의 개념** : 작물의 생육에 물과 알맞은 토양환경을 만들기 위해 필요한 물을 인공적으로 농지에 공급해주는 것을 말한다.
ⓑ **관개의 효과**
- 작물의 생육에 필요한 수분을 공급하며, 작업관리가 쉬워진다.
- 농경지에 비료성분을 공급한다.
- 동상해(凍霜害)를 방지한다. 보온효과가 크고 지온을 조절한다.
- 작물에 대한 독을 제거하는 해독작용을 한다.
- 저습지의 지반을 개량하고 풍식을 방지한다.
- 작물의 생육을 좋게 하여 작물의 수확량 및 품질을 높일 수 있고 안정된 타수확이 가능하다.
- 흙 속의 유해물질을 제거한다. 또한, 잡초의 번성을 억제하고 병충해의 발생을 적게 한다.

ⓒ 논의 용수량과 관개
- 논의 (순)용수량 : 재배기간 중 필요한 물의 양을 용수량이라 하며, 다음 식에 의해 계산한다.

$$\text{(순)용수량} = \text{(엽면증산량 + 수면증발량 + 지하침투량)} - \text{유효우량}$$
※ 유효우량 : 관개수에 더해지는 우량

- 조(粗)용수량 : 용수원으로부터 경지까지 물을 끌어오는 도중의 손실까지 합한 총용수량을 말한다. 수로 바닥이나 측면을 통하여 새어나가는 침투량, 누수손실 및 수로의 수표면으로부터의 증발손실을 고려해야 한다.
- 논의 관개
  - 밭과 달리 경지를 담수상태로 유지하며 연속관개가 원칙이다.
  - 연속담수로 인해 토양 양분의 공급이 잘 되어 생육이 좋고, 잡초의 발생이 방제되며 경작관리가 쉽고 보온의 효과가 크다.
  - 수면이나 작물로부터의 증발산량이 많고 땅 속으로 침투하는 물의 양이 많아 다량의 물이 필요하다.
  - 하루에 필요한 용수량은 수심으로 10 ~ 50mm 정도이며, 이는 밭에서 필요한 관개수량의 2 ~ 10배에 해당한다.
  - 담수를 위해서는 지면이 평탄해야만 하므로 경지정리가 어렵고 논의 구획이 작아지며, 따라서 농작업의 기계화가 어려운 단점이 있다.
    ※ 밭에서는 지표관개로서 휴간관개가 보편적이며, 수익성이 높은 과수나 채소 재배에 대하여는 부분적으로 스프링클러 등의 살수관개법이 쓰인다.
- 벼의 생육단계와 관개
  - 이앙 준비 : 100 ~ 150mm 담수
  - 이앙기 : 2 ~ 3cm 담수
  - 이앙기 ~ 활착기 : 6 ~ 7cm 담수
  - 활착기 ~ 최고분얼기 : 2 ~ 3cm 담수
  - 최고분얼기 ~ 유수형성기 : 낙수 담수
  - 유수형성기 ~ 수잉기 : 2 ~ 3cm 담수
  - 수잉기 ~ 유숙기 : 6 ~ 7cm 담수
  - 유숙기 ~ 황숙기 : 2 ~ 3cm 담수
  - 황숙기(출수 30일 후) 이후 : 낙수
- 절수관개
  - 용수가 부족할 때에는 수분요구도가 큰 이앙기 ~ 활착기, 유수형성기, 수잉기 ~ 유숙기에만 담수하고, 그 밖의 시기는 절수 정도로 관개한다.
  - 전 생육기간을 담수한 것보다 20 ~ 30% 절수가 된다.

ⓓ 전지관개
- 전지관개의 장점 및 유의점
  - 관개수의 효율을 높인다.
  - 병충해 방제와 제초를 철저하게 한다.
  - 다비재배 시 재식밀도를 성기게 한다.
  - 내도복성 품종을 선택한다.
  - 가장 수익성이 높은 작물을 선택할 수 있다.
- 전기관개량
  - 강우상태, 토성, 작물종류 등에 따라서 관개를 조절해야 하며, 토성이 식질이고 작물이 심근성일수록 1회의 관개수량을 많게 한다.
  - 1회의 관개량

작물뿌리의 깊이	사질토	양토	식질토
천근성(< 60cm)	25 ~ 50mm	50 ~ 75mm	75 ~ 100mm
중근성(60 ~ 90cm)	50 ~ 70mm	100 ~ 150mm	150 ~ 200mm
심근성(> 90cm)	100 ~ 150mm	200 ~ 250mm	250 ~ 350mm

  - 1회의 관개량이 적고 작물의 요수량이 클수록 관개와 관개 사이의 일수를 적게 한다.
ⓔ 관개방법에 따른 분류
- 지표관개 : 땅 위로 물을 대는 방법이다.
  - 휴간관개 : 골을 내고 물을 댄다. 간편하나 물이 입구에 많이 침투하고 골고루 분배되기 어렵다.
  - 저류관개 : 논의 경우와 같이 담수한다.
  - 일류관개 : 목초지에서 물이 전면으로 흘러넘치게 하며, 유럽에서 목초지의 관개에 이용된다.
  - 보더관개 : 완경사의 포장을 알맞게 구획하고, 상단의 수로에서 전표면에 걸쳐 물을 흘러 댄다.
  - 수반법 : 포장을 수평으로 구획하고 관개한다.
- 살수관개 : 공중으로부터 물을 살포하는 방법으로 압력이 필요하다.
  - 장점 : 노력과 물을 절약할 수 있으며, 경사지나 표면이 고르지 못한 밭에 알맞다. 또한 사질토나 채소재배에 적당하며 동상해 대책으로 요긴하게 사용된다.
  - 단점 : 시설과 동력비가 추가되므로 비용이 많이 들며, 병해가 번질 우려가 있다.
  - 도수 재료나 방법에 따른 분류 : 호스관개, 상수관관개, 스프링쿨러관개
- 지하관개 : 땅 속에 토관·목관·콘크리트관 등을 묻고, 물을 통과시켜 이어진 틈으로 물이 스며들어 나오도록 하는 방법이다. 이어진 틈이 막히는 수가 있고 사질토에서는 물이 위로 스며 올라오기 어려우므로 원예작물의 실내재배 시 이용된다.
  - 개거법 : 개방된 토수로에 통수하면 이것이 침투해서 모관이 상승하여 뿌리 부근에 공급된다.
  - 암거법 : 지하에 토관, 목관, 콘크리트관, 플라스틱관 등을 묻고 통수하여 간극으로부터 스며들어 오르게 한다.
  - 압입법 : 뿌리가 깊은 과수의 주변에 구멍을 뚫고 물을 주입하거나 기계적으로 압입한다.

ⓕ 물의 이용방식에 따른 분류

- 연속관개 : 끊임없이 계속해서 물을 공급하는 방법으로서 충분한 물의 공급이 가능한 경우, 누수가 심한 논 또는 수온조절이 필요한 논에서 행해진다. 물의 이용이 비경제적이고, 비료성분의 유실 · 용탈(溶脫)이 단점이다.
- 간단관개 : 1일 또는 며칠 간격으로 관개하는 방법으로 논에서는 한 번 관개하여 3일 담수 2일 낙수, 4일 담수 3일 낙수 방법이 쓰인다. 간단관개는 물을 절약하고 유효하게 쓰며 작물의 생장을 촉진하는 이점이 있고, 지온을 높이기 위하여 낮에는 물을 얕게, 밤에는 깊게 댈 때 응용한다.
- 윤번관개 : 간단관개의 일종으로 지역을 몇 개로 구분하여 순차적으로 관개하는 방법이다.
- 순환관개 : 관개 후 배수로에 침투되어 나온 물이나 버려진 물을 상류용수로 이용하기 위해 양수기로 퍼올려 재이용하는 관개법이다.

ⓛ 배수

ⓐ 배수의 개념 : 과습상태인 농경지의 물을 자연적 또는 인공적으로 빼주어 작물생육에 알맞은 조건으로 만들어 주는 것을 말한다.

ⓑ 배수불량의 원인

- 지형
- 지하수위
- 배수로의 배수능력
- 토양의 투수성(透水性)

ⓒ 배수의 효과

- 농작업을 쉽게 하고 기계화를 촉진시킬 수 있다.
- 습해, 수해 등을 방지할 수 있다.
- 2 · 3모작답이 가능하여 경지이용도를 높일 수 있다.
- 토양의 성질이 개선되어 작물의 생육을 원활히 할 수 있다.

ⓓ 배수시설 설치 시 유의점

- 경사지이고 비교적 집수유역이 작은 곳에서는 단시간의 우량을 대상으로 계획한다.
- 유역이 큰 곳 또는 평탄지에서는 장시간의 연속우량을 대상으로 계획한다.
- 밭 토양의 경우에는 지하수위를 60cm 이하로 낮추어 주는 것을 기준으로 한다.

ⓔ 배수방법
- 암거배수 : 지하에 배수시설(암거)을 하여 배수하는 방법으로, 주로 지하수를 배제한다.
- 개거배수(명거배수) : 포장 안에 알맞은 간격으로 도랑(개거·명거)을 치고, 포장 둘레에도 도랑을 펴서 지상수와 지하수를 배제하는 방법으로, 주로 지상수를 배제한다.
- 기계배수 : 인력, 축력, 풍력, 기계력 등을 이용해서 배수한다.
- 객토법 : 객토를 하여 토성을 개량하거나 지반을 높여서 자연적 배수를 꾀한다.

ⓕ 암거의 종류
- 무재암거 : 중점토, 이탄지 등에서 암거용 천공기로 지하 60 ~ 100m 깊이에 직경 8 ~ 12cm의 통수공을 낸 것이다.
- 간이암거 : 돌, 섶, 대, 나무, 상자, 조개껍질, 왕겨, 통나무, 이탄 등을 묻은 것이다.
- 완전암거 : 도관·콘크리트관·토관·플라스틱관·모르타르관 등을 묻고, 접합부에는 양치류·유리섬유·생솔잎 등을 덮은 것이다.

ⓖ 암거배수 시 유의점
- 암모니아 생성이 많아지므로 질소비료의 시용량을 줄인다.
- 토양이 산성화되기 쉬우므로 석회를 주어 중화한다.
- 벼 생육의 초기에는 암거를 막아서 배수가 되지 않도록 하는 것이 유리하다.

④ 한해, 습해, 수해
  ㉠ 한해
    ⓐ 한해의 개념
    - 좁은 의미 : 일반적으로는 농작물의 피해를 가리킨다.
    - 넓은 의미 : 상수도나 공업용수의 부족, 발전능력의 저하 등에 의한 생활상·산업상의 불이익도 한해에 포함된다.
    ⓑ 한해의 발생원인
    - 심한 건조상태가 되면 세포가 탈수되는데, 원형질은 세포막에서 이탈하지 못한 채 수축하므로 원형질과 세포막의 양방향으로 기계적 견인력을 받아 파괴된다.
    - 탈수된 세포가 수분을 흡수할 경우에도 같은 원리에 의해 세포막이 원형질과 이탈되지 않은 채 팽창하므로 원형질은 기계적 견인력을 받아 건조·고사하게 된다.
    ⓒ 작물의 내건성
    - 작물이 건조에 견디는 성질을 말하며, 작물의 품종·생육시기 등에 따라 차이가 있다.
    - 형태적 특성
      – 잎 조직이 치밀하고 표피에 각피가 잘 발달하였으며, 기공이 작고 그 수가 많은 등 기계적 조직이 잘 발달하였다.
      – 왜소하고 잎이 작다.

- 기동세포가 발달하여 탈수되면 잎이 말려서 표면적이 축소된다.
- 저수능력이 있고 다육화(多肉化)되는 경향이 있다.
- 지상부에 비해 뿌리가 발달하였다.
- 세포적 특성
  - 원형질막의 수분, 요소, 글리세린 등에 대한 투과성이 좋다.
  - 탈수될 때 원형질의 응집이 덜하다.
  - 원형질의 점성이 높고 세포액의 삼투압이 높으므로 수분보유력이 강하다.
  - 세포 중에 원형질이나 저장양분이 차지하는 비율이 높아서 수분보유력이 강하다.
  - 세포가 작기 때문에 함수량이 감소되어도 원형질의 변형이 적다.
- 물질대사의 특성
  - 건조할 때 단백질, 당분의 소실이 느리다.
  - 건조할 때 증산이 억제되고, 수분이 공급될 때 수분흡수 정도가 크다.
  - 건조할 때 호흡이 낮아지는 정도가 크고 광합성의 감퇴 정도가 낮다.
- 재배조건과 한해
  - 작물을 건조한 환경에서 키우면 내건성이 증가한다.
  - 밀식을 하지 않는다.
  - 질소비료를 지나치게 많이 사용하지 않는다.
  - 퇴비, 칼리를 충분히 사용한다.
- 생육시기와 한해
  - 내건성은 생식세포의 감수분열기에 가장 약하고, 출수개화기와 유숙기가 그 다음으로 약하며 분얼기에는 강하다.
  - 작물의 내건성은 생육단계에 따라 다른데, 영양생장기보다 생식생장기가 한해에 더 약하다.
ⓓ 한해대책
- 관개 : 가장 근본적이고 효과적인 한해대책이다.
- 내건성 작물 및 품종 선택 : 일반적으로 화곡류는 내건성이 강하며, 맥류 중에서는 호밀과 밀이 한발에 강하다.
- 토양수분의 증발억제
  - 증발억제제의 살포 : OED유액을 지면이나 수면 및 엽면에 뿌리면 증발·증산이 억제된다.
  - 중경제초 : 표토에 구멍을 뚫고 모세관을 절단한 후 잡초를 제거하여 증발산을 억제한다.
  - 피복 : 짚, 풀, 비닐, 퇴비 등으로 지면을 피복하여 토양의 수분증발을 억제한다.
  - 드라이 파이밍(Dry Farming) : 작휴기에 비가 오기 전에 땅을 갈아서 빗물이 땅속 깊이 스며들게 하고, 작기에는 토양을 잘 진압하여 지하수의 모관상승을 유도함으로써 한발에 대한 적응성을 높인다.
  - 토양 입단을 조성한다.

ⓔ 한해의 재배적 대책
- 논
  - 모내기가 한계 이상으로 지연될 때에는 메밀, 조, 채소, 기장 등을 대파한다.
  - 이앙기가 늦어질 경우는 모의 과숙을 피하기 위해 모솎음, 못자리가식, 본답가식, 저묘(貯苗) 등을 한다.
  - 천수답의 경우에 남부에서는 만식적응재배를, 중·북부에서는 건답직파재배를 한다.
- 밭
  - 봄철 보리밭이 건조할 경우에는 답압을 한다.
  - 과다한 질소시용을 피하고 인산·퇴비·칼리를 증시한다.
  - 재식밀도를 성기게 한다.
  - 뿌림골을 낮게 하거나 좁힌다.

ⓛ 습해
  ⓐ 습해의 개념 : 일반적으로 토양의 최적함수량은 최대용수량의 70 ~ 80% 정도이며, 이 범위를 넘어 토양의 과습상태가 지속되면 토양산소가 부족하게 됨에 따라 뿌리가 상하고 부패하여 지상부가 황화하고 위조·고사하게 된다. 이와 같은 토양 수분과잉현상에 의해 작물이 입는 피해를 습해라고 한다.
  ⓑ 습해의 원인
    - 유해성분인 메탄가스, 질소가스, 이산화탄소, 환원성 철·망간, 황화수소 등이 생성되어 작물에 피해를 준다.
    - 지온이 높을 경우에 과습하면 토양산소 부족으로 환원성 유해물질이 생성되어 작물이 피해를 입는다.
    - 증산작용이나 광합성이 저하되고 생장이 쇠퇴하며 작물생육에 지장을 준다.
    - 과습하면 토양산소의 결핍으로 호흡이 저해되고 에너지 방출이 저해된다.
  ⓒ 작물의 내습성
    - 뿌리조직이 목화한 것은 내습성이 강하다.
    - 내습성이 강한 것은 이산화철·황화수소 등에 대한 저항성이 크며, 막뿌리의 발생력이 크다.
    - 뿌리의 피층세포가 직렬로 배열되어 있는 것이 사열로 배열되어 있는 것보다 산소공급능력이 크기 때문에 내습성이 강하다.
    - 벼는 통기조직이 잘 발달해 있기 때문에 논에서도 습해를 받지 않는다.
  ⓓ 습해대책
    - 배수 : 가장 근본적이고 효과적인 습해대책이다.
    - 정지(整地)
      - 습답에서는 휴립재배를 한다.
      - 밭에서는 휴립휴파를 한다.

- 토양개량
  - 토양 통기를 조성하기 위해 중경을 실시한다.
  - 부식, 석회, 토양개량제 등을 시용하여 공급량이 증대되도록 한다.
- 시비
  - 미숙유기물이나 황산근비료를 사용하지 않는다.
  - 뿌리를 지표 가까이 유도하여 산소를 쉽게 접할 수 있도록 한다.
  - 뿌리의 흡수장애 시에는 엽면시비를 한다.
- 과산화석회의 시용 : 과산화석회를 시용하면 과습지에서도 상당기간 산소가 방출된다(4 ~ 8kg/10a).
- 내습성 작물과 품종의 선택 : 골풀, 미나리, 벼, 양배추, 올리브, 포도 등 내습성이 강한 작물 및 품종을 선택한다.
- 습답의 이랑재배를 한다.

ⓒ 수해
  ⓐ 수해의 개념 : 강한 비 등에 의하여 일어나는 재해를 총칭한다.
  ⓑ 수해의 분류
  - 홍수해 : 하천의 물이 제방을 넘거나 제방이 붕괴되어 일어난다.
  - 침수행 : 농지나 시가지가 침수되는 현상으로서 배수의 미비로 일어난다.
  - 산사태에 의한 피해 : 강한 비가 원인이 되어 산의 암석이나 토양의 일부가 돌발적으로 붕괴되어 일어난다.

Point 팁   관수해
  ㉠ 관수해의 개념 : 태풍이나 폭우로 논밭이 침수되어 농작물이 물속에 잠겨 발생하는 농작물의 피해를 말한다. 피해 정도는 관수시간, 물의 온도 · 청탁 · 유속 등에 지배된다.
  ㉡ 관수해에 의한 피해
    • 배수 후에도 병이 발생하기 쉽고, 수확량과 품질에 주는 영향도 크다.
    • 무기호흡에 의하여 기질(基質)이 소모되어 결국은 죽어버린다.
    • 산소부족을 초래하여 광합성을 못하게 된다.

ⓒ 수해대책
  - 사전 대책
    - 질소 다용을 피한다.
    - 수잉기 · 출수기가 수해기와 겹치지 않도록 한다.
    - 경지정리를 실시하여 배수가 잘 되도록 한다.
    - 수해 상습지에서는 수해에 강한 작물의 종류와 품종을 선택하도록 한다.
    - 치산 · 치수를 한다.

- 침수 시 대책
  - 키가 큰 작물은 서로 결속하여 유수에 의한 도복을 방지한다.
  - 물이 빠질 때 잎의 흙 앙금을 씻어준다.
  - 관수기간을 최대한 짧게 한다.
- 사후 대책
  - 산소가 많은 새물을 대어 새로운 뿌리의 발생을 촉진한다.
  - 뿌리가 새로 자란 후에 추비를 하도록 한다.
  - 김을 메어 토양공기가 잘 통하도록 한다.
  - 병충해 방제를 실시한다.
  - 피해가 클 경우에는 추파, 보식, 개식, 대작 등을 고려한다.
  - 퇴수 후 5 ~ 7일이 지난 다음 새로운 뿌리가 자란 후에 이앙한다.

❹ 온도

① 온도변화와 작물

  ㉠ 유효온도와 적산온도

    ⓐ 유효온도
      - 작물의 생육이 가능한 온도의 범위를 말한다.
      - 최저온도 : 작물의 생육이 가능한 가장 낮은 온도를 말한다.
      - 최고온도 : 작물의 생육이 가능한 가장 높은 온도를 말한다.
      - 최적온도 : 작물이 가장 왕성하게 생육되는 온도를 말한다.
      - 작물의 주요 온도

작물	최저온도(℃)	최고온도(℃)	최적온도(℃)
벼	10 ~ 12	36 ~ 38	30 ~ 32
사탕무	4 ~ 5	28 ~ 30	25
보리	3 ~ 4.5	28 ~ 30	20
귀리	4 ~ 5	30	25
삼	1 ~ 2	45	35
밀	3 ~ 45	30 ~ 32	25
담배	13 ~ 14	35	28
옥수수	8 ~ 10	40 ~ 44	30 ~ 32
호밀	1 ~ 2	30	25

여름작물과 겨울작물의 주요 온도

주요 온도	여름작물	겨울작물
최저온도(℃)	10 ~ 15	1 ~ 5
최고온도(℃)	40 ~ 50	30 ~ 40
최적온도(℃)	30 ~ 35	15 ~ 25

ⓑ 적산온도
- 작물의 생육에 필요한 열량을 나타내기 위한 것으로서 생육일수의 일평균기온을 적산한 것을 말한다.
- 적산온도를 계산할 때 일평균기온은 해당 작물이 활동할 수 있는 최저온도(기준온도) 이상의 것만을 택한다.
- 작물별 적산온도의 최솟값

작물	적산온도
감자	1,000℃
보리	1,600℃
벼	2,500℃

- 작물의 적산온도는 생육시기와 생육기간에 따라 차이가 생긴다.
- 주요 작물의 적산온도

작물명	최저	최고	작물명	최저	최고
수수	2,500	3,000	담배	1,600	1,850
기장	2,050	2,550	벼	3,500	4,500
조	2,350	2,800	순무	1,550	1,800
메밀	1,000	1,200	스웨덴 순무	2,300	2,500
가을보리	1,700	2,075	가을 평지	1,700	1,900
봄보리	1,600	1,900	봄 평지	1,300	3,000
완두	2,400	3,000	감자	3,200	3,600
강낭콩	2,300	2,940	살갈퀴, 콩	2,500	3,000
잠두	1,780	1,920	아마	2,600	2,850
봄밀	1,870	2,275	해바라기	2,250	2,780
봄호밀	1,750	2,075	양귀비	2,100	2,800
가을호밀	1,700	2,125	귀리	1,940	2,310
가을밀	1,960	2,250	옥수수	2,370	3,000
삼(성숙까지)	2,600	2,900			

ⓛ 온도의 변화
　ⓐ 우리나라의 위치와 기후
　　• 계절풍 기후
　　　－ 여름에는 태평양으로부터 덥고 습기가 많은 바람이 불어와 날씨가 무더우며 비가 많이 내린다.
　　　－ 겨울에는 시베리아로부터 차고 건조한 북풍 또는 북서계절풍이 불어와 날씨가 몹시 춥고 건조하다.
　　• 동안기후
　　　－ 큰 대륙의 동쪽 해안에 위치한 온대지방에 나타나는 기후를 말한다.
　　　－ 동안기후는 대륙의 서쪽지방에 나타나는 서안기후에 비해 여름에는 기온이 높고 습기가 많으며, 겨울에는 기온이 낮고 건조하여 기온의 연교차가 크다.
　　• 대륙성 기후
　　　－ 바다에서 멀리 떨어진 대륙의 내부에서 볼 수 있는 육지의 영향을 크게 받는 기후를 말한다.
　　　－ 우리나라는 전체적으로 대륙의 영향을 받고, 남에서 북으로 갈수록, 해안가에서 내륙지방으로 들어갈수록 대륙의 영향을 받는다.
　　• 삼한사온 : 우리나라의 겨울철 날씨의 특성을 나타내는 말로서 3일간 춥고 4일간 따뜻한 날씨가 반복되어 나타난다.
　　• 사계절이 뚜렷한 기후 : 중위도에 위치한 온대와 냉대에 걸친 계절풍 지역에 속하기 때문에 사계절의 변화가 뚜렷하다.
　ⓑ 온도의 계절적 변화
　　• 무상기간은 월하하는 작물의 생육가능기간을 표시한다.
　　　－ 무상기간이 짧은 고지대나 북부지대에서는 벼의 조생종이 재배된다.
　　　－ 무상기간이 긴 남부지대에서는 만생종이 재배된다.
　　• 최저기온은 작물의 월동을 지배하며, 최고기온은 월하를 지배한다.
　　• 우리나라 기온은 1월을 최저, 8월을 최고로 하여 계절적 변화를 한다.
　ⓒ 온도의 일변화
　　• 기온은 하루 중 계속 수시로 변하는데, 이를 기온의 일변화(변온)라 한다.
　　• 온도의 일변화가 작물에 끼치는 영향
　　　－ 개화 : 일반적으로 낮과 밤의 기온차이가 커서 밤의 기온이 낮은 것이 동화물질의 축적을 유발하여 개화를 촉진하고 화기도 커진다(예외 : 맥류).
　　　－ 괴경과 괴근의 발달 : 낮과 밤의 기온차이로 인하여 동화물질이 축적되므로 괴경과 괴근이 발달한다. 일정한 온도보다는 변온 하에서 영양기관의 발달이 증대된다.
　　　－ 생장 : 낮과 밤의 기온차이가 작을 때 양분흡수가 활발해지므로 생장이 빨라진다.
　　　－ 동화물질의 축적 : 낮과 밤의 기온차이가 클 때 동화물질의 축적이 증대된다.
　　　－ 발아 : 낮과 밤의 기온차이로 인하여 작물의 종자발아를 촉진하는 경우가 있다.
　　　－ 결실 : 대부분의 작물은 낮과 밤의 기온차이로 인하여 결실이 조장되며, 가을에 결실하는 작물은 대체로 낮과 밤의 기온차이가 큰 조건에서 결실이 조장된다.

ⓒ 수온 · 지온 · 작물체온의 변화

ⓐ 수온

- 수온의 최저 · 최고 시간은 기온의 최저 · 최고 시간보다 약 2시간 후이다.
- 최고온도는 기온보다 낮고, 최저온도는 기온보다 높다.
- 수심이 깊을수록 수온변화의 폭이 작다.

ⓑ 지온

- 지온의 최저 · 최고 시간은 기온의 최저 · 최고 시간보다 약 2시간 후이다.
- 최고온도는 수분이 많은 백토의 경우에는 기온보다 낮으나, 건조한 흑토의 경우에는 기온보다 훨씬 높다.
- 최저온도는 기온보다 약간 높다.

ⓒ 작물체온

- 밤이나 그늘의 작물체온은 열의 흡수 · 발산보다 복사나 증산방열이 우세하여 기온보다 낮다.
- 바람이 없고 공기가 습할수록, 작물을 밀생할수록 작물체온이 상승한다.
- 여름철에는 생활작용의 증대 등으로 열을 흡수하여 작물의 체온이 기온보다 $10℃$ 이상 높아지는 경우가 있다. 이것은 고온기에 열사를 유발하는 원인이 되기도 한다.

② 열해, 냉해, 한해

㉠ 열해

ⓐ 열해의 의의

- 농작물이 어느 정도 이상의 고온에 접할 때 일어나는 피해를 말한다.
- 여름에 북태평양 고기압 세력이 강해지고, 그 고기압권 내에 우리나라가 들어가서 맑은 날씨가 계속될 때 흔히 일어난다.
- 이때 지면 가까이에 결실되는 과채류 등이 지면온도의 상승에 의하여 열해를 입는 경우가 종종 있다.
- 벼의 보온못자리에서 비닐을 늦게 벗기면 하얗게 말라 죽는 열해가 일어난다. 따라서 바깥기온이 높아지면 바로 통풍구를 만들어 환기를 시켜주고, 관개(灌漑)수온을 낮추어 주어야 한다.
- 일반적으로 고등식물의 열사온도는 $45 \sim 55℃$이다.

ⓑ 열해의 원인

- 전분의 점괴화 : 전분이 열에 의해 응고되면 엽록체가 응고하여 기능을 상실한다.
- 원형질막의 액화 : 열에 의해 반투성인 인지질이 액화하여 원형질막의 기능을 상실한다.
- 원형질의 단백질 응고 : 한계점 이상의 열에 의해 원형질 단백질의 응고가 일어난다.
- 증산과다 : 고온에서는 뿌리의 수분흡수량보다 증산량이 과다하게 증가한다.
- 철분의 침전 : 고온에 의해 철분이 침전되면 황백화된다.
- 질소대사의 이상 : 고온에서는 단백질의 합성이 저해되고, 유해물질인 암모니아의 합성이 많아진다.
- 유기물의 과잉소모 : 고온이 지속되면 유기물 및 기타 영양성분이 많이 소모된다.

ⓒ 작물의 내열성
- 세포 내의 유리수가 감소하고 결합수가 많아지면 내열성이 커진다.
- 작물의 연령이 많으면 내열성이 증대된다.
- 세포의 점성, 결합수, 염류농도, 단백질 함량, 지유 함량, 당분 함량 등이 증가하면 내열성이 강해진다.
- 세포질의 점성이 증가되면 내열성이 증대된다.
- 고온·건조하고 일사가 좋은 곳에서 자란 작물은 내열성이 크다.
- 내열성은 주피·완피엽이 가장 크며, 중심주가 가장 약하다.

ⓓ 열해대책
- 질소를 과용하지 않는다.
- 혹서기를 피할 수 있도록 재배시기를 조절한다.
- 밀식을 피한다.
- 비닐터널이나 하우스재배에서는 환기를 시켜 온도를 조절한다.
- 지면에 짚이나 풀을 깔아 지온상승을 막는다.
- 관개를 해서 지온을 낮춘다.
- 그늘을 만들어준다.
- 월하(越夏)할 수 있는 내열성이 강한 작물을 선택한다.

ⓔ 하고현상
- 하고현상의 개념 : 목초의 생육적온은 15 ~ 21℃로서 여름철 기온이 이보다 높아지면 목초의 뿌리 활력이 감퇴하여 수분흡수에 지장을 받게 되고, 반면에 높은 기온에 의하여 잎의 수분증발량은 더욱 많아져서 목초의 생육이 극히 부진해지고 심한 경우에는 말라 죽게 되는데, 이러한 현상을 목초의 하고현상이라 한다.
- 하고현상의 원인
  - 여름철 고온·건조한 날씨는 하고의 원인이 된다.
  - 초여름에 장일 조건에 의한 생식생장의 촉진은 하고현상을 조장한다.
  - 병충해의 발생이 많아지면 하고현상이 촉진된다.
  - 잡초는 목초의 생장을 방해하고 하고현상을 조장한다.
  - 북방형 목초는 24℃ 이상이면 생육이 정지상태에 이르고 하고현상이 심해진다.
- 하고현상의 대책
  - 무더운 여름철에는 목초를 너무 낮게 베어내거나 지나친 방목을 시켜서는 안 된다.
  - 여름철 하고기간 중이라도 목초가 웃자라 쓰러지면 높게 예취해 주거나 방목을 시켜 초지 내에 통풍이 되도록 하여 밑의 잎들이 썩어 망가지는 것을 예방하여야 한다.
  - 북방형 목초의 생산량은 봄철에 집중되는데, 이것을 Spring Flush라 한다. Spring Flush가 심할수록 하고현상도 심해지기 때문에 이른 봄부터 방목, 제초 등으로 Spring Flush를 완화시켜야 한다.
  - 고온건조기에 관개를 하여 수분을 공급한다.
  - 하고현상이 덜한 품종이나 작물을 선택한다.

ⓛ 냉해
  ⓐ 냉해의 의의
- 여름작물이 냉온장해로 생육 저해, 수량 감소, 품질 저하 등이 나타나는 기상재해이다.
- 냉해를 받는 정도는 작물에 따라 다르다.
- 저온의 정도·저온기간·생육 정도 등에 따라 다르게 나타난다.

  ⓑ 냉해의 분류
- 장해형 냉해
  - 화분(꽃가루)의 방출 및 수정에 장애를 일으켜 불임현상을 초래한다.
  - 유수형성기부터 출수·개화기 기간에 냉온의 영향은 생식기관이 비정상적으로 형성된다.
- 지연형 냉해
  - 벼의 생육 초기부터 출수기에 이르기까지 여러 시기에 걸쳐 냉온이나 일조 부족으로 생육이 지연되고 출수가 늦어져 등숙기에 낮은 온도에 처하게 되어 수량이 저하되는 형이다.
  - 등숙기간 중에 평균기온이 20℃ 이하가 되면 미립(米粒)의 비대가 나빠져 사미(死米)가 많아진다.
  - 외형상으로 이삭의 추출이나 개화·수정이 불완전하게 되고, 심하면 선 채로 녹색상태에서 마르는 청고현상(靑枯現象)을 나타내기도 한다.
- 병해형 냉해
  - 냉온에서 생육이 부진하여 규산의 흡수가 적어져서 조직의 규질화(硅質化)가 부실하게 되고 광합성 및 질소대사의 이상으로 도열병의 침입이 쉽게 되어 쉽사리 전파되는 형이다.
  - 벼농사에서 냉해를 받기 쉬운 시기는 못자리 시기, 수잉기(穗孕期), 등숙기이다.
  - 못자리 시기에는 13℃ 이하가 되면 발아 및 생육이 늦어지고, 유수(幼穗)의 발육과정 중의 냉해는 영화착생수(穎花着生數)의 감소, 불완전영화, 기형화, 불임화 등의 발생을 초래하여 출수지연·불완전출수·출수불능 등의 현상을 초래한다.
  - 개화기의 저온은 화분의 능력을 상실시킨다. 수정 저해, 배젖 발달 저해, 입중(粒重) 감소, 청치 발생 증가로 결실·수량 및 품질을 저하한다.
  - 등숙기의 저온은 특히 초기에 큰 장해이다.

  ⓒ 냉해의 피해
- 뿌리의 수분흡수가 증산보다 훨씬 떨어져 증산과잉이 유발된다.
- 호흡과다로 인한 체내물질의 소모가 증가한다.
- 효소의 활력이 저하되며 질소대사의 이상으로 가용성 질소화합물이 현저히 증가한다.
- 수분이나 원형질의 점성 증가, 확산압이나 원형질 투과성 감퇴로 물질의 흡수·수송에 지장을 준다.
- 호흡과정 중에 유독물질이 생겨 작물에 악영향을 준다.
- 18℃ 이하가 되면 광합성 능력이 급격히 저하된다.
- 생장점으로의 양분의 이동 및 집적이 감소된다.
- 꽃밥이나 화분의 이상발육을 초래하여 불임현상이 올 수 있다.

ⓓ 냉해의 대책
- 장해형 냉해
  - 내냉성 품종을 선택한다.
  - 인산이나 칼륨비료를 증시한다.
  - 관개 및 배수의 조절에 의한 비효(肥效)를 높인다.
  - 영양상태를 조절하고 출수기를 변화시킨다.
  - 누수답(漏水畓)은 개량을 하고 냉수관개를 피한다.
- 지연형 냉해 : 보온절충못자리나 비닐못자리를 만들어 조기육묘하여 벼의 생육기간을 보통 재배보다 약간 빨리 이동시키는 조식재배(早植栽培)를 한다.

ⓒ 한해
ⓐ 한해의 일반적 특성
- 겨울철 저온 때문에 월동 중인 농작물에 일어나는 해를 말한다.
- 파종기에는 발아와 초기생육을 저해하고, 월동 전후에는 맥류의 분얼과 생육을, 신장기에는 절간신장을, 등숙기에는 등숙을 저해하여 모두 수량과 품질의 저하를 초래하는데 우리나라에서는 특히 등숙기에 한발이 빈번하다.
- 일반적으로 평년보다 추위가 심한 겨울에는 보리나 채소류에 한해가 일어난다.
- 초겨울은 따뜻하고 늦겨울에 저온이 오는 경우에는 작물의 생육이 진행된 상태여서 내한성(耐寒性)이 약해져 있기 때문에 한해를 받기 쉽다.
- 한해는 장기간 피해가 누적되어 나타나는 경우와 강한 한파의 내습에 의해 일시에 발생하는 경우가 있다.
- 식물체는 저온에 부딪히면 세포 속의 수분의 결빙에 의해 수분이 없어지고, 세포막이 원형질에서 떨어져서 다시 기온이 상온으로 되돌아와도 정상적인 기능을 하지 못하므로 말라죽는다.
ⓑ 한해의 분류
- 동해 : 한해 중에서 특히 빙점 이하의 온도에서 일어나는 해를 말한다.
- 상해 : 0 ~ −2℃에서 동사하는 작물의 서리에 의한 피해를 말한다.
- 상주해
  - 토양 중의 수분이 가늘고 긴 다발로 되어서 표면에 솟아난 것을 서릿발이라 하며, 이 서릿발에 의해 뿌리가 끊기고 식물체에 솟구쳐 올라와 입는 피해를 말한다.
  - 상주해는 토양수분이 60% 이상, 지표온도가 0℃ 이하, 지중온도가 0℃ 이상으로 유지될 때에 발생한다.
  - 토양이 얼어붙어 있으면 발생하지 않는다.
  - 우리나라에서는 남부지방의 식질토에 많이 생긴다.
- 건조해 : 겨울철 지표 부근은 낮에 녹아서 수분이 증발하므로 건조해지기 쉽다.
- 습해 : 월동 중 눈이 많이 내리고 따뜻할 때 습해를 받는다.

ⓒ 작물의 동사점
  • 작물의 동사점의 개념 : 작물이 동결될 때 치사점이 되는 동결온도를 말한다.
  • 작물의 동사점
    − 고추, 고구마, 감자, 뽕, 포도잎 : −1.85 ~ −0.7℃
    − 배 : −2.5 ~ −2℃
    − 복숭아 : −3.5℃(만화기), −3.0℃(유과기)
    − 감 : −3.0 ~ −2.5℃
    − 포도 : −4.0 ~ −3.5℃(맹아전엽기)
    − 감귤 : −8.0 ~ −7.0℃(34시간)
    − 매화 : −9.0 ~ −8.0℃(만화기), −5.0 ~ −4.0℃(유과기)
    − 겨울철 귀리 : −14.0℃
    − 겨울철 평지(유채)·잠두 : −15.0℃
    − 겨울철 보리, 밀, 시금치 : −17.0℃
    − 수목의 휴면기 : −27.0 ~ −18.0℃
    − 조균류 : −190℃에서 13시간 이상
    − 효모 : −190℃에서 6개월 이상
    − 건조종자의 어떤 것 : −250℃에서 6시간 이상
ⓓ 한해의 영향
  • 세포의 결빙이 신장하여 끝이 뾰족하게 되고, 원형질 내부에 침입하여 세포 원형질 내부에 결빙을 유발한다.
  • 동결·융해가 반복되어 조직의 동결온도가 높아져서 동해를 받기 쉽다.
  • 조직이 빠른 속도로 녹을 때 원형질이 세포막에서 분리되지 못하여 기계적 견인력을 크게 받게 되어 원형질이 파괴된다.
  • 세포 외 결빙은 원형질의 기계적 파괴를 유발하여 동사를 초래한다.
  • 세포 내 결빙이 생기면 원형질 단백질의 변성이 생겨 원형질 구조가 파괴되면서 동사한다.
    − 세포 내 결빙 : 결빙이 진전되어 세포 내의 원형질이나 세포액이 얼게 되는 것을 말한다.
    − 세포 외 결빙 : 세포간극에 결빙이 생기는 것을 말한다.
  • 직접적으로 토양수분이 감소하므로 삼투압이 감소되고 뿌리의 활력이 떨어져 양분흡수가 줄어들고 뿌리가 괴사한다.
  • 물의 이용효율이 떨어져 체내의 물질함량이 상대적으로 높아져 수분흡수를 더욱 어렵게 한다.
  • 등숙이 제대로 되지 못하여 수량이 55 ~ 66% 감소된다.
  • 생육이 부진하고 불임립이 증가한다.

ⓔ 한해대책
- 일반적 대책
  - 내한성 품종과 작물을 선택한다(맥류, 목초류 등).
  - 관수를 해준다.
  - 관수를 할 여건이 안 된다면 토양표면을 긁어줌으로써 모세관을 차단하거나 유기물의 피복, 토입·답압작업 등으로 수분증발을 억제한다.
  - 엄동에 저항력을 가질 수 있도록 재배시기를 조절해 준다.
  - 바람막이나 북쪽 이랑을 높게 하는 등 방풍울타리, 짚덮기 등을 해준다.
  - 봄철 상주해를 피할 수 있는 품종을 택한다(과수류, 뽕나무 등).
  - 토질을 개선하여 서릿발의 발생을 막는다.
- 재배적 대책
  - 월동과 답압 : 월동 전 답압은 내동성을 증대시켜 동해가 경감되며, 월동 중 답압은 상주 발생을 억제하여 상주해 및 동상해를 방지하고 월동 후 답압은 건조해를 방지한다(맥류).
  - 파종 후 퇴구비를 종자 위에 시용하여 생장점을 낮춘다(맥류).
  - 인산·칼리질 비료를 증시하여 작물의 당 함량을 증대시켜서 내동성을 크게 한다.
  - 적기에 파종한다.
  - 한랭지역에서는 파종량을 늘려 월동 중 동사에 의한 결주를 보완한다(맥류).
  - 이랑을 세워 뿌림골을 깊게 한다.
  - 비닐, 폴리에틸렌 등을 이용한 보온재배를 한다(화훼류, 채소류 등).
- 위험시간과 위험온도
  - 위험시간 : -1℃ 이하가 되기 쉬운 오전 2 ~ 7시 사이에 동상해를 입기 쉽다.
  - 위험온도 : 어린잎이나 꽃은 -1 ~ -2℃ 이하의 온도에서도 동상해를 입는다.
- 응급대책
  - 살수 결빙법 : 물이 얼 때 1g당 약 80cal의 잠열이 발생하는 점을 이용하여 스프링클러 등으로 작물의 표면에 물을 뿌려주는 방법으로, -8 ~ -7℃ 정도의 동상해를 막을 수 있다.
  - 연소법 : 중유, 낡은 타이어 등을 태워서 그 열을 작물에 보내는 방법으로 -4 ~ -3℃ 정도의 동상해를 막을 수 있다.
  - 발연법 : 불을 피우고 연기를 발산하여 서리의 피해를 방지하는 방법으로 약 2℃ 정도 온도가 상승한다.
  - 피복법 : 이엉, 거적, 비닐, 폴리에틸렌 등으로 작물을 직접 피복하면 체온누출을 막을 수 있다.
  - 송풍법 : 동상해가 발생하는 밤의 지면 부근의 온도분포는 온도역전으로 지면에 가까울수록 온도가 낮다. 따라서 상공의 따뜻한 공기를 지면으로 보내면 작물의 온도를 높일 수 있다.
  - 관개법 : 저녁에 관개하면 물이 가진 열이 토양에 보급되고, 낮에 더워진 지중열을 빨아 올리며, 수증기가 지열의 발산을 막아서 동상해를 방지한다.

- 사후대책
  - 적과시기를 늦추고 약제를 살포한다.
  - 한해의 피해가 클 경우 대작(代作)을 한다.
  - 영양상태 회복을 위해 비료의 추비 및 엽면시비를 한다.
ⓕ 작물의 내동성
- 작물의 내동성의 개념 : 추위에 대한 저항력을 나타내는 식물의 성질을 말하며, 내한성(耐寒性)이라고도 한다.
- 생리적 요인
  - 세포 내 자유수 함량이 많으면 결빙이 쉽게 생기므로 내동성이 저하한다.
  - 세포 내 무기질 및 당분 함량이 높으면 세포액의 삼투압이 높아 빙점이 낮아지고, 세포 내 결빙이 적어지므로 내동성이 증가한다.
  - 전분 함량이 많게 되면 당분 함량이 낮아지며 내동성이 감소된다.
  - 원형질의 친수성 콜로이드가 많으면 세포 내의 결합수가 많아지고, 자유수가 적어져서 세포의 결빙이 감소하므로 내동성이 증가한다.
  - 점도가 낮고 연도가 크면 세포 외 결빙에 의해서 세포가 탈수될 때나 융해시 세포가 물을 다시 흡수할 때 원형질의 변형이 적으므로 내동성이 증가한다.
  - 지유와 수분이 존재할 때에는 빙점강하도가 커지므로 내동성이 증가한다.
  - 원형질의 친수성 콜로이드가 많고 세포액의 농도가 높으면 조직의 광에 대한 굴절률이 커지므로 내동성이 증가한다.
  - 칼슘이온(Ca^{2+})과 마그네슘(Mg^{2+})은 세포 내 결빙을 억제한다.
  - 원형단백질에 −SH기가 많으면 원형질의 파괴가 적고 내동성이 증가한다.
  - 일반적으로 질소과다는 내동성을 약화시킨다.
- 계절적 요인
  - 휴면아는 내동성이 매우 크다.
  - 맥류를 저온처리하여 추파성을 소거하면 생식생장이 빨리 유도되어 내동성이 약해진다.
  - 경화(硬化 : Hardening) : 월동작물이 5℃ 이하의 저온에 계속 처하게 되면 원형질의 수분투과성이 증대될 뿐 아니라 함수량의 저하, 세포액의 삼투압 증대, 당분과 수용성 단백질의 증대 등을 초래하여 내동성이 커지는데, 이를 경화라 한다.
  - 내동성은 가을 ~ 겨울에는 커지고 봄에는 작아진다.
    ※ 내동성 상실 ⋯ 경화된 것을 다시 높은 온도로 처리하면 내동성은 약해진다.
- 형태적 요인(맥류의 경우)
  - 포복성 작물이 직립성 작물보다 내동성이 강하다.
  - 엽색이 진한 것이 내동성이 강하다.
  - 관부(冠部)가 깊어서 생장점이 땅속 깊이 박히는 것이 생장점의 온도 변화가 적어 내동성이 강하다.
- 발육단계적 요인 : 작물은 영양생장기보다 생식생장기에서 내동성이 약하다.

5 광

① 광과 작물의 생리작용

　㉠ 광합성

　　ⓐ 녹색식물은 빛을 받아 엽록소를 만들고, 이산화탄소와 물을 합성하며 산소를 방출한다.

　　ⓑ 광합성은 6,750 Å을 중심으로 한 6,200 ~ 7,700 Å의 적색부분과 4,500 Å을 중심으로 한 4,000 ~ 5,000 Å의 청색부분이 가장 효과적이다.

　　ⓒ 녹색, 황색, 주황색 부분은 대부분 투과·반사되어 효과가 적다.

　㉡ 굴광성

　　ⓐ 굴광성의 개념 : 빛의 자극이 원인이 되어 일어나는 식물의 굴성운동으로 광굴성(光屈性)이라고도 한다.

　　ⓑ 양성 굴광성 : 식물의 줄기와 잎이 광원 쪽으로 굽어 자라는 것이 해당된다.

　　ⓒ 음성 굴광성 : 뿌리가 광원의 반대 방향으로 굽어 자라는 것이 해당된다.

　㉢ 증산작용

　　ⓐ 식물의 수분이 식물체의 표면에서 수증기가 되어 배출되는 현상을 말한다.

　　ⓑ 증산이 주로 일어나는 부위는 잎이다(기공 증산).

　　ⓒ 외적 조건 중에서 빛이 가장 큰 영향을 준다.

　　ⓓ 광합성에 의해 체내에 동화물질이 축적되고, 공변세포의 삼투압이 높아져 기공이 열리면 체외로의 수분방출을 유발하기 때문에 증산이 조장된다.

　㉣ 호흡작용 : 빛은 광합성에 의해 호흡을 증대시킨다.

　㉤ 굴광작용

　　ⓐ 식물이 광조사의 방향에 반응하여 굴곡반응을 나타내는 현상을 말한다.

　　ⓑ 굴광현상은 4,000 ~ 5,000 Å 범위의 청색광이 유효하며, 특히 4,400 ~ 4,800 Å의 청색광이 가장 유효하다.

　　ⓒ 굴광작용은 작물 체내의 생장호르몬(옥신)의 농도를 변화시킨다.

　　ⓓ 향광성 : 줄기나 초엽에서 옥신의 농도가 낮은 쪽의 생장속도가 반대쪽보다 낮아져서 빛을 향하여 구부러지는 성질을 말한다.

　　ⓔ 배광성 : 뿌리에서 빛의 반대쪽으로 구부러지는 성질을 말한다.

　㉥ 착색

　　ⓐ 빛이 없을 때는 엽록소의 형성이 저해되고, 에티올린(Etiolin)이라는 담황색 색소가 형성되어 황백화 현상이 일어난다.

　　ⓑ 안토시안(Anthocyan : 화청소)은 사과, 포도, 딸기, 순무 등에 착색을 일으킨다.

　　ⓒ 엽록소의 생성에는 4,500 Å을 중심으로 한 4,000 ~ 5,000 Å 범위의 청색광역과 6,500 Å을 중심으로 한 6,200 ~ 6,700 Å이 적색광역이 가장 효과적이다.

Ⓢ 신장과 개화

ⓐ 종자식물의 생식기관인 꽃이 피는 현상을 개화라 한다.

ⓑ 빛이 조사되는 시간(일장의 장단)도 화성·개화에 큰 영향을 준다.

ⓒ 대부분이 빛이 있을 때에 개화하지만, 수수처럼 빛이 없을 때 개화하는 것도 있다.

② 빛과 광합성

㉠ 광합성과 태양에너지

ⓐ 지표면에 도달하는 태양에너지량

• 지표면에 도달하는 태양에너지의 양은 지역에 따라 다르다.

• 우리나라는 $40 \sim 50\text{kcal/cm}^2/\text{year}$이다.

ⓑ 작물의 태양에너지 이용률

• 작물의 광합성에 의한 태양에너지 이용률은 $2 \sim 4\%$로 매우 적다.

• 생육이 빈약한 작물은 $0.5 \sim 1\%$이다.

㉡ 광포화점

ⓐ 광포화점의 의의 : 식물의 광합성 속도가 더 이상 증가하지 않을 때의 빛의 세기를 말한다.

ⓑ 고립상태

• 1개체나 특정한 몇 개의 잎이 고립되어 있을 때 잎의 전부가 직사광선을 받는 상태를 말한다.

• 포장에서는 생육 초기에 여러 개체의 잎들이 서로 엉기기 전의 상태가 이에 해당한다.

• 어느 정도 자라면 고립상태는 형성되지 않는다.

ⓒ 각 식물별 광포화점

• 대게의 일반 작물의 광포화점은 $30 \sim 60\%$이다.

• 전광($100 \sim 120\text{klux}$)에 대한 비율

식물명	광포화점	식물명	광포화점
음생식물	10% 정도	벼, 목화	40 ~ 50% 정도
감자, 담배, 강낭콩, 해바라기	20 ~ 23% 정도	밀, 알팔파	50% 정도
구약나물	25% 정도	옥수수, 사탕수수, 무, 사과나무	40 ~ 60% 정도
콩	30% 정도		

ⓓ 광포화점의 변화

• 광포화점은 외부의 공기 온도가 높아짐에 따라 변화한다.

• 광포화점은 탄산가스 농도와 비례하여 높아진다.

• 군집상태에서는 고립상태의 작물보다 광포화점이 훨씬 높아진다.

㉢ 광합성 속도

ⓐ 식물의 잎에 빛을 쪼이면 빛의 세기에 비례하여 광합성 속도가 증가한다.

ⓑ 이산화탄소의 양이 증가하면 광합성 속도는 증가하지만, 어느 농도를 초과하면 더 이상 농도가 높아져도 광합성 속도는 빨라지지 않는다.

ⓔ 보상점

  ⓐ 일정한 온도에서 빛의 강도에 의해 결정되는 호흡과 광합성의 평형점을 말한다.

  ⓑ 외견상 광합성의 속도가 0이 되는 빛의 조도를 말한다.

  ⓒ 보상점이 낮은 식물일수록 약한 빛을 잘 이용할 수 있다.

  ⓓ 보상점은 식물의 종류, 나이, 환경조건 등에 따라 달라진다.

  ⓔ 보상점은 같은 식물이라도 양지 잎은 그늘 잎보다, 늙은 잎은 어린잎보다 밝은 값을 나타낸다.

  ⓕ 내음성과의 관계

   • 식물은 보상점 이상의 광을 받아야 지속적인 생육이 가능하다.

   • 보상점이 낮은 식물은 그늘에 견딜 수 있어 내음성이 강하다.

ⓜ 음지식물과 광합성

  ⓐ 광포화점이 비교적 낮아 그늘에서 자라는 식물을 말한다. 음광(陰光)식물, 음영(陰影)식물이라고도 한다.

  ⓑ 내음성(耐陰性)이 강하며 육지에서 건강하게 자라는 식물을 말한다.

  ⓒ 양지식물과 대응되는 말로서, 음지식물에서는 보상점과 최소수광량(식물의 성장에 필요한 최소한의 빛의 양)이 양지식물에서보다 낮다.

③ 포장상태에서의 광합성

  ㉠ 군락의 광포화점

   ⓐ 포장에서 잎의 서로 엉기고 포개져 많은 양의 직사광선을 받지 못하고 그늘에 있는 상태를 군락이라 한다.

   ⓑ 군락의 형성도가 높을수록 군락의 광포화점은 높아진다.

   ⓒ 포장벼의 시기별 광합성과 빛의 조도와의 관계

    • 생육 초기에는 낮은 조도에서 광포화를 이룬다.

    • 군락이 무성한 출수기 전후에서는 전광에 가까운 조도에서도 광포화가 보이지 않는다.

    • 군락이 무성한 시기일수록 강한 일사가 필요하다.

  ㉡ 포장동화능력

   ⓐ 포장군락의 단위면적당 동화능력(광합성 능력)을 포장동화능력이라고 한다.

   ⓑ 포장동화능력은 수확량을 결정짓는다.

   ⓒ 포장동화능력은 일정한 빛의 투사 아래에서 다음과 같이 표시된다.

$$P = AfP_0$$

   • P : 포장동화능력   • f : 수광 능률
   • A : 총엽면적   • P_0 : 평균 동화능력

ⓓ 수광능률을 높이기 위한 방법
- 총엽면적을 알맞은 한도 내로 조절한다.
- 군락 내로의 광투과를 좋게 한다.

ⓒ 최저엽면적
ⓐ 건물생산이 최대로 되는 단위면적당 군락 엽면적을 말한다.
ⓑ 군락의 진정 광합성량은 엽면적의 증가에 비례하여 커지지만, 엽면적이 어느 수준 이상 커지면 진정 광합성량은 더 이상 증가하지 않고 감소하게 된다.
ⓒ 엽면적 지수
- 군락의 엽면적을 토지면적에 대한 배수치로 표시하는 지수를 말한다.
- 최저엽면적에 대한 엽면적 지수를 최적엽면적 지수라 한다.

ⓔ 군락의 수광태세
ⓐ 군락의 수광태세가 좋을 때 군락의 최적엽면적 지수가 커진다.
ⓑ 동일 엽면적이라도 군락의 수광능력은 수광태세가 좋을 때 커진다.
ⓒ 수광태세의 개선은 빛 에너지의 이용도를 높이는 것이 중요하다.
ⓓ 수광태세의 개선 : 좋은 품종을 육성하고 재배법을 개선하여 군락의 엽군구성을 좋게 하여야 한다.

ⓜ 생육단계와 일사
ⓐ 생육단계와 차광의 영향
- 일조 부족의 영향은 작물의 생육단계에 따라 다르다.
- 벼의 수량은 '이삭수 ×1 이삭의 영화수 ×등숙률 ×1립중'으로 표시된다.
 - 유수분화 초기 : 최고 분얼기를 전후한 약 1개월 동안의 시기에 일조가 부족하면 유효 경수 및 유효경 비율이 저하하여 이삭수가 감소된다.
 - 감수분열 성기 : 일조가 부족하면 분화 생성된 직후 영화의 생장이 정지되고 퇴화하기 때문에 1이삭의 영화수를 적게 하고, 영(穎)의 크기를 적게 하여 1알이 무게를 감소시킨다.
 - 유숙기 : 유숙기를 전후한 1개월 동안의 일조 부족은 동화물질을 감소시키고, 배유로의 전류·축적을 감퇴시켜 배유의 발육을 저해하여 등숙률을 감소시킨다.
ⓑ 일사 부족이 가장 크게 영향을 미치는 시기
- 감수분열기의 일사 부족은 분화된 영화의 크기를 작게 한다.
- 1수 영화수와 정조 천립중을 감소시킨다.
- 분얼 성숙기의 일사 부족은 크게 영향을 미치지 않는데, 왜냐하면 그 후의 조건만 좋으면 유효경수와 이삭수의 감소는 충분히 보상되기 때문이다.
ⓒ 소모도장효과
- 일조의 건물생산효과에 대한 온도의 호흡촉진효과의 비를 말한다.
- 소모도장효과가 크면 건물의 생산에 비해 소모경향이 커지고 도장하는 경향이 있다.
- 소모도장효과가 큰 시기는 7 ~ 8월이고, 적은 시기는 5 ~ 6월, 9 ~ 10월이다.

• 소모도장효과 계산

$$z = \frac{f(t)}{h}$$

- z : 소모도장효과
- $f(t)$: 100,0301$(t - 10)$
- $f(t)$: 온도(t)의 호흡촉진함수
- h : 일조의 건물생산효과(h =일당 일조 시수)

ⓗ 수광과 작물의 재배조건

ⓐ 작물과 빛

• 혼작이나 간작의 경우 재식밀도를 조절하는 등 그늘을 적게 한다.

• 벼, 목화, 조, 기장, 감자 등은 광 부족에 적응하지 못하므로 일사가 좋은 곳이 알맞다.

• 딸기, 감자, 당근, 목초 등은 빛이 많은 날보다 흐린 날이 많아야 생장에 좋다.

ⓑ 작물과 이랑의 방향

• 일반적으로 대부분의 작물은 이랑의 방향을 남북향으로 하면 동서향으로 하는 것보다 수광시간은 짧지만 작물 생장기의 수광량이 훨씬 많아서 수량이 증가하게 된다.

• 겨울작물이 생장 초기일 때는 수광량이 많아지기 때문에 동서 방향의 이랑이 적당하다.

ⓒ 피복과 투광률

• 피복물의 투광률은 유리 90%, 비닐 85%, 유지 40% 정도이다.

• 유리나 플라스틱 필름을 쓰는 것이 투광이 잘 되어 보온이 잘 되고 생육도 건실해진다.

ⓓ 보광(補光)

• 광합성을 조장하기 위해 밤이나 흐린 날에 보광을 하는 경우가 있다.

• 보광을 할 때에는 일장효과를 고려해야 한다.

ⓔ 차광(遮光)

• 인삼처럼 그늘에서 자라는 작물은 미리 차광막을 설치하고 재배한다.

• 여름철에는 고온 건조 및 과다한 일사를 막기 위해 발 등으로 차광막을 설치해준다.

❻ 생장발육과 환경

① 상적발육의 개념

㉠ 발육상과 상적발육

ⓐ 생장

• 여러 기관이 양적으로 증가하는 것을 말한다.

• 식물에서는 형성층이나 줄기 끝, 뿌리 끝의 분열조직만이 증식을 계속한다.

ⓑ 발육

• 작물이 아생(芽生), 분얼(分蘗), 화성(花成), 등숙(登熟) 등의 과정을 거치면서 단순한 양적 증가 뿐 아니라 질적인 재조정 작용이 생기는 것을 말한다.

- 발육단계설
  - T. D. 리센코가 식물발육에 관한 실험, 특히 춘화처리 실험을 바탕으로 세운 이론을 말한다.
  - 생물발육의 전 과정은 질적으로 다른 몇 개의 단계로 이루어진다고 보고, 각 단계는 특정한 외적 환경조건을 요구하는데 각각 특징이 있다고 보았다.
  - 각 단계의 순서는 정해져 있어서 선행하는 단계가 끝나지 않으면 다음 단계가 시작되지 않는다고 보았다.

ⓒ 발육상과 상적발육
- 발육상(Development Phase) : 아생, 화성, 개화, 결실 등과 같은 작물의 단계적 양상을 발육상이라 한다.
  - 감온상(感溫像) : 작물의 발육상 특정한 온도를 필요로 하는 단계이다.
  - 감광상(感光像) : 작물의 발육상 특정한 일장을 필요로 하는 단계이다.
- 상적발육(Phasic Development)
  - 작물이 순차적인 몇 개의 발육상을 거쳐 발육이 완성되는 현상을 말한다.
  - 화성(Flowering) : 화성 전의 영양적 발육 또는 영양생장을 거쳐 화성을 이루고 계속하여 체내의 질적인 체내변화를 계속하는 생식적 발육 또는 생식생장으로 전환하는 것을 말한다.

ⓛ 화성유도
ⓐ 화성유도의 내적 · 외적 요인
- 외적요인 : 온도, 빛
- 내적요인 : 식물 호르몬 및 C/N율 등의 동화생산물의 양

ⓑ C/N율
- C/N율의 개념
  - 식물체 내의 탄수화물과 질소의 비율을 Carbon Source/Nitrogen 또는 C/N율이라 한다.
  - 모든 식물의 개화와 결실이 모두 C/N율에 일치하는 것은 아니다. C/N율보다 결정적인 요인(식물호르몬, 버널리제이션, 일장효과 등)이 많기 때문이다.
- Kraus · Kraybil(1918)의 실험
  - 토마토를 재료로 하여 실험하였다.
  - 수분과 질소의 공급이 감소하고 탄수화물의 생성이 촉진되어 탄수화물의 양이 풍부해지면 화성 및 결실은 양호해지지만 생육은 약간 감퇴한다.
  - 탄수화물의 생성이 풍부하고 수분과 광물질 양분이 풍부하면 생육은 왕성하지만 화성 및 결실은 불량해진다.
  - 탄수화물의 증가를 막지 않고서 수분과 질소가 쇠퇴하면 생육이 더욱 저하되고 화아는 형성되지만 결실하지 못하며, 더욱 심해지면 화아도 형성되지 않는다.

ⓒ 화성에 대한 환경의 지배도

ⓐ 추파맥류의 최소엽수

- 주경간에 화아분화가 생길 때까지 형성된 엽수를 말하는 것으로, 주경간 착엽수를 최소엽수라 한다.
- 일반적으로 최소엽수는 작물의 종류나 품종에 따라 차이가 있으며, 같은 작물에서는 만생종일수록 많다.

ⓑ 기타 작물

- 화성에 대한 환경의 지배도가 작물에 따라 큰 차이가 있음을 알려주는 경우 : 옥수수는 배(胚) 시기에 이미 주간 엽수가 결정되어 있다.
- 맥류보다 환경이 화성을 지배하는 정도가 큰 경우 : 양배추는 저온처리를 하지 않음으로써 2년 이상 추대억제한 경우도 있었다.

② 버널리제이션(Vernalization) – 춘화처리

㉠ 버널리제이션의 개요

ⓐ 버널리제이션의 의의

- 상적발육에 있어서 감온상을 경과시키기 위하여 생육 초기나 생육 도중에 일정한 온도환경 처리를 해주어야 한다.
- 작물의 출수 및 개화를 유도하기 위하여 생육기간 중의 일정 시기에 온도처리(저온처리)를 하는 것을 말한다.
- 춘화처리라고도 한다.
- 버널리제이션은 추파 품종의 종자를 봄에 뿌릴 수 있도록 처리하는 방법을 말한다.
- 추위에 강한 작물들은 어느 정도의 낮은 온도에 노출되어야 생육상 전환이 일어난다.
- 버널리제이션은 러시아의 T. D. Lysenko(1932)에 의하여 밝혀졌다.

ⓑ 버널리제이션의 구분

- 처리시기에 따른 구분
  - 녹체 버널리제이션 : 식물이 일정한 크기에 달한 녹체기에 처리하는 것으로 양배추나 양파 등에서는 식물체가 어느 정도 커진 다음이 아니면 저온을 만나도 춘화되지 않는다. 채종재배나 육종을 위해 세대단축을 하는 데도 이용되며 양배추, 히요스 등에 이용된다.
  - 종자 버널리제이션 : 최아 종자의 시기에 온도처리를 하는 것으로 싹틔울종자(최아종자)를 춘화하여 생육기간을 단축시킬 수가 있어 농업상 유리하다. 추파맥류, 완두, 잠두, 봄무, 밀에 이용된다.
  - 기타 : 종자 버널리제이션형 식물을 본잎 1매 정도의 녹체기에 약 한달 동안 단일처리하고 명기에 적외선이 많은 빛을 조명하면 저온처리와 같은 효과가 발생하는 것을 단일 춘화라고 하며, 지베렐린 같은 화학물질처리로 버널리제이션 효과가 발생하는 것을 화학적 춘화라고 한다.
- 처리온도에 따른 구분
  - 고온 버널리제이션 : 단일식물은 비교적 고온인 10 ~ 30℃의 온도처리에 의해 춘화가 된다.
  - 저온 버널리제이션 : 월동하는 작물에 0 ~ 10℃의 저온처리를 하는 것을 말하며, 일반적으로 고온보다 저온처리의 효과가 크다.

ⓛ 버널리제이션의 감응기구

ⓐ 감응부위

- 저온처리의 감응부위는 생장점이다.
- 가을 호밀의 배만을 분리하여 당분과 산소를 공급하면 버널리제이션 효과가 일어난다.

ⓑ 감응전달

- 호르몬설 : 춘화에 의해서 이행성인 호르몬성 물질이 배의 생장점에 집적하거나 생성되어 이 물질의 작용에 의해 화아분아가 유도된다는 학설이다.
- 원형질 변화설(질적 변화설) : 불이행적이고 생장점의 감응된 세포의 세포분열에 의해서만 감응이 전달된다는 학설이다.

ⓒ 버널리제이션에 영향을 미치는 조건

ⓐ 최아(催芽)

- 버널리제이션을 할 때에는 종자근의 시원체인 백체가 나타나기 시작할 무렵까지 최아하여 처리한다.
- 버널리제이션에 알맞은 수온은 12℃ 정도이다.
- 버널리제이션에 필요한 종자의 흡수량

작물명	흡수율(%)	작물명	흡수율(%)
보리	25	봄밀	30 ~ 50
귀리	30	가을밀	35 ~ 55
호밀	30	옥수수	30

ⓑ 산소

- 처리 중에 산소가 부족하여 호흡이 불량하면 저온에서는 버널리제이션 효과가 지연되며, 고온에서는 아예 발생하지 않을 수도 있다.
- 처리 중 공기가 부족하지 않도록 과도한 수분공급을 피한다.

ⓒ 처리온도와 처리기간

- 처리온도와 처리기간은 작물의 종류와 품종의 유전성에 따라 다르다.
- 처리온도는 저온, 상온, 고온으로 구별된다.
- 처리온도는 대체로 0 ~ 30℃ 범위이다.
- 처리기간은 대개 5 ~ 50일 정도이다.
- 품종에 따라 추파성의 정도가 달라서 추파성을 완전 소거하는 데 필요한 기간은 다르다.
- 추파성
  - 씨앗을 가을에 뿌려서 겨울의 저온기간을 경과하지 않으면 개화 · 결실하지 않는 식물의 성질을 말한다.
  - 밀, 보리, 귀리 등과 가을에 파종하는 작물은 모두가 추파성 작물이다. 이들은 춘화처리를 하여 봄에 파종할 수도 있는데, 가을에 파종하는 것보다 수확량이 적다는 단점이 있다.

- 춘파성
  - 겨울작물이 꽃눈을 형성하기 위해서 겨울의 저온을 필요로 하지 않는 성질을 말한다.
  - 춘파성은 품종의 지리적 분포와 관계가 깊다.
  - 밀, 보리, 평지(유채), 무 등의 겨울작물에서는 동일 작물이라도 품종에 따라서 저온을 필요로 하는 정도에 차이가 있다.
  - 가을에 파종하여 겨울의 저온을 경과시키지 않으면 꽃눈을 형성하지 않는 품종은 '춘파성 정도가 낮다' 또는 '추파성 정도가 높다'고 한다.
  - 봄에 파종하여도 꽃눈을 형성하는 품종을 '춘파성 정도가 높다' 또는 '추파성 정도가 낮다'고 한다.
- 일반적으로 겨울작물은 저온이, 여름작물은 고온이 효과적이다.

② 이춘화, 재춘화, 화학적 춘화
  ⓐ 이춘화
  - 이춘화의 개념 : 저온처리과정에서 환경이 고온건조 통기불량하게 되면 저온처리효과가 떨어지거나 심한 경우 아주 소실되고 마는데 이것을 이춘화라고 한다.
  - 저온처리기간이 길어질수록 이춘화하기 어렵다.
  - 춘화가 완전히 진행된 것은 이춘화 현상이 생기지 않는 것을 버널리제이션의 정착이라고 한다.
  - 밀에서 저온 버널리제이션을 실시한 직후 35℃ 정도의 고온처리를 하게 되면 버널리제이션 효과를 상실한다.
  ⓑ 재춘화
  - 재춘화의 개념 : 이춘화 후에 다시 저온처리를 하면 다시 완전히 버널리제이션이 되는 현상을 말한다.
  - 춘화처리는 가역적 현상이다.
  ⓒ 화학적 춘화
  - 화학적 춘화의 개념 : 화학물질이 저온처리와 동일한 춘화효과를 가지는 것을 말한다.
  - 화학적 춘화의 예
    - 소량의 옥신은 파인애플의 개화를 촉진한다.
    - 저온처리와 동일한 효과를 가지는 화학물질 : 지베렐린, IAA, IBA, 4-chlorophenoxy Acetic Acid, 2-naphthoxy Acetic Acid
  - 화학적 이춘화 : 화학물질의 처리에 의해서 버널리제이션의 효과가 상실 또는 감퇴되는 것을 말한다.
  - 버널리제이션의 응용
    - 추파맥류가 동사하였을 때 버널리제이션을 해서 봄에 대파할 수 있다.
    - 월동하는 작물들은 저온처리를 하여 봄에 심어도 출수 · 개화하므로 채종재배에 이용할 수 있다.
    - 화아분화를 촉진시켜 촉성재배를 할 수 있다.
    - 증수효과가 있으며, 육종연한을 단축시킬 수 있다.
    - 추파맥류의 춘파성화가 가능하다.

③ 일장효과

　㉠ 일장효과의 의의

　　ⓐ 일장효과의 개념

　　　• 하루 중 낮의 길이의 장단에 따라 식물의 꽃눈 형성이 달라지는 현상을 말한다.

　　　• 광주기, 광주율, 광주기성이라고도 한다.

　　　• 1918년, 가너는 일장효과에 대한 최초의 실험을 하였다. 이 실험에서 기온과 흙 속의 수분량, 영양조건 등의 변화가 개화기를 좌우하는 것을 확인한 다음 만생종의 콩이 자연조건하에서 개화되는 것은 가을의 낮의 길이가 짧아지기 때문이라는 결론에 도달하였다.

　　ⓑ 식물의 화성과 일장

　　　• 유도일장 : 식물의 화성을 유도할 수 있는 일장을 말한다.

　　　• 비유도일장 : 식물의 화성을 유도할 수 없는 일장을 말한다.

　　　• 한계일장 : 유도일장과 비유도일장의 경계, 즉 화성유도의 한계가 되는 일장을 말한다.

　　ⓒ 명기의 길이와 일장

　　　• 장일 : 명기의 길이가 12 ~ 14시간 이상인 것을 말한다.

　　　• 단일 : 명기의 길이가 12 ~ 14시간 이하인 것을 말한다.

　　　• 일장처리

　　　　－ 인위적으로 명·암기의 길이를 조절하여 장(長)·단일(短日) 조건을 만들어 자연 상태에 있는 개화기와 다른 시기에 식물을 개화시키는 것을 말한다.

　　　　－ 장일조건으로 하는 것을 장일처리, 단일조건으로 하는 것을 단일처리라 한다.

　　ⓓ 광주작용

　　　• 광주기성(光週期性)이 있는 식물에 광주기(光週期)가 주어졌을 때에 일어나는 일련의 현상을 말한다.

　　　• 중성식물을 제외하면 개화를 위해서 반드시 명기(明期)가 필요하며, 이 경우 일정한 기간에 일정한 시간의 강광(强光)을 주었으면 그 다음은 약광이라도 무방하다.

　　　• 단일식물에서는 명기 다음에 일정한 시간 이상의 암기(暗期)가 필요하다.

　　　• 암기 도중에 단시간이라도 빛을 쬐어 암기를 중단하면 암기의 효과가 없어져서 개화하지 않는다.

　㉡ 작물의 일장형

　　ⓐ 장일식물

　　　• 낮이 길 때 꽃눈을 형성하는 것을 장일식물(長日植物)이라고 한다.

　　　• 장일상태(보통 16 ~ 18시간)에서 개화가 유도·촉진된다.

　　　• 단일상태에서는 개화가 저해된다.

　　　• 장일식물의 대부분은 단일조건하에서는 매우 짧은 줄기에서 잎이 나오는 이른바 로제트형(型)이 되나, 장일조건이면 비로소 줄기가 뻗는다.

　　　• 장일식물의 대부분은 온대에서 생육하며, 해가 긴 봄에서 초여름까지 꽃을 피운다.

ⓑ 단일식물
- 낮이 짧을 때 꽃눈을 형성하는 것을 단일식물(短日植物)이라고 한다.
- 단일상태(보통 8 ~ 10시간)에서 화성이 유도·촉진된다.
- 장일상태에서는 화성이 저해된다.
- 조, 기장, 피, 옥수수, 아마, 담배, 도꼬마리, 나팔꽃, 벼, 목화, 국화, 코스모스 등이 있다.
- 온대에 분포하는 단일식물은 늦여름에 꽃눈을 형성하여 가을에 꽃을 피운다.

ⓒ 중성식물
- 일정한 한계일장이 없고 매우 넓은 범위의 일장에서 화성이 유도된다.
- 화성이 일장에 영향을 받지 않는다.
- 가지, 토마토, 강낭콩, 당근, 샐러리 등이 있다.

ⓓ 중간식물
- 정일식물이라고도 하며, 2개의 한계일장이 있다.
- 좁은 범위의 일장에서만 화성이 유도·촉진된다.
- 사탕수수의 F106이란 품종은 12시간 45분과 12시간의 좁은 일장범위에서만 개화한다.

ⓔ 장단일 식물
- 처음에는 장일이고 뒤에 단일이 되면 화성이 유도된다.
- 항상 일장에만 두면 화성이 유도되지 않는다.

ⓕ 단장일 식물
- 처음에는 단일이고 뒤에 장일이 되면 화성이 유도된다.
- 항상 일장에만 두면 개화하지 않는다.

ⓖ 일장 감응의 9개형

명칭	화아분화 전	화아분화 후	종류
LL식물	장일성	장일성	시금치, 봄보리
LI식물	장일성	중일성	풀협죽도, 사탕무
LS식물	장일성	단일성	Physostegia
IL식물	중일성	장일성	밀
II식물	중일성	중일성	고추, 올벼, 메밀, 토마토
IS식물	중일성	단일성	소빈국
SL식물	단일성	장일성	프리뮬러, 시네라리아, 양딸기
SI식물	단일성	중일성	늦벼(신력·욱), 도꼬마리
SS식물	단일성	단일성	코스모스, 나팔꽃, 늦콩

ⓒ 일장효과의 감응기구

 ⓐ 반응부위

  • 일장처리에 감응하는 부위는 잎이다.

  • 모든 잎이 잘 반응하는 것은 아니며, 어린잎은 거의 일장에 반응하지 않는다.

 ⓑ 자극의 전달

  • 자극은 줄기의 체관부 또는 피층을 통하여 화아가 형성되는 정단분열조직이나 측생분열조직으로 이동한다.

  • 차조기의 경우 24시간에 줄기에서는 2cm, 뿌리에서는 0.5cm를 이동한다.

 ⓒ 화학물질의 일장효과

  • 장일식물은 옥신 사용으로 화성이 촉진된다.

  • 파인애플은 NAA나 2·4−D에 의해 개화가 유도된다.

  • 지베렐린은 저온·장일 하에서 개화촉진이 탁월하다.

 ⓓ 일장효과의 본체

  • 일장효과에 관여하는 물질적 본체는 식물성 호르몬이다.

  • 잎에서 형성되며 줄기의 생장점으로 이동하여 화아형성을 유도한다.

  • 플로리겐(Florigen) 또는 개화 호르몬이라고 한다.

② 일장효과에 영향을 미치는 조건

 ⓐ 질소비료

  • 질소가 부족한 경우 장일식물에서는 개화가 촉진된다.

  • 단일식물에서는 질소가 충분해야 단일효과가 잘 나타난다.

 ⓑ 암기

  • 명암의 주기에서 상대적으로 명기가 암기보다 길면 장일효과가 나타난다.

  • 단일식물은 일정시간 이상의 연속 암기가 있어야만 단일효과가 나타난다.

  • 명기의 합계가 암기의 합계보다 길 경우 개화가 촉진된다.

 ⓒ 빛

  • 일반적으로 빛의 세기가 증가할수록 효과가 크다.

  • 일반적으로 약한 빛도 일장효과에 작용한다.

 ⓓ 온도

  • 일장효과는 특히 암기온도의 영향을 받는다.

  • 암기의 온도가 적온보다 훨씬 낮으면 장일식물에서는 암기의 개화억제효과가 감소하고, 단일식물에서는 암기의 개화촉진 효과가 감소된다.

  • 단일식물인 가을 국화는 10 ~ 15℃ 이하에서는 일장 여하에 불구하고 개화한다.

  • 장일성인 히요스는 저온하에서는 단일조건이라도 개화한다.

ⓔ 처리일수

- 민감한 식물은 극히 단시간의 처리에도 잘 감응하지만, 상당한 정도의 연속처리를 하는 것이 화아의 형성도 빠르고 화아의 수도 많다.
- 도꼬마리나 나팔꽃에서는 1회로도 충분하다.

ⓕ 발육단계

- 발아 초기의 어린 식물은 일장에 감응하지 않고 어느 정도 자란 후에 감응하게 된다.
- 발육이 진행된 후에는 일장에 대한 감수성이 떨어진다.
- 감수성이 발육단계에 따라서 변화하는 상태는 작물의 종류 및 품종에 따라 다르다.
- 단일처리의 경우 벼는 주간 엽수 7~9매, 도꼬마리는 발아 일주일 후, 차조기는 발아 15일 후부터 잘 감응한다.

ⓜ 일장효과의 이용

ⓐ 재배적 이용

- 수확량을 증가시킨다.
- 작물의 성전환에 이용할 수 있다.
- 파종·이식기를 조절하여 채종상의 편의를 도모할 수 있다.
- 화훼류에서는 개화기를 조절할 수 있다.
- 차광재배
  - 단일성 작물의 개화기를 빠르게 하기 위하여 자연의 일장시간을 제한하여 재배하는 방법을 말한다.
  - 밤낮의 장단이 식물의 생장발육에 현저한 영향을 미친다.
  - 우리나라에서는 원예작물, 특히 국화의 개화를 촉진하는 기술로서 널리 보급되어 있다.

ⓑ 농업적 이용

- 개화유도
- 개화기 조절
- 육종 연한 단축
- 수량 증대
- 성 전환에 이용

Point 팁 · 광중단 현상(Light break)

ㄱ 암기 중의 적당한 시기에 단시간의 빛을 조사할 때, 기대되는 광주성 반응의 효과와 반대의 결과가 나타나는 경우의 광처리법이다.

ㄴ 국화와 같은 단일식물의 경우 연속 암기간 중간에 광을 받아 소정의 암기 이하의 길이로 분단하면 암기의 합계가 명기보다 길다 하더라도 단일효과를 나타내지 못한다.

ⓗ 개화 이외의 일장효과
  ⓐ 수목의 휴면
    • 수종과 관계없이 15 ~ 21℃에서는 일장 여하에도 불구하고 휴면이 유도된다.
    • 21 ~ 27℃에서 장일(16시간)은 생장을 계속하게 하는 경향이 있다.
    • 21 ~ 27℃에서 단일(8시간)은 휴면을 유도하는 경향이 있다.
    • 단일의 감응 정도는 수종에 따라 다르다.

Point 팁   휴면
  ㉠ 휴면의 의의 : 종자나 구근 또는 수목의 겨울눈 따위가 생장에 필요한 물리적·화학적인 외
    계조건을 부여하여도 한때 생장이 정지되어 있는 상태를 말한다.
  ㉡ 휴면단계
    • 휴면의 시기는 식물 종류에 따라 온도, 습도의 영향이 크고 그 기간의 장단도 다르다.
    • 온대식물은 겨울철에 영향을 받고, 열대·아열대 식물은 우기와 건기의 영향을 받는다.
  ㉢ 휴면타파
    • 물리적 휴면타파(온탕법) : 화목류의 가지를 30 ~ 35℃에 9 ~ 12시간 담갔다가 15 ~ 18℃의
      온실에서 관리한다.
    • 화학적 휴면타파(약액법) : 글라디올러스는 에틸렌 클로로히드린 40%액을 1L에 대해 1 ~
      4mL 용량을 용기에 넣고 구근과 함께 밀봉하여 24 ~ 28시간 정도 기욕시키면 효과가 크다.
  ㉣ 온도처리
    • 화훼류의 촉성억제시 휴면 중에 온도조절을 함으로써 눈과 뿌리에 자극을 주어 휴면에서
      깨어나게 할 수 있다.
    • 휴면심도가 깊은 것 : 프리지아, 글라디올러스, 아시단데라
    • 휴면심도가 중도인 것 : 튤립, 백합, 수선화, 아이리스, 히야신스
    • 휴면하지 않는 것 : 아마릴리스, 다알리아

  ⓑ 결협 및 등숙 : 단일식물인 콩에서 화아형성 후의 일장이 장일일 때에는 결협 및 등숙이 억제되고 단일
    일 때에는 결협 및 등숙이 촉진된다.
  ⓒ 저장기관의 발육
    • 양파의 비늘줄기는 16시간 이상의 장일에서는 발육이 촉진되지만 8 ~ 10시간의 일장에서는 발육이
      정지된다.
    • 고구마의 덩이뿌리, 봄무, 마의 비대근, 다알리아의 알뿌리감자나 돼지감자의 덩이줄기 등은 단일
      조건에서 발육이 촉진된다.
  ⓓ 영양생장
    • 장일식물이 단일 하에 놓이면 추대현상이 일어나지 않고 지표면에서 잎만 출현하는 방사엽 식물이
      된다.
    • 단일식물이 장일 하에 놓이면 추대현상이 계속되어 거대형이 된다.

④ 작물의 기상생태형

　㉠ 기상생태형의 구성요소

　　ⓐ 기본영양생장성

　　　• 작물이 출수개화(出穗開花)하기까지는 최소한의 영양생장을 필요로 한다는 것이다.

　　　• 작물이 아무리 출수개화에 알맞은 온도와 일장조건을 가지더라도 일정한 기간의 기본영양생장을 하지 않으면 출수개화에 이르지 못한다.

　　　• 기본영양생장의 기간이 길고 짧음에 따라서 '기본영양생장이 크다(B, 높다) 또는 작다(b, 낮다)'라고 표시한다.

　　　• 환경에 의해서 단축되지 않는다.

　　　• 영양생장기간 중에는 분얼이 왕성하여 줄기의 수가 늘어나고 신장은 서서히 자라며, 새로운 잎이 규칙적으로 출현함으로써 태양광선을 많이 받을 수 있게 되고 뿌리가 왕성하게 생육되어 영양분을 많이 흡수할 수 있게 된다.

> **Point 팁**　가소영양생장
> ㉠ 감광성이나 감온성에 지배되는 영양생장은 일장(단일)이나 온도(고온)에 의해서 크게 단축시킬 수 있기 때문에 이를 가소영양생장이라 한다.
> ㉡ 가소영양생장기간은 온도, 일장과 같은 환경조건에 따라 달라진다.

　　ⓑ 감광성(bLt)

　　　• 농작물의 출수나 개화가 일조시간의 영향을 받는 성질을 말한다.

　　　• 감광성 정도 : 식물이 일장환경에 의해 주로 단일식물이 단일환경에 의해서 출수나 개화가 촉진되는 정도를 말한다.

　　　• 출수나 개화의 촉진도에 따라서 '감광성이 크다(L, 높다) 또는 작다(l, 낮다)'라고 한다.

　　　• 감광성은 작물의 종류에 따라 다른데, 벼·콩 등의 여름작물은 단일(短日)에 의해 출수나 개화가 촉진되고 장일(長日)에 의해 지연되는 데 비하여 보리·밀 등의 겨울작물은 그 반대가 된다.

　　ⓒ 감온성(blT)

　　　• 농작물의 출수나 개화가 온도에 따라 영향을 받는 성질을 말한다.

　　　• 온도반응성, 일장반응성이라고도 한다.

　　　• 감온성의 정도에 따라서 '감온성이 크다(T, 높다) 또는 작다(t, 낮다)'라고 한다.

　㉡ 기상생태형의 분류

　　ⓐ 기본영양생장형

　　　• 기본영양생장성 : 크다.

　　　• 감광성 : 작다.

　　　• 감온성 : 작다.

　　　• 생육기간은 주로 기본영양생장성에 지배된다.

ⓑ 감온형(blT)
- 기본영양생장성 : 작다.
- 감광성 : 작다.
- 감온성 : 크다.
- 생육기간은 주로 감온성에 지배된다.

ⓒ 감광형(bLt)
- 기본영양생장성 : 작다.
- 감광성 : 크다.
- 감온성 : 작다.
- 생육기간은 주로 감광성에 지배된다.

ⓓ blt형 : 기상생태형의 세 가지 성질이 모두 작아서 어떤 환경에서도 생육기간이 짧다.

ⓒ 기상생태형과 지리적 분포
ⓐ 저위도지대
- 저위도지대인 적도 부근은 연중고온과 단일의 환경이다.
- 감온성이나 감광성이 큰 것은 출수가 빨라져서 생육기간이 짧고 수량이 적다.

ⓑ 중위도지대
- 중위도지대에서는 여름철과 가을철의 기온이 비교적 높고, 가을에 서리가 늦게 오기 때문에 어느 정도 늦게 출수하여도 안전하게 수확할 수 있다.
- 중위도지대에서는 감광성이 큰 bLt형이 만생종으로 되고 blT형은 조생종으로 된다.

ⓒ 고위도지대
- 고위도지대에서는 생육기간이 짧고 서리가 일찍 온다.
- 감온성이 발동하는 고온기는 늦봄으로부터 여름에 걸쳐서 온다.
- 감광성이 발동하는 단일기는 여름부터 초가을에 걸쳐서 온다.
- 여름의 고온기에 일찍 감응하여 출수·개화가 되어 서리가 오기 전에 성숙할 수 있는 감온성이 큰 blT형이 재배된다.

ⓡ 기상생태형과 재배적 분포
ⓐ 조만성(早晩性) : 파종과 이앙을 일찍 할 경우 blt형·감온형은 조생종이 되며, 기본영양생장형과 감광형은 만생종이 된다.

ⓑ 묘대일수 감응도(苗垈日數 感應度)
- 못자리 기간을 길게 할 경우에 모가 노숙하고 모낸 뒤 생육에 난조가 생기는 정도를 말한다.
- 벼가 못자리에서 이미 생식생장의 단계로 접어들기 때문에 생기는 현상이다.
- 묘대일수 감응도는 감온형이 높고 감광형과 기본생장형은 낮다.

ⓒ 출수기의 조절
- 조생종은 재배방식에 따라 출수기를 조절할 수 있지만, 만생종은 출수기의 조절이 어렵다.
- 조파조식 때보다 만파만식할 때 출수기가 지연되는 정도는 기본생장형과 감온형이 크고 감광형이 작다.

ⓓ 만식적응성(晩植適應性)
- 이앙기가 늦어졌을 때 적응하는 정도를 말한다.
- 만식적응성은 기본생장형과 감온형이 작고 감광형이 크다.
- 조생종(早生種)
  - 묘대일수 감응도가 크고 만식적응성이 작아서 만식에 부적당하다.
  - 조생종은 일반적으로 수확량이 적지만 일찍 수확 · 출하할 수 있다는 이점 때문에 재배상 · 경영상 유리하다.
- 만생종(晩生種)
  - 묘대일수 감응도가 작고 만식적응성이 커서 만식에 적당하다.
  - 생태적으로 정상보다 늦되는 품종을 말한다.
  - 만생종이라 하더라도 감광 · 감온 환경이 달라지면 품종 고유의 만숙성이 조숙화될 수도 있다.

⑦ 공기환경 등

① 대기의 구성과 작용
  ㉠ 대기의 구성성분
    ⓐ 질소(N) : 약 79%
    ⓑ 산소(O_2) : 약 21%
    ⓒ 이산화탄소(CO_2) : 약 0.03%
    ⓓ 기타 : 수증기, 먼지와 연기 입자, 미생물, 화분, 각종 가스 등
  ㉡ 산소 농도와 이산화탄소 농도
    ⓐ 대기 중의 산소 농도는 약 21%로서 작물이 호흡작용을 하는 데 가장 알맞다.
    ⓑ 일반적으로 대기 중의 탄산가스 농도가 높아지면 작물의 호흡속도는 감소한다.
  ㉢ 광합성
    ⓐ 녹색식물이 빛 에너지를 이용하여 이산화탄소와 물로부터 유기물을 합성하는 일련의 과정을 말한다.
    ⓑ 광합성 요인 : 빛의 강약, 이산화탄소의 농도, 온도
    ⓒ 광합성 요인 간의 상호관계
      - 일정한 농도의 이산화탄소와 어느 온도 하에서 빛이 약한 범위에서는 빛의 세기가 증가하면 광합성률은 증가한다.
      - 어느 정도 이상의 강한 빛이 되면 광포화상태가 되어 더 이상 광합성률이 증가하지 않는다.
      - 이때의 광합성률은 광합성 과정에서 흡수되는 이산화탄소와 방출되는 산소의 몰비(比)이다.
      - 이산화탄소 농도가 배증되면 광합성 속도는 급증한다.

ⓓ 보상점
- 호흡에 따른 산소의 흡수와 광합성에 따른 산소의 방출이 같아서 가스의 출입이 외관상 0이 되는 조도를 말한다.
- 일반적으로 작물의 이산화탄소 보상점은 대기 중 농도(0.03%)의 1/10 ~ 1/3 정도이다.

ⓔ 포화점
- 이산화탄소 농도가 증가할수록 광합성 속도도 증가하나 어느 농도에 도달하게 되면 이산화탄소 농도가 그 이상 증가해도 광합성 속도는 증가하지 않게 되는데, 이 한계점의 이산화탄소 농도를 말한다.
- 일반적으로 작물의 탄산가스 포화점은 대기 중 농도의 7 ~ 10배(0.21 ~ 0.3%) 정도이다.

ⓕ 광합성의 장소 : 엽록체 속에서 이루어진다.

ⓖ 광인산화
- 광합성에서 빛 에너지를 사용하여 ADP와 무기인산(Pi)으로부터 ATP를 합성하는 반응을 말하며, 광합성적 인산화라고도 한다.
- 순환적 광인산화 : 순환형 전자전달에 공액하는 것으로서 광화학반응계에 포함되는 색소로부터 들떠서 방출된 전자가 고리 모양의 전자전달경로를 지나서 원래의 점으로 되돌아가는 과정이다.

$$ADP + \Pi \xrightarrow{\text{빛}} ATP$$

- 비순환적 광인산화 : 비순환형 전자전달로서 전자주개와 전자받개 사이에서 산화환원반응이 일어난다.

$$ADP + \Pi + AH_2 + B \xrightarrow{\text{빛}} ATP + A + BH_2$$

㉣ 탄산시비
ⓐ 작물의 주위에 이산화탄소를 공급하여 작물생육을 촉진하고, 수량과 품질을 향상시키는 재배기술을 말하며 이산화탄소 시비라고도 한다.
ⓑ 이산화탄소 농도를 쉽게 조절할 수 있는 하우스, 온실재배 등에서 이용성이 크다.
ⓒ 광, 온도, 수분 등을 적절히 조절한다.
ⓓ 탄산시비에 이용되는 연소계는 완전연소하고 이산화탄소 발생량이 많으며, 유해가스를 배출하지 않는 프로판 가스나 정유, LNG 등이 적당하다.

㉤ CO_2 농도에 관여하는 요인
ⓐ 바람은 공기 중의 CO_2 농도를 균등하게 만들어준다.
ⓑ 미숙유기물을 시용하면 CO_2 발생이 많으며, 작물 주변의 CO_2 농도를 높여서 탄산시비의 효과를 나타낸다.
ⓒ 지표면에서 가까울수록 CO_2 농도가 높아진다.
ⓓ 지표면에서 가까운 부위는 뿌리의 호흡이 왕성하고, 바람을 막아서 CO_2 농도가 높아진다.
ⓔ 지표면에서 가까운 부위는 여름철 토양유기물의 분해와 뿌리의 호흡이 왕성해져서 CO_2 농도가 높다.

ⓗ 질소고정
　　ⓐ 대기 중의 유리질소를 생물체가 생리적으로 또는 화학적으로 이용할 수 있는 상태의 질소화합물로 바꾸는 것을 말한다.
　　　• 생물적 질소고정 : 생물체에 의한 것으로서 보통 질소대사의 한 과정으로 질소동화라고도 한다.
　　　• 비생물적 질소고정 : 생물체에 의하지 않고 번개의 공중방전(空中放電) 등의 자연현상 또는 화합공업적인 공중질소고정에 의한 것이다.
　　ⓑ 화합태 질소 : 대기 중에는 소량이지만 화합물 형태의 질소가 존재하며, 암모니아 · 질산 · 아질산 등이 토양에 공급되어 작물의 양분이 된다.
ⓢ 질소동화 : 생물체가 대기 중의 기체질소 또는 토양이나 물속의 무기질소화합물을 사용하여 각종 유기질소화합물(아미노산, 단백질, 핵산, 인지질 등)을 만드는 것을 말한다.
ⓞ 유해가스
　　ⓐ 이산화황
　　　• 황이 연소할 때 발생하는 기체이다.
　　　• 광합성 속도를 크게 저하시킨다.
　　　• 호흡은 낮은 농도에서는 촉진되나, 농도가 높아지면 낮아진다.
　　　• 줄기 · 잎이 퇴색하며 잎의 끝이나 가장자리가 황록화하거나 잎 전면이 퇴색 · 황화한다.
　　ⓑ 이산화질소(과산화질소)
　　　• 실온에서는 보통 기체이다.
　　　• 아황산가스의 피해 증상과 유사하다.
　　ⓒ 암모니아
　　　• 엽육세포가 괴사한다.
　　　• 잎은 급격히 거무스름해져 시들게 된다.
　　ⓓ 아질산가스
　　　• 경미할 경우 : 잎의 잎맥 간에 백색 또는 갈색의 반점이 생겨서 점차 확대된다.
　　　• 심할 경우 : 잎이 뜨거운 물을 맞은 것처럼 시들어서 수일 후에는 백색이 되어 고사한다.
　　ⓔ 탄산가스
　　　• 하우스 재배에서는 탄산가스의 시비가 보급되고 있다.
　　　• 대기 중 탄산가스의 농도가 1,000ppm 이상이 되면 작물의 종류나 영양상태에 따라 중위엽을 중심으로 엽신에 탄산가스 과잉장해가 나타나는 일이 있다.
　　ⓕ 옥시던트
　　　• 대도시 근교에서 자주 발생하는 대기오염물질이다.
　　　• 그 중에서 농작물에 해를 입히는 가스는 오존과 PAN이다.

ⓖ 오존(O_3)
- 다 자란 잎의 표면에 회백색이나 갈색의 균일한 작은 반점이나 무늬가 생기거나 불규칙한 주근깨 모양과 같은 기미가 생긴다.
- 잎의 울타리 조직이 침해되기 쉽다.

ⓗ PAN(Peroxy Acetyl Nitrate)
- 비교적 젊은 잎의 해면상 조직이 침해되기 쉬워서 잎의 뒷면에 은회색 또는 청동색의 금속광택의 반점이 생겨 전면에 흩어진다.
- 독성은 오존보다 상당히 강하여 0.01ppm으로 6시간 접촉하면 감수성이 강한 근대는 피해증상을 나타낸다.

ⓘ 불화수소(HF)
- 피해지역은 한정되어 있으나 독성은 가장 강하여 낮은 농도에서 피해를 끼친다.
- 잎의 끝이나 가장자리가 백변한다.

ⓙ 에틸렌
- 도시의 가스제조 공장, 폴리에틸렌 공장, 유기물의 불완전 연소, 자동차의 배기가스 등에서 배출된다.
- 낙엽 · 낙과가 발생하고, 어린 가지가 구부러진다.

ⓚ 염소가스(Cl_2)
- 화학공장에서 배출된다.
- 잎 끝이 퇴색하여 암갈녹색으로 된다.

ⓛ 기타 : 납(Pb), 시안화수소, 염화수소 및 매연 등도 작물에 피해를 준다.

② 바람과 생육작용
  ㉠ 연풍
    ⓐ 연풍의 개념
    - 바람의 강도 분류 중 약한 바람군의 명칭을 말한다.
    - 보퍼트(Beaufort)의 풍력계급표에 의하면 2 ~ 6급까지가 여기에 해당한다.
    - 미풍(남실바람), 연풍(산들바람), 화풍(건들바람), 질풍(흔들바람), 웅풍(된바람)까지를 연풍으로 볼 수 있다.
    - 4 ~ 6km/hr 이하의 바람을 말한다.

    ⓑ 연풍의 장점
    - 한여름에는 기온과 지온을 낮춘다.
    - 봄 · 가을에는 서리를 막으며, 수확물의 건조를 촉진시킨다.
    - 풍매화의 결실에 도움을 준다.
    - 작물 주위의 탄산가스 농도를 높여 준다.
    - 잎을 움직여 그늘졌던 잎이 빛을 잘 받게 해준다.
    - 작물의 증산작용을 유발하여 양분흡수를 증대시킨다.

ⓒ 연풍의 단점
- 냉풍은 작물체에 냉해를 유발하기도 한다.
- 잡초의 씨나 병균을 전파한다.
- 건조할 때는 더욱 건조상태를 조장한다.

ⓛ 풍해
ⓐ 풍해의 개념
- 넓은 의미로는 바람에 의한 모든 재해를 말하며, 좁은 의미로는 강풍 및 강풍의 급격한 풍속 변화에 의하여 발생하는 강풍피해를 말한다.
- 풍속이 4 ~ 6km/hr 이상의 강풍을 말한다.

ⓑ 장해유형
- 풍속이 2 ~ 4m/sec 이상 강해지면 기공이 닫혀서 광합성이 저하된다.
- 작물체온이 저하되며, 냉풍은 냉해를 유발한다.
- 건조한 강풍은 작물의 수분증산을 이상적으로 증대시켜 건조해를 유발한다.
- 바람이 강할 경우 낙과 · 절손 · 도복 · 탈립 등을 유발하며, 2차적으로 병해 · 부패 등이 유발되기도 한다.
- 바람에 의해 작물이 손상을 입으면 호흡이 증가하므로 체내 양분의 소모가 커진다.
- 벼에서는 수분 · 수정이 저해되어 불임 립이 발생한다.

ⓒ 대책
- 방풍림을 만든다.
- 너비는 20 ~ 40m, 풍향의 직각 방향으로 설치한다.
- 조성용 수종은 크고 빨리 자라며 바람에 견디는 힘이 좋은 상록수, 특히 오래 사는 침엽수가 알맞다.
- 재배적 대책
  - 작기를 이동하여 위험기의 출수를 피한다.
  - 낙과 방지제를 살포한다.
  - 태풍 위험기에 논물을 깊이 대어 두면 도복과 건조가 경감된다.

기출문제 분석

토양, 수분, 온도, 광, 생장 발육 환경, 공기환경에 대한 기본적인 이론을 물어본다. 최근에는 발생한 재해에 대해 손해평가사의 재배지에 대한 판단 같은 대한 질문이 자주 출제되고 있다.

2021년

1 작물의 건물량을 생산하는 데 필요한 수분량을 말하는 요수량이 가장 작은 것은?

① 호박

② 기장

③ 완두

④ 오이

TIP 작물의 요수량

작물명	요수량	작물명	요수량
기장	310	호박	834
완두	788	오이	713
목화	646	옥수수	368
보리	534	귀리	597
감자	636	수수	322
클로버	799	밀	513
흰명아주	948	앨팰퍼	831

2017년

2 작물 생육기간 중 수분부족 환경에 노출될 때 일어나는 반응을 모두 고른 것은?

ㄱ 기공 폐쇄
ㄴ 앱시스산(ABA) 합성 촉진
ㄷ 엽면적 증가

① ㄱ

② ㄱㄴ

③ ㄴㄷ

④ ㄱㄴㄷ

TIP ㄷ 수분이 부족하면 팽압이 저하되면서 엽면적이 감소한다.

Answer 1.② 2.②

3 토양의 생화학적 환경에 관한 내용이다. (   )에 들어갈 내용으로 옳은 것은?

> 높은 강우 또는 관수량의 토양에서는 용탈작용으로 토양의 (㉠)가 촉진되고, 이 토양에서는 아연과 망간의 흡수율이 (㉡)진다. 반면, 탄질비가 높은 유기물 토양에서는 미생물 밀도가 높아져 부숙 시 토양 질소함량이 (㉢)하게 된다.

	㉠	㉡	㉢
①	산성화	높아	감소
②	염기화	낮아	증가
③	염기화	높아	감소
④	산성화	낮아	증가

TIP 높은 강우 또는 관수량의 토양에서는 용탈작용으로 토양의 ㉠ 산성화가 촉진되고, 이 토양에서는 아연과 망간의 흡수율이 ㉡ 높아진다. 반면, 탄질비가 높은 유기물 토양에서는 미생물 밀도가 높아져 부숙 시 토양 질소함량이 ㉢ 감소하게 된다.
※ 토양의 산성화
㉠ 개념 : 기후나 공해에 의해 토양의 pH가 낮아지는 현상을 말한다.
㉡ 원인 : 토양 중의 Ca^{2+}, Mg^{2+}, K^+ 등의 치환성 염기가 용탈되어 미포화 교질이 많아져 산성화가 이루어진다.

4 토양 환경에 관한 설명으로 옳은 것은?

① 사양토는 점토에 비해 통기성이 낮다.
② 토양이 입단화되면 보수성이 감소된다.
③ 퇴비를 JP-Th투입하면 지력이 감소된다.
④ 깊이갈이를 하면 토양의 물리성이 개선된다.

TIP ① 사양토는 점토에 비해 입자가 더 크고 구조가 느슨해 통기성이 높다.
② 입단화는 토양 입자들이 서로 뭉쳐 단단하게 되면서 토양 구조가 개선되고 보수성이 증가한다.
③ 퇴비는 토양에 유기물을 공급하여 지력을 증가시킨다.

Answer 3.① 4.④

5 한해피해 조사를 마친 A손해평가사가 농가에 설명한 작물 내 물의 역할로 옳은 것은 몇 개인가?

> • 물질 합성과정의 매개
> • 양분 흡수의 용매
> • 세포의 팽압 유지
> • 체내의 항상성 유지

① 1개

② 2개

③ 3개

④ 4개

> **TIP** 물은 식물이 성장하고 항상성을 유지하는 데 필수적인 요소이며 광합성, 질소동화, 증산작용, 무기영양의 흡수와 같은 중추적인 역할을 한다. 또한 물은 세포의 확장, 기공의 개폐 등의 팽압유지를 하며 세포내 수많은 생화학반응을 이끄는 용매의 역할을 한다.

6 광도가 증가함에 따라 작물의 광합성이 증가하는데 일정 수준 이상에 도달하게 되면 더 이상 증가하지 않는 지점은?

① 광순화점

② 광보상점

③ 광반응점

④ 광포화점

> **TIP** 광포화점 … 작물의 광합성 속도가 더 이상으로 증가하지 않는 지점에서의 빛의 세기를 의미한다.

Answer 5.④ 6.④

7 작물의 생장에 영향을 주는 광질에 관한 내용이다. (   ) 안에 들어갈 내용을 순서대로 옳게 나열한 것은?

> 가시광선 중에서 (   )은 광합성 · 광주기성 · 광발아성 종자의 발아를 주도하는 중요한 광선이다. 근적외선은 식물의 신장을 촉진하여 적색광과 근적외선의 비가 (   ) 절간신장이 촉진되어 초장이 커진다.

① 청색광, 작으면

② 적색광, 크면

③ 적색광, 작으면

④ 청색광, 크면

TIP 적색광은 종자 발아, 뿌리 성장 및 구근 발달을 위해 식물의 초기 생활에 필수적인 역할을 하며 개화와 결실 등에 관여한다. 근적외선은 피토크롬을 불활성화 시켜 식물의 신장을 촉진하며 적색광과 근적외선의 비가 <u>작으면</u> 절간 신장이 촉진된다.

8 수분과잉 장해에 관한 설명으로 옳지 않은 것은?

① 생장이 쇠퇴하며 수량도 감소한다.

② 건조 후에 수분이 많이 공급되면 열과 등이 나타난다.

③ 뿌리의 활력이 높아진다.

④ 식물이 웃자라게 된다.

TIP ③ 수분과잉은 토양 내 산소 부족을 유발하여 뿌리의 호흡이 저해되면서 뿌리의 활력이 감소한다. 뿌리의 기능이 약화되어 양분 흡수가 저하되고 식물 전체의 생육이 쇠퇴한다.

Answer 7.③ 8.③

9 고온장해에 관한 증상으로 옳지 않은 것은?

① 발아 불량

② 품질 저하

③ 착과 불량

④ 추대 지연

TIP ④ 추대는 저온 환경에서 지연되고 고온에서는 촉진된다.

10 콩과작물의 작황부족으로 어려움을 겪고 있는 농가를 찾은 A손해평가사의 재배지에 대한 판단으로 옳은 것은?

- 작물의 칼슘 부족증상이 발생했다.
- 근류균 활력이 떨어졌다.
- 작물의 망간 장해가 발생했다.

---

① 재배지의 온도가 높다.

② 재배지에 질소가 부족하다.

③ 재배지의 일조량이 부족하다.

④ 재배지가 산성화되고 있다.

TIP 산성화된 토양은 양분 보유기능이 저하되어 식물 성장에 필요한 칼슘 및 마그네슘의 결핍을 일으킨다.

Answer 9.④ 10.④

출제예상문제

1 광합성에 의해서 작물의 이산화탄소 흡수량과 호흡을 통한 작물의 이산화탄소 방출량이 일치하는 점의 광도를 의미하는 것은?

① 광순화점
② 광반응점
③ 광보상점
④ 광포화점

TIP ④ 광포화점은 작물의 광합성 속도가 더 이상으로 증가하지 않는 지점에서의 빛의 세기를 의미한다.

2 일반적인 작물의 광합성에 의한 태양에너지의 이용률은?

① 0.1 ~ 0.2%
② 2 ~ 4%
③ 5 ~ 6%
④ 10 ~ 20%

TIP 작물의 태양에너지 이용률
㉠ 광합성에 의한 태양에너지 이용률 : 2 ~ 4%
㉡ 생육이 빈약한 작물의 경우 : 0.5 ~ 1%

3 토양의 수분과 관련된 설명 중 옳지 않은 것은?

① 지하수위가 높을 경우 작토층이 낮아 침수되기 쉽다.
② 건조한 토양은 기상의 양이 많다.
③ 액상이 많을수록 뿌리의 활력이 좋아진다.
④ 작물이 주로 이용하는 수분은 흡습수이다.

TIP 흡습수 … 분자 간 인력에 의해 토양입자에 흡착되거나 토양입자 표면에 피막현상으로 흡착되어 있으며, pF 4.5 이상으로 작물은 거의 이용하지 못한다.

Answer 1.③ 2.② 3.④

4 작물의 요수량에 대한 설명으로 옳은 것은?

① 건물 1g을 생산하는 데 소비하는 온도를 말한다.
② 요수량이 적고 증산계수가 적은 작물이 내건성이 크다.
③ 건물생산의 속도가 낮은 생육초기의 요수량은 적다.
④ 요수량은 수수, 기장, 옥수수 등이 크고 호박, 알팔파, 클로버 등은 적다.

TIP ① 건물 1g을 생산하는 데 소비되는 수분량을 말한다.
③ 건물생산의 속도가 낮은 생육초기에는 요수량이 크다.
④ 요수량은 수수, 기장, 옥수수 등이 적고 호박, 알팔파, 클로버 등은 크다.

5 요소비료의 질소성분함량은 몇 %인가?

① 35%   ② 46%
③ 57%   ④ 78%

TIP 주요 비료의 성분(%)

종류	질소	인산	칼리	종류	질소	인산	칼리
염화가리			60	퇴비	0.5	0.26	0.5
황산가리			48 ~ 50	콩깻묵	6.5	1.4	1.8
계분(건)	3.5	3.0	1.2	탈지강	2.08	3.78	1.4
짚재		3.7	9.6	뒷거름	0.57	0.13	0.27
과인산석회		16		녹비(생)	0.48	0.18	0.37
중과인산석회		44		구비(소)	0.34	0.16	0.4
용성인비		18 ~ 19		구비(돼지)	0.45	0.19	0.6
황산암모니아	21			질산암모니아	35		
요소	46			석회질소	20 ~ 22		

6 작물생육에 알맞은 최적함수량은?

① 최대용수량의 30 ~ 40%   ② 최대용수량의 40 ~ 50%
③ 최대용수량의 60 ~ 80%   ④ 최대용수량의 90 ~ 95%

TIP 최적함수량은 작물에 따라 다르며, 일반적으로 최대용수량의 60 ~ 80% 정도이다.

Answer 4.② 5.② 6.③

7 토양의 온도변화에 영향을 끼치는 요인이 아닌 것은?

① 경사방향
② 토양수분
③ 토양색깔
④ pH 정도

TIP 토양의 온도변화
㉠ 토양온도는 토양생성뿐만 아니라 작물생육에도 큰 영향을 준다.
㉡ 토양수분과 함께 토양 내에서 일어나는 생·이화학적 작용을 조절하기도 한다.
㉢ 토양온도에 영향을 끼치는 요인은 가장 중요한 요인은 빛이며, 어두운 색깔의 토양은 많은 빛을 흡수한다.

8 작물과 온도와의 관계를 설명한 것 중 옳지 않은 것은?

① 일반적으로 0℃ 이상의 일평균기온을 합산한 것을 적산온도라고 한다.
② 생육적온까지는 온도가 증가할수록 광합성의 양은 증가한다.
③ 작물의 생육에는 최저·최적·최고 온도가 있다.
④ 작물의 생육과 관련된 것은 최적온도만 가능하다.

TIP ④ 작물의 생육에는 최적·최고·최저 온도 등이 복합적으로 작용한다.

9 작물생육과 온도에 관한 설명으로 옳은 것은?

① 고구마는 변온에 의해 괴근의 발달이 촉진된다.
② 최저온도는 월하를 지배한다.
③ 무상기간이 짧은 고지대나 북부지대에서는 벼의 만생종이 재배된다.
④ 잡초는 목초의 생장을 방해하나 하고의 원인은 아니다.

TIP ② 최고온도는 월하를 지배한다.
③ 무상기간이 짧은 고지대나 북부지대에서는 벼의 조생종이 재배된다.
④ 잡초는 목초의 생장을 방해하고 하고현상을 조장한다.

Answer 7.④ 8.④ 9.①

10 작물 생육의 필수원소에 대한 설명으로 옳은 것은?

① Mg - 각종 효소의 활성을 높여 동화물질의 합성분해, 광합성 등에 관여한다.

② Ca - 세포막 중간막의 주성분으로 단백질 합성 및 물질전류에 관여한다.

③ N - 물이나 유기물의 구성원소로 식물체의 대부분을 구성한다.

④ Mn - 생장점 부근에 많이 존재하며 분열조직의 발달, 화분 발아, 세포벽 형성에 중요하다.

TIP ① Mn
③ C, H, O
④ B

11 다음 제시된 재해와 가장 관련 깊은 원소는?

• 고두병	• 흑심병	• 배꼽썩음병

① 인산   ② 붕소

③ 칼슘   ④ 칼륨

TIP 제시된 재해는 모두 칼슘의 부족으로 인하여 발생된다.

12 작물의 병에 대한 대처성질의 연결이 바르지 못한 것은?

① 감수성 - 식물이 어떤 병에 걸리기 쉬운 성질

② 면역성 - 식물이 병에 걸리는 요인에 관여하는 성질

③ 회피성 - 식물 병원체의 활동기를 피해 병에 걸리지 않은 성질

④ 내병성 - 병에 감염되어도 기주가 실질적인 피해를 적게 받는 성질

TIP 면역성은 식물이 어떤 병에 전혀 걸리지 않는 성질을 말한다.

Answer 10.② 11.③ 12.②

13 과수재배 시 일조(日照) 부족 현상으로 옳은 것은?

① 신초 웃자람   ② 꽃눈 형성 촉진

③ 과실 비대 촉진   ④ 사과 착색 촉진

> **TIP** ① 과수재배 시 일조가 부족하면 신초 웃자람 현상이 나타난다.
> ②③④ 꽃눈 형성 촉진, 과실 비대 촉진, 사과 착색 촉진은 일조가 충분해야 가능하다.

14 강풍이 작물에 미치는 영향으로 옳지 않은 것은?

① 병해충 피해 약화   ② 수정률 감소

③ 광합성률 감소   ④ 호흡률 증가

> **TIP** 강풍의 영향
> ㉠ 풍속이 2 ~ 4m/sec 이상으로 강해지면 기공이 폐쇄되면서 광합성이 저하된다.
> ㉡ 작물체온이 저하되고 냉풍은 냉해를 유발한다.
> ㉢ 바람이 강할 경우 낙과·절손·도복·탈립 등을 유발하며 2차적으로 병해 또는 부패 등이 유발되기도 한다.
> ㉣ 바람에 의해 작물이 손상을 입으면 호흡률이 증가하므로 체내 양분의 소모가 커진다.
> ㉤ 매개곤충의 활동 저하로 인한 수정률이 감소한다.

15 풍해의 기계적 장해가 아닌 것은?

① 도복, 수발아, 부패립 등을 발생시킨다.   ② 불임립이 발생한다.

③ 수정, 수분이 저해된다.   ④ CO_2 흡수가 증가한다.

> **TIP** 풍해의 장해유형
> ㉠ 해안지대에서는 태풍 후에 염풍의 해를 받을 수 있다.
> ㉡ 풍속이 2 ~ 4m/sec 이상 강해지면 기공이 닫혀서 광합성이 저하된다.
> ㉢ 작물체온이 저하되며, 냉풍은 냉해를 유발한다.
> ㉣ 건조한 강풍은 작물의 수분증산을 이상적으로 증대시켜 건조해를 유발한다.
> ㉤ 바람에 의해 작물이 손상을 입으면 호흡이 증가하므로 체내 양분의 소모가 커진다.
> ㉥ 벼에서는 수분·수정이 저해되어 불임립이 발생한다.
> ㉦ 바람이 강할 때는 절손·열상·낙과·도복·탈립 등을 유발하며, 2차적으로 병해·부패 등이 유발된다.

Answer 13.① 14.① 15.④

16 열해의 원인에 대해 설명으로 옳지 않은 것은?

① 전분이 열에 의해 응고되면 엽록체가 응고하여 기능을 상실한다.
② 한계점 이상의 열에 의해 원형질 단백질의 응고가 일어난다.
③ 고온에 의해 철분이 침전되면 뿌리의 양분흡수가 촉진된다.
④ 고온이 지속되면 유기물 및 기타 영양성분이 많이 소모된다.

TIP 열해의 원인
ⓐ 전분의 점괴화 : 전분이 열에 의해 응고되면 엽록체가 응고하여 기능을 상실한다.
ⓑ 원형질막의 액화 : 열에 의해 반투성인 인지질이 액화하여 원형질막의 기능을 상실한다.
ⓒ 원형질의 단백질 응고 : 한계점 이상의 열에 의해 원형질 단백질의 응고가 일어난다.
ⓓ 증산과다 : 고온에서는 뿌리의 수분흡수량보다 증산량이 과다하게 증가한다.
ⓔ 철분의 침전 : 고온에 의해 철분이 침전되면 황백화된다.
ⓕ 질소대사의 이상 : 고온에서는 단백질의 합성이 저해되고 유해물질인 암모니아의 합성이 많아진다.
ⓖ 유기물의 과잉소모 : 고온이 지속되면 유기물 및 기타 영양성분이 많이 소모된다.

17 한해대책에 대한 설명으로 옳지 않은 것은?

① 가장 효과적인 대책은 관개이다.
② 짚, 풀, 비닐, 퇴비 등을 사용하여 지면을 피복한다.
③ 중경을 실시하여 토양 통기를 조성한다.
④ 내건성이 강한 품종을 선택한다.

TIP ③ 중경을 실시하는 것은 습해대책에 대한 설명이다.

18 다음 중 습해대책으로 옳지 않은 것은?

① 배수 ② 객토
③ 미숙유기물의 시용 ④ 정지

TIP 습해대책 … 배수, 정지(整地), 토양 개량, 시비에 미숙유기물이나 황산근비료 사용 안함, 과산화석회 시용, 내습성 작물과 품종의 선택

Answer 16.③ 17.③ 18.③

19 다음 중 냉해의 종류에 포함되지 않는 것은?

① 병해형 냉해
② 지연형 냉해
③ 장해형 냉해
④ 생리적 냉해

> **TIP** 냉해의 종류 … 장해형 냉해, 지연형 냉해, 병해형 냉해

20 작물의 장해형 냉해와 관계없는 것은?

① 불임립의 증가
② 이삭수 감소
③ 수정의 장애
④ 영화의 퇴립화

> **TIP** 장해형 냉해
> ㉠ 생식기관이 정상적으로 형성되지 못하거나 또는 꽃가루의 방출 및 수정에 장애를 일으켜 불임현상이 초래되는 냉해이다.
> ㉡ 장해형 냉해는 수도의 경우 수잉기 또는 개화수정기의 온도에 민감한 때에 저온에 부닥쳐 수정 불량과 빈깍지가 많게 되어 감산되는 것이다.

21 이른 봄철 갑자기 밤 온도가 5℃ 이하로 내려간다는 예보가 있다. 벼의 냉해를 방지하려면 어떤 조처가 필요한가?

① 논물을 빼준다.
② 우회 수로를 설치한다.
③ 관개수를 높이 댄다.
④ 규산질 비료를 뿌려준다.

> **TIP** ③ 관개수를 높여 논에 물을 충분히 대면, 물이 낮은 온도로부터 벼를 보호하는 완충 역할을 한다. 물은 열용량이 높아 온도를 천천히 변화시키기 때문에, 논물의 온도가 주변 공기 온도보다 높아 벼를 냉해로부터 보호할 수 있다.

Answer 19.④ 20.② 21.③

22 다음 중 목초의 하고현상을 일으키는 원인으로 적당한 것은?

① 고온, 다습, 장일
② 고온, 건조, 장일
③ 고온, 다습, 단일
④ 고온, 건조, 단일

TIP 하고현상의 원인 … 고온 및 건조한 날씨, 장일조건에 의한 생식생장 촉진, 병충해 및 잡초의 발생 등이다.

23 기지현상의 원인이 아닌 것은?

① 토양선충의 번식
② 양분결핍
③ 토양 중의 염류집적
④ 온도하락

TIP 기지현상 … 이어짓기하는 경우에 작물의 생육이 뚜렷하게 나빠지는 현상을 말하며 토양비료성분의 소모, 토양선충의 번식, 염류의 집적, 유독물질의 축적 등 여러 가지 복잡한 원인 때문에 발생한다.

24 다음 중 기지현상이 가장 심한 것은?

① 살구
② 자두
③ 수박
④ 포도

TIP 작물에 따른 기지현상
㉠ 연작에 강한 작물 : 사과, 포도, 자두, 살구 등
㉡ 연작에 약한 작물 : 복숭아, 감귤, 무화과, 수박 등

25 연작의 해가 심한 작물은?

① 벼
② 옥수수
③ 살구
④ 복숭아

TIP 연작
㉠ 연작의 해가 적은 작물 : 옥수수, 맥류, 조, 벼, 고구마, 담배, 당근, 양파, 순무, 딸기, 양배추, 삼(대마) 등
㉡ 연작의 해가 적은 과수 : 살구, 자두, 포도, 사과 등

Answer 22.② 23.④ 24.③ 25.④

03 재배기술

① 종자와 육묘

① 종자

    ㉠ 종자 : 겉씨식물과 속씨식물에서 수정한 밑씨가 발달·성숙한 식물기관을 말하며 씨라고도 한다.

    ㉡ 종자의 분류

        ⓐ 배유의 유무에 따른 분류

            • 유배유종자(有胚乳種子)

                – 배젖(胚乳 : 배유)이 있다.

                – 종피는 종자를 둘러싸서 보호한다.

                – 배젖은 배낭의 중심핵에서 형성되며, 영양물질을 저장하고 있다.

                – 벼, 보리, 옥수수 등이 이에 해당한다.

            • 무배유종자(無胚乳種子)

                – 배젖이 발달하지 않았으며, 떡잎이 영양물질을 함유하고 있다.

                – 콩, 팥 등이 이에 해당한다.

        ⓑ 저장물질에 따른 분류

            • 녹말(전분)종자

                – 녹말을 주된 영양물질로 저장한다.

                – 벼, 미곡, 맥류(옥수수), 잡곡이 이에 해당한다.

            • 지방종자

                – 지방을 주된 영양물질로 저장한다.

                – 유채, 아주까리, 참깨, 들깨가 이에 해당한다.

        ⓒ 형태에 따른 분류

            • 과실이 나출된 것 : 밀, 쌀, 옥수수, 메밀, 홉, 삼(대마), 차조기, 박하, 제충국 등

            • 과실이 영에 싸여 있는 것 : 벼, 겉보리, 귀리 등

            • 과실이 내육피에 싸여 있는 것 : 복숭아, 자두, 앵두 등

ⓒ 종묘

  ⓐ 농작물이나 수상생물의 번식이나 생육의 근원이 되는 것을 말하며, 종물과 묘를 총칭하여 종묘라 한다.

  ⓑ 종물

   • 종물 : 농작물에서는 종자를 비롯하여 뿌리·줄기·잎 등 영양기관의 일부가 변형된 것 등이 쓰이며, 이들을 종물이라 총칭한다.

   • 종물로 쓸 수 있는 줄기 : 땅속줄기(地下莖), 뿌리줄기(根莖), 덩이줄기(塊莖), 알줄기(球莖), 비늘줄기(鱗莖) 등이 있으며, 어느 것이나 그것들의 정아(定芽)의 생장을 이용한다.

   • 종물로 쓸 수 있는 뿌리 : 덩이뿌리(塊根), 지근(枝根), 비대직근(肥大直根) 등이 있으며, 이들에서 생기는 부정아(不定芽)를 이용한다. 땅속줄기와 덩이뿌리 등을 알뿌리(球根)라고 총칭한다.

   • 종물을 묘상에서 길러 생장시켜 정식할 경우의 초본식물의 모나 수목의 묘목도 종묘에 포함된다.

   • 종자를 얻기 곤란한 작물에서는 영양기관의 일부를 이용한다.

ⓓ 종묘로 이용되는 영양기관의 분류

  ⓐ 눈

   • 식물의 생장점과 생장점에서 생성되어 얼마 되지 않은 어린 줄기나 다수의 어린 잎의 원기(原基)로 되는 부분을 말한다.

   • 식물체의 일정한 부분에 생기는 눈을 정아(定芽), 그 밖의 부분에 생기는 눈을 부정아(不定芽)라고 한다.

  ⓑ 잎 : 줄기의 둘레에 규칙적으로 배열하여 광합성을 하는 녹색의 기관을 말한다.

  ⓒ 줄기

   • 땅위줄기(지상경, 지조)

    – 지표면보다 위에 있는 줄기를 말하며, 땅속줄기(地下莖)에 대응되는 말이다.

    – 직립하는 것, 옆으로 뻗는 것, 다른 물체를 감고 자라 올라가는 것 등 여러 가지 형이 있다.

    – 사탕수수, 포도, 사과, 감귤, 모시풀, 호프 등

   • 땅속줄기(지하경)

    – 식물의 종류에 따라서는 땅속에 줄기가 있는 것이 있다.

    – 땅속줄기는 단지 땅속에 있다는 것만이 아니고, 형태상으로도 특수화되어 대개의 경우 녹말 등의 양분을 저장하여 부풀어져 있다.

    – 생강, 연, 박하, 호프 등

   • 덩이줄기(괴경)

    – 식물의 뿌리줄기가 가지를 치고 그 끝이 양분을 저장하여 비대해진 형태를 말한다.

    – 종자를 심지 않고 이 덩이줄기를 잘라 번식시킨다.

    – 감자, 토란, 돼지감자, 튤립 등

- 알줄기(구경)
  - 땅속줄기가 구형으로 비대한 알뿌리의 한 형태를 말한다.
  - 비늘줄기와 비슷하지만, 비늘줄기는 잎에 양분이 저장된 것이고, 알줄기는 줄기 그 자체가 비대해진 것이다.
  - 구약나물, 소귀나물, 글라디올러스 등
- 흡지(吸枝) : 박하, 모시풀 등
- 비늘줄기(인경)
  - 짧은 줄기 둘레에 많은 양분이 있는 다육의 잎이 밀생하여 된 땅속줄기를 말한다.
  - 알뿌리라고 부르는 대부분은 비늘줄기이다.
  - 나리(白合), 마늘, 파, 튤립, 수선화 등

ⓓ **뿌리**
- 지근(枝根) : 닥나무, 고사리, 부추 등
- 덩이뿌리(괴근)
  - 뿌리의 변태형으로 방추형 또는 구형을 하고 있다.
  - 다수의 눈이 있어서 영양생식을 한다.
  - 다량의 녹말이나 당분을 저장하는 것이 보통이다.
  - 순무, 고구마, 쥐참외, 다알리아, 마 등

ⓜ **종자의 형태와 구조**
  ⓐ **종자의 의의** : 종자는 휴면상태에 해당되며, 그 속에 들어있는 배(胚)는 어린 식물로 자라서 새로운 세대로 연결된다. 종피(씨껍질), 배유(씨젖), 배(씨눈)으로 구성되어 있다.
  ⓑ **종피의 구조**
  - 일반적으로 종자의 바깥쪽은 종피라고 불리는 껍질로 싸여 있고, 내부에는 장차 새로운 식물체로 발달될 배와 발아 중에 필요한 영양분을 간직하는 배유의 3부분으로 되어 있다.
  - 내종피 및 외종피 : 종피는 1장 또는 2장으로 이루어져 있는데, 2장인 경우에는 내종피와 외종피로 나누어진다.
    - 내종피 : 부드러운 조직인 경우가 많다.
    - 외종피 및 종피가 1장인 경우 : 세포벽이 목질화되었거나 코르크화하여 후막조직(厚膜組織)으로 된 것이 많다.
  ⓒ **땅위떡잎과 땅속떡잎**
  - 떡잎은 식물에 따라 종자가 발아한 후에 땅 위에서 퍼지는 것(땅위떡잎)과 땅속에 그대로 머물러 있는 것(땅속떡잎)이 있다.
  - 땅속떡잎은 다육(多肉)이며, 양분을 많이 저장한다.
  ⓓ **배유종자**(胚乳種子)
  - 배유종자는 배와 배유의 두 부분으로 구성되어 있다.
  - 배와 배유 사이에 흡수층이 있으며, 배유에는 양분이 저장되어 있다.
  - 배에는 잎, 생장점, 줄기, 뿌리의 어린 조직이 모두 있다.

ⓔ 무배유종자(無胚乳種子)
- 배유가 흡수당하여 저장양분이 자엽에 저장된다.
- 영양분은 떡잎 속에 저장되므로 떡잎이 다육질로 비후되어 있다.
- 콩의 배는 잎, 생장점, 줄기, 뿌리의 어린 조직이 구비되어 있다.
- 배는 유아, 배축, 유근의 세 부분으로 형성되어 있다.

ⓕ 괴경과 괴근
- 정부와 기부의 위치가 상반되어 있다.
- 눈(芽)은 정부에 많고 세력도 정부의 눈이 강한데, 이것을 정아우세(頂芽優勢)라고 한다.

ⓑ 종자의 산포법
　ⓐ 풍산포(風散布)
- 바람에 의한 방법이다.
- 종자에 털이나 날개가 달려 있으므로 바람에 잘 날려서 종자가 비산(飛散)되는 것이다.
- 단풍나무, 민들레, 소나무, 버드나무 등의 종자가 이에 해당된다.

　ⓑ 동물산포(動物散布)
- 동물에 의한 방법이다.
- 종자에 갈고리나 미늘이 움직이는 동물의 몸이나 털에 쉽게 붙어서 종자가 산포되는 방법이다.
- 동물의 몸에 부착되어 흩어지는 종자를 가진 식물에는 도둑놈의 갈고리, 도꼬마리 등이 있다.
- 맛있는 과육 때문에 새나 짐승이 열매를 먹고 배설함으로써 동물의 이동에 따라 종자가 산포되는 방법도 있다. 감, 포도, 귤, 겨우살이 등의 열매가 이에 해당한다.

　ⓒ 열개압출산포(裂開壓出散布)
- 압력에 의한 방법이다.
- 열매가 익은 후 터질 때 열매 자체의 열개압출에 의해 종자가 산포되는 방법이다.
- 콩, 봉선화, 제라늄, 유채 등의 열매가 이에 해당된다.

　ⓓ 수류산포(水流散布)
- 수류(水流)에 의한 방법으로 해수나 담수의 수류(水流)를 따라서 종자가 이동되는 방법을 말한다.
- 야자나무, 모감주나무, 맹그로브의 열매와 같이 딱딱한 종피에 싸인 종자가 산포되는 경우이다.

　ⓔ 낙하활주산포(落下滑走散布)
- 열매가 구형인 식물의 종자가 땅에 떨어져 굴러서 산포되는 것을 말한다.
- 도토리 열매가 대표적인 예이다.

ⓐ 종자의 이용
　ⓐ 주식원 : 벼 · 보리 · 밀 · 옥수수 등은 주식원이 되고, 그 밖에 조 · 피 · 기장 · 강낭콩 · 콩 등도 주요 식량자원이 된다.
　ⓑ 유지류(油脂類) : 콩, 땅콩, 참깨, 아주까리, 동백나무, 해바라기 등이 이용된다.
　ⓒ 기호품 : 커피, 코코아, 콜라 등이 이용된다.
　ⓓ 향신료 : 겨자, 육두구, 후추 등이 이용된다.

◎ 광발아종자와 암발아종자

ⓐ 광발아종자(光發芽種子)

- 발아할 때에 햇빛을 필요로 하는 종자를 말한다.
- 담배, 벌레잡이제비꽃, 무화과나무, 개구리자리, 겨우살이 등의 종자가 이에 속한다.
- 수분을 흡수한 후에 빛을 느끼고 일정한 시간만 빛을 쬐어 주면 그 후에는 암소(暗所)에서도 발아한다.

ⓑ 암발아종자(暗發芽種子)

- 빛에 의하여 발아가 억제되는 종자로서 광발아종자에 대응되는 말이다.
- 맨드라미속(屬) · 비름속 · 호박 · 오이 · 참외 등의 오이과 식물, 시클라멘, 광대나물 등이 이에 속한다.
- 암발아성은 본래 유전적인 것이 특성인데, 온도 · 산소분압 등과 같은 여러 가지 환경조건이나 묵은 종자 등 종자 자체의 생리적인 상태에 따라서도 암발아성을 나타내는 경우가 있다.
- 청비름(Amaranthus viridis) 등에서는 발아에 대한 빛의 억제작용이 종피의 유무에 따라 좌우되지만, 오이 · 참외 등은 종피의 유무와 빛의 작용과는 관계가 없다.

② 종자품질의 내 · 외적 조건

㉠ 종자품질의 내적 조건

ⓐ 병충해

- 종자 전염의 병충해를 지니지 않는 종자가 우량하다.
- 바이러스병처럼 종자 전염을 하면서도 종자소독으로 방제할 수 없는 병은 종자의 품질을 크게 손상시킨다.
- 맥류의 깜부기병, 감자의 바이러스병 등은 종자로 전염된다.

ⓑ 발아력

- 종자의 진가 또는 용가는 종자의 순도와 발아율에 의해서 결정된다.
- 종자의 진가(용가)$= \dfrac{발아율(\%) \times 순도(\%)}{100}$
- 발아율이 높고 발아가 빠르며 균일한 것이 우량하다.

ⓒ 유전성 : 우량품종에 속하고 이형종자의 혼입이 없어 유전적으로 순수한 것이 양호하다.

㉡ 종자품질의 외적 조건

ⓐ 종자의 형성

- 수분 : 수술의 꽃밥에서 만들어진 화분이 바람 · 곤충 등의 매개로 암술의 암술머리에 도달하면 수분이 일어난다.
- 수정
  - 수분에 이어 복잡한 과정을 거쳐서 수정이 이루어진다.
  - 수정된 난세포는 세포분열과정을 거쳐서 배를 형성한다.

- 겉씨식물에서의 종자형성과정
  - 중앙세포 내의 난핵이 수정한 후 유리핵분열하여 다수의 핵을 형성한다.
  - 세포막이 형성되어 전배(前胚)로 된다.
  - 여기에서 분화하여 배를 만든다.
  - 배는 다시 떡잎, 배축(胚軸), 어린눈(幼芽) 및 어린뿌리(幼根)로 분화하게 된다.
  - 이때 배젖과 종피도 발달하여 종자가 완성된다.
- 속씨식물에서의 종자형성과정
  - 중복수정을 하는 데 수정한 난핵이 분열하여 배를 형성한다.
  - 2개의 극핵과 1개의 웅성생식핵이 다른 양식으로 수정한 후 배젖으로 발달한다.
  - 배는 자라서 떡잎, 배축이 형성된다.
  - 배축에서 어린줄기와 어린뿌리의 구분이 생긴다.
  - 주피는 발달하여 종피가 되고, 이것이 배와 배젖을 둘러싸서 종자가 완성된다.

ⓑ 수분함량과 건전도
- 수분함량 : 수분함량이 낮을수록 저장이 잘 되고, 발아력이 오래 유지되며, 변질 · 부패의 우려가 적으므로 종자의 수분함량이 낮을수록 좋다.
- 건전도 : 오염 · 변색 · 변질이 없고, 탈곡 중의 기계적 손상이 없는 종자가 우량하다.

ⓒ 색깔과 냄새
- 색깔과 냄새가 안 좋을 때
  - 수확기에 일기가 안 좋을 때
  - 수확이 너무 빠르거나 느릴 때
  - 저장을 잘못하였을 때
  - 병에 걸렸을 때
- 품종 고유의 신선한 색깔과 냄새를 가진 것이 건전 · 충실하고 발아 및 생육이 좋다.

ⓓ 종자의 크기와 중량
- 종자는 크고 무거운 것이 발아 및 생육이 좋다.
- 종자의 크기는 대개 1,000립중 또는 100립중으로 표시한다.
- 종자의 무게(충실도)는 비중 또는 1L/중(1립중)으로 표시한다.

ⓔ 순도
- 전체 종자에 대한 순수종자(불순물 제외)의 중량비를 순도라 한다.
- 불순물에는 이형종자, 잡초종자, 협잡물(돌 · 흙 · 이삭줄기 등)이 있다.
- 순도가 높을수록 종자의 품질이 좋아진다.

③ 종자처리

　ⓣ 선종

　　ⓐ 선종의 개념 : 발육이 좋은 우량종자를 선별하는 작업을 말한다.

　　ⓑ 선종의 방법

　　　• 육안선종 : 콩 종자 등을 상 위에 펴고 대조각(竹片)으로 굵고 건실한 것을 고른다.

　　　• 채치기(篩選)

　　　　- 용적에 의한 선별법이다.

　　　　- 맥류의 종자 등을 채로 쳐서 작은 알을 가려낸다.

　　　• 바람쐬기(風選) : 중량에 의한 선별법으로 선풍기 등을 이용한다.

　　　• 물에 담그기(水選)

　　　• 비중에 의한 선별법

　　　　- 비중이 큰 종자가 대체로 굵고 충실한 점을 이용한다.

　　　　- 알맞은 비중의 용액에 종자를 담그고 가라앉는 충실한 종자만을 가려낸다.

　　　　- 비중선이라고도 한다.

　　ⓛ 침종

　　　ⓐ 침종의 개념

　　　　• 파종하기 전에 종자를 일정 기간 물에 담가 발아에 필요한 수분을 흡수시키는 것을 말한다.

　　　　• 벼, 가지, 시금치, 수목의 종자에서 실시된다.

　　　ⓑ 침종의 장점

　　　　• 발아가 빠르고 균일해진다.

　　　　• 발아기간 중 피해가 줄어든다.

　　　ⓒ 침종의 단점

　　　　• 오래 담가두면 산소부족으로 발아장애가 올 수 있다.

　　　　• 낮은 수온에 오래 담가두면 종자의 저장양분이 손실될 수 있다.

　　　ⓓ 침종의 기간 : 작물의 종류와 수온에 따라 다르다.

Point 팁 벼의 침종기간

수온	10℃	15℃	22℃	25℃	27℃
기간	10 ~ 15일	6일	3일	2일	1일

　　ⓒ 최아

　　　ⓐ 최아의 의의

　　　　• 농작물의 종자를 파종하기 전에 싹을 틔우는 일을 말하며, 싹틔우기라고도 한다.

　　　　• 벼, 맥류, 땅콩, 가지 등에서 실시된다.

ⓑ 최아 작업 시 주의할 점
• 싹틔우는 정도는 싹이 약간 나온 정도(종자근의 원시체인 백체가 출현할 정도)가 알맞으며, 어린 눈이나 뿌리가 길게 자라면 파종능률이 떨어진다.
• 흡수시킨 종자를 공기가 통하고 마르지 않게 따뜻한 곳에 보관하면 며칠 후에 백체가 출현한다.
ⓒ 최아를 이용하는 경우
• 작물의 종자 또는 알뿌리가 경지에서는 발아하기 곤란한 경우
• 발아할 때까지 오랜 기간이 걸리는 경우
ⓔ 종자소독과 경화
ⓐ 종자소독의 의의
• 종자 안이나 종자 위에 붙어 있는 병원체를 살상시키거나, 싹튼 어린 식물을 토양의 병원미생물과 해충으로부터 보호하기 위하여 종자를 물리적ㆍ화학적 방법으로 소독하는 일을 말한다.
• 병균이 종자의 외부에 부착해 있을 때는 화학적 소독을 한다.
• 병균이 종자의 내부에 들어가 있을 때는 보통 물리적 소독을 한다.
• 51 ~ 52℃ 물에서 10분 동안, 또는 45 ~ 47℃ 물에 2 ~ 2.5시간 동안 종자를 담그고 종자소독제 처리ㆍ증기처리로 보충한다.
• 바이러스 같은 것은 종자소독법으로는 방제할 수 없다.
ⓑ 물리적 소독
• 열처리 종자소독방법(냉수온탕침법) : 담그는 시간과 온도를 엄수하지 않으면 발아율이나 소독효과가 없으므로 주의해야 한다.
  – 맥류의 깜부기병 방제 : 종자를 15℃ 내외의 냉수에 6 ~ 7시간 담갔다가 광주리에 건져 50℃의 뜨거운 물이 든 통에 2 ~ 3분간 담가서 젓는다. 곧 이어서 광주리 채로 밀은 54℃, 겉보리는 52℃, 쌀보리는 50℃의 물통에 5분간 저으면서 담갔다고 건져내어 냉수로 식혀서 그늘에 널어 말린다.
  – 벼의 잎마름선충병 방제 : 볍씨를 냉수에 24시간 침지한 후 45℃ 온탕에 담근다. 그 후 52℃의 온탕에 10분간 정확히 처리하여 바로 건져 냉수에 식힌다.
• 욕탕침법 : 욕탕이 있는 농가에서는 입욕 후의 욕탕의 온도를 46℃ 정도로 조절한 후 맥류종자를 보자기에 싸서 담그고 다음날 아침(약 10시간 후, 욕탕의 온도는 25 ~ 40℃)에 꺼내어 그늘에서 건조시킨다.
• 온탕침법
  – 목화의 모무늬병의 경우에는 60℃ 온탕에서 10분간 종자를 담그면 효과가 있다.
  – 보리의 누름무늬병의 경우에는 46℃의 온탕에 10분간 종자를 담그면 효과가 있다.
  – 밀의 씨알선충병의 경우에는 55℃의 온탕에 10분간 종자를 담그면 효과가 있다.
  – 고구마검은무늬병의 경우에는 씨고구마를 47 ~ 48℃의 온탕에 40분간 담그면 효과가 있다.
• 태양열 이용법 : 물에 4 ~ 6시간 담근 종자를 한여름에 3 ~ 6시간 직사광선에 노출시키는 방법이다.

ⓒ 화학적 종자소독
- 분의(粉衣)소독
  - 농약분을 종자에 그대로 묻게 하는 방법을 말한다.
  - 종자를 적절한 종자소독제로 분의 처리한다.
  - 싹튼 식물을 토양의 병원체로부터 보호하기 위하여 특수하게 제형화(製型化)된 종자 소독제 가루를 종자 표면에 바른다.
- 침지(浸漬)소독
  - 농약의 수용액에 담그는 방법을 말한다.
  - 종자소독제로는 지오람(호마이), 베노람(벤레이트티) 등이 사용된다.
ⓓ 경화 : 종자는 흡수와 건조를 1회 또는 수회 반복하여 파종하면 발아·생육의 촉진, 수량증대를 가져오는데, 이 방법을 파종 전 종자의 경화라고 한다.

④ 종자의 발아와 휴면
  ㉠ 종자의 발아
    ⓐ 발아, 출아, 맹아
      - 발아 : 종자에서 유아, 유근이 출현되는 것을 말한다.
      - 출아
        - 종자를 파종했을 경우 발아한 새싹이 지상에 출현하는 것을 말한다.
        - 식물체에 싹이라는 작은 돌기가 생겨 그것이 발달하여 식물체에 가지나누기가 생기게 하는 과정을 말한다.
      - 맹아 : 목본식물에서 지상부의 눈이 벌어져서 새싹 또는 씨고구마처럼 지하부에서 지상부로 자라나는 새싹을 말한다.
    ⓑ 발아조건
      - 수분
        - 흡수량 : 종자는 일정량의 수분을 흡수해야만 발아할 수 있으며, 발아에 필요한 종자의 수분흡수량은 종자무게에 대하여 벼는 23%, 밀은 30%, 쌀보리는 50%, 콩은 100%이다.
        - 수분이 발아에 미치는 영향 : 수분을 흡수한 내부세포는 원형질의 농도가 낮아지고 각종 효소가 활성화되어 저장물질의 전화(轉化), 전류(轉流) 및 호흡작용 등이 활발해진다.
      - 온도
        - 발아온도 : 발아의 최저온도는 0 ~ 10℃, 최적온도는 20 ~ 30℃, 최고온도는 35 ~ 50℃이다.
        - 발아와 고온 : 일반적으로 파종기의 기온이나 지온은 발아의 최저온도보다 높고 최고온도보다 낮다.
        - 발아와 저온 : 최저온도보다 낮은 시기에 파종하면 발아와 초기생육이 지연된다.
        - 발아와 변온 : 샐러리, 오차드그라스, 버뮤다그라스, 켄터키블루그래스, 레드톱, 페튜니아, 담배, 아주까리, 박하 등은 변온에 의해 작물의 발아가 촉진되며, 당근, 파슬리, 티머시 등은 변온에 의해 발아가 촉진되지 않는다.

- 작물종자의 발아온도

작물명	최저온도	최적온도	최고온도	작물명	최저온도	최적온도	최고온도
목화	12℃	35℃	40℃	호박	10 ~ 15℃	37 ~ 40℃	44 ~ 50℃
강낭콩	10℃	32℃	37℃	오이	15 ~ 18℃	31 ~ 37℃	44 ~ 50℃
겉보리	0 ~ 2℃	26℃	38 ~ 40℃	옥수수	6 ~ 8℃	34 ~ 38℃	44 ~ 46℃
쌀보리	0 ~ 2℃	24℃	38 ~ 40℃	조	0 ~ 2℃	32℃	44 ~ 46℃
들깨	14 ~ 15℃	31℃	35 ~ 36℃	완두	0 ~ 5℃	25 ~ 30℃	31 ~ 37℃
담배	13 ~ 14℃	28℃	35℃	콩	2 ~ 4℃	34 ~ 36℃	42 ~ 44℃
해바라기	5 ~ 10℃	31 ~ 37℃	40 ~ 44℃	삼	0 ~ 4.8℃	37 ~ 40℃	44 ~ 50℃
아마	0 ~ 5℃	25 ~ 30℃	31 ~ 37℃	레드클로버	0 ~ 2℃	31 ~ 37℃	37 ~ 44℃
기장	4 ~ 6℃	34℃	44 ~ 46℃	뽕나무	16℃	32℃	38℃
메밀	0 ~ 4℃	30 ~ 34℃	42 ~ 44℃	메론	15 ~ 18℃	31 ~ 37℃	44 ~ 50℃
호밀	0 ~ 2℃	26℃	40 ~ 44℃	벼	8 ~ 10℃	34℃	42 ~ 44℃
귀리	0 ~ 2℃	24℃	38 ~ 40℃	밀	0 ~ 2℃	26℃	40 ~ 42℃

• 산소
- 벼 종자는 못자리 물이 너무 깊어 산소가 부족하게 되면 유근의 생장이 불량하고, 유아가 도장해서 연약해지는 이상발아를 유발하게 된다.
- 수중에서 발아의 난아에 의한 종자의 분류
  ▶ 수중에서 발아 가능한 종자 : 샐러리, 벼, 티머시, 상추, 당근, 캐나다블루그래스, 페튜니아 등
  ▶ 수중에서 발아 불가능한 종자 : 무, 양배추, 밀, 콩, 귀리, 메밀, 파, 가지, 고추, 알팔파, 루핀, 호박, 옥수수, 수수, 율무 등
  ▶ 수중에서 발아가 감퇴되는 종자 : 미모사, 담배, 토마토, 카네이션, 화이트클로버 등
• 빛
- 대부분의 종자는 빛의 유무에 관계없이 발아한다.
- 호광성 종자
  ▶ 빛에 의해 발아가 유발되며 어둠에서는 전혀 발아하지 않거나 발아가 몹시 불량하다.
  ▶ 뽕나무, 상추, 차조기, 담배, 우엉, 베고니아, 캐나다블루그래스, 버뮤다그래스, 켄터기블루그래스 등이 있다.
  ▶ 복토를 얕게 한다.
- 혐광성 종자
  ▶ 빛이 있으면 발아가 안 되고, 어둠 속에 발아가 잘 되는 종자이다.
  ▶ 오이, 파, 가지, 토마토, 호박, 나리과 식물의 대부분
  ▶ 복토를 깊게 한다.

- 광무관계 종자
  - ▶ 발아에 빛이 관계하지 않고, 빛에 관계없이 잘 발아하는 종자이다.
  - ▶ 옥수수, 화곡류, 콩과작물의 많은 작물 등
ⓒ 발아의 진행
  - 저장양분의 분해
  - 전분
    - ▶ 배유나 자엽에 저장된 전분은 산화효소에 의해 분해되나 맥아당(Maltose)이 된다.
    - ▶ 맥아당은 Maltose에 의해 가용성 포도당(Glucose)이 되어서 배나 생장점으로 이동하여 호흡기질이 되거나 셀룰로오스 · 비환원당 · 전분 등으로 재합성된다.
  - 단백질 : Protease에 의해 가수분해되어 Amino acid, Amicle 등으로 분해되어 단백질 구성물질이나 호흡기질로 이용된다.
  - 지방 : Lipase에 의해 지방산 · Glycerol로 변하고 화학변화를 일으켜 당분으로 변해 유식물로 이동하여 호흡기질로 쓰이며, 탄수화물 · 지방의 형성에도 이용된다.
  - 호흡작용
  - 종자가 발아할 때에는 호흡이 왕성해지고 에너지의 소비가 커진다.
  - 발아할 때의 호흡은 건조 종자의 100배가 된다.
  - 동화작용 : 배나 생장점에 이동해 온 물질에서 원형질 및 세포막 물질이 합성되고 유근, 유아, 자엽 등의 생장이 일어난다.
  - 생장
  - 발아에 적합한 환경이 되면 배의 유근이나 유아가 종피 밖으로 출현한다.
  - 대체로 유근이 유아보다 먼저 출현한다.
  - 가용성 물질의 이동 : 종자 내 저장물질이 분해되면 가용성 물질이 되어서 배나 생장점으로 이동한다.
  - 이유기 : 발아 후 이린 식물은 한동안 배젖에 있는 저장양분을 이용하여 생육하지만 점차 뿌리에서 흡수하는 양분에 의존하게 되는데, 배젖의 양분이 거의 흡수당하고 뿌리에 의한 독립적인 영양흡수가 시작되는 때를 이유기라 한다.
ⓓ 발아시험
  - 발아시험의 개념 : 종자의 좋고 나쁨을 시험하기 위하여 발아에 적당한 인공조건으로 종자를 발아시키는 시험을 말한다.
  - 발아시험 방법
  - 시험대상 종자 전체를 대표하도록 평등하게 시료(試料)를 골라 잘 혼합한다.
  - 발아시험기 또는 샬레에 그 작물의 발아에 적당한 여과지 또는 모래 등으로 발아상(發芽床)을 만든다.
  - 발아상 위에 종자를 같은 간격으로 배열시킨다.
  - 시험할 종자 수는 작물종류에 따라 다르나 대체로 400망 내외로 한다.

- 주요 조사대상
 - 발아율
   - ▶ 발아능력은 유전적 성질이나 영양상태 · 연령 등의 내부 요인과 외적 환경 요인에 따라 결정된다. 보통 외적 요인을 적정하게 하였을 경우 전체 수에서 발아된 수의 비율을 발아율이라 한다.
   - ▶ 발아율 = 발아 개체수/공시 개체수×100
 - 발아세
   - ▶ 발아시험 개시 후 일정 기간 내의 발아율의 증가속도를 발아세라고 한다.
   - ▶ 일정 기간은 곡류는 3일, 강낭콩 · 시금치 · 귀리는 4일, 삼은 6일 등 미리 정해져 있는 규약에 따른다.
 - 발아시 : 최초의 1개체가 발아한 때를 말한다.
 - 발아기 : 전체 종자수의 50%가 발아한 때를 말한다.
 - 발아전 : 전체 종자수의 80% 이상이 발아한 때를 말한다.
 - 발아일수 : 파종기부터 발아일까지의 일수를 말한다.
 - 평균발아일수
   - ▶ 모든 종자의 평균적인 발아일수를 표시한 것이다.
   - ▶ 평균발아일수 $= \dfrac{(\text{파종부터의 일수}\times\text{그날 발아한 개체수})\text{의 합계}}{\text{발아한 총개체수}}$
- 발아측정방법 : 종자를 뿌린 후에는 각 작물의 발아에 필요한 온도 및 광선 조건하에 두고 적시에 수분을 공급하면서 발아수를 측정한다.
- 종자 발아력의 간이 검정법
 - 인디고카민법 : 죽은 종자의 세포가 반투성을 상실하는 것을 이용한다.
 - 테트라졸리움법 : 배 · 유아의 단면적이 전면 적색으로 염색되는 것이 발아력이 강하다.
 - 구아이야콜법 : 발아력이 강한 종자는 배 · 배유부의 절구가 갈색으로 변한다.
- 종자의 수명과 저장
 - 종자의 저장 : 건조한 종자를 저온 · 저습 · 밀폐 상태로 저장하면 수명이 오래 간다.
 - 종자의 수명
   - ▶ 단명종자(1 ~ 2년) : 양파, 고추, 메밀, 토당귀 등
   - ▶ 상명종자(2 ~ 3년) : 목화, 쌀보리, 벼, 완두, 토마토 등
   - ▶ 장명종자(4 ~ 6년 또는 그 이상) : 연, 콩, 녹두, 가지, 배추, 오이, 아욱 등
 - 수명에 영향을 미치는 조건 : 종자의 수분함량, 저장온도와 습도상태, 통기상태 등이 영향을 미친다.
 - 종자의 저장 중 발아력 상실
   - ▶ 종자가 발아력을 상실하는 것은 원형질 단백의 응고와 효소의 활력저하 때문이다.
   - ▶ 저장양분의 소모도 원인 중 하나이다.

ⓛ 종자의 휴면
  ⓐ 휴면의 의의
    • 휴면의 개념 : 성숙한 종자에 수분, 산소, 온도 등 발아에 적당한 환경을 만들어 주어도 일정 기간 발아하지 않는 것을 말한다.
    • 후숙
      − 겉보기 성숙을 거친 후에 있어서의 식물의 성숙을 말한다.
      − 종자가 일단 성숙해도 금방 발아능력을 가지지 못하고 일정한 휴면기를 거치고 난 뒤에 발아가 가능해진다. 이렇게 종자가 발아능력을 가지게 되는 변화기간은 종자가 완전히 성숙하기 위한 시간이라고 보며, 이 현상을 후숙이라고 한다.
      − 후숙기간은 식물에 따라서는 거의 없는 것도 있고(보리 · 까치콩 등), 며칠 ~ 몇 년을 필요로 하는 것도 있다(가시연꽃).
  ⓑ 휴면의 원인
    • 종피의 불투수성 : 경실의 종피가 수분을 통과시키지 않기 때문에 종자수분을 흡수할 수 없어서 휴면하게 된다.
    • 종피의 불투기성 : 종피가 이산화탄소를 통과시키지 않기 때문에 내부에 축적된 이산화탄소가 발아를 억제하고 휴면하게 된다.
    • 종피의 기계적 저항 : 종자가 산소와 수분을 흡수하게 되면 종피가 기계적 저항성을 가지게 되어 휴면이 유발된다.
    • 배(胚)의 미숙 : 배가 발아를 하기에는 아직 성숙하지 못해서 휴면하게 되는 것을 말한다.
    • 양분의 부족 : 발아에 필요한 양분이 원활히 공급되지 못하여 휴면하게 된다.
    • 발아억제물질
      − 장미과 식물의 청산(HCN)은 발아를 억제한다.
      − 옥신은 곁눈의 발육을 억제한다.
      − ABA는 자두, 사과, 단풍나무의 동아(冬芽)의 휴면을 유도한다.
      − 왕겨에 있는 발아억제물질은 벼를 휴면시킨다. 종자를 물에 씻거나 과피를 제거하면 종자는 발아한다.
  ⓒ 방사선 조사와 경실
    • 방사선 조사
      − 발아 억제, 살충, 살균, 숙도 조정 등을 목적으로 방사선(γ선 · β선 · X선 등)을 조사하는 것을 말한다.
      − 감자를 수확한 후 β선(7,000 ~ 15,000rad)을 조사하면 품질의 손상 없이 실온에서 8개월간 발아를 억제할 수 있다.
    • 경실
      − 종피(種皮)의 최외층에 특수물질을 함유하여 물이나 기체의 투과를 방해하기 때문에 발아가 어려운 종자를 말하며, 경피종자라고도 한다.
      − 식물이 나타내는 휴면현상의 하나로 보존상 유리한 성질이다.
      − 기계적 또는 황산 등의 약품으로 종피에 상처를 내면 발아가 촉진된다.
      − 종자의 크기가 작은 것이 경실이 많은 경향이 있다.

ⓓ 휴면의 형태
- 자발적 휴면 : 외부환경조건이 발아에 알맞더라도 내적 요인에 의해서 휴면하는 것을 말하며, 본질적인 휴면이다.
- 강제적 휴면
  - 외부환경조건이 발아에 부적당하여 휴면하는 것을 말한다.
  - 잡초 종자 등
- 전휴면(하휴면) : 휴면아가 형성된 당시에 잎을 제거하면 다시 생육을 개시하는 것을 말한다.
- 동휴면 : 어느 기간을 경과하면 잎을 제거해도 휴면이 깨지지 않는 자발적 휴면의 단계를 말한다.
- 후휴면 : 월동 후 휴면이 깨져도 외부환경이 부적당하면 강제휴면이 계속되는 것을 말한다.
- 2차 휴면
  - 휴면이 끝난 종자라도 발아에 불리한 외부환경에서 장기간 보존되면 그 후에 발아에 적합한 환경이 되어도 발아하지 않고 휴면상태를 유지하는 것을 말한다.
  - 화곡류, 화본과 목초 종자는 파종할 때 고온을 만나면 2차 휴면을 하기도 한다.
ⓔ 휴면타파
- 경실의 발아촉진법 : 씨껍질에 상처를 내서 뿌리고 농황산을 처리를 한다.
- 감자의 휴면타파법
  - 박피 절단 : 수확 직후에 껍질을 벗기고 절단하여 최아상을 심는다.
  - 지베렐린 처리 : 절단하여 2ppm 수용액에 5 ∼ 60분간 담갔다가 심는다.
  - 에틸렌 클로로하이드린 처리 : 액첨법 · 기욕법 · 침지법 등이 있고, 씨감자는 절단하여 처리하여야만 효과가 있다.
- 목초 종자의 발아촉진법 : 질산염류액이나 지베릴린을 처리한다.
ⓕ 휴면연장 및 발아억제
- 온도조절 : 감자는 0 ∼ 4℃로 저장하면 장기간 발아가 억제된다.
- 약품처리 : MH − 30 등의 약품으로 처리한다.

⑤ 채종재배와 종자의 퇴화
㉠ 채종
ⓐ 채종의 개념 : 일반적인 종자의 재배와 달리 우수한 종자의 생산을 위해 여러 가지 대책을 강구하면서 재배하는 것을 채종재배라 한다.
ⓑ 채종포
- 채종을 위하여 설치한 밭을 말한다.
- 신품종, 우량품종의 농가보급을 목적으로 설치한다.
- 채소 등의 타가수분작물에서는 반드시 채종포가 필요하므로 다른 품종의 꽃가루의 비래(飛來), 곤충에 의한 매개를 방지하기 위하여 다른 품종과 격리된 장소, 때에 따라서는 산간지, 바다 가운데의 섬 등에 설치하기도 한다.

ⓒ 격리재배
- 격리재배의 개념 : 자연교잡에 의해 품종의 퇴화가 일어나는 것을 방지하기 위한 재배법을 말한다.
- 격리재배의 종류
  - 차단격리법 : 봉지씌우기 · 망실(網室)과 같은 것으로, 다른 꽃가루의 혼입을 차단하여 자연교잡을 방지하는 방법이다.
  - 거리격리법
    ▶ 교잡할 염려가 있는 것과 멀리 떨어진 곳에서 재배하여 꽃가루가 혼입되는 것을 막는 방법이다.
    ▶ 채종농원과 같은 많은 집단을 격리시키려고 할 때 사용하며, 산간 · 도서(島嶼)와 같은 격리된 장소에서 재배한다.
    ▶ 무 · 배추와 같은 십자화과 작물의 충매화에서는 벌이나 나비가 날아다니는 거리를 보아 8km 정도가 실용적으로 안전한 거리라고 한다.
  - 시간격리법 : 불시재배와 춘화처리(春花處理)에 의하여 개화기를 이동시켜 교잡되는 것을 피하는 방법이다.
ⓛ 종자퇴화 방지대책
  ⓐ 저장
  - 잘 건조하여 습하지 않은 곳에 저장한다.
  - 저장 중에는 병충해나 쥐에 의한 피해를 막아준다.
  - 종자용 곡물은 새 가마니를 이용하여 저장하고 알맞은 온도와 습도를 유지시켜 준다.
  ⓑ 재배
  - 지나친 밀식과 질소질 비료의 과용을 막는다.
  - 제초를 철저히 하고 이형주를 도태시킨다.
  - 도복 및 병충해를 방제한다.
  ⓒ 수확
  - 탈곡 시에는 종자에 손상이 가지 않도록 한다.
  - 이형립이나 협잡물이 섞이지 않도록 한다.
  ⓓ 종자 선택
  - 선종 및 종자 소독 등의 필요한 처리를 해서 파종한다.
  - 원종포 등에서 생산된 믿을 수 있는 우수한 종자여야 한다.
  ⓔ 재배지 선정
  - 감자는 고랭지에서, 옥수수와 십자화과 작물 등은 격리포장에서 채종한다.
  - 잡초와 병충해의 발생이 되도록 적은 곳을 택한다.

⑥ 육묘

　㉠ 묘와 육묘

　　ⓐ 육묘의 의의

　　　• 육묘의 개념 : 묘란 번식용으로 이용되는 어린 모를 말하며, 육묘란 묘를 묘상(苗床) 또는 못자리에서 기르는 일을 말한다.

　　　• 묘의 분류

　　　　− 초본묘

　　　　− 목본묘

　　　　− 실생묘(實生苗) : 종자로부터 자라난 묘를 말한다.

　　　　− 삽목묘(꺾꽂이묘)

　　　　− 접목묘(접붙이기묘)

　　　　− 취목묘(휘묻이묘)

　　ⓑ 육묘의 목적과 육묘의 필요성

　　　• 육묘의 목적

　　　　− 토지이용률을 제고한다.

　　　　− 종자를 절약하고, 유모기의 관리가 용이하다.

　　　　− 결구성 채소(배추, 무)의 추대(抽薹) 방지하고 과채류의 조기수확과 수확량이 증대한다.

　　　• 육묘의 필요성 : 묘상에서 육묘하여 이식을 하면 본포에 직접 파종하는 것보다 많은 노력이 들지만 육묘해야 할 경우가 있다.

　　　　− 추대현상을 방지할 수 있다. 조기수확이 가능하고 수확량이 증대된다.

　　　　− 종자의 집약적 관리가 가능하고, 직파 때보다 종자를 절약할 수 있다.

　　　　− 농업용수를 절약할 수 있고, 토지이용률을 높일 수 있다.

　　　• 추대(抽薹)

　　　　− 추대의 개념 : 식물이 꽃줄기를 내는 것을 말한다.

　　　　− 조기추대현상 : 목적하는 줄기 · 잎 또는 뿌리가 충분히 생육되기 전에 추대가 나와 상품가치를 크게 저하시키는 현상을 말한다.

　　　• 이식

　　　　− 이식의 개념 : 묘상에서 기른 식물을 밭으로 내서 심는 것을 이식이라고 한다.

　　　　− 정식(定植) : 이식 중에서 수확까지 그대로 둘 위치에 이식하는 것을 말한다.

　　　　− 가식(假植) : 정식까지의 사이에 묘상에 두었다가 이식하는 것을 말한다.

　　　　− 이식의 장점

　　　　　▶ 줄기나 잎의 웃자람을 억제한다.

　　　　　▶ 이식할 때 뿌리가 잘려 새로운 뿌리가 많이 나와 생육이 좋아지면서 수확기를 단축시킬 수 있다.

　　　　　▶ 수목의 자세를 바로 잡고, 노화를 방지하며 개화를 촉진시킨다.

ⓛ 묘상(苗床)

    ⓐ 묘상의 개념 : 묘상이란 모를 기르기 위하여 시설을 갖추어 놓은 곳을 말한다.

    ⓑ 묘상의 명칭에 의한 분류

      • 못자리(苗垈) : 벼농사의 경우에 묘상을 일컫는 말이다.

      • 묘상(苗床) : 각종 채소 또는 꽃의 모종을 기르는 곳을 말한다.

      • 묘포(苗圃) : 과수나 꽃나무 등의 묘목을 기르는 곳을 말한다.

    ⓒ 묘상의 온도조절법에 의한 분류

      • 온상(溫床)

        − 온상의 개념 : 못자리의 온도를 조절하는 방법에 따라서 인위적으로 온도를 높일 수 있도록 설치한 것을 말한다.

        − 열원(熱源)에 따른 온상의 분류

          ▶ 양열(釀熱)온상

          ▶ 전열(電熱)온상

          ▶ 온돌(溫突)온상

        − 모판흙의 높이에 따른 온상의 분류

          ▶ 고설(高設)온상

          ▶ 저설(低設)온상

        − 발효열(醱酵熱)

          ▶ 유기물 · 외양간두엄 · 짚 · 낙엽 · 깻묵 · 왕겨 등을 밟아 넣으면서 적당한 수분을 넣고 압축하면 발효되는데, 이때 생기는 열을 이용한다.

          ▶ 이 발효물질을 양열재료라고도 하며 이를 사용하는 양과 종류는 계절, 재배하는 작물이 필요로 하는 온도, 지속일수 등에 따라 다르다.

        − 전열(電熱)온상

          ▶ 땅속에 전열선을 부설하고 전류를 통하여 발생하는 열을 열원으로 이용하는 온상이다.

          ▶ 전열온상은 육묘 이외에 채소류를 연하게 하거나 촉성용으로도 이용한다.

          ▶ 전열온상의 장점 : 온도조절이 용이하며, 설비가 비교적 간단하고, 여러 가지 작물의 모를 동시에 기를 수 있다.

          ▶ 전열온상의 단점 : 모판흙이 건조해지기 쉬우며, 전기료가 높을 경우 비경제적이다.

        − 우리나라와 같은 조건에서는 저설 · 양열 온상이 실용적이며 가장 유리하다.

- 냉상(冷床)
  - 비교적 저온에서도 잘 생육하는 작물의 육묘(育苗)에 이용되는 묘상(苗床)을 말하며, 비닐·유리 등으로 태양열만을 이용하도록 한 것을 말한다.
  - 양열재료(釀熱材料)나 전열(電熱) 등에 의한 적극적인 가온(加溫)을 하는 온상과는 다르다.
  - 온상 육묘보다 늦은 시기나 따뜻한 지방에서 육묘할 때 이용된다.
  - 양열재료나 시설비용이 온상보다 적어 유리하다.
  - 보온못자리(保溫苗垈)와 틀냉상이 흔히 사용된다.
    - ▶ 보온못자리 : 벼의 육묘용으로 한랭지에서나 조기재배를 위하여 사용되며, 못자리에 비닐 또는 폴리에틸렌 필름을 터널식으로 피복하고 못자리 말기까지 보온한다.
    - ▶ 틀냉상 : 주로 채소나 고구마 등의 육묘에 많이 사용하며, 온상과 같은 방법으로 틀을 송판 또는 콘크리트로 만들고 보온자재로써 피복하고 관리한다. 야간이나 비가 올 때 기온이 내려가면 거적 등을 덮어 상온(常溫)을 유지한다.
  - 엽채류(葉菜類)나 벼 등의 육묘(育苗)에 많이 이용된다.
- 노지상(露地床)
  - 자연적인 조건에서 모를 기르는 일을 말한다.
  - 각종 채소·화훼류와 벼 등의 육묘에 많이 이용된다.
  - 맨땅못자리에 해당하며, 가장 널리 이용되고 있는 형태이다.
  - 평상이나 양상으로 하는 경우가 많다.

ⓓ 묘상의 높낮이에 의한 분류
- 양상(揚床) : 못자리 바닥이 주위의 땅바닥보다 높은 것을 말한다.
- 평상(平床) : 못자리 바닥이 땅바닥과 비슷한 것을 말한다.
- 지상(地床) : 못자리 바닥이 땅바닥보다 낮은 것을 말한다.

ⓔ 묘상의 시설 유무에 따른 분류
- 맨땅못자리 : 땅의 일부를 그대로 이용하여 모를 기르는 것으로 특별한 시설이 필요 없는 경우이다.
- 틀못자리 : 특별한 틀을 짜서 시설을 한 것을 말하며, 대부분의 온상과 일부 냉상이 이에 해당한다.

ⓕ 못자리(苗垈)의 종류 : 벼농사에서는 물의 이용상태와 온도를 높이기 위하여 피복(被覆)을 하느냐에 따라서 못자리의 종류가 나누어진다.
- 물못자리 : 못자리를 만든 다음 물을 댄 상태로 씨앗을 뿌려 모를 기르는 방식을 말한다.
- 밭못자리 : 물을 대지 않는 밭이나 마른 논에 볍씨를 파종하여 육묘하는 못자리를 말한다.

- 밭못자리의 장점
  - ▶튼튼하다.
  - ▶내건성(耐乾性)이 강하다.
  - ▶식상(植傷)이 적다.
  - ▶뿌리를 빨리 내리고 초기생육도 왕성하다.
  - ▶비옥한 논 또는 다비재배(多肥栽培)에 알맞다.
  - ▶밭못자리에서는 모의 노숙화(老熟化)가 늦어지기 때문에 물이 모자라서 모내기가 늦어지는 경우에 유리하다.
- 밭못자리의 단점
  - ▶도열병(稻熱病)에 잘 감염된다.
  - ▶잡초발생이 많다.
  - ▶땅강아지, 쥐, 새 등의 피해를 받기 쉽다.
  - ▶볍씨의 발아와 생육이 불균일하게 되기 쉽다.
  - ▶보온을 하지 않고서는 물못자리보다 일찍 파종할 수 없다.
- 비닐보온 밭못자리
  - ▶밭못자리의 보온문제를 해결하기 위한 것으로서 비닐과 같은 우수한 보온재료를 이용하는 방법이다.
  - ▶농장에서 대규모로 가장 일찍 육묘할 수 있는 방법이다.
  - ▶뿌리가 내릴 수 있는 최저한계온도가 가장 낮아서 조식재배(早植栽培)에 가장 유리한 못자리 형태이다.
- 절충못자리
  - 물못자리와 밭못자리를 절충(折衷)한 방식을 말한다.
  - 초기에는 물못자리, 후기에는 밭못자리와 같이 하는 방식이 있다.
  - 초기에는 밭못자리, 후기에는 물못자리와 같이 하는 방식이 있다.
- 보온절충못자리
  - 밭못자리 또는 절충못자리에 가온(加溫)하기 위하여 비닐이나 폴리에틸렌으로 피복을 하였다가 일정한 기간이 지난 후에 피복물을 벗겨내는 형태의 못자리를 말한다.
  - 실시시기
    - ▶한랭지역의 벼농사에서 많은 수확량을 얻고자 할 때
    - ▶저온(低溫)피해를 막기 위하여 파종기를 앞당기려고 할 때
    - ▶기온이 낮아서 종래의 물못자리로서는 볍씨의 싹이 잘 트지 않을 때
    - ▶싹이 튼 후 어린 모가 냉해를 받을 위험이 클 때
  - 보온절충못자리의 장점
    - ▶볍씨의 발아가 좋다.
    - ▶성묘비율(成苗比率)이 높아진다.
    - ▶모가 균일하게 자란다.

- 비료의 흡수가 좋아진다.
- 모의 웃자람을 억제할 수 있다.
- 뿌리의 발육이 좋다.
- 어린모가 산소를 충분히 공급받을 수 있다.
- 한랭지 특유의 못자리 장애인 괴불, 모썩음병 등의 피해를 완전히 막을 수 있다.
- 파종하면서부터 보온이 가능하기 때문에 파종 시기를 앞당길 수 있다.

• 건못자리
  - 물을 대지 않고 마른 논 상태의 모판에서 육묘하는 못자리를 말한다.
  - 이앙 직전에 관수를 충분히 하고 모를 뽑아내어 심는다.
  - 밭못자리와 같이 물이 부족한 곳이나, 답리작물(畓裏作物)이나 답전작물(畓前作物)의 수확이 늦어져서 늦심기가 될 경우 등에 실시한다.

• 마른못자리(乾苗垈)
  - 못자리를 마른 논(乾畓)에 설치하는 경우를 말한다.
  - 모내기 직전에는 물을 충분히 대고 모를 뽑는다.

ⓖ **묘포(苗圃)** : 묘목 양성에 이용되는 토지로 모밭이라고도 한다.

• 고정묘포(固定苗圃)
  - 영구적인 묘포시설을 갖추고 장기 또는 영구적으로 사용하는 묘포이다.
  - 묘포경영상 여러 가지 편리한 점이 많다.
  - 지력유지(地力維持), 병충해 방제, 묘목 수송비가 많이 드는 등의 단점이 있다.

• 이동묘포(移動苗圃)
  - 1년 또는 몇 년간 일시적으로 사용하는 묘포이다.
  - 묘포시설을 갖추지 못하여 경영상 불편하다.
  - 지력유지, 병충해 방제, 운반비 등이 절약되는 장점이 있다.

• 임간묘포(林間苗圃) : 이동묘포 중 특히 임내공지(林內空地)에 설치한 묘포를 말한다.

• 묘포지 선정기준 : 위치, 기후, 토양, 수리(水利), 지형 및 노동력의 공급상황 등을 고려하여야 한다.
  - 교통이 편리하고 가급적 조림지에 가까울 것
  - 기후의 변화가 적고 따뜻하며 묘목의 생육기간이 길 것
  - 토양이 비옥하고 물리적 성질이 양호할 것
  - 관수(灌水) 및 배수(排水)가 편리할 것
  - 약간 경사지고 북동 · 북서 · 남서의 3면이 막힌 곳일 것
  - 계절에 관계없이 노동력 공급이 쉬울 것

ⓗ 묘상의 설치장소

- 서북쪽이 막힌 곳
- 배수가 잘 되는 곳
- 집과 우물 및 본밭에서 멀지 않은 곳

ⓘ 온상의 구조와 가온방법

- 온상의 구조
  - 상틀은 판자, 볏짚, 콘크리트 등으로 만든다.
  - 온상덮개는 비닐, 폴리에틸렌, 유지, 유리 등을 쓴다.
  - 비닐은 자외선을 통과시켜 모를 튼튼하게 키울 수 있게 한다.
- 온상의 가온방법 : 일반적으로 양열재료를 쓴다.

ⓙ 양열재료와 상토

- 양열재료
  - 양열온상은 양열재료를 밟아 넣어서 열을 낸다.
  - 재료로는 구비, 볏짚, 낙엽, 쌀겨 등이 많이 이용된다.
- 상토
  - 배수와 보수가 좋고 비료분이 넉넉해야 한다.
  - 퇴비와 흙을 잘 섞어서 쌓았다가 썩은 후 어레미로 쳐서 쓴다.

ⓚ 묘상의 관리

- 이식기가 가까워지면 관수와 보온을 조절한다.
- 상토를 소독하고 병충해가 발생하면 약제를 살포한다.
- 솎기를 자주하여 항상 알맞은 재식밀도를 유지한다.
- 가식을 하였다가 정식을 한다.
- 모의 생장상태를 보면서 추비(追肥)를 한다.
- 건조해지기 쉬우므로 관수에 주의한다.
- 육묘 초기에는 낮에도 장지를 덮고 밤에는 이엉까지 덮어서 보온해야 한다.

❷ 파종 및 이식

① 정지

  ㉠ 정지의 의의

  ⓐ 작물을 재배하는 데 있어서 작물의 발아와 생육에 적당한 상태를 만들기 위하여 파종 또는 이식 전에 토양조건을 개량·정비하는 작업을 정지라 한다.

  ⓑ 간이정지법(簡易整地法) : 추수가 늦어지거나 급격한 추위가 닥쳐와 정상적인 정지작업의 과정을 다 밟으면 보리, 마늘, 유채 등과 같은 월동작물의 파종이 늦어지게 된다. 이런 경우, 부득이 정지작업의 과정 일부를 생략하고 파종하게 되는데, 이러한 정지작업을 간이정지법이라 한다.

  ㉡ 경기(耕起)

  ⓐ 작토(作土)를 갈아 일으켜 큰 흙덩이를 대강 부스러뜨리는 작업을 경기라 하며, 정지작업의 제1단계이다.

  ⓑ 경기의 효과

  • 토양이 팽연다공질(膨軟多孔質)로 되어 물리적 상태와 통기성이 좋아지므로 유기물의 분해가 촉진된다.

  • 잡초발생이 억제되고 해충이 구제된다.

  • 토양미생물의 활동이 조장되어 유기물의 분해가 촉진되므로 유효태 비료성분이 증가한다.

  ⓒ 경기의 시기

  • 일반적으로 파종·이식에 앞서서 경기가 이루어진다.

  • 하경은 늦은 봄부터 초가을까지에 하는 경기이고, 춘경과 추경은 봄에 일찍 심는 작물을 위해서 하는 경기이다.

  • 경기하는 시기는 대체로 춘경(春耕), 하경(夏耕), 추경(秋耕)으로 크게 나뉜다.

  • 동기휴한(冬期休閑)하는 경우에는 추경(秋耕)을 해두는 것이 유리하다.

  • 토양이 습하고 유기물의 함량이 많을 경우에는 추경을 하는 것이 유리하다.

  ⓓ 경기의 길이

  • 근군(根群)의 발달이 작은 작물에 대해서는 천경(淺耕 : 10cm 미만)을 해도 좋으나, 대부분의 작물에 대해서는 심경(深耕)을 하는 것이 좋다.

  • 심경을 하면 심토가 작토 내에 섞여 작물생육에 불리하므로 유기질 비료를 많이 시비해야 한다.

  • 심경은 서서히 경심(耕深)을 늘리고 유기질 비료도 증시하여 점차적으로 작토를 깊게 만드는 것이 좋다.

  • 누수가 심한 사력토(砂礫土)나 벼의 만식재배는 오히려 심경이 안 좋다.

ⓔ 불경기 재배

- 불경기 재배는 경기를 하지 않고 재배하는 것을 말한다.
- 부정지파 : 답리작으로 보리·밀 등을 재배할 때에는 종자가 뿌려지는 논바닥을 전혀 경기하지 않고 파종·복토하는 방법이다.
- 제경법 : 경사가 심한 곳에 초지를 조성할 때에는 방목을 심하게 하여 잡초를 없애고 목초 종자를 파종한 다음 다시 방목을 하여 답압시켜 목초의 발아를 유도한다.

ⓒ 작휴와 쇄토

ⓐ 작휴

- 작휴 : 경기를 한 후에 흙덩이를 부수고 밭을 고른 다음 이랑이나 고랑을 만드는 것을 말한다.
- 이랑 : 작물이 심긴 부분과 심기지 않은 부분이 규칙적으로 반복될 때 반복되는 한 단위를 말한다.
- 고랑 : 이랑이 평평하지 않고 기복이 있을 때는 융기부를 이랑, 함몰부를 고랑이라고 한다.
- 작휴의 종류
  - 성휴법(盛畦法)
    ▶ 이랑을 보통보다 넓게 만드는 방법이다.
    ▶ 4줄로 콩을 점파하며 네가웃지기 이랑이라고도 불린다.
    ▶ 이랑너비는 1.2m 정도이고 이랑과 이랑 사이에는 30cm 정도의 깊은 도랑이 있어 통로와 배수로의 역할을 한다.
    ▶ 파종이 편리하며 생육 초기의 건조해와 장마철 습해의 방제효과가 있다.
  - 휴립법(畦立法)
    ▶ 휴립구파법(畦立構播法) : 이랑을 세우고 낮은 골에 파종하며 중북부지방의 맥류재배의 경우 한해와 동해를 방지할 목적으로 실시된다.
    ▶ 휴립휴파법(畦立畦播法) : 이랑을 세우고 이랑에 파종하며 토양통기와 배수가 좋다.
    ▶ 벼의 이랑재배 : 습답이나 간척지에서 이랑을 세우고 벼를 파종하며 지온이 높아지고 토양통기성이 좋아진다.
  - 평휴법(平畦法)
    ▶ 이랑을 갈아서 평평하게 하여 이랑과 고랑의 높이가 같아지도록 하는 것을 말한다.
    ▶ 건조해와 습해가 동시에 완화되어 밭벼·채소 등의 재배에 이용된다.

ⓑ 쇄토

- 쇄토 : 갈아 일으킨 흙덩이를 곱게 부수고 지면을 평평하게 고르는 작업을 말한다.
- 써레질 : 논에서는 경기한 다음 물을 대서 토양을 연하게 하여 비료를 주고 써레로 흙덩이를 곱게 부수는 작업을 말한다.

② 파종

　㉠ 파종 시기

　　ⓐ 파종 시기
　　　• 작물의 생리상 적기 : 토양의 기후조건, 작물의 특성 등
　　　• 실제 재배상의 시기 : 경영상의 노동력, 수확물의 가격변동, 재해의 회피 등

　　ⓑ 파종 시기 결정요인
　　　• 노동력 : 적기에 파종하기 위한 기계화 생력재배가 필요하다.
　　　• 출하기 : 시장상황에 따라 더 높은 가격을 받기 위해 출하기를 조절한다.
　　　• 토양조건 : 토양의 과건 · 과습은 파종을 지연시킨다.
　　　• 재해회피
　　　　− 냉 · 풍해 방지를 위해서는 벼를 조파 · 조식한다.
　　　　− 봄채소는 한해를 막기 위해 조파한다.
　　　• 작부체계
　　　　− 벼 1모작 시에는 5월 중순 ~ 6월 상순에 이앙한다.
　　　　− 벼를 맥류와 2모작 할 때는 6월 하순 ~ 7월 상순에 이앙한다.
　　　• 재배지역 : 감자는 평지에서는 이른 봄에, 고랭지에서는 늦봄에 파종한다.
　　　• 작물의 품종
　　　　− 추파성 정도가 높은 품종은 조파(早播)한다.
　　　　− 추파성 정도가 낮은 품종은 만파(晩播)한다.
　　　• 작물의 종류 : 여름작물이어도 낮은 온도에 견디는 춘파맥류는 초봄에 파종하나 생육온도가 높은 옥수수는 늦봄에 파종한다.

　㉡ 파종량

　　ⓐ 파종량이 많을 경우 작물이 과도한 번무를 함으로써 수광상태가 나빠지고 식물이 약해져서 도복 · 병충해 · 한해가 유발되고 수량 및 품질이 떨어진다.

　　ⓑ 파종량 결정요인
　　　• 재배지역
　　　　− 맥류는 남부보다 중부에서 파종량을 늘린다.
　　　　− 감자는 산간지보다 평야지에서 파종량을 늘린다.
　　　• 재배법
　　　　− 맥류의 경우, 조파할 때보다 산파할 때 파종량을 늘린다.
　　　　− 콩, 조 등에서는 단작할 때보다 맥후작할 때 파종량을 늘린다.
　　　• 기후 : 일반적으로 한지에서는 난지보다 발아율이 낮고 개체의 발육도가 낮기 때문에 파종량을 늘린다.
　　　• 종자의 조건 : 경실이 많이 포함된 것, 종자의 저장조건이 나빠서 발아력이 감퇴한 것, 병충해를 입은 것, 쭉정이나 협잡물이 많이 섞인 것, 저장기간이 오래된 것 등은 파종량을 늘린다.

- 파종기 : 일반적으로 파종기가 늦어질수록 모든 작물의 개체의 발육도가 작아지므로 파종량을 늘린다.
- 토양 및 시비 : 땅이 척박하거나 시비량이 적을 경우에는 파종량을 늘린다.
- 작물의 품종
  - 같은 작물이라도 품종에 따라 종자의 크기가 다르므로 파종량을 달리하여야 한다.
  - 생육이 왕성한 품종은 적게 파종하고 그렇지 못한 품종은 많이 파종한다.
- 작물의 종류
  - 작물의 종류에 따라서 종자의 크기가 다르기 때문에 재식밀도와 파종량은 달라져야 한다.
  - 주요 작물의 10a당 파종량

작물	파종량	작물	파종량
콩	3 ~ 10kg	오이	5.5 ~ 7.5dl
팥	3 ~ 4kg	토마토	2.0 ~ 2.4dl
옥수수	2 ~ 3kg	목화	5.5 ~ 7.5kg
고구마	75 ~ 100kg	유채	0.5 ~ 1.5kg
벼	4 ~ 8kg	배추	0.7 ~ 2dl
보리밀	15 ~ 18kg	씨감자	150kg
녹두	1.6 ~ 2.5kg	땅콩	6 ~ 12kg
고추	1 ~ 3dl	참깨	0.3 ~ 0.6kg
무	1 ~ 2dl	가지	1.8dl

ⓒ 파종양식
  ⓐ 적파(摘播)
  - 일정 간격을 두고 여러 개의 종자를 한 곳에 파종하는 방법이다.
  - 점파의 변형으로 조파나 산파보다는 노력이 많이 든다.
  - 수분, 비료분, 수광, 통풍 등이 좋아서 생육이 좋다.
  - 개체가 평면으로 좁게 퍼지는 작물에서 사용된다(목초, 맥류, 결구배추 등).
  ⓑ 점파(點播)
  - 일정한 간격을 두고 하나에서 여러 개의 종자를 띄엄띄엄 파종하는 방법이다.
  - 개체가 평면공간으로 널리 퍼지는 작물에서 사용된다(두류, 감자 등).
  - 통풍 및 통광이 좋고 개체간 거리간격이 조절되어 생육이 좋다.
  ⓒ 조파(條播)
  - 뿌림골을 만들고(작조), 종자를 줄지어 뿌리는 방법이다.
  - 골 사이가 비어 있어서 수분과 양분의 공급이 원활하다.
  - 맥류처럼 공간을 많이 차지하지 않는 작물에 사용된다.
  - 통풍 및 통광이 좋고 관리작업이 간편하며 생장이 고르다.

ⓓ 산파(散播)
- 포장 겉면에 종자를 흩어 뿌리는 방법이다.
- 노력은 적게 드나 종자가 많이 들고 균일하게 파종하기 어렵다.
- 중경 제초 등의 관리가 불편하다.
- 통풍이나 통광이 나쁘다.

㉣ 파종절차
ⓐ 작조
- 파종할 때 종자를 뿌리는 골을 만드는 것을 말한다.
- 점파에서는 작조 대신 구덩이를 만들어 뿌리기도 한다.
- 산파, 부정지파에서는 작조를 하지 않는다.

ⓑ 간토
- 종자가 직접 비료에 닿으면 유아나 유근이 상하게 된다.
- 비료를 뿌린 후 약간의 흙을 넣어 종자가 비료에 직접 닿지 않게 한다.

ⓒ 복토
- 종자를 뿌린 후 발아에 필요한 수분을 보전하고 조수(鳥獸)의 해를 방지하기 위해 흙으로 덮는 것을 말한다. 복토는 비, 바람에 종자가 이동되는 것을 막는 구실도 한다.
- 복토의 깊이
  - 몹시 춥거나 더울 때에는 약간 깊게 복토를 한다.
  - 대체로 복토가 두꺼우면 발아에 필요한 산소가 부족하여 발아가 불량하게 되고, 새싹이 지상에 나타날 때까지 에너지를 많이 필요로 하므로 생육이 불량하게 된다.
  - 일반적 표준은 뿌린 종자 지름의 3배이다.
- 종자의 크기
  - 소립의 종자는 얕게 복토한다.
  - 대립의 종자는 깊게 복토한다.
- 발아 습성 : 호광성 종자는 파종 후 복토를 하지 않거나, 복토를 해도 얕게 한다.
- 토질
  - 중점토에서는 얕게 하고 경토에서는 깊게 한다.
  - 토양이 습윤한 경우에는 얕게 하고 건조할 경우에는 깊게 해서 공기의 유통 및 수분공급을 원활하게 한다.
- 온도
  - 저온이나 고온에서는 깊게 복토를 한다.
  - 적온에서는 얕게 한다.

• 주요 작물의 복토의 깊이

복토의 깊이	작물명
종자가 보이지 않을 정도	화본과의 콩과목초의 소립 종자, 유채, 상추, 양파, 당근, 파 등
5 ~ 10mm	차조기, 오이, 순무, 양배추, 가지, 토마토, 고추, 배추 등
15 ~ 20mm	시금치, 수박, 무, 기장, 조, 수수, 호박 등
25 ~ 30mm	귀리, 호밀, 밀, 보리, 아네모네 등
30 ~ 45mm	강낭콩, 콩, 완두, 팥, 옥수수 등
50 ~ 90mm	생강, 크로커스, 감자, 토란, 글라디올러스 등
100mm 이상	나리, 수선화, 튤립, 히야신스 등

ⓓ 진압(鎭壓)
• 진압 : 파종을 하고 복토의 전이나 후에 종자 위를 가압하는 것을 말한다.
• 진압의 효과
 − 풍해 위험지역에서는 토양 입자의 비산을 방지한다.
 − 굵은 흙덩이를 잘게 부수어 평평하게 한다.
 − 종자와 토양을 밀착시켜 수분상승을 유도하여 발아를 촉진시킨다.

③ 이식

㉠ 이식의 의의와 이식시기

ⓐ 이식의 의의
• 식물을 다른 장소에 옮겨 정상적으로 생장시키는 일을 말한다.
• 정식(定植) : 수확을 할 때까지 그대로 둘 장소에 옮겨 심는 것을 말한다.
• 이앙 : 벼농사에서 이식을 부르는 말이다.
• 가식(假植) : 정식할 때까지 잠시 동안 이식해 두는 것이다.
 − 재해 방지
 − 활착 증진
 − 묘상의 절약
• 가식상(假植床) : 가식해 두는 곳을 말한다.

ⓑ 이식의 장점과 단점
• 장점
 − 본포에 전작물이 있을 경우, 묘상 등에서 모를 양성하여 전작물의 수확이나 전작물 사이에 정식함으로써 농업을 보다 집약적으로 할 수 있다.
 − 육묘 중에 가식을 하면 뿌리가 절단되어 새로운 세근이 밀생해서 근군이 충실해지므로 정식시 활착을 빠르게 할 수 있다.
 − 채소의 경우 경엽의 도장이 억제되고 생육이 양호하여 숙기를 빠르게 하고 양배추, 상추 등에서는 결구(結球)를 촉진한다.

- 단점
  - 벼의 경우 한랭지에서 이앙재배를 하면 생육이 늦어지고 냉해로 인해 임실이 불량해진다.
  - 참외, 수박, 목화 등의 뿌리가 끊기는 것은 매우 안 좋다.
  - 당근, 무와 같이 직근을 가진 것을 어릴 때 이식하면 뿌리가 손상되어 근계발육이 저하된다.
- ⓒ 이식시기
  - 토양수분이 넉넉하고 바람이 없으며 흐린 날에 이식한다.
  - 동상해의 우려가 없는 시기에 이식한다.
  - 다년생 목본식물은 싹이 움트기 이전인 이른 봄과 낙엽이 진 뒤에 이식하는 것이 좋다.
- ⓛ 이식·이앙의 양식과 이식방법
  - ⓐ 이식의 양식
    - 조식(條植) : 골에 줄지어 이식한다(파, 맥류 등).
    - 점식(點植) : 포기를 일정한 간격을 띄우고 점점이 이식한다(콩, 수수, 조 등).
    - 혈식(穴植) : 그루 사이를 많이 띄워서 구덩이를 파고 이식한다(양배추, 토마토, 오이, 호박 등).
    - 난식(亂植) : 일정한 질서 없이 점점이 이식한다(들깨, 조 등).

  - ⓑ 이앙의 양식
    - 난식(亂植, 막모)
      - 줄의 띄우지 않고 눈어림으로 이식한다.
      - 노력은 적게 드는 반면, 제포기수를 심지 못하여 대체로 감수되며, 관리작업이 불편하다.
    - 정조식(正條植, 줄모)
      - 모내기할 때 포기 사이와 줄 사이의 거리를 똑같이 하여 심는 방법을 말한다.
      - 노력이 많이 드는 반면, 예정 포기수가 정확히 심어지고, 생육간격이 균일하며 통수성과 통기성이 좋아진다.
      - 관리작업이 편하고 수확량이 늘어난다.
      - 종류
        - ▶ 직사각형식 : 포기 사이는 좁고 줄 사이를 넓게 심는 방법으로 줄 사이가 넓어 관리가 용이하고 통기성과 수광이 좋으며 수온도 높아지는 장점이 있다.
        - ▶ 정사각형식 : 줄 사이와 포기 사이가 거의 같게 정사각형식으로 심는 방법으로 초기에 재식밀도가 낮아 초기 생육이 억제되나, 후기에 재식밀도가 높아서 생육이 억제된다. 비옥답, 다비, 평야지, 소식, 수수형 품종 등에 적응하는 이앙방식이다.
    - 병목식(竝木植)
      - 줄 사이는 넓고 포기 사이를 매우 좁게 심는 방법이다.
      - 초기 생육이 억제되고 후기 생육이 조장되며, 수광과 통풍성이 매우 좋아진다.
      - 다비밀식해

ⓒ 이식방법
- 이식 간격 : 작물의 생육습성에 따라 결정되며, 그 외 파종량을 지배하는 조건들에 의해 달라진다.
- 이식 준비
  - 이식을 하면 식물체는 시들고 활착이 나쁘게 된다. 따라서 잎에 증산 억제제인 OED 유액을 1 ~ 3%로 만들어 살포하거나 가지나 잎이 일부에 전정한다.
  - 활착하기 힘든 것은 미리 뿌리돌림을 하여 좁은 범위 내에서 세근을 밀생시켜 이식한다.
  - 모는 경화시킨 것을 사용하여 뿌리의 절단이나 손상이 최소한이 되도록 한다.
- 본포 준비
  - 정지를 잘 한다.
  - 비료는 이식하기 전에 사용한다.
  - 퇴비와 금비를 기비로 시용할 때는 비료가 흙과 잘 섞이도록 한다.
  - 미숙 퇴비는 작물의 뿌리에 접촉하지 않도록 한다.
- 이식
  - 표토를 안에 놓고 심토를 겉으로 덮는다.
  - 묘상에서 묻혔던 깊이로 이식하는 것이 원칙이지만, 건조지에서는 더 깊게, 습윤지에서는 더 얕게 심는다.
- 이식 후 관리
  - 이식물이 쓰러질 우려가 있을 경우에는 지주를 세워준다.
  - 건조가 심할 경우 토양과 작물을 피복하며, 매우 심할 경우 식물체에서 볕가림을 해준다.
  - 토양입자와 뿌리가 잘 밀착되게 진압하고 충분히 관수한다.

❸ 영양번식

① 영양번식의 의의
  ㉠ 영양번식의 개념
    ⓐ 특별한 생식기관을 만들지 않고 영양제의 일부에서 다음 대의 종족을 유지해가는 무성번식을 말한다.
    ⓑ 영양생식, 영양체생식, 영양증식이라고도 한다.
    ⓒ 일반적으로 다세포생물의 영양기관 일부에서 새로운 개체가 생길 경우에 사용한다.
  ㉡ 영양번식의 장점
    ⓐ 모체와 같은 유전형질을 전달한다.
    ⓑ 결실을 빠르게 하고 품질을 좋게 한다.
    ⓒ 내충내병성(耐蟲耐病性)을 부여한다(수박, 포도).
    ⓓ 수세를 강화시키거나 약하게 할 수 있다(귤, 사과).
    ⓔ 자웅이주의 식물에서는 한쪽만을 재배할 수 있다(홉).
    ⓕ 종자가 없거나 생기기 어려운 것에 사용한다(바나나, 고구마).

② **자연 영양번식** ⋯ 자연 상태에서 영양기관의 일부에 싹이 터 새로운 개체가 생기는 방법이다.

  ㉠ **땅속줄기(지하경)번식** : 대나무, 연, 감자, 토란 등

  ㉡ **비늘줄기(인경)번식** : 튤립, 나리 등

  ㉢ **구슬줄기(구경)번식** : 글라디올러스 등

  ㉣ **기는줄기(포복경)번식** : 양딸기, 잔디 등

  ㉤ **덩이줄기(괴경)번식** : 시클라멘, 유색칼라 등

  ㉥ **덩이뿌리(괴근)번식** : 다알리아, 라넌큘러스, 글로리오사 등

  ㉦ **뿌리줄기(근경)번식** : 칸나, 독일붓꽃, 수련, 파초, 은방울꽃 등

③ **인공 영양번식**

  ㉠ **꺾꽂이(삽목)**

    ⓐ **꺾꽂이의 개념** : 식물체의 일부인 가지나 잎을 어미나무에서 잘라내어 완전한 개체로 생육시키는 것을 말하며, 삽목이라고도 한다.

    ⓑ **꺾꽂이의 장점** : 어미나무의 소질을 그대로 계승할 수 있다.

    ⓒ **꺾꽂이의 종류** : 꺾꽂이에 사용하는 부분에 따라 분류된다.

      • 엽삽(잎꽂이)

      • 지삽(가지꽂이) : 가장 보편적이다.

    ⓓ **발근촉진제** : α－나프탈렌아세트산, 인돌아세트산, 인돌부티르산 등이 가장 보편적이다.

    ⓔ **삽수(揷穗)의 길이** : 10 ~ 30cm가 적절한데, 보통은 삽수의 단면을 경사지게 자르고, 반대쪽도 조금 자른다.

    ⓕ 꽂이모판에는 화산회토양(火山灰土壤) · 모래 · 물이끼를 섞은 것, 적토(赤土) · 화산회의 풍화토(風化土) 등이 많이 사용되며, 맨땅에다 심기도 하지만 화분이나 상자를 흔히 사용하며, 온실이나 묘상(苗床)에 심는 경우도 있다.

    ⓖ 꽂은 직후에 물을 주고, 나무를 판흙이 건조하지 않도록 적절한 때 물을 준다.

  ㉡ **휘묻이(취목)**

    ⓐ **휘묻이의 개념** : 식물의 일부를 어미그루에 달린 채 발근(發根)을 시킨 다음 잘라내어 새로운 독립된 개체를 만드는 번식법을 말하며 취목(取木)이라고도 한다.

    ⓑ **휘묻이의 장점** : 작업이 쉽고 품종의 특성을 완전히 이어받을 수 있다.

    ⓒ **휘묻이의 단점** : 대량생산이 곤란하다.

    ⓓ **휘묻이의 종류**

      • 고취법(高取法) : 석류 · 매화나무 등의 2 ~ 3년생의 세력이 좋은 가지를 1 ~ 2cm 폭으로 목질부에 달하지 않도록 껍질만을 둥글게 박피하고 물이끼로 싼 다음 다시 폴리에틸렌으로 싸고 위아래를 잡아맨다. 건조되지 않도록 물을 주고 발근이 되면 어미그루에서 잘라낸다.

      • 저취법(低取法) : 수국 · 덩굴장미 등과 같이 밑가지가 지표 가까이에서 많이 나오는 것이나 길고 휘청거리는 것은 박피나 칼자국을 낸 다음 땅에 묻거나 흙을 쌓으며, 발근 후 잘라낸다.

ⓒ 포기나누기(분주)
    ⓐ 포기나누기의 개념 : 다년생 초본 및 관목류에 이용되는 영양번식법을 말하며, 분주(分株)라고도 한다.
    ⓑ 포기나누기의 시기
- 꽃이 시든 직후
- 봄에 눈이 트기 직전
- 늦가을 잎이 물들 무렵
    ⓒ 방법
- 땅속줄기 : 2 ~ 3마디 이상 붙여서 분리한다.
- 카틀레야, 텐드로비움, 에피데드럼, 온시리움 등 : 지면에 마디줄기가 있고 2 ~ 3마디를 붙여서 나눈다.
- 대나무나 종려죽, 꽃창포, 만년청 등 : 1 ~ 2마디라도 좋다.
- 포기나누기한 작은 알뿌리는 개화 전에 꽃자루를 따주어야 큰 알뿌리로 키울 수 있다.
ⓓ 접목(접붙이기)
    ⓐ 접목의 개념 : 번식시키려는 식물체의 눈이나 가지를 잘라내어 뿌리가 있는 다른 나무에 붙여 키우는 것을 말한다.
    ⓑ 접을 하는 가지나 눈 등을 접수(接穗), 접지(接枝) 또는 접순이라 한다.
    ⓒ 접수의 바탕이 되는 나무를 대목(臺木)이라 한다.
    ⓓ 접목의 종류 : 접수가 가지 · 눈 또는 새순인지에 따라 분류된다.
- 가지접 : 가지를 잘라 대목에 접붙이는 방법에 따라 깎기접, 쪼개접, 복접(腹接), 혀접, 고접(高接)으로 세분된다.
- 대목의 이동여부에 따른 분류 : 대목을 제자리에 두고 접붙이기를 하느냐, 뽑아서 장소를 옮겨 하느냐에 따라 분류된다.
    – 제자리접 : 활착(活着)이 잘 되고 생육이 좋으나, 일의 능률이 떨어진다.
    – 들접 : 활착(活着)률이 떨어지나, 일의 능률이 높다.
    ⓔ 접목의 장점
- 어미나무 모수(母樹)의 유전적 특성을 가지는 묘목을 일시에 대량으로 양성할 수 있다.
- 결과연령을 앞당겨 주고 풍토적응성을 부여한다.
- 병해충에 대한 저항성을 높여준다.
- 대목의 선택에 따라 수세(樹勢)가 왜성화(矮性化)되기도 하고 교목이 되기도 한다.
- 고접을 함으로써 노목(老木)의 품종갱신이 가능하다.
    ⓕ 접목방법
- 깎기접 : 깎기접에 쓸 접수는 겨울 전정(剪定) 때 충실한 가지를 골라 그늘진 땅에 묻어 두었다가 쓰는 것이 활착에 좋다.
- 눈접 : 눈접의 시기는 핵과류는 7월 하순부터, 사과 · 배는 8월 상순 ~ 9월 상순 사이에 한다. 핵과류는 늦으면 접붙이기 어렵다.

• 순접
  – 순접은 6 ~ 7월에 실시하는데, 순접된 눈은 활착이 되면 곧 발아 · 신장한다.
  – 보통 순접 후 15일이면 싹이 튼다.
④ 발근 및 탈착 촉진법
  ㉠ 라놀린(Lanolin) 도포 : 접목 시 대목의 절단면에 라놀린을 바르면 증산이 경감되어 활착이 좋아진다.
  ㉡ 환상박피(環狀薄皮) : 취목을 할 때 발근 부위에 환상박피, 절상, 절곡 등의 처리를 하면 탄수화물이 축적되고 발근이 촉진된다.
  ㉢ 자당액 침지 : 포도의 단아삽에서 6%의 자당액에 60시간 침지하면 발근이 조장된다.
  ㉣ 황화(黃化) : 새 가지의 일부에 흙을 덮거나 종이를 싸서 일광을 차단하여 엽록소의 형성을 억제하고 황화시킨다.
  ㉤ 생장호르몬 처리 : β -IBA, NAA 등의 생장호르몬을 처리한다.
⑤ 조직배양
  ㉠ 조직배양의 의의
    ⓐ 다세포생물의 개체로부터 무균적으로 조직편(組織片)을 떼 내어 여기에 영양을 주고 유리용기 내에서 배양 · 증식시키는 일을 말한다.
    ⓑ 배양법에는 커버글라스법, 플라스크법, 회전관법(回轉管法) 등이 있다.
  ㉡ 조직배양의 이유
    ⓐ 품질 향상 : 바이러스가 없는 개체 무병주를 얻을 수 있다.
    ⓑ 대량 급속 증식 : 영양계 식물의 급속한 대량 번식에 이용된다.
    ⓒ 신품종 육성 : 자연적으로 발아하기 힘든 식물을 배양하거나(배배양), 변이체 식물을 선발하여 신품종을 육성할 수 있다(조직배양, 세포배양).
    ⓓ 2차 대사산물 생산 : 식물의 생존에 필수적인 물질 이외에 생산하는 부수적인 천연생산물을 이용할 수 있다.
    ⓔ 보존 및 교환 : 멸종 및 희귀식물의 소실을 방지할 수 있고, 타국과의 식물 교환 시 병원균 전염을 예방할 수 있다.
  ㉢ 생장점 배양
    ⓐ 바이러스가 없거나 예방을 위한 것으로 극히 적은 생장점 배양으로 무병주 생산에 효과적이다.
    ⓑ 감자, 마늘, 딸기, 카네이션 등의 무병주 생산에 이용된다.

4 **재배관리**

① 시비

  ㉠ 비료와 필수원소

    ⓐ 비료의 개념

- 토지를 기름지게 하고 초목의 생육을 촉진시키는 물질이다.
- 식물의 생육에 필요한 양분을 일정량 함유하고 있어야 한다.
- 식물생육이나 환경보전에 대하여 유해한 물질이 들어 있지 않아야 한다.
- 수송, 저장, 사용하는데 불편이 없어야 한다.
- 가격이 저렴하고 비효가 높아 농업경영에 도움이 되어야 한다.

    ⓑ 작물생육의 필수원소

- 다량원소(9종) : C, H, O, N, S, K, P, Ca, Mg
- 미량원소(7종) : Fe, Mn, Zn, Cu, Mo, B, Cl
- 기타 원소 : Si, Al, Ne, I, Co 등
- 비료의 3요소 : 질소, 인, 칼륨
- 비료의 4요소 : 질소, 인, 칼륨, 석회
- 비료의 5요소 : 질소, 인, 칼륨, 석회, 부식

    ⓒ 필수원소의 기준

- 해당 원소가 결핍되면 식물의 생장, 생존, 번식 중 어느 것도 완성되지 않는다.
- 결핍은 해당 원소를 줌으로써 회복되고 다른 원소로는 대체되지 않는다.
- 체내의 생화학적 반응에 반드시 필요하다.

    ⓓ 필수원소의 생리작용

- 탄소, 산소, 수소
  - 물이나 유기물의 구성원소로 식물체의 대부분을 구성한다.
  - 대기 중의 산소와 이산화탄소는 호흡과 광합성 작용에 있어 기본적인 요소이다.
- 질소
  - 엽록소, 단백질, 효소 등의 구성성분이다.
  - 부족 : 황백화 현상, 발육의 저하
  - 과잉 : 병충해에 대한 저항성 약화, 성숙 지연, 자실의 수확량 감소
- 인
  - 어린 조직이나 종자에 많이 함유되어 있다.
  - 세포핵, 분열조직, 효소 등의 구성성분이다.
  - 광합성, 호흡작용, 질소동화, 녹말과 당분의 합성과 분해에 관여한다.
  - 부족 : 뿌리발육 저하, 잎의 갈변, 결실 저해

• 칼륨
 - 광합성, 탄수화물·단백질 형성, 세포 내의 수분공급, 증산에 의한 수분상실의 제어 등의 역할을 한다.
 - 특정 화합물보다 이온화가 쉬우며, 잎·생장점·뿌리의 선단에 많이 함유되어 있다.
 - 부족 : 줄기의 약화, 생장점 고사, 잎의 끝이나 둘레가 황화, 하엽의 탈락으로 결실 저해
• 칼슘
 - 분열조직의 생장과 뿌리 끝의 발육 및 작용에 필요하다.
 - 체내의 유독한 유기산을 중화시키고, 알루미늄의 과잉 흡수를 억제한다.
 - 단백질 합성과 물질전류에 관여한다.
 - 질산태 질소의 흡수를 조장한다.
 - 잎에 많이 존재하며, 체내 이동이 어렵다.
 - 세포막 중 중간막의 주성분이다.
 - 과다 : 마그네슘, 철, 아연, 코발트, 붕소 등의 흡수 저해
 - 부족 : 뿌리나 눈의 생장점이 붉게 변하여 괴사
• 마그네슘
 - 녹말의 이동과 인산의 흡수·이동·운반 및 유지류의 생성에 관여한다.
 - 체내 이동이 용이하다.
 - 엽록소를 구성하는 유일한 금속원소이다.
 - 부족 : 종자 성숙 저하, 체내 비단백태 질소 증가, 탄수화물 감소, 황백화 현상, 생장점의 발육 저해
• 황
 - 체내 이동이 어려워 결핍증상이 새 조직부터 발현된다.
 - 기름의 합성을 돕고 엽록소 형성에 관여한다.
 - 식물체의 함량은 0.1 ~ 1.0%, 단백질·아미노산·효소 등이 구성성분이다.
 - 부족 : 콩과작물의 경우 근류근의 질소고정 저하, 엽록소의 형성 저해, 황화현상
• 철
 - 과다한 니켈, 구리, 코발트, 아연, 크롬, 몰리브덴, 칼슘 등은 철의 흡수 및 이동을 저해한다.
 - 호흡효소의 구성성분이다.
 - 엽록체 안의 단백질과 결합하고 엽록소 형성에 관여한다.
 - 부족 : 어린잎부터 황백화하여 잎맥 사이가 퇴색
• 망간
 - 토양이 강알칼리성이 되거나 철분이 과다하거나 과습하면 결핍상태를 초래한다.
 - 생리작용이 활발한 곳에 많이 함유되어 있다.
 - 체내 이동성이 낮아 결핍증은 새 잎부터 발현된다.
 - 각종 효소의 활성을 높여 동화물질의 합성분해, 호흡작용, 광합성 등에 관여한다.
 - 부족 : 화곡류에서는 세로로 줄무늬가 생기며, 잎맥에서는 먼 부분이 황색으로 변하고 갈색의 반점이
   발생하며 조직이 괴사

- 붕소
  - 석회의 과잉과 토양산성화로 결핍상태가 나타난다.
  - 생장점 부근에 다량 함유되어 있고, 촉매나 반응조절물질로 이용된다.
  - 체내 이동성이기 때문에 결핍증세는 생장점이나 저장기관에 나타나기 쉽다.
  - 분열조직의 발달, 화분발아, 유관속의 발달, 세포벽의 형성, 화분관의 신장 등에 필수적이다.
  - 부족 : 수정결실, 분열조직 괴사, 콩과작물의 근류형성과 질소고정 저해, 사탕무의 속썩음병, 순무의
    갈색속썩음병, 샐러리의 줄기쪼김병, 담배의 끝마름병, 사과의 축과병, 꽃양배추의 갈색병, 알팔파의
    황색병 등을 유발
- 아연
  - 단백질과 탄수화물 대사, 엽록소 형성, 촉매·반응조절물질로 이용, 옥신류 생성에 관여한다.
- 구리
  - 이탄토나 부식토를 개간하였을 때 사토 및 역토에 결핍증상이 나타난다.
  - 광합성, 호흡작용에 관여하며, 엽록소의 생성을 조장한다.
  - 부족 : 황백화, 괴사, 조기 낙엽 등 유발
- 몰리브덴
  - IAA를 산화·분해하여 최적 농도로 유지하는 IAA 산화효소의 활동에 관여한다.
  - 콩과작물에 많이 함유되어 있으며, 뿌리혹박테리아의 발육과 질소고정에 관여한다.
  - 질산환원효소의 구성성분으로 질소대사에 필요하다.
  - 부족 : IAA 농도가 너무 크면 생장이 억제되고, 황백화·모자이크병 발현
- 염소
  - 섬유작물에서는 염소의 시용이 유리하고 전분작물, 담배 등에는 불리하다.
  - 광합성을 할 때 산소발생을 수반하는 광화학 반응에 망간과 함께 촉매로 작용한다.
  - 아밀라아제 효소를 활성화하며 세포액의 pH를 조절한다.
  - 부족 : 황백화 현상
- 규소
  - 인산과 칼륨의 체내 이동을 원활하게 돕는다.
  - 망간의 엽내 분포를 균일하게 한다.
  - 표피조직의 세포막에 침전하여 병에 대한 저항성을 증가시킨다.
  - 잎을 서게 하여 수광성을 증가시킨다.
  - 식물체에 다량 존재하며 화본과 식물 등에서 화분의 주성분이다.
  - 부족 : 황갈색으로 고사
- 코발트
  - 근류근의 활동에 필요한 성분으로 콩과작물의 근류에 있는 비타민 B_{12}의 구성성분이다.
  - 코발트 결핍 토양의 목초를 가축에 먹이면 코발트 결핍증상이 나타난다.

ⓔ 무기성분의 과잉증상
- 알루미늄
  - 칼슘, 마그네슘, 이산화질소의 흡수와 인의 체내 이동을 저하시킨다.
  - 뿌리 신장을 저해하며 맥류의 잎에서는 잎맥 사이의 황화 현상을 초래한다.
- 2가철(Fe^{2+}) : 벼 잎에 갈색의 반점이 나타나고 점차 확대되어 끝부분부터 흑변 · 고사
- 니켈 : 철 결핍과 유사한 증상인 황백화, 뿌리 신장 억제
- 카드뮴 : 황백화, 뿌리 신장 억제
- 수은 : 뿌리 신장 억제

ⓛ 비료의 분류와 성분
ⓐ 효과의 지속성에 따른 분류
- 속효성 비료 : 요소, 과인산석회, 암모니아, 염화가리 등
- 완효성 비료 : 깻묵, 피복지비료 등
- 지효성 비료 : 퇴비, 구비 등

ⓑ 반응에 따른 분류
- 화학적 반응(수용액의 직접적 반응) : 시비한 다음 식물의 뿌리흡수나 미생물의 작용을 받은 후 반응
  - 산성비료 : 과인산석회, 중과인산석회 등
  - 중성비료 : 황산암모니아, 질산암모니아, 황산가리, 염화가리, 콩깻묵 등
  - 염기성비료 : 재, 석회질소, 용성인비 등
- 생리적 반응
  - 생리적 산성비료 : 황산암모니아, 황산가리, 염화가리 등
  - 생리적 중성비료 : 질산암모니아, 과인산석회, 중과인산석회, 요소 등
  - 생리적 염기성비료 : 석회질소, 용성인비, 재, 칠레 초석 등

ⓒ 생산 및 공급수단에 따른 분류
- 일반 비료
  - 무기질 질소비료 : 황안, 요소, 염안, 질안, 석회질소, 암모니아수, 초석 등
  - 무기질 인산비료 : 과석, 중과석, 용인, 용과인, 토머스인비 등
  - 무기질 칼륨비료 : 염화칼륨, 황산칼륨 증
  - 복합비료 : 제1종복비, 제2종복비, 제3종복비, 제4종복비
  - 유기질비료 : 어박, 골분, 대두박, 각종 유박, 계분가공비료
  - 석회질비료 : 생석회, 소석회, 석회석 분말, 부산 소석회 등
  - 규산질비료 : 규산질 비료, 규회석 비료 등
  - 마그네슘비료 : 황산고토, 백운석 분말 등
  - 붕소비료
  - 기타 비료 등
- 특수비료 : 퇴구비를 비롯한 각종 자급 비료, 부산물 비료

ⓓ 비료의 성분

종류	질소	인산	칼리	종류	질소	인산	칼리
염화가리			60%	퇴비	0.5%	0.26%	0.5%
황산가리			48 ~ 50%	콩깻묵	6.5%	1.4%	1.8%
계분(건)	3.5%	3.0%	1.2%	탈지강	2.08%	3.78%	1.4%
짚재		3.7%	9.6%	뒷거름	0.57%	0.13%	0.27%
과인산석회		16%		녹비(생)	0.48%	0.18%	0.37%
중과인산석회		44%		구비(소)	0.34%	0.16%	0.4%
용성인비		18 ~ 19%		구비(돼지)	0.45%	0.19%	0.6%
황산암모니아	21%			질산암모니아	35%		
요소	46%			석회질소	20 ~ 22%		

ⓔ 비료성분의 형태
• 인산 형태
  - 수용성 인산(H_2PO_4) : 토양이 산성이면 철·알루미늄과 반응하여 불용화되고 토양에 고정되므로 흡수율이 매우 낮으며, 과인산석회·중과인산석회에 함유되어 있고, 작물에 잘 흡수되는 속효성이다.
  - 구용성 인산(HPO_4) : 용성인비($3MgO$, Ca, P_2O_5, $CaSiO_2$)는 구용성 인산을 함유하며 작물에 빨리 흡수되지 않아 과인산석회 등과 병용해야 하며, 규산, 석회, 마그네슘 등을 함유하는 염기성 비료이기에 산성토양을 개량하는 효과가 탁월하다.
  - 불용성 인산(PO_4) : 물과 묽은 구연산 용액에 용해되지 않아 비효가 느리며, 인광석, 동물 뼛가루 등에 함유되어 있다.
• 질소 형태
  - 암모늄태 질소(NH_4) : 물에 잘 용해되며 작물에 잘 흡수되므로 속효성이고, 암모니아는 양이온이기 때문에 토양에 잘 흡수되어 유실되지 않으며 황산암모늄, 인산암모늄, 암모니아수, 탄산암모늄 등이 해당된다.
  - 질산태 질소(NO_3) : 논토양에서 쉽게 유실되고 환원되어 탈질현상을 유발하며, 질산은 음이온이기에 토양에 잘 흡착되지 않아 유실의 염려가 크고 물에 잘 용해되며 작물에 잘 흡수되므로 속효성을 가진다. 밭작물에 대한 추비로 알맞으며 질산암모늄, 질산석회, 질산나트륨 등이 해당된다.
  - 요소태 질소[$(NH_2)_2CO$] : 요소는 토양에서 Urease 효소의 작용에 의해 탄산암모니아로 가수분해되고 물에 잘 용해되며 이온이 아니므로 토양에 흡착되기 어려워 시용 직후 유실의 우려가 크다.
  - 시안아미드태 질소 : 시안아미드태 질소는 토양에서 화학변화하여 작물을 흡수할 수 있는 형태로 변하게 되는데, 이 기간이 약 일주일 정도 소요되므로 작물을 파종하기 일주일 전에 시용해야 하며, 석회질소의 주성분이고 물에 잘 용해된다.
  - 단백태 질소 : 토양에서 미생물의 작용에 의해 암모늄태 질소로 변화된 후 이용되며, 어비나 깻묵 등에 함유되어 있다.

- 칼륨 형태
  - 대부분 물에 잘 용해되며 토양 점토에 흡착이 용이하다.
  - 황산가리, 염화가리, 유기질 비료, 초목회 등이 해당된다.

ⓒ 시비

ⓐ 시비의 개념
- Liebig의 최소양분율
  - 작물의 생육은 양분공급의 다소와는 상관없이 최소양분의 공급량에 의해 수량이 지배된다는 것이다.
  - 양분 중 필요량에 대해 공급이 가장 적어 작물생육을 제한할 수 있다.
- Wollny의 최소율
  - 작물의 생육에는 수분, 빛, 온도, 양분, 공기 등의 여러 가지 인자가 작용한다.
  - 작물의 생산량은 생육에 필요한 모든 인자 중 요구조건을 가장 충족시키지 못하고 있는 인자에 의해 지배된다.
  - 요구조건을 가장 충족시키지 못하는 인자를 제한인자라고 한다.
- 수량경감의 법칙
  - 비료를 시용할 경우, 최초 시비에 따라 수량이 크게 늘어나나 일정 한계 이상으로 시비량이 많아지면 수량의 증가량은 점점 작아지게 되며, 시비량이 증가해도 수량이 더 이상 증가하지 못하는 상태에 도달하게 되는데 이를 수량경감의 법칙이라고 한다.
  - 일정량의 비료공급에 따르는 보수의 측면에서 보수체감의 법칙이라고도 한다.

ⓑ 시비량 : 비료의 이용률은 낮으며, 양분의 종류와 토양의 성질에 따라 차이가 크게 나타나는데 나머지 양분은 토양교질물에 고정되어 무효한 형태로 되거나, 물에 씻겨나가는 것, 가스 상태로 되는 것 등에 의한 손실이 많아 손실을 줄이기 위하여 토양 및 작물에 알맞은 비료의 형태를 개발하거나 시비 방법과 시비시기 등의 시비기술을 개선하여 흡수율을 높이기 위한 연구가 필요하다.

ⓒ 시비량의 계산
- 사용한 비료가 전부 작물에 흡수되는 것이 아니므로 흡수율을 고려하여 계산한다.

$$시비량 = \frac{흡수소요량 - 천연공급량}{비료요소의\ 흡수율}$$

- 비료요소의 흡수량 : 단위면적당 전수확률 중에 함유되어 있는 비료요소를 분석하여 계산한다.
- 비료요소의 천연공급량 : 특정 비료요소에 대해 무비료 재배할 때의 단위면적당 전수확물 중 함유되어 있는 비료요소량을 분석하여 계산한다.
- 비료요소의 흡수율
  - 토양에 사용된 비료성분 가운데 직접 작물에 흡수되어 이용되는 비율이다.
  - 흡수율은 비료, 토양, 작물 등의 조건에 따라 변한다.
- 3요소 시험 : 비료의 3요소에 대하여 각 포장에서 각 요소들을 어느 정도의 분량으로 주어야 하는지 시험하여 시비량을 결정한다.

ⓓ 시비의 분류
- 시비목적에 따른 분류(화곡류)
  - 분얼비(줄기거름) : 분얼수의 증가를 위하여 주는 추비이다.
  - 수비(이삭거름) : 이삭의 충실한 발육을 위하여 시비하는 비료로 유수형성기에 시용한다.
  - 실비(알거름) : 열매의 충실한 발육을 위하여 시비하는 비료로 출수기 전후에 시용한다.
- 시비시기에 따른 분류
  - 기비(밑거름) : 파종 또는 이식 시
  - 추비(덧거름) : 생육 도중 시용, 분얼비, 수비, 실비 등이 해당한다.
  - 지비(최종거름) : 마지막 거름
- 기타 분류
  - 전면시비 : 논이나 과수원에서 여름철 속효성 비료를 시용할 경우 이용한다.
  - 부분시비 : 시비구를 파고 시용한다.
  - 표층시비 : 작물의 생육기간 중 시비한다.
  - 심층시비 : 작토 속에 비료를 시용한다.
  - 전층시비 : 비료가 작토 전층에 고루 혼합되도록 시용한다.
  - 고형시비 : 노후답 등에서 비효를 오래 지속시키고 벼 뿌리를 보호하기 위해 비료를 붉은 진흙에 섞어 주먹 크기의 덩어리로 만들어 벼 포기 사이사이에 꽂는다.
  - 심층추비 : 벼의 후기 영양을 확보하기 위해 수비를 작토의 심층에 주는 방식으로 주로 한랭지에서 이용한다.
ⓔ 시비 시 주의할 점
- 감자처럼 생육기간이 짧은 경우 주로 기비로 주고, 맥류나 벼처럼 생육기간이 긴 경우에는 분시한다.
- 생육기간이 길고 시비량이 많은 경우일수록 질소의 밑거름(기비량)을 줄이고, 덧거름(추비량)을 늘리고 그 횟수도 늘린다(추비중점 시비).
- 사질토, 누수답, 온난지 등에서는 비료가 유실되기 쉬우므로 덧거름의 분량과 횟수를 증가한다.

ⓔ 엽면시비
ⓐ 엽면시비의 의의
- 요소나 엽면살포용 비료를 물에 아주 엷게 희석하여 분무상태로 잎이나 줄기에 시비하는 것이다.
- 수체가 쇠약해졌을 때, 또는 단기간 왕성한 생육을 유도할 때 사용하며 주로 멀칭과 함께 시용한다.
ⓑ 엽면시비의 이용
- 과수원에서 초생재배를 하거나 수박·참외 등의 덩굴이 지상에 만연하거나 토양시비가 곤란한 경우 이용한다.
- 노후화답의 벼는 뿌리의 흡수력이 약하기 때문에 요소, 망간 등의 엽면살포를 실시한다.
- 병충해·습해·유해물질 등에 의해 뿌리가 피해를 입었을 경우 심하지 않았을 때에 엽면살포를 하면 생육이 좋아지고 신근도 발생한다.
- 작물이 상해나 풍수해 및 병충해 등을 입어 빠른 회복이 요구될 경우 요소 등을 엽면시비하면 토양시비보다 빨리 흡수되어 효과가 탁월하다.
- 작물에 미량요소의 결핍이 일어날 경우 토양에 주는 것보다 엽면살포의 효과가 더 크다.

ⓒ 엽면흡수에 영향을 미치는 요인
- 전착제의 가용 : 표면활성제인 전착제를 첨가하여 살포하면 엽면흡수율이 증가한다.
- 농약과의 관계
  - 농약을 요소 등의 엽면시비용 비료와 혼합할 때 살포액의 화학적 변화를 고려하여야 한다.
  - 요소액에 혼합해도 좋은 것으로는 포르말린, 보르도액, 석회유황합제, DDT유제, 황산니코틴, 2·4-D 등이 있다.
  - 요소액에 혼합하면 안 되는 것은 우스풀룬, 석회질소, 제충국 유제, BHC 등이 있다.
- 살포액의 pH : 살포액의 pH가 미산성인 것은 흡수가 용이하다.
- 살포액의 농도 : 피해가 나타나지 않는 한 농도가 높으면 흡수가 빠르다.
- 엽의 상태
  - 당분함량이 많으면 요소의 동화가 쉽고 농도가 높은 것을 살포해도 해가 없다.
  - 잎 안의 질소농도가 낮으면 잎의 생리작용이 활발하지 못하고, 잎도 경화되어 엽면 흡수가 좋지 못하다.
  - 잎 표면보다 표피가 얇은 이면에서 더 잘 흡수된다.
  - 엽면 흡수는 잎의 생리작용이 왕성할 때 활발하므로 가지나 줄기의 정부에 가까운 성엽에서 흡수율이 높다.
- 기타
  - 기상조건이 좋을 때 작물의 생리작용이 왕성하므로 흡수가 빠르다.
  - 석회를 가용하면 흡수를 억제하여 고농도 살포의 해가 경감된다.

② 보식, 솎기, 중경
  ㉠ 보식과 솎기
    ⓐ 보식
      - 보식(補植) : 발아가 불량한 곳, 이식 후에 병충해나 그 밖의 이유로 고사한 곳에 보충하여 이식하는 것을 말한다.
      - 보파(補播) : 파종이 고르지 못하거나 발아가 불량하여 작물 개체 간의 거리를 조절하기 위해 보충적으로 파종하는 것을 말하며, 추파(追播)라고도 한다.
    ⓑ 솎기
      - 솎기 : 작물의 씨를 빽빽하게 뿌린 경우에 싹이 튼 뒤 그 중 일부의 개체를 제거하고 알맞은 개체수를 고르게 생육시키려고 하는 작업을 말한다.
      - 솎기의 효과
        - 개체의 생육공간을 넓혀 주어 균일한 생육을 할 수 있다.
        - 솎기를 전제로 하여 종자를 넉넉히 뿌리면 발아가 불량하여도 빈 곳이 생기는 일이 없다.
        - 종자에서 판별이 곤란한 생리적·유전적인 열악형질(劣惡形質)을 가진 개체를 싹튼 후 제거하여 우량 개체만을 남길 수 있다.

ⓛ 중경
　ⓐ 중경 : 작물의 생육 도중에 작물 사이의 토양을 가볍게 긁어주어 부드럽게 하는 작업을 말한다.
　ⓑ 중경의 효과
　　• 밭에서는 딱딱해진 토양을 부드럽게 하여 투수성(透水性)·통기성을 증가시킴으로써 작물의 뿌리가 잘 자라게 하고 토양 내부의 건조를 막는다.
　　• 토양을 갈아엎기 때문에 잡초를 제거할 수 있다.
　　• 굳어 있는 표층토를 얕게 중경하여 피막을 부숴주면 발아가 조장된다.
　ⓒ 중경의 단점
　　• 작물의 뿌리가 끊어지므로 중경제초에 의한 피해도 있으며 한발의 해를 조장하게 된다.
　　• 유수형성(幼穗形成) 이후의 중경은 감수(減收)의 원인이 된다.
　　• 표층토가 빨리 건조되어 바람이 심한 곳에서는 풍식이 조장된다.
　　• 토양 중의 온열이 지표까지 상승하는 것이 줄어들어 발아 중의 어린 식물이 서리나 냉온을 만났을 때 한해를 입기 쉽다.
③ 제초
　㉠ 잡초의 개요
　　ⓐ 잡초의 의의
　　　• 경작지·도로 그 밖의 빈터에서 자라며, 생활에 큰 도움이 되지 못하는 풀을 총칭하는 말이다.
　　　• 농업에서는 경작지에서 재배하는 식물 이외의 것을 잡초라고 하며, 경작지 이외에서 자라는 것은 야초(野草)라고 한다.
　　　• 잡초는 작물에 비하여 생육이 빠르고 번식력이 강할 뿐 아니라 종자의 수명도 길다.
　　ⓑ 잡초의 유해작용
　　　• 병충해의 전파 : 잡초는 작물 병원균의 중간 기주역할을 하는 경우가 있다.
　　　• 품질의 저하 : 목초의 품질과 상품성이 떨어지게 된다.
　　　• 미관 손상 : 잔디밭의 잡초는 미관을 훼손한다.
　　　• 가축 피해 : 일부 잡초는 가축에 중독을 일으키는 경우도 있다.
　　　• 유해물질 분비 : 어떤 식물의 분비물이나 경엽근(莖葉根)의 유체가 다른 식물의 생리작용을 해칠 수도 있다.
　　　• 작물과의 경쟁
　　　　- 잡초는 작물과 생육상의 경쟁을 하고 작물의 생육환경을 불량하게 만든다.
　　　　- 잡초는 일반적으로 작물보다 양분흡수력이 강하여 작물이 필요로 하는 양분을 흡수한다.

ⓒ 잡초의 전파와 발아
- 잡초의 전파 : 잡초는 전파력이 매우 크므로 자기포장을 정결히 하여도 인접포장에서 전파되기 쉽다.
- 잡초의 발아
  - 휴면 : 잡초 종자는 성숙 후 곧 발아하는 것도 있지만, 채종 후 3 ~ 4개월간 발아하지 않는 것도 많다.
  - 수명 : 잡초 종자가 땅 속 깊이 묻히면 1 ~ 2차 휴면이 유도되어 발아하지 않고 오랫동안 수명이 지속되는 경우가 있다.
  - 빛 : 잡초 종자는 대부분 호광성이다.
  - 복토 : 복토가 깊어지면 산소와 광선이 부족해져 잡초의 발아가 억제된다.
  - 변온 : 호광성 종자라도 변온상태에서는 암중 발아하는 것도 있다.
  - 토양수분 : 토양이 습하면 복토 증대에 따른 발아 저하가 심해진다.
ⓛ 잡초의 방제
ⓐ 잡초방제 : 생육 중인 잡초를 제거할 뿐만 아니라 잡초 종자의 발아를 미연에 억제하는 것을 말한다.
ⓑ 잡초 예방대책
- 경운 : 경지를 깊이하고 표토에 많이 있는 잡초 종자를 깊이 묻어 버리는 방법이다.
- 피복 : 짚, 비닐 등으로 지면을 덮는 이른바 멀칭에 의해서 발아를 억제시키는 방법이다.
- 윤작 : 논과 밭의 윤환경작(輪換耕作)도 잡초발생 방지에 매우 효과가 있다.
  - 소토, 소각 : 화전을 일굴 때 잡초 종자가 많이 소멸한다.
  - 방목 : 작물을 수확한 후에 방목하여 잡초를 먹이로 한다.
  - 재배방식
    ▶ 목초 파종 시 동반 작물을 혼파하면 잡초 발생을 경감시킨다.
    ▶ 과수원의 초생재배도 잡초 발생을 억제한다.
  - 퇴비 : 퇴비용 목초는 성숙한 잡초 종자를 가진 풀을 사용하는 일이 없도록 한다.
ⓒ 제초제에 의한 제초
- 제초제 사용법
  - 파종 전 처리 : 경기하기 전에 포장에 제초제를 살포하는 방법으로 Gramoxone, TOK, PCP, EDPD, CBN, G-315(론스타) 등이 이용된다.
  - 파종 후 관리
    ▶ 포장에 직접 파종하는 작물에 대하여 파종 후 3일 이내에 제초제를 토양에 살포하는 것으로 출아 전 처리라고도 한다.
    ▶ PCP, TOK, Simazine(CAT), Machete, Afalon(Lorox), Swep, Lasso, Ramrod, Kaemex 등이 이용된다.
  - 이식 전 처리 : 이식을 하는 작물로서 이식할 때에 토양을 심하게 교반하지 않는 작물에 대해서는 이식 2 ~ 3일 전에 포장 전면에 제초제를 살포하는 방법이다.
  - 생육 초기 처리(출아 후 처리) : Stam F-34(DCPA), 2·4-D, Saturn-S, Pamconn, Simazine(CAT), Cl-IPC 등이 이용된다.

- 제초제 사용 시 유의점
  - 사람이나 가축에 유해한 것은 특히 주의한다.
  - 파종 후 처리 시 복토를 다소 깊게 한다.
  - 선택시기와 사용량을 적절히 한다.
  - 농약, 비료 등과의 혼용을 고려해야 한다.

④ 멀치, 배토, 토입, 답압
  ㉠ 멀치
    ⓐ 멀치의 의의
      - 농작물을 재배할 때 경지토양의 표면을 덮어주는 자재를 멀치(Mulch)라고 하며, 덮어주는 일을 멀칭(Mulching)이라고 한다.
      - 토양침식 방지, 토양수분 유지, 지온 조절, 잡초 억제, 토양전염성병균 방지, 토양오염 방지 등의 목적으로 실시된다.
    ⓑ 멀치의 분류
      - 토양 멀치 : 토양의 표면을 얇게 갈면 하층과 표면의 모세관이 단절되고 표면에 건조한 토층이 생겨서 멀칭한 것과 같은 효과를 보이는 것을 말한다.
      - 스티플 멀치 농법 : 미국의 건조 또는 반건조 지방의 밀재배에 있어서 토양을 갈아엎지 않고 경운하여 앞 작물의 그루터기를 그대로 남겨서 풍식과 수식을 경감시키는 농법이다.
      - 폴리멀치 : 예전에는 볏짚ㆍ보릿짚ㆍ목초 등을 썼으나, 오늘날은 폴리에틸렌이나 폴리염화비닐 필름을 이용한다.
    ⓒ 멀치의 효과
      - 동해 경감, 한해 경감
      - 잡초 억제, 생육 촉진
      - 과실 품질 향상, 토양 보호
    ⓓ 필름의 종류와 효과
      - 흑색필름 : 모든 광을 흡수하여 잡초의 발생이 적으나, 지온상승 효과가 적다.
      - 투명필름 : 모든 광을 투과시켜 잡초의 발생이 많으나, 지온상승 효과가 크다.
      - 녹색필름 : 잡초를 억제하고 지온상승의 효과가 크다.

ⓛ 배토
  ⓐ 배토의 의의
    • 이랑 사이의 토양을 작물의 포기 밑에 모아주는 작업을 말한다.
    • 중경(사이갈이)의 일종으로 맥류, 채소류, 밭벼, 감자, 옥수수 등의 작물에 실시한다.
    • 배토 시 뿌리가 잘리지 않도록 주의하고 건조한 시기는 가급적 피한다.
  ⓑ 배토의 효과
    • 작물의 뿌리줄기를 고정하므로 풍우에 대한 저항력이 증대되어 쓰러지는 것을 방지한다.
    • 토란, 파 등에서는 작물의 품질을 좋게 하고 소출을 증대시킨다.
    • 제초(除草)의 효과와 함께 배수를 돕고 지온을 상승시켜 뿌리의 발달이 좋아진다.
    • 도복이 경감되고 무효분얼의 발생이 억제되어 증수효과가 있다.
    • 연백(軟白)효과가 있다.
ⓒ 토입
  ⓐ 토입의 개념 : 맥류재배에서 생육 초기 또는 중기에 이랑 사이의 흙을 중경하여 부드럽게 하여 작물의 포기 사이에 뿌려 넣어 주는 작업을 말한다.
  ⓑ 토입의 효과
    • 가을에서 겨울까지의 어린 모 : 토입을 하면 보리포기를 보호하고 바람이나 비에 의해 흙이 흘러내려서 생기는 뿌리의 노출을 막으며, 보온의 효과도 있다.
    • 봄에 마디 사이가 자라기 시작할 때, 또는 그 이후 토입의 효과
      – 무효분얼을 억제하고 포기의 간격을 넓혀 통풍을 좋게 하며, 일광을 잘 쬐게 함으로써 줄기의 발육을 돕는다.
      – 이삭이 나온 후 넘어지는 것을 예방한다.
ⓓ 답압
  ⓐ 답압의 개념 : 가을부터 겨울 동안 밭에서 생육하고 있는 보리를 발 또는 답압기(踏壓機)로 밟아주는 작업을 말하며, 보리밟기라고도 한다.
  ⓑ 답압의 효과
    • 보리의 경엽(莖葉)에 상처를 주어 월동 전에 지상부의 웃자람(徒長)을 억제하고 분얼을 촉진하며, 상처로 수분의 증산이 많아지기 때문에 세포액 농도가 높아져서 생리적으로 내한성이 높아진다.
    • 뿌리의 발달이 촉진되므로 유묘기에 심근화(深根化)되어 겨울의 동상해(凍霜害)에 대한 저항성이 높아진다.
    • 주위의 토양도 함께 밟아 다져지므로 겨울의 이 작업은 서릿발에 의해서 토양이나 보리가 솟아오르는 것을 막는 효과가 있다.
    • 난지(暖地)에서의 보리밟기는 주로 지상부의 웃자람 방지와 분얼수의 증가에 효과가 있다.
    • 한지(寒地)에서는 주로 서릿발의 피해 등의 내한성(耐寒性)을 높이는 것에 효과가 있다.

⑤ 생육 형태의 조정
  ㉠ 전정
    ⓐ 전정의 의의
      • 가지를 잘라 주는 일을 말한다.
      • 주로 과수재배에서 수형(樹形)을 만들기 위해서도 가지를 자르는데, 이 경우는 정지(가지고르기)라고 하며, 세부의 가지를 솎아주거나 잘라내는 경우를 전정(剪定)이라 하여 구별한다.
      • 전정은 나무의 생장이 왕성할 때에는 생장을 억제하고 결실을 늦추는 효과가 있으므로 가지치기의 목적 이외에는 가볍게 한다.
    ⓑ 전정의 효과
      • 부러졌거나 약해서 이상이 생긴 가지를 제거하고, 혼잡한 부분의 가지를 정리한다.
      • 열매가 달릴 가지의 수를 제한하여 지나치게 많이 열리는 것을 방지한다.
      • 가지를 적당히 솎아 수광과 통풍을 좋게 하여 과실의 품종이 좋아진다.
      • 공간을 최대한 이용할 수 있고 관리 작업이 용이하다.
    ⓒ 전정의 종류
      • 가지의 기부를 잘라내는 것을 솎음전정이라 한다.
      • 가지의 중간을 잘라서 튼튼한 새 가지를 발생시키려는 것을 자름전정이라 한다.
  ㉡ 정지
    ⓐ 정지의 의의 : 과수 등의 경우, 자연적 생육형태를 변형하여 목적하는 생육형태로 유도하는 것을 말한다.
    ⓑ 정지법의 종류
      • 덕식
        – 철사 등을 공중 수평면으로 가로·세로로 치고, 가지를 수평면의 전면에 유인하는 방법이다.
        – 포도, 배 등에서 이용된다.
        – 증수와 품질이 좋아지고 나무의 수명도 길어진다.
        – 시설비가 많이 들고 관리가 불편하다.
      • 울타리형
        – 가지를 2단 정도로 길게 직선으로 친 철사 등에 유인하여 결속시킨다.
        – 포도의 정지법으로 흔히 이용된다.
        – 시설비가 적게 들고 관리가 간편하다.
        – 나무의 수명이 짧아지고 수량이 적다.
        – 관상용으로 이용되기도 한다(배, 자두 등).
      • 변칙주간형(變則主幹型)
        – 원추형과 배상형의 장점을 취하기 위해 처음에는 수년간 원추형으로 기르다가 그 후 주간의 선단을 잘라서 주지가 바깥쪽으로 벌어지도록 하는 방법이다.
        – 수연개심형이라고도 하며, 사과·감·밤·서양배 등에 이용된다.

- 배상형(盃狀型)
  - 개심형이라고도 한다.
  - 주간을 일찍 끊고 3 ~ 4본의 주지를 발달시켜서 수형을 술잔 모양이 되게 하는 방법이다.
  - 관리가 편하고 통풍과 통광이 좋다.
  - 주지의 부담이 커서 가지가 늘어지기 쉽고, 수량이 떨어진다.
  - 배, 복숭아, 자두 등에 이용된다.
- 원추형(圓錐型)
  - 수형이 원추상태가 되게 하는 방법을 말하며, 주간형 또는 폐심형이라고도 한다.
  - 주지수가 많고 주간과의 결합이 강하다.
  - 관리가 불편하고 풍해를 심하게 받는다.
  - 아래쪽 가지가 광 부족으로 발육이 불량해지기 쉽다.
  - 과실의 품종이 저하되기 쉽다.

ⓒ 절화
  ⓐ 절화의 생리
  - 절화의 개요
    - 잘라서 유통되는 모든 종류의 식물을 절화라 한다.
    - 물에 꽂아 신선한 상태로 유기가 가능한 기간을 절화의 수명이라 한다.
    - 환경에 따라 절화의 수명은 심한 기간의 차이를 보인다.
  - 절화수명의 단축요인
    - 탈수현상 : 식물이 흡수하는 수분의 양보다 증산되는 수분의 양이 많기 때문에 발생하며 흡수되는 물의 양이 줄면 탈수는 더욱 심해진다.

Point 팁 절화의 물올림을 방해하는 요인
ⓐ 줄기의 절단면이 미생물 번식으로 인해 도관이 막히거나 좁아진 경우
ⓑ 잘라진 줄기의 도관 속에 기포가 발생하여 물올림을 방해하는 경우
ⓒ 줄기의 절단면에 유액이 분비되어 도관을 막는 경우

- 절화의 품질 저하 요인
  - 꽃잎의 위조 : 절화의 경우 꽃을 관상하기 때문에 꽃잎이 말려들어 가거나 색이 변하는 등의 노화가 시작되면 절화의 품질에 큰 영향을 미친다.
  - 봉오리의 건조 : 봉오리 상태, 약간 개화된 상태, 완전 개화된 상태 등 여러 단계를 한꺼번에 볼 수 있는 절화의 경우 봉오리가 건조되거나 쭈그러들어 피지 못하고 탈리된다.
  - 꽃 목굽음 : 장미, 거베라 등의 절화에서 흔하게 나타나는 현상으로 수분흡수력 감소로 인하여 수분 결핍이 원인이 되어 줄기가 휘어진다.
  - 항굴지성 : 식물이 하늘을 향해 휘어지는 현상으로 눕혀서 운반 시 많이 발생한다.
- 절화의 수확시기 : 해 뜨기 전, 10시 전

ⓑ 절화의 관리
- 온도
  - 절화를 보존하는 장소의 대기 온도는 절화의 수명에 직접적인 영향을 미친다.
  - 온도가 높아지면 호흡작용, 증산작용이 활발해 지기 때문에 저온에서 절화를 보관하여 증산작용과 호흡작용을 억제하여 절화의 수명을 연장시킨다.
  - 지나친 저온의 경우 냉해를 입을 수 있으므로 식물의 종류, 원산지에 따라 적당한 온도를 유지하는 것이 바람직하다.
  - 고온일 경우 호흡작용의 촉진으로 활발한 증산작용이 나타나 탈수가 일어나며, 저온일 경우에는 호흡작용과 증산작용이 억제된다.
- 습도
  - 습도는 85 ~ 95%로 유지하는 것이 좋다.
  - 저습인 경우 절화의 끝이 마르거나 탈수가 일어난다.
  - 고습인 경우 절화에 곰팡이나 습진이 발생한다.
- 물올림
  - 줄기는 물의 흡수면적이 최대한 넓도록 잘라 바로 물올림을 실시해야 한다.
  - 공기 중에 오랜 시간 노출이 되면 줄기의 물관이 기포로 막혀 물올림을 방해한다.
  - 물속 자르기 : 물속에서 줄기를 자르거나 꺾어서 공기가 들어가지 못하게 한다.
  - 열탕처리 : 꽃이나 잎이 상하지 않도록 종이에 싸서 3 ~ 5cm 정도 끓는 물에 처리한다.
  - 탄화처리 : 줄기의 절단면 주변을 불로 태워 자극한다.
  - 줄기 두드림 : 줄기의 끝부분을 망치로 두들겨 짓이여 물의 흡수면을 넓힌다.
  - 펌프 주입 : 펌프로 줄기 속에 물을 주입한다.
  - 약품 처리 : 물속에서 줄기를 자른 후 알코올, 염산, 식초 등의 약품에 침탕한다.
- 미생물 방지
  - 식물 줄기의 절단면이나 껍질이 벗겨진 곳에서 미생물이 번식해 꽃을 상하게 한다.
  - 세균, 효모, 사상균 등의 미생물은 에틸렌과 독소를 생성시켜 노화를 촉진한다.
  - 에틸렌 : 노화촉진, 엽록소 파괴, 증산작용 촉진, 색소 형성, 악취 발생, 조직 연화, 절화 수명 단축
- 에틸렌 발생 억제
  - 에틸렌 가스는 공기 중 불완전 연소의 부산물로 발생되거나 노화된 꽃, 성숙한 과일, 식물체의 부패 등 노쇠하거나 상한 식물 조직에서 주로 발생한다.
  - 온도를 10℃ 전후로 낮추고 적정한 습도를 유지하여 식물의 호흡과 수분증발을 억제하면 노화 지연이 가능하다.
  - 직사광선이나 강한 바람을 피하고 냉난방기구, 연기, 성숙한 과일, 노화된 꽃과는 분리한다.
  - 저장고는 적어도 1년에 1회 이상 전체 소독을 실시한다.
  - 벽과 바닥은 물과 세척제로 씻어 먼지와 곰팡이를 제거한다.
  - 소독 후 저장고를 반드시 건조한다.
  - 저장고의 에틸렌가스와 좋지 못한 냄새는 반드시 제거한다.

ⓒ 절화의 수명연장
- 저온저장 : 적당한 습도를 유지한 상태에서 저온에 보관하는 것이 수명 연장에 도움이 된다.

> **Point 팁**
> 저온저장의 목적
> ㉠ 우수한 품질의 상태에서 보관이 가능
> ㉡ 판매시기를 효과적으로 연장 가능
> ㉢ 내수, 수출의 장거리 수송에 유리
> ㉣ 취급 중 손실이 감소되고 관리과정이 용이

- 저장식물의 품질
  - 물리적 상처가 없어야 함 : 상처가 나면 수분손실, 에틸렌 생성, 미생물 증가가 나타난다.
  - 적기수확 : 만개하거나 아주 어린 경우 저장에 불리하다.
- 절화보존제
  - 대표적인 절화보존제인 에틸렌 작용저해제 STS(Silver Thiosulfate)는 질산은에 의해 효과가 나타나며, 은 이온은 강한 살균력으로 절단부의 박테리아 발생을 억제하고 항에틸렌 작용으로 꽃의 수명이 연장된다.
  - STS제를 흡수시킨 절화는 외부의 에틸렌과 식물 내부의 에틸렌 억제에 모두 효과적이나 환경오염에 대한 문제가 대두된다.

ⓔ 기타 조정법
ⓐ 절상 : 눈이나 가지 바로 위에 가로로 깊은 칼금을 넣어서 눈이나 가지의 발육을 조장한다.
ⓑ 잎따기 : 잎을 따는 일을 말하며, 적엽(摘葉)이라고도 한다.
ⓒ 환상박피
- 줄기나 가지의 껍질을 2 ~ 6cm 정도 둥글게 도려내는 것이다.
- 화아분화나 숙기를 촉진시키기 위해 이용된다.
ⓓ 눈따기 : 눈이 트려 할 때에 필요 없는 눈을 손끝으로 따는 것을 말한다(포도).
ⓔ 순지르기
- 주경이나 주지의 순을 질러 생장을 억제하고 측지의 발생을 많게 하여 개화 · 착과 · 탈립을 조장하는 것을 말한다.
- 과수, 과채류, 목화, 두류 등에서 이용된다.

⑥ 결실의 조절
㉠ 적화 및 적과
ⓐ 적화(摘花)
- 과실이나 종자가 맺지 않도록 핀 꽃을 따서 버리는 것을 말하며, 꽃솎아내기라고도 한다.
- 튤립, 수선화, 히아신스 등의 알뿌리를 비배양성할 때 시행된다.

ⓑ 적과(摘果)
- 나무의 세력에 비하여 너무 많이 달린 열매를 일찍 솎아내는 것을 말하며, 열매솎기라고도 한다.
- 열매의 크기를 크고 고르게 한다.
- 열매의 착색을 돕고 품질을 높여 준다.
- 나무의 잎, 가지, 뿌리 등의 영양체의 생장을 돕는다.
- 병충해를 입은 열매나 모양이 나쁜 것을 제거한다.

ⓛ 수분 매조
ⓐ 인공수분
- 과수나 원예식물의 열매를 잘 맺게 하기 위하여 인공적으로 수분을 시키는 것을 말한다.
- 화분으로 이동할 꽃을 따서 꽃자루를 잡고 수분하려는 꽃의 암술머리에 화분이 묻도록 돌리면서 가볍게 접촉하는 것이 좋다.
- 곤충의 수가 적거나 수분수가 가까이 있지 않을 때 인공수분의 효과가 크다.
ⓑ 곤충의 방사 : 벌이나 파리를 방사하여 수분을 매조하는 경우도 있다.
ⓒ 수분수(授粉樹)의 혼식
- 수분수 : 과수에서 화분이 불완전하거나 전혀 없을 경우, 자가불화합성인 경우에 화분을 공급하기 위하여 섞어 심는 나무를 말한다.
- 자가결실 또는 단위결실을 하는 품종이라도 타가수분을 함으로써 결실률이 높거나 과실의 품질이 좋아질 경우에도 수분수를 혼식하는 것이 좋다.

ⓒ 낙과 방지
ⓐ 낙과의 종류
- 기계적·생리적 낙과
- 병해충에 의한 낙과
ⓑ 생리적 낙과
- 개화된 후 꽃, 열매 등이 떨어지는 현상을 말한다.
- 수정이 되지 못하거나 수정이 되더라도 발육이 불량한 것이 낙과하므로, 과수 자체의 자기조절작용이라고도 할 수 있다.
- 낙과의 방지
  - 옥신 등의 생장조절제를 살포한다.
  - 병충해를 방지한다.
  - 방풍시설을 설치한다.
  - 수광상태를 향상시킨다.
  - 관개와 멀칭에 의한 건조를 방지한다.
  - 비료를 넉넉히 주어야 한다.
  - 한해에 대비한다.
  - 수분의 매조가 잘 이루어지도록 한다.

ⓔ 복대와 성숙촉진

    ⓐ 복대

- 과수재배의 경우 적과를 끝마친 다음에 과실에 봉지를 씌우는 것을 말한다.
- 병충해가 방제되고 외관이 좋아진다.
- 너무 오래 씌워 놓으면 과실의 색깔이 안 좋아지므로 수확 전에 제거해 주어야 한다.
- 복대를 하면 노동력이 많이 소모되어 최근에는 복대 대신 농약에 의한 방제방법으로 바뀌는 경향이 있는데, 이것을 무대재배라고 한다.

    ⓑ 성숙촉진

- 생장조절제를 이용하여 과실의 성숙을 촉진시킨다.
- 하우스 재배는 과수와 채소의 촉성재배로서 널리 이용되고 있다.

⑦ 도복 및 수발아

  ㉠ 도복(倒伏)

    ⓐ **도복의 개념** : 작물이 비바람 등에 쓰러지는 것을 말한다.

    ⓑ **도복의 발생원인**

- 비나 바람이 세게 불면 도복이 유발된다.
- 병충해가 있으면 대가 약해져 도복이 유발된다.
- 키가 크고 대가 약하며, 근계의 발달 정도가 빈약한 품종일수록 도복이 심하다.

    ⓒ **도복의 피해**

- 간작물에 대한 피해 : 맥류에 콩이나 목화를 간작했을 경우, 맥류가 도복하면 어린 간작물을 덮어서 생육을 방해한다.
- 수확작업의 불편 : 기계수확 시 작업이 매우 불편해진다.
- 품질저하 : 결실이 불량해지고 토양이나 물에 접하게 되어 변질, 부패, 수발아 등이 유발된다.
- 감수 : 도복이 되면 잎이 망가져서 광합성이 감퇴하고 대가 꺾여 양분의 이동이 저해되며, 식물체에 상처가 나서 양분의 호흡소모가 많아지므로 등숙이 나빠져서 수량이 감소된다.
- 시기 : 도복의 시기가 빠를수록 피해가 크다.

    ⓓ **대책**

- 벼에서 마지막 논김을 벨 때 배토를 한다.
- 옥수수, 수수, 벼 등에서 몇 포기씩 미리 결속을 해둔다.
- 대를 약하게 하는 병충해를 방제한다.
- 유효분얼 종지기에 2·4-D, PCD 등의 생장조절제를 이용한다(벼).
- 재식밀도를 적절하게 조절한다.
- 복토를 깊게 한다(맥류).
- 질소 편중의 시비를 줄인다.
- 키가 작고 대가 강한 도복에 강한 품종을 선택한다.

ⓛ 수발아(穗發芽)

  ⓐ 수발아의 개념 : 성숙기의 맥류가 장기간 비를 맞아서 젖은 상태로 있거나 우기에 도복하여 이삭이 젖은 땅에 오래 접촉해 있으면 수확 전의 이삭에서 싹이 트는데, 이 때 발아한 싹을 말한다.

  ⓑ 대책
- 출수 후 20일경 종피가 굳어지기 전에 0.5 ~ 1% MH액이나 α - 나프탈린초산 등과 같은 발아억제제를 살포한다.
- 도복을 방지하고 조기수확한다.
- 조숙종이 만숙종보다 수발아의 위험이 적고, 휴면기간이 긴 품종은 수발아의 위험이 적다.

⑧ 식물생장조절제와 방사성 동위원소

 ㉠ 식물생장조절제의 개요

  ⓐ 식물생장조절제의 의미
- 식물호르몬
  - 의의 : 식물체 내에서 합성되어 합성된 장소와는 다른 장소에 이동하여 식물의 각종 생리작용을 조절하는 미량물질을 말한다.
  - 식물호르몬의 종류 : 옥신, 지베렐린, 시토키닌, 기타 호르몬
- 식물생장조절제
  - 의의 : 식물의 생육을 촉진시키거나 생육을 억제 또는 이상생육을 인위적으로 유발시키는 화학물질로 생장조절제라고 하며 경제적인 농산물 생산에 이용된다.
  - 종류
    ▶ 생장촉진제 : 아토닉, 지베렐린, 토마토톤 등
    ▶ 발근촉진제 : 루톤 등
    ▶ 착색촉진제 : 에테폰 등
    ▶ 낙과방지제 : 2 · 4 · 5-TP 등
    ▶ 생장억제제 : 말레산히드라지드(마하) 등

  ⓑ 옥신류
- 의의 : 식물에서 줄기세포의 신장생장 및 여러 가지 생리작용을 촉진하는 호르몬이다.
- 합성 옥신
  - NAA(Naphthalene Acetic Acid)
  - IBA(Indole-Butyric Acid)
  - PCPA(PCA, P-Chlorophenoxy Acetic Acid)
  - 2 · 4 · 5 - T(2 · 4 · 5-Trichorophenoxy)
  - 2 · 4 · 5-Tp[Silverx, 2-(2 · 4 · 5-Trichlorophenoxy) Propiomic Acid]
  - 2 · 4-D(Dichlorophenoxy Acetic Acid)
  - BNOA(β-naphthoxy Acetic Acid)

- 옥신의 생성과 작용
  - 세포생장
    ▶ 생물체 내에서 옥신은 줄기나 뿌리의 끝에서 만들어지고, 거기에서 줄기·뿌리의 생장부분으로 이동하여 세포생장을 유발한다.
    ▶ 메귀리의 떡잎집의 끝에 인돌아세트산을 함유한 한천을 얹으면 굴곡생장이 일어나는 것과 인돌아세트산의 수용액 속에 떡잎집 조각을 띄울 경우 물속에 띄운 것과 비교하여 신장생장이 촉진되는 것에 의해 알 수 있다.
    ▶ 한계 이상으로 농도가 높아지면 오히려 생장을 억제한다.
  - 굴광현상
    ▶ 자엽초를 이용한 실험에서 자엽초의 끝에 햇빛이 비치면 그곳에서 옥신의 합성이 활발히 일어나고, 합성된 옥신은 반대쪽으로 운반되어 그쪽 생장을 촉진시키기 때문에 자엽초 전체가 햇빛을 향하여 휜다.
    ▶ 빛이 있는 반대쪽에 옥신의 농도가 높아질 때 줄기에서는 그 부분의 생장이 촉진되나 뿌리에서는 생장이 억제된다.
    ▶ 뿌리에서는 선단을 절제하면 오히려 생장이 촉진된다.
  - 정아우세
    ▶ 제일 끝가지의 생장을 촉진하고, 그 밑의 가지의 생장을 억제하는 현상을 말한다.
    ▶ 식물의 끝가지 끝을 잘라내면 바로 그 아래 가지가 제일 빨리 성장한다.
  - 낙엽과 낙과 방지
  - 기타 작용
    ▶ 세포의 신장 촉진
    ▶ 뿌리의 형성 촉진
    ▶ 단위결과 촉진
    ▶ 과실의 생장 촉진
    ▶ 이층형성 저해
    ▶ 측아형성 저해
    ▶ 세포분열 촉진
- 옥신의 재배적 이용
  - 발근 촉진 : 삽목이나 취목 등의 영양번식을 할 경우 발근량 및 발근속도를 촉진시키기 위해 이용한다.
  - 접목에서의 활착 촉진
    ▶ 적정 옥신농도는 앵두나무에서 0.1 ~ 1%, 매화나무에서 0.05 ~ 0.5%이다.
    ▶ 접수의 절단면이나 접수와 대목의 접착부위에 IAA 라놀린 연고를 바르면 조직의 형성이 촉진되어 작업효과가 향상한다.

- 개화 촉진 : 파인애플의 경우 NAA, β-IBA, $2 \cdot 4$-D 등의 $10 \sim 50mg/l$ 수용액을 살포하면 화아분화 촉진
- 낙과 방지 : 사과의 경우 자연낙과하기 직전에 IAA $20 \sim 30ppm$ 수용액이나 $2 \cdot 4 \cdot 5$-Tp $50ppm$ 수용액, $2 \cdot 4$-D $4 \sim 5ppm$ 수용액으로 살포하면 과경의 이층형성으로 억제하여 낙과현상 방지
- 가지의 굴곡유도 : 관상수목 등에서 가지를 구부리려는 반대쪽에 IAA 라놀린 연고를 바르면 옥신농도가 높아져 가지를 원하는 방향으로 구부릴 수 있다.
- 적화 및 낙과
  ▶ 사과나무, 홍옥, 딜리셔스 등에서 꽃이 만개한 후 $1 \sim 2$주 사이에 Na-NAA $10ppm$ 수용액을 살포해 주면 결실하는 과실수는 $1/2 \sim 1/3$로 감소한다.
  ▶ 과실수가 감소하는 현상은 NAA 수용액이 수분을 억제하고 어린 과일의 발육을 저해하며 과경의 약화현상 등을 초래하기 때문에 발생한다.
- 과실의 비대와 성숙 촉진
  ▶ 무화과의 과경이 $3.8 \sim 4cm$일 때, $2 \cdot 4 \cdot 5$-T $100ppm$액을 살포하면 성숙이 가장 촉진한다.
  ▶ 강낭콩에 PCA $2ppm$ 용액 또는 분말을 살포하면 꼬투리의 비대를 촉진한다.
- 단위결과 : 토마토와 무화과 등의 개화기에 PCA 또는 BNOA $25 \sim 50ppm$ 액을 살포하면 단위결과가 유도되고, 씨가 없고 상품성이 높은 과실을 생산하게 된다.
- 증수효과 : NAA $1ppm$ 용액에 고구마 싹을 6시간 정도 침지하거나 IAA $20ppm$ 용액 또는 헤테로옥신 $62.5ppm$ 용액에 감자의 종자를 약 24시간 침지하였다가 파종하면 약간의 증수효과를 얻을 수 있다.
- 제초제로의 이용 : $2 \cdot 4$-D는 최초로 사용된 인공제초제

ⓒ 지베렐린
  • 의의
  - 벼의 키다리병균에 의해 생산된 고등식물의 식물생장 조절제이다.
  - 식물체 내에서 생합성되어 식물체의 뿌리 · 줄기 · 잎 · 종자 등의 모든 기관으로 이행되며, 특히 미숙한 종자에 많이 함유되어 있다.
  - 식물체의 어느 곳에서 처리하더라도 식물체 전체에서 반응이 나타난다.
  - 근래에는 벼의 키다리병균 이외에도 많은 식물에 존재한다는 것이 알려져 14종에 이르며, 유리 또는 결합형으로 존재한다.
  - 사람과 가축에는 독성을 나타내지 않는다.
  - 지베렐린산의 칼륨염 희석액을 이용한다.
  • 이용
  - 신장촉진작용
    ▶ 지베렐린을 살포하면 대부분의 고등식물은 키가 현저하게 자란다.
    ▶ 지베렐린산이 가장 강하고 그 다음이 $A_1 \cdot A_4$ 순이다.

- 종자발아 촉진
- 화성 촉진
  - ▶ 스톡, 팬지, 프리지어 등에 지베렐린을 살포하면 개화가 촉진된다.
  - ▶ 배추, 양배추, 당근 등에서 저온처리를 대신하여 지베렐린을 살포하면 추대·개화를 촉진한다.
  - ▶ 저온과 장일에 추대하고 개화하는 월년생 작물에 대해 지베렐린이 저온과 장일을 대체하여 화성을 유도·촉진한다.
- 착과의 증가와 열매의 생장촉진작용
- 경엽의 신장 촉진
  - ▶ 기후가 냉한 생육 초기 목초에 지베렐린 10 ~ 100ppm액을 살포하면 초기 생산량이 증가한다.
  - ▶ 지베렐린은 왜성식물의 경엽 신장을 촉진시킨다.
- 섬유식물의 섬유를 길게 하여 생산량을 높이고, 꽃잎에 사용하면 2년 초를 1년째에 개화가 가능하다.
- 성분의 변화 : 뽕나무에 지베렐린 50ppm액을 살포하면 단백질이 증가한다.
- 채소의 수확시기를 빠르게 하여 그 증수를 도모하는데, 특히 샐러리에 있어 이용가치가 크다.
- 열매(씨없는 포도)와 감자의 증수(감자의 발아촉진과 증수) 작용을 한다.
- 단위결실
  - ▶ 속씨식물에서 수정하지 않고도 씨방이 발달하여 종자가 없는 열매가 되는 현상이다.
  - ▶ 수정하지 않고도 씨방이 발달하여 열매가 되는 현상이다.

ⓓ 성장억제물질
- B-Nine(B-9, B-995, N-dimethylamino Succinamic Acid)
  - 포도의 경우 가지의 신장억제, 엽수증대, 과방의 발육증대 등의 효과가 있다.
  - 사과의 경우 가지의 신장억제, 수세 왜화, 착화 증대, 개화 지연, 낙화 방지, 숙기 지연, 저장성 향상 등의 효과가 있다.
  - 밀의 경우 도복 방지효과가 있다.
  - 국화의 경우 변착색 방지효과가 있다.
- Phosfon-D(2·4-dichlorobenzy-tributyl Phosphonium Chloride)
  - 실용적인 사용농도는 $1ft^3$당 1 ~ 2kg이다.
  - 콩, 메밀, 목화, 땅콩, 강낭콩, 나팔꽃, 해바라기 등에서 초장의 감소가 안정된다.
  - 국화, 포인세티아 등에서 줄기의 길이를 단축하는 데 이용된다.
- CCC[Cycocel, (2-chloroethyl) Trimethylammonium Chloride]
  - 밀에서는 줄기를 단축시켜 도복이 경감된다.
  - 토마토에서는 개화를 촉진하고 하위엽부터 개화가 나타난다.
  - 제라늄, 옥수수, 국화 등에서 줄기 생장을 단축시킨다.
  - 많은 식물에서 절간 신장을 억제한다.

- AMO-1618(2-isopropyl-4-dimethylamino-5-methylphenyl-1-piperidine-Carboxylate Methyl Chloride)
  - 강낭콩·해바라기 등에서는 키를 작게 하고, 잎의 녹색을 짙게 한다.
  - 국화의 발근한 삽수에 처리하면 키가 작아지고 개화가 지연된다.
- MH(Maleic Hydrazide)
  - 생장저해물질이다.
  - 저장 중인 감자나 양파의 발아를 억제하며, 당근·무·파 등에서는 추대를 억제한다.
  - 생울타리나 잔디밭에서는 생장을 억제한다.
  - 담배를 적심한 후 MH-30 0.5%액을 살포하면 곁눈의 발육이 억제된다.

ⓔ 기타 생장 조절제
- 시토키닌
  - 생장을 조절하고 세포분열을 촉진하는 역할을 하는 모든 물질을 말한다.
  - 주요 시토키닌
    - ▶ 키네틴(6-furfurylaminopurine)
    - ▶ 6-benzyl aminopurine zeatin(4-hydroxy-3-methyl-2-buthenylaminorurine)
    - ▶ 20methyl-2-butenyl-aminopurine 등
  - 시토키닌의 작용
    - ▶ 시토키닌은 식물분열조직의 세포분열을 촉진하므로 옥신과 함께 조직배양에 이용된다.
    - ▶ 휴면타파 작용을 한다.
    - ▶ 식물조직의 노화를 억제한다.
    - ▶ 잎과 곁눈의 생장과 발아를 촉진하고, 잎과 과일의 노화를 방지한다.
    - ▶ 시토키닌은 지베렐린 등과 같은 다른 생장조절제와 상호작용을 하면서 단백질 대사를 조절한다.
    - ▶ 아브시스산과 달리 많은 식물에서 기공을 열리게 하는 작용을 한다.
    - ▶ 잎에 있어 탄소동화작용으로 생긴 산물의 이동을 조절하는데 중요한 역할을 한다.
    - ▶ 장미와 코스모스에 있어 꽃잎의 시토키닌 활성은 개화시 증가하고, 만개 후 감소한다.
    - ▶ 꽃의 개화에도 영향을 한다.
    - ▶ 어린 종자나 과일에 있어 시토키닌의 함량은 매우 높으나 열매가 익어가면서 감소한다.
    - ▶ 작물의 내한성이 증대한다.
    - ▶ 저장물의 신선도가 증가한다.
- ABA(Abscisic Acid)
  - 어린 식물로부터 이층의 형성을 촉진하여 낙엽을 촉진하는 물질을 말한다.
  - 콘포스 등은 단풍나무의 휴면 유도물질로 ABA를 확인하였다.
  - ABA의 작용
    - ▶ 냉해 저항성이 증가한다.
    - ▶ ABA가 증가하면 기공이 닫혀 위조 저항성이 커진다(토마토).

▶ 단일식물에서 장일하의 화성을 유도하는 효과가 있다(나팔꽃, 딸기 등).

▶ 종자의 휴면을 연장하여 발아 억제한다(감자, 장미, 양상추 등).

▶ 생육 중에 연속 처리하여 휴면아를 형성한다(단풍나무).

▶ 잎의 노화와 낙엽을 촉진하고 휴면을 유도한다.

- 에틸렌(Ethylene) : 과실의 성숙과 촉진 등 식물생장의 조절에 이용된다.

- 에테폰(Ethephon)
  - 1965년 에스렐이란 이름으로 개발한 생장 조절제이다.
  - 무색 고체이며 녹는점은 74 ~ 75℃이다.
  - 물, 저급알코올, 글리콜에 매우 잘 용해된다.
  - pH 3 근처에서는 안정하나 높은 pH에서는 분해된다.
  - 식물의 노화를 촉진하는 식물호르몬인 에틸렌을 생성함으로써 과채류 및 과실류의 착색을 촉진하고, 숙기를 촉진하는 작용을 하므로 토마토·고추·담배·사과·배·포도 등에 널리 사용된다.

- 에틸렌(Ethylene)과 에스렐(Ethrel)의 이용
  - 탈엽제 및 건조제로 이용된다.
  - 과실의 성숙을 촉진한다.
  - 낙엽을 촉진한다.
  - 오이, 호박 등에 에스렐을 살포하면 암꽃의 착생수가 많아진다.
  - 꽃눈이 많아지고 개화를 촉진한다.
  - 생육속도 저하시킨다(옥수수, 당근, 양파, 양배추 등).
  - 곁눈의 발생 조장한다(완두, 진달래, 국화).
  - 발아를 촉진한다.
  - 과수에서 적과의 효과가 있다.

ⓛ 방사성 동위원소

ⓐ 동위원소와 방사성 동위원소
- 동위원소 : 원자번호는 같지만 질량수가 다른 원소를 의미한다.
- 방사성 동위원소 : 어떤 원소의 동위원소 중 방사능을 지니고 있는 것을 말한다.

ⓑ 농업에 많이 이용되는 방사성 동위원소 : ^{14}C, ^{32}P, ^{45}Ca, ^{36}Cl, ^{35}S, ^{59}Fe, ^{60}Co, ^{13}Il, ^{42}K, ^{64}Cu, ^{137}Cs, ^{99}Mo, ^{24}Na 등

ⓒ 방사성 동위원소의 이용
- 에너지로의 이용
  - 식품저장
    ▶ ^{60}Co, ^{137}Cs 등에 의한 γ선 조사는 살균 및 발아억제의 효과가 있어 수확물의 저장에 이용된다.
    ▶ 감자, 당근, 양파, 밤 등은 γ선을 조사하면 발아가 억제되므로 장기저장이 가능하다.

- 재배적 이용
  - ▶ 작물에 돌연변이를 일으키므로 작물육종에 이용된다.
  - ▶ 건조 종자에 γ선이나 X선 등을 조사하면 생육이 조장되고 증수가 가능하다.
- 추적자로서의 이용 : 특정 화학물질의 경로를 추적하기 위한 특정한 방사성 동위원소를 추적자라고 하며, 추적자로 표시된 화합물을 표지화합물이라 한다.
  - ^{24}Na를 표지한 화합물을 이용하여 제방의 누수 발견, 지하수 탐색, 유속 측정 등에 이용한다.
  - ^{14}C, ^{11}C 등으로 표지된 이산화탄소를 잎에 공급하여 시간의 경과에 따른 탄수화물의 합성 과정을 규명할 수 있다.
  - 표지화합물을 이용하여 식물의 필수원소인 P, K, Ca 등의 영양성분이 체내에서 어떻게 이동하는지 알 수 있다.

⑨ 생력재배와 수납

㉠ 생력재배

ⓐ 생력재배의 일반적 특성
- 의의 : 근대화에 따른 이농현상으로 노동력이 부족해지고 있는 상황에서는 안정적인 수확량 확보를 위해 기계화와 제초제를 이용하는 등의 합리적 작업체계가 구축되어야만 하는데 이러한 재배방식을 의미한다.
- 효과
  - 농업 노력비의 절감
    - ▶ 영세규모의 경작에 비해 대규모의 기계화 재배에서는 농업노력과 비용이 크게 절약된다.
    - ▶ 밀의 경우 인력을 위주로 하여 생산하는 우리나라는 ha당 노동 투하량이 100일 이상인데 반해 미국은 1일 내외, 1시간의 노동에 의해 생산되는 밀은 우리나라는 3kg, 미국은 100kg이다.
  - 단위수량의 증대
    - ▶ 지력의 증진 : 대형기계로 경운하면 24cm 이상의 심경이 가능하며 기계화를 통해 경운 · 쇄토 등을 할 수 있다. 기계 경운을 하고 유기물을 증시하면서 작토를 깊게 하면 지력이 향상되어 단위수량의 증대를 유발할 수 있다.
    - ▶ 적기적 작업 : 기계화에 의한 재배를 할 경우 빠르고 능률적으로 적기에 필요한 작업을 수행할 수 있으며 단위수량의 증대를 이룰 수 있다. 인력에 의한 재배를 할 경우에는 필요한 작업을 적기에 수행이 불가능하다.
  - 재배방식의 개선
    - ▶ 제초제나 기계력을 이용한 재배를 하면 인력에 의존한 재배방식에 비해 보다 많은 수확량을 거둘 수 있는 재배방식을 선택할 수 있다.
    - ▶ 맥작 방식에서 제초제와 기계력을 이용하면 골 너비 3cm, 골 사이 20cm 정도의 드릴파를 할 수 있는데 드릴파를 하면 30% 내외의 증수효과가 있다.

- 작부체계의 개선 · 재배면적의 증대
  - ▶ 전작물의 수확 · 처리와 후작물의 정지 · 파종이 단시일에 이루어져 작부체계를 개선할 수 있다.
  - ▶ 작부체계의 개선으로 재배면적이 증가된다.
- 농업경영의 개선 : 기계화 생력재배를 하면 농업노력과 생산비가 절감되고 수량이 증대되어 농업경영이 개선된다.
- 조건
  - 경지정리 : 대형 농기계의 능률적 작업수행을 위해 농경지의 필지면적이 크고 수평하며 구획이 반듯하고 농로가 정비되어 있어야 한다. 또한 관배수 시설이 갖추어져야 적기적 작업이 가능하다.
  - 집단재배 : 집단적으로 동일 작물의 동일 품종을 동일한 재배방식에 의해 재배하는 것이다.
  - 공동재배 : 영세적인 현재의 재배방식에서 큰 경영단위의 집단재배를 하기 위해 많은 자본이 필요한데 이를 위해 여러 농가가 공동을 집단화하여 경작하는 공동재배 조직을 이루어야 한다.
  - 제초제 사용 : 제초제 사용만으로도 큰 생력이 된다.
  - 적응재배체계 : 확립품종을 기계화에 적당하고 제초제의 피해가 적은 것으로 바꾸고, 이식재배 등 인력을 이용한 재배장식을 개선하는 등 기계재배를 가장 효율적으로 유도할 수 있는 재배체계를 확립하여야 한다.
  - 기타 조건 : 기계화 재배를 추진하기 위해 국가와 농민 모두 힘을 기울이고 연구해야 결실을 맺을 수 있다. 국가는 경지정리, 지도자 양성, 기술자 양성, 시설 및 기계에 대한 지원 등을 하고 농민은 계속적인 교육을 받아야 한다.
- ⓑ 우리나라의 기계화 재배방식
  - 벼의 집단재배
    - 집단의 설치 : 토질 · 수리 등이 비슷한 논을 모아 하나의 집단지를 설치하며, 크기는 10ha 정도가 적당하다.
    - 집단재배의 운영
      - ▶ 집단재배는 기술적 · 경영적 형태에 따라 협정농업형, 기술신화형, 공동작업형, 협업경영형으로 분류된다.
      - ▶ 우리나라에서는 협정농업형이나 공동작업형이 대부분이다.
    - 집단재배의 효과
      - ▶ 기간적 재배기술을 높은 수준으로 집단지 내에 평준화시킨 결과, 벼의 수확량은 증가한다.
      - ▶ 수확량에 비해 생산비나 노임이 절감되지 못한 것은 집단재배에서 생력기계화의 방향을 추구하지 못했기 때문이다.
  - 맥류의 드릴파 재배
    - 작물 파종법 중에 하나이다.
    - 드릴이란 씨앗을 줄줄이 심고 그 위에 복토하는 일 또는 그렇게 하기 위한 기계를 의미한다.

- 주로 맥류에 보급되었고 파폭은 최대 3cm 이하, 이랑폭은 20cm 전후로 재래식 조파보다 밀식에 적합하다.
- 드릴파 재배는 햇빛을 잘 받고 뿌리의 발달이 좋은 군락구조가 되어 다비밀식재배가 가능하기에 재래방법보다 증수가 가능하다.
- 품종의 선택
  ▶ 흙넣기나 복주기가 곤란하므로 어느 정도 이상 다비밀식하면 쓰러지기 쉬워 증수가 곤란해지므로 도복되지 않는 내도복성 품종이 필요하다.
  ▶ 직립성이고 내병성과 내한성이 강한 품종을 선택하여야 한다.
- 파종량과 시비량 : 관행재배의 약 2배이다.
- 작업체계
  ▶ 경기, 쇄토 : 대형 트랙터의 로터리경을 실시한다.
  ▶ 작조, 시비, 파종, 복토 : 대형 트랙터의 드릴시이더로 일관작업을 실시한다.
  ▶ 추비 : 유수형성기 직전 질소비료의 60% 정도 살포기로 전면 살포를 한다.
  ▶ 제초제 살포 : 중경제초가 불가능하여 김매기는 싹트기 전 또는 생육 초기에 제초제로 처리하고 파종 후 5일 이내에 살포기로 제초제를 토양표면에 전면 살포를 한다.
  ▶ 수확 및 조제 : 대형 콤바인으로 수확탈곡하여 통풍 건조기로 건조한다.
• 맥류의 전면전층파
- 답리작의 맥류재배에 적응하는 기계화 재배법
- 맥류의 종자를 포장 전면에 산파하고 이를 포장의 일정한 깊이의 전층에 깔아 섞어 넣은 후 적당한 간격으로 배수구를 설치한다.
- 품종의 선택
  ▶ 조숙이고 직립성이며 도복하지 않아야 한다.
  ▶ 내병성, 내한성, 내습성이 강해야 한다.
- 파종량과 시비량
  ▶ 파종량은 관행재배의 3배, 시비량은 2배 정도이다.
  ▶ 50 ~ 80%의 생력효과가 있다.
  ▶ 파종작업이 가장 간단하다.
- 작업체계
  ▶ 시비 및 종자 살포 : 논의 전면에 살립기나 브로드캐스터로 종자를 살포 동시에 살분기로 비료를 살포한다.
  ▶ 로터리경 : 비료와 종자를 살포한 후, 경운기 또는 트랙터의 로터리를 이용하여 논의 전면을 5 ~ 10cm 깊이로 경운하여 종자가 5 ~ 10cm 깊이의 논의 전층에 묻히게 한다.
  ▶ 배수로의 설치 : 경운기 또는 트랙터의 배토관을 사용하여 논의 주위와 논바닥을 5 ~ 10cm 간격으로 너비 30cm, 깊이 15cm 정도의 배수로를 설치한다.
  ▶ 제초제의 살포 · 수확 · 조제 : 드릴파 재배

ⓒ 수확과 저장
ⓐ 수확
• 성숙
- 생물이 각각 종으로서의 특징을 충분히 발휘할 수 있게 되는 것을 의미한다.
- 종자나 과실에서 외관이 갖추어지고 내용물이 충실해지며 발아력도 완전하여 수확의 최적 상태에 도달하는 것이다.
- 화곡류의 성숙과정
  ▶ 유숙 : 벼, 밀, 보리 등 곡류의 성숙 초기상태를 말하며 배젖은 아직 유상이며, 배의 발달도 불완전하지만, 이 시기가 지나면 후숙하여 성숙이 완성된다.
  ▶ 호숙 : 낟알이 아직 여물지 않아 종자의 내용물이 아직 된풀 모양인 시기이다.
  ▶ 황숙 : 이삭이 황변하고 종자의 내용물이 납상인 시기이다.
  ▶ 완숙 : 전식물체가 황변하고 종자의 내용물이 경화하여 손톱으로 파괴되지 않는 시기로 완숙에 도달하면 성숙한 것이다.
  ▶ 고숙 : 화곡류의 종자가 완전히 성숙한 상태를 말하며, 종자의 성숙이 끝나서 배젖은 단단하나 부서지기 쉬워 동할이 발생하고 식물체도 황색에서 백색으로 퇴색하며 품질 저하가 나타나며, 이삭대도 부서지기 쉬워 탈립현상이 발생한다.
- 십자화과 작물의 성숙과정
  ▶ 백숙 : 종자가 백색이고, 내용물이 물과 같은 상태의 과정이다.
  ▶ 녹숙 : 종자가 녹색이고, 내용물이 손톱으로 쉽게 압출되는 과정이다.
  ▶ 갈숙 : 일반적으로 갈숙에 도달하면 성숙한 것으로 보며, 꼬투리가 녹색을 상실해 가며, 종자는 고유의 성숙색이 되고 손톱으로 파괴하기 어렵다.
  ▶ 고숙 : 종자는 더욱 굳어지고 꼬투리는 담갈색이 되어 취약해진다.
• 수확기
- 작물의 발육정도
  ▶ 성숙 정도 : 대부분의 곡류나 과실은 성숙한 후 수확하고, 종자용은 그보다 일찍 수확하는 것이 좋다. 화곡류는 황숙기부터 완숙기까지 수확의 적기이고 완숙한 과실은 부패하기 쉽다. 저장 및 수송과정에서 상처를 받기 쉬우므로 다소 일찍 수확하여 저장 및 수송과정에서 후숙 되도록 한다.
  ▶ 기관의 발육량 : 시금치·근대·아욱·쑥갓 등의 엽채류나 청예작물은 목적하는 기관의 발육량에 따라 수확기를 결정하며 목초는 가장 영양분이 많은 개화 직전을 수확기로 본다.
  ▶ 기관의 충실도 : 양배추, 결구배추, 결구상추 등에서 결구기관의 충실도가 수확기를 결정하는 지표가 되며, 괴근, 괴경, 구경, 인경 등은 양분이 축적되어 가장 충실해졌을 때 수확한다.
  ▶ 조직의 노숙도 : 섬유작물은 조직의 노숙도가 수확기를 판정하는 기준이 되며, 섬유작물은 섬유가 경화하면 품질이 나빠지므로 수량이 다소 적어도 섬유가 경화하기 전에 수확한다.
  ▶ 함유성분량 : 사탕무, 사탕수수, 약용작물 등에서는 함유성분량이 가장 많을 때 수확한다.

- 재배조건
  - ▶ 봄·여름 채소는 가을 채소의 파종기가 되면 수확 적기가 아니어도 수확한다.
  - ▶ 노력부족으로 적기에 수확하지 못하는 경우가 많다.
- 시장조건 : 유리한 시장가격을 위해 조기수확, 조기출하를 한다.
- 기상조건 : 강우 등에 의해 수확기가 변경되는 경우가 존재한다.
- 수확방법
  - ▶ 화곡류, 목초 등은 예취한다.
  - ▶ 감자, 고구마 등은 굴취한다.
  - ▶ 과실, 뽕 등은 적취한다.
  - ▶ 무, 배추 등은 발취한다.

ⓑ 수확물의 처리
- 건조
  - 건조방법
    - ▶ 음건 : 그늘에서 천천히 말리는 것으로 품질 향상을 위해 잎담배, 박하의 경엽 등에서 실시한다.
    - ▶ 양건 : 직사광에 건조하는 것으로 대두분의 수확물은 양건을 실시한다.
    - ▶ 인공열 건조 : 화력전열 등을 이용하여 단시간 내에 건조시키는 방법이다.
  - 건조채소
    - ▶ 채소를 햇볕이나 인공적으로 건조시킨 식품이다.
    - ▶ 수분이 많아 부패하기 쉬운 채소의 저장성과 수송을 좋게 하기 위해 수분이 15% 정도로 건조시킨 채소이다.
    - ▶ 건조 중에 채소의 성분과 조직에 변화가 일어나며, 일단 건조시킨 채소는 물에 담가도 본래처럼 되지 않으므로 생채소는 별개의 식품으로 취급한다.
    - ▶ 건조채소의 종류로는 무말랭이, 가지·호박·무잎·생강 등이 있다.
    - ▶ 건조시켰던 채소에 수분을 주어 생채소의 상태에 가깝게 만드는 데는 건조과실과 같이 동결건조를 시킨 다음 이를 인스턴트 수프의 건더기와 같은 것으로 사용한다.
  - 건조과실
    - ▶ 과실을 건조시킨 단순한 가공식품이다.
    - ▶ 우리나라에서는 곶감을 건조과실의 대표로 볼 수 있으며, 대추·밤·포도 등과 약용으로의 나무 열매 등이 건조·가공된다.
    - ▶ 과실은 일광에 건조시키면 빛깔이 나빠지고 굳어지기 쉬워 동결건조·진공건조 등의 방법이 이용되며, 착색방지를 위해 아황산가스로 처리한 후 건조하기도 한다.
    - ▶ 건조과실의 이용은 분말 바나나가 이유식에, 건포도가 과자에 이용되는 등 다양해졌다.

- 곡물건조기
  ▶ 수확한 후 수분이 높은 곡물을 저장에 적합한 수분까지 건조시키는 기계이다.
  ▶ 수확 때 곡물의 함수율은 보통 20 ~ 30%이며, 이를 함수율 14 ~ 15%까지 건조시킨다.
  ▶ 보통 퇴적곡물에 상온의 공기 또는 열풍을 통풍하여 건조시킨다.
• 후숙
  - 미숙한 것을 수확하여 일정 기간 보관하여 성숙시키는 것이다.
  - 종자가 일단 성숙해도 금방 발아능력을 가지지 못하고 일정한 휴면기를 거치고 난 뒤 발아가 가능해지며, 이렇게 종가가 발아능력을 가지게 되는 변화기간을 종자가 시간과 더불어 완전히 성숙하는 것으로 본다.
  - 식물에 따라 거의 없는 것(보리 · 까치콩)도 있으며, 며칠 또는 몇 년을 필요로 하는 것(가시연꽃)도 존재한다.
• 예랭
  - 과실을 수확 직후부터 수일 간 서늘한 곳에 보관하여 식히는 것을 말한다.
  - 저장 · 수송 중의 부패를 감소시킨다.
  - 과실의 종류와 수확시기에 따라 예랭기간은 상이하다.
• 탈곡 및 조제
  - 탈곡
    ▶ 화본과의 식용작물(벼, 맥류 등)의 이삭에서 낟알을 채취하는 것을 말한다.
    ▶ 탈곡방법은 작물의 종류나 농업의 발달 정도에 따라 상이하다.
  - 조제 : 탈곡 · 박피 등을 한 다음 협잡물, 쭉정이, 겉껍질 등을 제거하는 것을 말한다.
• 도정
  - 현미 · 보리 등 곡립의 등겨층(과피 · 종피 · 외배유 · 호분층을 합한 것)을 벗기는 조작이다.
  - 물리적 도정의 원리 : 마찰 · 찰리 · 절삭 · 충격 등으로 분류할 수 있으며, 따로 따로 적용하는 것이 아니라 공동작용에 의해 도정이 이루어진다.
    ▶ 마찰 : 곡립이 서로 맞비벼짐으로써 일어나는 도정효과로 마찰에 의하여 곡립면이 매끈하게 윤이 난다.
    ▶ 찰리 : 마찰이 강하게 일어날 때 생기는 도정효과로 곡립의 표면을 벗기는 작용이다.
    ▶ 절삭 : 롤러처럼 단단한 물체의 모난 부분으로 곡립의 조직을 조각으로 떼어내는 작용으로, 떼어내는 조각이 작을 경우 연마라고 한다.
    ▶ 충격 : 큰 힘으로 운동하는 물체를 곡립에 충돌시켜 조직을 박리하는 것이다.
  - 도정률
    ▶ 조곡에 대한 정곡의 비율(중량 또는 용량)
    ▶ 도정률은 조곡으로부터 정곡의 환산율

▶ 잡곡별 정곡 환산율

작물	중량(%)	용량(%)	작물	중량(%)	용량(%)
조	70	56	옥수수	100	100
피	54	28	기장	70	52
콩, 팥, 녹두	100	100	땅콩	60	30
수수	75	70	귀리	65	30
밀(가루)	72	100	쌀보리	85	77
호밀(가루)	81	93	메밀	60	49
벼	72	50	겉보리	74	48

- 도정 정도의 구분 : 도정도가 높을수록 단백질 · 지방 · 회분 · 비타민류 등의 중요 영양분이 감소하나 소화율은 증가한다.
  ▶ 도정도 : 겨층이 벗겨진 정도에 따라 완전히 벗겨진 것을 10분도미, 겨층의 절반이 벗겨진 것을 5분도미로 표시한다.
  ▶ 도정률 : 도정된 정미의 중량이 현미중량의 몇 %에 해당하는가에 따라 표시한다.
  ▶ 도감 : 도정작업 중 쌀겨, 쇄미, 배아로 인하여 감소하는 양의 정도이다.
- 벼의 도정
  ▶ 제현 : 조곡인 정조의 껍질(왕겨)을 벗겨 현미를 만드는 것으로 제현율은 중량으로 74 ~ 80%, 용량으로 약 55%이다.
  ▶ 정백 : 현미에서 겨를 분리하여 백미를 만드는 것으로 정백률은 중량으로 92 ~ 94%, 용량으로 92 ~ 95%이다.
  ▶ 정백미 : 정백률이 중량으로 92% 정도 되게 정백한 백미이다.
  ▶ 7분도미 : 정백률이 중량으로 94 ~ 95% 정도 되게 정백한 백미이다.
  ▶ 5분도미 : 정백률이 중량으로 96% 정도 되게 정백한 백미이다.
  ▶ 제현율과 정백율을 곱하면 벼의 도정률 산출이 가능하다.
• 수량
- 의의 : 수량은 단위면적당 수확물의 양을 의미한다.
- 수량표시단위
  ▶ 우리나라 : 관습상 단당(300평당) 석(石), 관(貫), 근(斤), kg 등
  ▶ 외국 : 미터법(m)
- 전체 면적에서의 생산량을 생산고 또는 수확량이라고 하며, 보통 $t = M \div T(1,000\text{kg})$ 또는 석(石)으로 표시한다.
• 포장
- 조제 · 건조한 것은 저장 또는 판매를 위해 칭량해서 포장을 실시한다.
- 곡류는 섬 · 포대 · 가마니 등을 이용, 청과물은 상자를 이용한다.
- 검사필수작물은 검사규격에 맞추어 칭량 · 포장하여야 한다.

ⓒ 수량검사

- 수량검사의 의의
  - 다수확 경진이나 특정지역 또는 전국적인 수확예상고 조사 등의 경우 수량검사는 필수이다.
  - 수량을 정확히 사정하려면 표본이 크고 표본수가 많아야 한다.
  - 전체 표본의 크기가 같을 때에는 개개의 표본을 비교적 작게 하고, 표본수를 늘리는 것이 수량 사정의 신뢰성을 높일 수 있다.
  - 표본추출은 무작위로 실시한다.
- 벼의 수량검사
  - 평뜨기(평예법)
    ▶ 주예법 : 1/30ha(1평)분의 벼를 벨 경우 벼의 포기수(주수)를 계산해서 베는 방법이다.
    ▶ 휴예법 : 벼줄의 길이로 계산해서 베는 방법이다.
    ▶ 원형예법 : 반경이 102.57762m인 원형평예기로 원을 그려 그 안에 드는 벼를 베는 방법이다.
  - 입수계산법 : 수확 전 입도시기에 일찍이 대체적인 수량을 사정하고자 할 때 이용하는 방법이다.

  $$평당\ 현미수량(kg) = \frac{평당\ 포기수 \times 평균\ 1포기\ 이삭수 \times 평균\ 1이삭\ 임실립수 \times 현미\ 1,000립중(g)}{1,000 \times 1,000}$$

    ▶ 평당 포기수 : 3 ~ 10개소의 표본을 무작위로 선정하여 조사한 평균이다.
    ▶ 평균 1포기 이삭수 : 평당 포기수를 조사한 개소마다 5 ~ 10포기씩 조사한 다음 평균이다.
    ▶ 평균 1이삭 임실립수 : 평균 1포기 이삭수를 조사한 포기를 벤 다음, 각 포기마다 키의 순서로 이삭을 배열하고 그 중앙에 위치하는 이삭의 임실립수를 세어 그 포기의 평균을 1이삭 임실립수로 간주하고, 전체 포기분을 평균이다.
    ▶ 현미 1,000립중 : 예년의 품목별 조사치를 이용하는 것이다.
  - 달관법 : 황숙기경 갠 날의 한 낮에 논 전체를 두루 살피고, 이삭을 만져 본 후 수량을 예측하는 방법으로, 숙련자는 비교적 정확하게 수량 산정이 가능하다.
- 맥류의 수량검사
  - 평뜨기
    ▶ 수분 14% 내외로 건조하여 평당수량을 산출한다.
    ▶ 보리는 도정하여 평당 정곡수량을 산출한다.
  - 입수계산법

  $$평당\ 수량(kg) = \frac{평당\ 이랑길이(cm) \times 1cm \times 1이삭립수 \times 1,000립중(g)}{1,000 \times 1,000}$$

▶ 평당 이랑길이 : 4 ~ 5개소에서 이랑과 직각으로 10이랑 사이의 거리를 잰 다음 평균을 한다. 평균이랑너비를 산출하고 다음 식에 의해 평당 이랑길이를 계산한다.

$$평당\ 이랑길이(cm) = \frac{181.8cm \times 181.8cm}{평균\ 이랑너비(cm)}$$

▶ 1cm간 이삭수 : 5 ~ 10개소의 60cm간 이삭수를 조사하여 평균 1cm간의 이삭수를 산출한다.
▶ 1이삭립수 : 1cm간 이삭수를 조사한 개소에서 중용수 20 ~ 50개의 임실립수를 조사한 후 평균하여 산출한다.
▶ 1,000립중 : 예년의 품목별 조사치를 이용

• 서류의 수량검사
- 평당 수량(kg) = 평당 포기수 × 1포기 평균 서중(kg)
- 평당 포기수 : 4 ~ 5개소의 사이(10이랑의 너비)와 11포기의 사이(10포기 사이)를 조사한 후 평균 이랑너비와 평균 포기 사이를 산출하고, 다음 식으로 평당 포기수를 계산한다.

$$평당\ 포기수 = \frac{181.8cm \times 181.8cm}{평균\ 이랑너비(cm) \times 평균\ 포기사이(cm)}$$

- 1포기 평균 서중 : 4 ~ 5개소에서 10포기씩 캐내어 조사한 후 평균하여 산출한다.

ⓓ 저장
• 저장 중의 손모와 피해
- 충해 및 서해 등의 피해를 입을 수 있다.
- 부패할 수 있고 발아력이 약화되는 경우도 발생한다.
- 저장양분이 과다하게 손모하여 품질 불량을 유발한다.

• 안전저장을 위한 조건
- 저장물의 처리
    ▶ 품종의 선택 : 사과, 배, 고구마 등에서는 품종에 따라 저장의 정도가 다르므로 저장하기 쉬운 품종을 선택한다.
    ▶ 곡류는 건조를 잘하고 과실은 예랭을 잘해야 저장이 우수하다.
    ▶ 방열 : 고구마는 수확 후 통풍이 잘 되는 곳에서 펴서 말려야 저장이 우수하다.
    ▶ 큐어링 : 수확 직후의 고구마를 온도 32 ~ 33℃, 습도 90 ~ 95%인 곳에 4일쯤 보관하였다가 방열시킨 뒤 저장하면 상처가 아물고 당분이 증가하여 저장이 잘 되고 품질도 우수해진다.
    ▶ 발아억제처리 : 건조시켜 저장할 수 없는 것은 발아억제처리를 실시한다.
- 저장환경의 조절
    ▶ 저장고 소독 : 저장고를 설치하여 여러 해 계속해서 사용할 경우 병·해충 방제를 잘 하여야 한다.
    ▶ 통기 : 건조상태의 곡류는 밀폐상태가 좋고, 고구마나 감자는 통기가 어느 정도 되어야 한다.

▶ 저장온도와 저장습도 : 냉해를 입지 않는 범위 내에서 저온에 저장하는 것이 좋다. 과실이나 영양제는 저장습도가 낮을수록 안 좋지만, 곡류는 저장습도가 낮고 저온일수록 좋다.

▶ 엽근채류의 경우 온도 $0 \sim 4℃$, 습도 $90 \sim 95\%$, 과실의 경우 온도 $0 \sim 4℃$, 습도 $85 \sim 90\%$, 고구마의 경우 온도 $12 \sim 15℃$, 습도 $80 \sim 95\%$, 감자의 경우 온도 $1 \sim 4℃$, 습도 $80 \sim 95\%$

• 저장방식

 - 저장온도에 따른 분류

  ▶ 냉동저장 : 냉동장치를 이용하여 동결시켜 저장하는 것으로 과실의 외관과 품질에 어느 정도 변화가 발생한다.

  ▶ 냉온저장 : 동결되지 않을 정도로 냉온 하에서 저장하는 것으로 장기저장에 가장 적절한 방식이다.

  ▶ 보온저장 : 추운지방에서 감자, 고구마 등이 동결할 우려가 있어 저장 중 보온을 실시한다.

  ▶ 상온저장 : 과실을 단기간 저장할 경우 서늘한 장소를 택하여 상온에 저장하는 것으로 곡류저장도 일종의 상온저장에 해당한다.

 - 저장장소에 따른 분류

  ▶ 창고저장 : 일반 창고에 저장한다(곡물 등).

  ▶ 저장고저장 : 저장고를 설치하여 저장한다(과실 등).

  ▶ 온돌저장 : 저장 적온이 높은 수확물을 온돌에 저장한다(고구마 등).

  ▶ 굴저장 : 깊은 굴을 파고 굴 깊숙한 곳에 저장한다(고구마 등).

  ▶ 움저장 : 지하에 알맞은 깊이로 움을 파고 저장한다(김치, 무, 과실 등).

  ▶ 지하 매몰저장 : 땅 속에 묻어 저장한다(배추, 양배추, 파 등).

• 저장 중 관리

 - 서해방지 : 쥐가 서식하면 저장물에 피해를 입고 부패의 원인이 된다.

 - 해충구제 : 해충이 발생하는 것을 방지하기 위해 건조 저장하고 저장 중 해충이 발생하면 훈증하여 구제한다.

 - 과실 · 채소 · 서류 등 수확물이 서로 접촉해 있는 상태로 보관되고 있을 때, 부패 개체가 생기면 주변 개체들도 함께 부패하는 경우가 생기므로 신속히 선별해야 한다.

 - 온도 · 습도 유지 : 과실과 채소 등은 저장에 적당한 환경의 범위가 좁은 편인데 반해 외부환경은 변화가 심하므로 저장물이 변하지 않도록 주의하여야 한다.

 - 호흡

  ▶ 식물체에서 발생하는 물질대사과정으로 전분, 당 및 유기산과 같은 세포 내 존재하는 복합물질들을 이산화탄소와 물과 같은 단순물질로 변환시켜도, 동시에 세포가 사용할 수 있는 분자와 에너지를 방출하는 산화적 분해과정을 말한다.

  ▶ 호흡하는 동안 발생하는 열을 호흡열이라 하며, 원예산물의 저장수명은 호흡률과 역의 상관관계에 있다.

▶호흡률은 경도, 당 성분, 향기, 향미 등의 성분들이 대사과정 중 소모되기 때문에 품질인자와 직접 관련이 있다.

▶높은 호흡률을 보이는 품종일수록 저장성은 짧고, 수확 후 저장수명에 가장 크게 영향을 주는 요인은 온도이다.

- 호흡급등형과 호흡비급등형 작물
  - 호흡급등형 : 일반적으로 호흡률은 미숙상태에서 가장 높게 나타난 후 지속적으로 감소를 하게 되는데, 호흡급등형은 숙성과 일치하여 호흡이 현저하게 증가하는 현상을 보이는 작물이다(토마토, 사과, 바나나, 복숭아, 배, 키위, 망고 등).
  - 비호흡급등형 : 호흡급등형에 비해 현저하게 느리게 숙성변화를 나타내면 숙성이 잘 된 후에는 호흡상승을 거의 나타내지 않는다(오이, 가지, 고추, 딸기, 호박, 감귤, 포도, 오렌지, 파인애플 등).

❺ 병해충관리

① 병충해 방제

ⓖ 식물병

ⓐ 식물의 병은 생리적·형태적 이상이며, 병원균의 자극에 의해 일어나는 지속적인 장해의 과정이다.

ⓑ 식물병의 발생

- 감수성이 있는 기주(Host), 적당한 환경요인(Environmental Factor), 병원체(Pathogen) 및 기타 매개체 등의 복합적인 영향으로 병이 발생한다.
- 병원체를 주요인, 발병을 유발하는 환경조건을 유인, 기주식물이 병원에 의해 침해당하기 쉬운 성질을 소인이라고 한다.

> **Point 팁** 병에 대한 식물의 반응성
> ㉠ 감수성 : 식물이 특정 병에 감염되기 쉬운 성질
> ㉡ 면역성 : 식물이 특정 병에 전혀 감염되지 않는 성질
> ㉢ 회피성 : 식물이 병원체의 활동기를 피하여 병에 감염되지 않는 성질
> ㉣ 내병성 : 병에 감염되어도 기주가 병의 피해를 견뎌내는 성질

ⓒ 식물병의 분류

- 생리적인 병 : 부적절한 환경조건에 의해 유발되는 병으로, 양·수분의 결핍 및 과다, 온도, 빛, 대기오염 등에 의한 질병들이 해당된다.
- 기생물에 의한 병 : 외부 기생물에 의한 오염, 진균, 세균, 바이러스, 선충 등에 의해 유발되는 질병들이 해당된다.

ⓓ 병원균의 침입

- 각피(角皮) 침입 : 잎 또는 줄기와 같은 식물체 표면을 병원체가 직접 뚫고 침입하는 것을 말한다(도열병균, 흰가루병균, 녹병균 등).

- 자연개구부(自然開口部) 침입 : 식물체의 기공(氣孔), 수공(水孔) 등과 같은 자연개구부로 침입하는 것을 말한다(갈색무늬병균, 노균병균 등).
- 상처를 통한 침입 : 다양한 원인으로 발생한 상처로 병원체가 침입하는 것으로 바이러스는 상처부위를 통해서만 침입한다.

ⓔ **식물병의 전파 경로**
- 공기전염 : 곰팡이, 포자, 세균, 진균, 바이러스 등
- 물전염 : 세균, 선충, 포자, 균핵, 균사체 등
- 충매전염 : 진딧물, 멸구류 등
- 기타 : 동물, 종자, 비료, 수확물, 농기구 등

ⓛ **병충해**

ⓐ **병해** : 진균(Fungi), 세균(Bacteria), 바이러스(Virus), 마이코플라즈마(Mycoplasma) 등에 의한 생물성 병원과 기타 부적절한 환경요인에 의한 비생물성 병원에 의해 유발된다.
- 진균 : 무·배추·포도 노균병, 수박 덩굴쪼김병, 오이류 덩굴마름병, 감자·토마토·고추 역병, 딸기·사과 흰가루병
- 세균 : 무·배추 세균성 검은썩음병, 감귤 궤양병, 가지·토마토 풋마름병, 과수 근두암종병
- 마이코플라즈마 : 대추나무·오동나무 빗자루병, 복숭아·밤나무 오갈병
- 바이러스 : 배추·무 모자이크병, 사과나무 고접병, 감자·고추·오이·토마토 바이러스병
- 파툴린(Patulin) : 사과주스에서 발견되는 곰팡이 독소

ⓑ **충해** : 해충이 식물의 잎, 줄기, 뿌리 등을 갉아먹거나 즙액을 흡수함으로써 직접적 피해를 끼치거나 해충이 먹은 자리로 병원균이 침입하여 간접적 피해를 주는 것을 말한다.
- 밭작물 해충 : 진딧물, 점박이 응애, 멸강나방, 콩나방 등
- 일반작물 해충 : 진딧물, 알톡톡이, 무잎벌레, 땅강아지 등
- 원예작물 해충 : 복숭아 흑진딧물, 감자나방, 배추흰나비, 거세미나방, 점박이 응애, 파총채벌레, 오이잎벌레, 뿌리혹선충 등

ⓒ **해충**
- **도둑나방**
  - 번데기로 월동하고 1회 성충은 4 ~ 6월, 2회 성충은 8 ~ 9월에 발생하고 유충기간은 40 ~ 45일이다.
  - 성충은 해질 무렵부터 활동하여 낮에는 마른 잎 사이에 숨는다.
  - 유충은 낮에는 땅속에 숨어 있다가 밤에 나와 활동한다.
  - 유충은 어릴 때에는 집단으로 활동하나 크면 분산한다.
- **온실가루이**
  - 곤충강, 매미목, 가루이과의 곤충으로 원예작물에 피해를 주는 곤충으로 외국에서 관엽식물에 묻어 유입된 외래해충을 말한다.
  - 성충은 길이가 약 1.5mm로 백색 파리 모양으로 납 물질로 뒤덮여 있으며 단위생식을 한다.

- 통상적으로 잎 뒷면에 산란하는데 고온을 좋아하며 온실 내에서는 연 10회 정도 산란하며 단기간에 급속히 증식되므로 방제가 까다롭다.
- 흡즙에 의한 작물피해 뿐만 아니라 배설물이 그을음병을 유발하기 때문에 상품 가치를 현저히 떨어뜨린다.
- **총체벌레** : 5월 초가 산란기로 어린 잎이나 잎맥 등 잎 조직 내 한 개씩 알을 낳으며, 부화된 애벌레 및 어미벌레는 잎의 즙액을 흡수하기 때문에 피해 잎은 일찍 굳어버려 영양분도 빼앗겨 사료가치가 떨어진다.

ⓓ **선충피해 예방법**
- 약제를 사용하여 토양을 소독한다.
- 저항성 품종을 재식한다.
- 7 ~ 8월경 태양열을 이용하여 토양을 소독한다.

ⓔ **병충해 방제법**
- 경종적 방제법
  - 병충해의 중간 기주식물을 제거한다.
  - 수확물을 잘 건조하면 병충해의 발생이 경감된다.
  - 포장을 항상 청결히 하여 해충의 전염원을 제거한다.
  - 비료의 잘못된 시용은 병충해를 유발한다.
  - 조기수확 및 조기파종으로 생육기를 조절한다.
  - 윤작에 의해 병충해를 경감한다.
  - 병충해가 강한 품종을 선택한다.
  - 냉수관개답이나 냉수가 흘러들어오는 수구의 벼는 도열병에 걸리기 쉬우므로 웅덩이나 우회수로 등을 만들어 수온을 높여 물을 대면 병의 발생을 억제한다.
  - 밭벼나 메밀밭에 무를 사이짓기하면 무에 진딧물이 적게 날아들어 무 바이러스병 방제에 상당한 효과가 있다.
  - 고농도의 산성토양에는 석회를 뿌려주어 토양산도를 낮춘다.
  - 직파재배를 통해 줄무늬잎마름병의 발생을 경감시킨다.
- 생물학적 방제법
  - 미생물·곤충·식물, 그 밖의 생물 사이의 길항작용이나 기생관계를 이용하여 인간에게 유해한 병원균·해충·잡초를 방제하려는 방법이다.
  - 병원균 : 담배의 흰비단병에는 트리코데르마균을 사용하고 송충이에는 졸도병균이나 강화병균을 사용한다.
  - 포식성 곤충 : 진딧물은 풀잠자리, 꽃등에, 뒷박벌레 등이 포식하고, 딱정벌레는 각종 해충을 포식한다.
  - 기생성 곤충 : 침파리, 고추벌, 맵시벌, 꼬마벌 등은 나비목의 곤충에 기생한다.

- 물리적 방제법
  - 주로 열에 의한 토양소독이나 온탕에 의한 종자소독 등 물리적 수단으로 병원균의 살멸을 도모하고 병의 발생을 예방된다.
  - 온탕침법 : 목화의 모무늬병의 경우 60℃의 온탕에서 10분간 처리하며, 보리의 누름무늬병의 경우에는 46℃의 온탕에서 10분간 처리한다.
  - 냉수온탕침법 : 주로 맥류의 겉깜부기병 등을 방지하기 위하여 사용한다.
  - 욕탕침법 : 욕탕이 있는 농가에서 입욕 후 욕탕의 온도를 46℃ 정도로 조절한 후 맥류 종자를 보자기에 싸서 담그고 다음날 오전(약 10시간 후, 욕탕의 온도는 25 ~ 40℃)에 꺼내 그늘에서 건조한다.
  - 태양열 이용법 : 물에 4 ~ 6시간 담근 종자를 한여름에 3 ~ 6시간 직사일광에 노출시킨다.
  - 독이법 : 해충이나 쥐가 좋아하는 먹이에 독극물을 주입한다.
  - 차단 : 어린 식물을 피복하고 과실을 복대하거나 도랑을 파 멸강충 등의 이동을 방지한다.
  - 유살 : 해충이 좋아하는 먹이로 유인하여 처리하는 것으로 나무 밑등에 짚을 둘러 잠복하는 해충을 구제한다.
  - 담수 : 밭 토양에 장기간 담수해 두면 병원충을 구제한다.
  - 소토 : 흙에 열을 가하여 소독한다.
  - 소각 : 해충이 숨어 있는 낙엽 등을 소각한다.
  - 증기소독 : 보일러에서 나오는 고압수증기를 파이프로 땅속에 분출시키는 방법이다.
  - 전기소독 : 전열장치가 들어 있는 용기 안에 흙을 넣고 약 70℃ 온도에서 살균을 한다.
- 화학적 방제법
  - 살균제
    - ▶ 동제 : 석회 보르도액, 분말 보르도, 동수은제
    - ▶ 무기황제 : 황분말, 석회황합체 등
  - 살충제
    - ▶ 살선충제 : D-D, Vapam, EDB, Nemangone 등
    - ▶ 훈증제 : Chloropocrin 등
    - ▶ 비소제 : 비산연, 비산석회 등
    - ▶ 살비제 : DNC, D-N, DNBP, DMC, CPAS, DDDS 등
    - ▶ 염소계 살충제 : DDT, BHC, Chlordane, Heptachlor, Aldrin, Dieldrin 등
  - 유인제
    - ▶ 곤충을 유인할 목적으로 사용하는 약제이다.
    - ▶ 지프톨(매미나방의 암컷이 분비), 파네졸(띠호박벌의 암컷이 분리), Pheromone 등

- 기피제
  - ▶ 해충이나 작은 동물에 자극을 주어 가까이 오지 못하도록 하는 약제이다.
  - ▶ 쥐, 산토끼 : β – 나프톨제와 콜타르제
  - ▶ 두더지 : 나프탈린, 크레졸 혼합제
  - ▶ 쥐 : 시클로핵실아미드
- 화학불임제 : 콜히친, 티오(Thio) 요소 등

ⓔ 조해, 서해, 수해 방제
- 조해방제
  - 종자에 비소계 화합물을 묻혀서 파종하거나 과실에 기피제를 묻힌다.
  - 새가 싫어하는 소리나 허수아비 등을 이용한다.
- 서해방제 : 작물에 기피제를 살포하고 포장 주위를 청결히 한다.
- 수해방제 : 작물에 기피제를 살포, 울타리를 친다.

② 잡초의 방제
  ㉠ 잡초의 방제법
    ⓐ 경종적 방제법
      - 잡초와 작물의 생리 · 생태적 특성 차이에 근거를 두고, 잡초의 경합력은 저하되고 작물의 경합력이 높아지도록 재배관리를 해주는 방법이다.
        - 경합특성 방제법 : 작부체계(윤작, 답전윤환재배, 이모작), 육묘이식(이앙) 재배, 재식밀도 높임, 춘경 · 추경 · 경운 · 정지, 재파종 및 대파
        - 환경제어법 : 시비관리 및 유기물 공급, 제한 경운법, 토양교정
    ⓑ 물리적 방제법 : 잡초의 종자 및 영양번식체에 물리적인 힘을 가하여 억제 · 사멸시키는 수단이다.
      - 손제초
      - 농기구 이용 중경제초 및 배토
      - 예취
      - 피복
      - 소각, 소토
      - 침수처리
    ⓒ 생물학적 방제법 : 곤충 또는 미생물을 이용하여 잡초의 세력을 경감시키는 방제법으로 잔류물질이 남지 않아 친환경 유기농법에서 많이 이용되고 있다.
      - 곤충 이용 : 선인장(좀벌레), 돌소리쟁이(좀남색잎벌레)
      - 식물병원균 이용 : 녹병균, 곰팡이, 세균, 선충
      - 어패류 이용 : 붕어, 초어, 잉어
      - 동물 이용 : 오리, 돼지
      - 상호대립 억제 작용성 식물 이용 : 호밀, 귀리

ⓓ **화학적 방제법** : 제초제를 사용하여 잡초를 방제하는 방법이다.

- 경엽처리형 제초제
  - Phenoxy계 제초제 : 2·4-D, Mecoprop(MCPP), MCP
  - Benzoic acid계 제초제 : Dicamba, 2·3·6-TBA
  - 지방족(직쇄형) 제초제 : Dalapon, Glyphosate
  - Bipyridylium계 제초제 : Paraquat
- 경엽 및 토양처리형 제초제
  - Triazine계 제초제 : Simazine, Atrazine, Simetryn, Prometryn
  - 산아미드계 제초제 : Alachlor, Butachlor, Pretilachlor, Propanil, Perfluidone
  - 요소계 제초제 : Diuron, Bensulfuron-methyl
  - 디페닐에테르계 제초제 : Chlornitrofen, Befenoy, Oxyfluorfen
  - Sulfonylurea계 제초제 : Bensulfuron-methyl

ⓔ **종합적 방제법**(IPM : Integrated Pest Management) : 제초제에만 의존하는 방제법을 지양하고, 여러 가지 방법을 이용하여 종합적이며 체계적인 방법으로 잡초를 관리하는 방법이다.

ⓛ **농약**

ⓐ **농약** : 농작물 재배를 위한 농경지의 토양 및 종자를 소독하거나, 작물 재배기간 중에 발생하는 병해충으로부터 농작물을 보호하거나, 저장 농산물의 병해충을 방제하기 위한 목적으로 사용하는 모든 약제를 말한다.

ⓑ **농약의 조건**
- 살균·살충력이 강한 것
- 작물 및 인체에 무해한 것
- 다양생산을 할 수 있는 것
- 사용방법이 간편한 것
- 품질이 균일한 것

ⓒ **농약의 분류**
- 용도별 : 병해충과 잡초를 방제하기 위한 농약에는 살충제, 살균제, 제초제, 생장조절제, 전착제 등이 있다.
  - 살균제 : 식물병을 유발하는 병원균의 발생을 예방하거나 병을 치료함으로써 농작물을 보호한다.
  - 살충제 : 작물에 해를 주는 해충을 멸하여 농작물을 보호한다.
  - 제초제 : 작물의 영양분을 빼앗아 정상적인 생장을 방해하는 잡초를 없애준다.
  - 생장조절제 : 작물의 수확시기를 조절하고 품질을 향상시키기 위하여 생리기능을 증진·억제시키는 작용을 한다.
  - 유인제 : 해충 등이 좋아하는 화학물질을 이용해서 유인 후 방제할 수 있도록 하는 약제이다.

- 제형별
  - 유제(乳劑) : 농약원제를 유기용매에 녹인 후 유화제를 혼합하여 액체 상태로 만든 것이다.
  - 액제(液劑) : 농약원제를 물 또는 메탄올에 녹인 후 동결방지제를 첨가하여 만든 것이다.
  - 수화제(水和劑) : 물에 녹지 않는 농약원제를 규조토나 카오린 등과 같은 광물질의 증량제 및 계면 활성제와 혼합하여 미세한 가루로 만든 것이다.
  - 분제(粉劑) : 농약원제를 탈크, 점토와 같은 증량제와 물리성 개량제, 분해방지제 등과 혼합하여 분쇄한 것이다.
  - 도포제(塗布劑) : 특정 병 또는 상처를 효과적으로 치료하기 위하여 개발된 제형으로 농약을 점성이 큰 액상으로 만들어 붓 등으로 필요한 부위에 발라준다.
  - 미분제(微粉劑) : 병해충 방제효과를 높이기 위해 분제농약보다 알맹이를 더욱 작게 하여 흩날림성을 증대시켜 만든 제형이다.
  - 훈연제(燻煙劑) : 농약원제에 발연제, 방염제 등을 혼합하고 기타 보조제 및 증량제를 첨가하여 만든다.
  - 연무제(演霧劑) : 살포방법을 개선한 제형으로 스프레이 통에 농약을 압축가스형태로 채워 분무하거나 연무발생기 등을 이용해 압력이나 열을 가하여 농약성분을 분출시키는 방법이다.
- ⓓ 농약의 독성
  - 독성의 구분
    - 투여경로에 따른 분류 : 경구독성, 경피독성, 흡입독성
    - 독성반응 속도에 따른 분류 : 급성독성, 아급성독성, 아만성독성, 만성독성
    - 독성의 강도에 따른 분류 : 저독성, 보통독성, 고독성, 맹독성
  - 독성의 표시 : 실험동물에 약제를 투여하여 처리된 동물 중 반수(50%)가 죽음에 이를 때의 동물개체당 투여된 약량(반수치사량, LD50)으로 표시한다.

독성의 분류				
시험동물의 반수를 죽일 수 있는 양(mg/kg 체중)				
등급	급성경구		급성경피	
	고체	액체	고체	액체
Ⅰ급(맹독성)	5 미만	20 미만	10 미만	40 미만
Ⅱ급(고독성)	5 이상 50 미만	20 이상 200 미만	10 이상 100 미만	40 이상 400 미만
Ⅲ급(보통독성)	50 이상 500 미만	200 이상 2,000 미만	100 이상 1,000 미만	400 이상 4,000 미만
Ⅳ급(저독성)	500 이상	2,000 이상	1,000 이상	4,000 이상

ⓔ 농약의 잔류성
- 살포된 농약이 분해되어 없어지지 않고 자연환경 중에 존재할 때 이를 잔류농약이라 한다.
- 농약잔류허용기준(MRLs : Maximum Residue Limits) : 식품 중에 함유되어 있는 농약의 잔류량이 사람이 일생동안 그 식품을 섭취해도 전혀 해가 없는 수준을 법으로 규정한 양이다.

$$농약잔류허용기준(ppm) = \frac{1일\ 농약섭취\ 허용량}{국민평균체중(50kg)}$$

- 최대무작용량(NOEL) : 일정량의 농약을 실험동물에 장기간 지속적으로 섭취시킬 경우 어떤 피해 증상도 일어나지 않는 최대의 섭취량을 말한다.

ⓕ 농약의 안전한 사용
- 농약 살포 전 주의사항
  - 포장지에 표기된 독성, 적용작물, 대상병해충, 사용농도, 사용량, 사용할 시기 등을 확인한다.
  - 엔진, 호스, 노즐 등 살포장비와 방제복, 장갑, 마스크 등 보호장비를 점검한다.
  - 방제기구가 고장이 났을 때를 대비하여 노즐, 플러그, 스패너, 드라이버와 같은 예비부속과 연장 등을 준비한다.
- 농약 살포 중 주의사항
  - 약제가 피부에 묻지 않도록 모자, 마스크, 장갑, 방제복 등 보호 장비를 착용한다.
  - 농약살포작업은 한낮을 피해 아침, 저녁 서늘하고 바람이 적을 때를 택하여 바람을 등지고 실시한다.
  - 한 사람이 2시간 이상 살포 작업을 하는 것을 피하며 두통, 현기증 등 기분이 좋지 않은 증상들이 나타나면 즉시 작업을 중단하고 휴식을 취한다.
  - 살포작업 중에는 담배를 피우거나 음식물 섭취를 금하도록 한다.
- 농약 살포 후 주의사항
  - 살포장비는 항상 깨끗이 닦아 보관한다.
  - 살포작업이 끝나고 주변 정리를 끝낸 후에는 손, 발, 얼굴 등 온 몸을 깨끗이 씻은 후 충분한 휴식을 취한다.

기출문제 분석

육묘, 종자처리, 접목방식 등이 빈번하게 출제된다. 식물호르몬과 춘화처리와 관련한 질문은 매년 한 문제는 출제되는 편이므로 상세히 알고 있는 것이 중요하다. 가장 중요한 영역으로 출제빈도가 높기 때문에 꼼꼼한 정리를 통한 학습이 필요하다.

2017년

1 작물 재배에 있어서 질소(N)에 관한 설명으로 옳지 않은 것은?

① 질산태(NO_3^-)와 암모늄태(NH_{4+})로 식물에 흡수된다.
② 작물체 건물 중의 많은 함량을 차지하는 중요한 무기성분이다.
③ 콩과작물은 질소 시비량이 적고, 벼과작물은 시비량이 많다.
④ 결핍증상은 늙은 조직보다 어린 생장점에서 먼저 나타난다.

　　TIP　④ 뿌리에 공급되는 질소가 부적당하면 늙은 잎에 있던 질소가 어린 식물기관으로 이동하게 된다. 따라서 질소결핍증은 늙은 잎에서 먼저 나타나게 된다.

2015년

2 식물의 종자가 발아한 후 또는 줄기의 생장점이 발육하고 있을 때 일정 기간의 저온을 거침으로써 화아가 형성되는 현상은?

① 휴지 　　　　　　　　　　　　② 춘화
③ 경화 　　　　　　　　　　　　④ 좌지

　　TIP　춘화 … 추위에 잘 견디는 작물들의 대부분은 어느 정도의 낮은 온도에 노출되어야 생육상 전환이 일어나는데, 이러한 현상을 춘화라 한다. 추위에 잘 견뎌 영양체 상태로 겨울을 날 수는 있으나 혹한기를 앞두고 꽃을 피워서는 살아남을 수 없기에 저온을 경과한 다음 꽃이 피는 성질을 갖고 있는 것이다.

Answer 1.④ 2.②

3 작물의 육묘에 관한 설명으로 옳지 않은 것은?

① 수확기 및 출하기를 앞당길 수 있다.

② 육묘용 상토의 pH는 낮을수록 좋다.

③ 노지정식 전 경화과정(hardening)이 필요하다.

④ 육묘와 재배의 분업화가 가능하다.

TIP 육묘용 상토는 투수성과 보수력을 지니고 부식함량이 높으며 병원균과 잡초씨가 없어야 한다. pH는 4.5 ~ 5.5로 조정한다.

4 재래육묘에 비해 플러그육묘의 장점이 아닌 것은?

① 노동 · 기술집약적이다.

② 계획생산이 가능하다.

③ 정식 후 생장이 빠르다.

④ 기계화 및 자동화로 대량생산이 가능하다.

TIP 플러그육묘 … 여러 개의 작은 용기(셀)가 연결된 플러그 트레이를 이용하여 묘를 키우는 것을 말한다. 플러그육묘는 육묘과정을 정밀하게 집약적으로 관리함으로써 생력화와 생산비 절감 효과가 크고 생산자재 및 묘소질의 규격화가 가능하다.

5 파종 방법 중 조파(드릴파)에 관한 설명으로 옳은 것은?

① 포장 전면에 종자를 흩어 뿌리는 방법이다.

② 뿌림 골을 만들고 그곳에 줄지어 종자를 뿌리는 방법이다.

③ 일정한 간격을 두고 하나 내지 여러 개의 종자를 띄엄띄엄 파종하는 방법이다.

④ 점파할 때 한 곳에 여러 개의 종자를 파종하는 방법이다.

TIP ① 산파에 대한 설명이다.
③④ 점파에 대한 설명이다.

Answer 3.② 4.① 5.②

6 작물의 병충해 방제법 중 경종적 방제에 관한 설명으로 옳은 것은?

① 적극적인 방제기술이다.

② 윤작과 무병종묘재배가 포함된다.

③ 친환경농업에는 적용되지 않는다.

④ 병이 발생한 후에 더욱 효과적인 방제기술이다.

TIP 경종적 방제법 … 병해충, 잡초의 생태적 특징을 이용하여 작물의 재배 조건을 변경시키고 내충·내병성 품종의 이용, 토양관리의 개선 등에 의하여 병충해, 잡초의 발생을 억제하여 피해를 경감시키는 방법이다. 병충해 방제의 보호적인 방지법에 해당한다.

7 작물의 취목번식 방법 중에서 가지의 선단부를 휘어서 묻는 방법은?

① 선취법   ② 성토법

③ 당목취법   ④ 고취법

TIP ② 성토법 : 모식물의 가지를 땅에 묻고 그 위에 흙을 덮어 뿌리가 자라도록 하는 취목 방법이다.
③ 당목취법 : 모식물의 가지를 땅에 눕히지 않고 지면에 붙인 상태로 묻어 두어 뿌리를 내리게 하는 방법이다.
④ 고취법 : 모식물의 가지를 공중에 떠 있는 상태에서 상처를 내고, 그 부위를 흙이나 이끼 등으로 감싸 뿌리를 내리게 하는 방법이다.

8 작휴법 중 성휴법에 관한 설명으로 옳은 것은?

① 이랑을 세우고 낮은 고랑에 파종하는 방식

② 이랑을 보통보다 넓고 크게 만드는 방식

③ 이랑을 세우고 이랑 위에 파종하는 방식

④ 이랑을 평평하게 하여 이랑과 고랑의 높이가 같게 하는 방식

TIP ① 휴립구파, ③ 휴립휴파, ④ 평휴
※ 성휴법 … 토양을 일정 기간 동안 경작하지 않고, 대신 덮개 작물을 재배하거나 자연적인 초지 형성을 유도하여 토양의 양분과 구조를 개선하고, 지력을 회복하는 농업 기법이다. 토양 침식 방지, 양분 보존, 그리고 유기물 축적 등을 통해 토양의 장기적인 생산성을 높이는 데 기여한다.

Answer 6.② 7.① 8.②

9 이앙 및 수확시기에 따른 벼의 재배양식에 관한 설명이다. ( ) 안에 들어갈 내용으로 옳은 것은?

> • ( )는 조생종을 가능한 한 일찍 파종, 육묘하고 조기에 이앙하여 조기에 벼를 수확하는 재배형이다.
> • ( )는 앞작물이 있거나 병충해 회피 등의 이유로 보통기 재배에 비해 모내기가 현저히 늦은 재배형이다.

① 조생재배, 만생재배
② 조식재배, 만기재배
③ 조생재배, 만기재배
④ 조기재배, 만식재배

TIP 조기재배와 만식재배
  ㉠ 조기재배: 조생종을 일찍 이앙하여 일찍 수확. 쌀을 조기 출하할 목적으로 하거나 또는 다른 경제작물을 벼의 후작으로 재배하여 소득을 높일 목적으로 재배하는 양식이다.
  ㉡ 만식재배: 논에 전작물로 다른 작물을 재배하고 난 뒤에 내만식성인 품종을 7월 상·중순에 이앙하는 재배법을 말한다.

10 ( )에 들어갈 내용을 순서대로 바르게 나열한 것은?

> • 작물이 생육하고 있는 중에 이랑 사이의 흙을 그루 밑에 긁어모아 주는 것을 ( )(이)라고 한다.
> • 짚이나 건초를 깔아 작물이 생육하고 있는 토양 표면을 피복해 주는 것을 ( )(이)라고 한다.

① 중경, 멀칭
② 배토, 복토
③ 배토, 멀칭
④ 중경, 복토

TIP 토양관리
  ㉠ 배토: 작물이 생육하고 있는 중에 이랑 사이의 흙을 포기 밑으로 긁어 모아 주는 것을 의미한다.
  ㉡ 멀칭: 짚, 건초, 거름 등을 깔아서 작물이 생육하고 있는 토양의 표면을 피복해주는 것이다.
  ㉢ 중경: 이랑이나 작조 사이의 흙을 갈거나 쪼아서 토양을 부드럽게 만드는 작업이다.
  ㉣ 복토: 종자를 파종한 후에 흙을 덮는 작업을 의미한다.

Answer 9.④ 10.③

11 토양 입단 파괴요인을 모두 고른 것은?

> ㉠ 유기물 시용   ㉡ 피복 작물 재배
> ㉢ 비와 바람   ㉣ 경운

① ㉠㉡   ② ㉠㉣
③ ㉡㉢   ④ ㉢㉣

TIP 🖉 토양의 입단이 파괴되는 원인으로는 수분이 많거나 적을 때 경운을 하거나 토양이 건조하거나 질어질 때, 동결과 융해의 반복이 이루어질 때, 입자의 결합제인 유기물이 분해될 때, 강우가 많거나 기온의 변동이 심할 때 등이 있다.

12 다음이 설명하는 것은?

> • 벼의 결실기에 종실이 이삭에 달린 채로 싹이 트는 것을 말한다.
> • 태풍으로 벼가 도복이 되었을 때 고온·다습 조건에서 자주 발생한다.

① 출수(出穗)   ② 수발아(穗發芽)
③ 맹아(萌芽)   ④ 최아(催芽)

TIP 🖉 ① 출수(出穗) : 이삭이 밖으로 출현하는 것이다.
③ 맹아(萌芽) : 풀이나 나무에 새로 돋아 나오는 싹이다.
④ 최아(催芽) : 농작물의 씨 따위를 심기 전에 알맞은 조건을 만들어 주어 싹을 빨리 틔우는 일이다.

13 A농가가 요소 엽면시비를 하고자 하는 이유가 아닌 것은?

① 신속하게 영양을 공급하여 작물 생육을 회복시키고자 할 때
② 토양 해충의 피해를 받아 뿌리의 기능이 크게 저하되었을 때
③ 강우 등으로 토양의 비료 성분이 유실되었을 때
④ 작물의 생식 생장을 촉진하고자 할 때

Answer 11.④ 12.② 13.④

2023년

14 다음 (   ) 안에 들어갈 필수원소에 관한 내용을 순서대로 옳게 나열한 것은?

> (   )원소인 (   )은 엽록소의 구성성분으로 부족 시 잎이 황화된다.

① 다량, 마그네슘

② 다량, 몰리브덴

③ 미량, 마그네슘

④ 미량, 몰리브덴

2024년

15 다음이 설명하는 식물호르몬은?

> • 극성수송 물질이다.
> • 합성물질로 4-CPA, 2, 4-D 등이 있다.
> • 측근 및 부정근의 형성을 촉진한다.

① 옥신

② 지베렐린

③ 시토키닌

④ 아브시스산

Answer 14.① 15.①

출제예상문제

1 버널리제이션에 대한 설명 중 옳지 않은 것은?

① 주로 생육 초기에 온도처리를 하여 개화를 촉진한다.

② 저온처리의 감응점은 생장점이다.

③ 감응은 원형질 변화와 호르몬에 의해 전달된다.

④ 추파 시금치에 대한 실험에서 발견되었다.

TIP 버널리제이션은 러시아의 T. D. Lysenko(1932)가 추파 화곡류를 이용한 실험에 의하여 밝혀졌다.

2 작물이 건조에 견디는 성질로 품종 및 생육시기에 따라 차이가 나는 것은?

① 내습성   ② 내동성

③ 내건성   ④ 내열성

TIP ① 내습성 : 수분과잉현상에 대한 저항력을 나타내는 성질
② 내동성 : 추위에 대한 저항력을 나타내는 성질
④ 내열성 : 고온에 대한 저항력을 나타내는 성질

3 다음 중 내건성 작물의 특성에 대한 설명으로 옳지 않은 것은?

① 뿌리가 깊고 근군의 발달이 좋다.

② 지수능력이 높고 다육식물이 많다.

③ 기동세포가 잘 발달하여 탈수되면 잎이 말린다.

④ 건조할 때에 수분증산이 잘 이루어진다.

TIP ④ 건조할 때에 수분증산이 억제되고 수분공급 시 수분흡수 정도가 크다.

Answer 1.④ 2.③ 3.④

4 벼의 생육시기 중 내건성이 가장 강한 시기는?

① 유숙기   ② 감수분열기

③ 분얼기   ④ 유수형성기

> **TIP** 내건성은 생식세포의 감수분열기에 가장 약하고, 출수개화기와 유숙기가 다음으로 약하며 분얼기에는 비교적 강하다.

5 내동성이 가장 강한 것은?

① 호밀   ② 수도

③ 대맥   ④ 잎맥

> **TIP** 호밀
> ㉠ 호밀은 내동성이 매우 강하여 -25℃ 정도의 낮은 온도에서도 재배가 가능하다.
> ㉡ '호밀 〉밀 〉보리 〉귀리' 순으로 내동성이 강하다.

6 작물의 내동성에 대한 설명으로 옳지 않은 것은?

① 내동성은 가을과 겨울 사이에 증가하며 봄이 되면 줄어든다.

② 포복성 작물은 직립성 작물보다 내동성이 강하다.

③ 원형질의 친수성 콜로이드가 많으면 세포 내 결합수가 많아지고 자유수가 줄어들어 세포의 결빙을 감소시켜 내동성은 증가하게 된다.

④ 휴면아는 내동성이 매우 적다.

> **TIP** ④ 계절적 요인에 속하는 휴면아는 내동성이 매우 크다.

Answer 4.③ 5.① 6.④

7   작물의 내열성에 관해 옳게 설명한 것은?

① 세포 내의 유리수가 감소하고 결합수가 많아지면 내열성이 감소된다.

② 작물의 연령이 많으면 내열성이 증대된다.

③ 내열성은 주피 · 완피엽이 가장 약하며 중심주가 가장 크다.

④ 세포질의 점성이 증가되면 내열성이 감소된다.

> **TIP** 작물의 내열성
> ⊙ 세포 내의 유리수가 감소하고 결합수가 많아지면 내열성이 커진다.
> ⓒ 작물의 연령이 많으면 내열성이 증대된다.
> ⓒ 일반적으로 세포의 점성, 결합수, 염류농도, 단백질 함량, 지유 함량, 당분 함량 등이 증가하면 내열성이 강해진다.
> ⓔ 세포질의 점성이 증가되면 내열성이 증대된다.
> ⓜ 고온 · 건조하고 일사가 좋은 곳에서 자란 작물은 내열성이 크다.
> ⓗ 내열성은 주피 · 완피엽이 가장 크며 중심주가 가장 약하다.

8   다음 중 유효 · 최적 · 최고의 3온도를 의미하는 것은?

① 유효온도   ② 주요온도

③ 최적온도   ④ 최고온도

> **TIP** ① 유효온도 : 작물의 생육이 가능한 범위의 온도
> ③ 최적온도 : 작물의 생육이 가장 왕성한 온도
> ④ 최고온도 : 작물의 생육이 가능한 가장 높은 온도

9   토양 중의 유효수분에 대한 내용으로 가장 알맞은 것은?

① 최대용수량에서 중력수를 완전히 제거한 것이다.

② 최대용수량에서 최소용수량을 제거한 것이다.

③ 포장용수량에서 위조점의 수분량을 제거한 것이다.

④ 토양의 모든 공극이 물로 포화된 상태를 말한다.

> **TIP** 유효수분이란 식물이 토양 중에서 흡수 · 이용하는 수분으로 포장용수량에서부터 영구위조점까지의 범위이며 토양입자가 작을수록 많아진다.

Answer 7.② 8.② 9.③

10 토양수분의 형태 중 식물이 가장 많이 이용하는 유효수분은?

① 흡습수
② 결합수
③ 지하수
④ 모관수

TIP 모관수 … 표면장력에 의한 모세관 현상에 의해 보유되는 수분으로 pF 2.7 ~ 4.5로서 작물이 주로 이용한다.

11 다음 중 토양미생물의 생육에 가장 알맞은 pH 농도는?

① 4.0 ~ 4.5
② 5.0 ~ 5.5
③ 6.0 ~ 7.0
④ 9.5 ~ 10.0

TIP 토양미생물의 생육에 가장 알맞은 농도는 pH 6 ~ 7이다.

12 다음 중 pF 7.0 이상으로 작물이 이용할 수 없는 수분은?

① 결합수
② 흡습수
③ 중력수
④ 모관수

TIP 결합수
㉠ 토양구성성분의 하나를 이루고 있는 수분으로 분리시킬 수 없어 작물이 이용할 수 없다.
㉡ pF 7.0 이상으로 작물이 이용할 수 없다.

13 작물생육에서 수분의 역할로 옳지 않은 것은?

① 식물체 내 물질분포를 고르게 하는 역할을 한다.
② 세포의 긴장상태를 유지하여 식물의 체제유지를 가능케 한다.
③ 필요 물질의 흡수 용매작용을 하지만 식물체 구성물질의 성분은 되지 못한다.
④ 원형질의 상태를 유지시킨다.

TIP ③ 수분은 식물체 구성물질의 성분이 된다.

Answer 10.④ 11.③ 12.① 13.③

14 토양에 유기물이 첨가되었을 때 나타나는 현상으로 옳은 것은?

① 비료성분의 용탈이 많고 부식이 적어진다.

② 토양의 무기성분을 변화시킨다.

③ 부식의 함량이 높아지고 무기양분의 흡수량이 많아진다.

④ 탈질작용을 한다.

> **TIP** ③ 토양에 유기물이 첨가되면 토양부식의 함량이 증대되고 배수가 잘 되는 토양에서는 유기물의 축적이 이루어지지 않게 되어 무기물 흡수량이 많아진다.

15 다음 중 유기물이 토양 특성에 미치는 영향 중 가장 거리가 먼 것은?

① 염기의 치환용량을 증대시킨다.

② 보수성을 증대시킨다.

③ 알칼리토양을 개량시킨다.

④ 토양의 입단구조를 발달시킨다.

> **TIP** ③ 유기물의 시용은 토양반응을 직접적으로 교정하는 효과는 작다. 토양의 물리화학적·미생물학적 성질을 개선하여 간접적으로 산성토양을 개량시킨다.

16 다음 중 토양미생물의 기능이 아닌 것은?

① 토양보호

② 양분의 공급

③ 지온의 하락

④ 입단의 형성

> **TIP** 토양미생물의 유익작용 … 점토물질에 의한 토양입단의 형성, 생장촉진물질 분비, 미생물 간의 길항작용에 의한 유해작용 경감, 무기성분의 변화, 비료의 유기화, 질산화 작용, 유리질소 고정, 암모니아 생성, 토양색을 검게 하여 지온이 상승한다.

Answer 14.③ 15.③ 16.③

17 다음 중 조생종에 대한 설명으로 옳지 않은 것은?

① 묘대일수감응도와 만식적응성이 작아서 만식에 부적당하다.

② 같은 지역에서도 조생·만생품종을 섞어서 냉해·태풍 등의 피해를 경감시키는 경우도 있다.

③ 같은 종(種)의 작물 중에서 표준적인 개화기의 것보다 일찍 꽃이 피고 성숙하는 종을 말한다.

④ 일반적으로 수확량은 적으나 일찍 수확·출하할 수 있는 이점 때문에 재배상·경영상 유리한 경우가 많다.

TIP ① 묘대일수감응도가 크고 만식적응성이 작아서 만식에 부적당하다.

18 조생종을 가능한 한 일찍 파종, 육묘하고 조기에 이앙하여 조기에 벼를 수확하는 재배법은?

① 조생재배 ② 만식재배
③ 만기재배 ④ 조기재배

TIP 조기재배법은 논에 전작물로 다른 작물을 재배하고 난 뒤에 내만식성인 품종을 7월 상중순에 이앙하는 재배법을 말한다.

19 토양 재배에 비해 무토양 재배의 장점이 아닌 것은?

① 배지의 완충능이 높다.

② 환경친화형 농업이 가능하다.

③ 자동화가 용이하다.

④ 시설재배의 연작장해를 피할 수 있다.

TIP 무토양 재배의 장점
㉠ 시설재배의 연작장해를 피할 수 있다.
㉡ 장치화와 기계화 등으로 규모 확대가 가능하다.
㉢ 작업환경이 깨끗하다.
㉣ 기업적인 경영을 할 수 있다.
㉤ 환경친화형 농업이 가능하다.
㉥ 자신만의 기술 개발이 가능하다.
㉦ 풍흉의 차이 없이 안정 수확이 가능하다.
㉧ 동일한 환경에서 장기간에 걸쳐 연속재배를 할 수 있다.

Answer 17.① 18.④ 19.①

20 초생재배의 이점으로 옳지 않은 것은?

① 토양침식 방지

② 지력 증진

③ 제초노력 경감

④ 한발 조장

TIP 초생재배

㉠ 초생재배는 풀을 키워 지표면을 피복하므로 과수원의 표토유실이 방지되고 풀을 베어 퇴비로 사용함으로써 토양유기물이 증가되어 비옥도를 높이게 된다.

㉡ 풀이 지나치게 많으면 작업능률이 저하되며, 나무와 토양수분 흡수의 쟁탈이 생기고, 수분의 증발량이 증가하여 가뭄을 받게 된다.

㉢ 경사지와 성목원에 있어서는 전면 초생도 좋으나 어린 유목원은 나무 주위만 부초하거나 김을 매 가꾸는 청경을 하고, 나머지 부분에는 풀을 심어 초생한다.

㉣ 감나무의 발아 신장기와 과실 생육기에 때때로 풀을 베어 나무 밑에 깔아 토양수분의 증발을 억제한다.

㉤ 장마기에는 풀을 키워 수분증발을 조장시키고 가뭄에는 풀을 베어 나무 주위를 덮어 수분증발을 억제한다.

㉥ 착색기 이후에는 풀을 베어 습도를 낮춤으로써 과피흑변의 발생을 줄인다.

㉦ 초생재배를 시작한 2 ~ 3년간은 질소질 비료를 10a당 5kg 정도 더 많이 사용한다.

21 약배양의 가장 큰 장점은?

① 대량증식

② 새로운 개체 육성

③ 육종기간 단축

④ 바이러스에 감염되지 않은 무병주 생산

TIP 약배양

㉠ 약배양의 이용 : 꽃밥(약)을 이용하는 약배양은 새로운 개체의 분리육성이나 육종기간 단축에 이용된다.

㉡ 약배양 육종법 : 약배양으로 반수체를 얻어 염색체를 배가하는 방법으로, 순계를 만들고 순계 간 비교로 우수 순계를 획득하는 방법이다.

Answer 20.④ 21.③

22 종자용 수확재배에 대한 설명으로 옳지 않은 것은?

① 종자수분 함량이 15 ~ 16% 되도록 저장한다.

② 건조기 온도는 45℃ 이하가 되도록 한다.

③ 질소질 비료는 과다시용을 회피한다.

④ 결실기에는 적산온도를 가급적 높여야 한다.

> **TIP** 적산온도
> ㉠ 작물의 생육에 필요한 열량을 나타내기 위한 것으로서 생육일수의 일평균기온을 적산한 것을 말한다.
> ㉡ 적산온도를 계산할 때는 일평균기온은 해당작물이 활동할 수 있는 최저온도(기준온도라고 한다) 이상의 것만을 택한다.
> ㉢ 적산온도는 작물과 지역에 따라 다르며 일반적으로 보리 1,700℃, 밀 1,900℃, 벼 2,500℃, 감자 1,000℃이다.

23 종자의 품질을 결정하는 내적조건으로 적당한 것은?

① 종자의 수분함량

② 종자의 크기와 중량

③ 종자의 병충해

④ 종자의 색깔과 냄새

> **TIP** ①②④ 종자품질의 외적조건에 해당한다.
> ※ 종자품질의 내적조건
> ㉠ 종자의 병충해
> ㉡ 종자의 발아력
> ㉢ 종자의 유전성

24 종자 춘화처리(Vernalization)를 할 때 가장 중요한 조건은?

① 생장점

② 어린잎

③ 성숙한 잎

④ 줄기

> **TIP** 춘화처리의 감응부위
> ㉠ 저온처리의 감응부위는 생장점이다.
> ㉡ 가을 호밀의 배만을 분리하여 당분과 산소를 공급하면 버널리제이션 효과가 일어난다.

Answer 22.④ 23.③ 24.①

25 춘화처리의 의미를 가장 바르게 설명한 것은?

① 개화에 소요되는 시간을 단축시킨다.
② 작물의 종자를 저온처리하여 추파성을 춘파성으로 변화시킨다.
③ 작물의 종자를 고온처리하여 종자의 발아를 촉진시킨다.
④ 작물의 종자를 일장처리하여 개화를 촉진시킨다.

> **TIP** 춘화처리의 의미
> ㉠ 작물의 종자를 저온처리하여 화성의 유도를 촉진시켜 개화를 빠르게 촉진시킨다.
> ㉡ 작물의 종자를 저온처리하여 추파성을 춘파성으로 변화시킨다.

26 식물의 종자가 발아한 후 또는 줄기의 생장점이 발육하고 있을 때 일정 기간의 저온을 거침으로써 화아가 형성되는 현상은?

① 휴지   ② 춘화
③ 경화   ④ 좌지

> **TIP** ② 춘화 : 추위에 잘 견디는 작물들의 대부분은 어느 정도의 낮은 온도에 노출되어야 생육상 전환이 일어나는데, 이러한 현상을 춘화라 한다. 추위에 잘 견뎌 영양체 상태로 겨울을 날 수는 있으나 혹한기를 앞두고 꽃을 피워서는 살아남을 수 없기에 저온을 경과한 다음 꽃이 피는 성질을 갖고 있는 것이다.
> ① 휴지 : 생물의 세포가 기능적으로 활동은 하지만 핵분열이나 세포분열을 하지 않는 것을 의미한다.
> ③ 경화 : 습한 토양이 부드러워지지 않고 견고한 상태가 되는 것을 의미한다.
> ④ 좌지 : 가을에 파종하는 맥류를 봄 늦게 파종하게 되면 잎만 자라다가 주저앉는 형태가 되는 것을 의미한다.

27 이식의 장점이 아닌 것은?

① 줄기나 잎의 웃자람을 억제한다.   ② 수확기를 연장시킬 수 있다.
③ 노화를 방지한다.   ④ 개화를 촉진시킨다.

> **TIP** 이식의 장점
> ㉠ 수확기를 단축시킬 수 있다.
> ㉡ 집약적 농업이 가능하다.
> ㉢ 정식기에 활착을 빠르게 할 수 있다.
> ㉣ 경엽의 도장이 억제되고 생육이 양호하여 숙기를 빠르게 한다.(채소)
> ㉤ 초기 생육이 촉진된다.
> ㉥ 생육기간이 연장되어서 작물의 발육이 크게 조장되어 증수를 기대할 수 있다.

Answer 25.② 26.② 27.②

28 혼파의 장점이 아닌 것은?

① 가축영양의 균형 도모
② 공간의 효율적 이용
③ 질소비료의 절약
④ 비배관리의 편리

TIP 혼파의 장점
ⓐ 입지공간의 효율적 이용
ⓑ 비료성분의 합리적 이용
ⓒ 가축영양의 증대

29 다음 중 작물의 번식방법 중 바이러스에 감염되지 않은 개체증식방법의 수단으로 이용되는 것은?

① 영양번식
② 종자번식
③ 무균번식
④ 조직배양번식

TIP 조직배양
ⓐ 작물의 일부 조직을 무균적으로 배양하여 조직 자체의 증식생장, 각종 조직 및 기관의 분화 발달에 의하여 완전개체로 육성하는 방식이다.
ⓑ 조직배양은 단세포, 뿌리·줄기·잎·떡잎 등의 영양기관, 꽃·과실·배주·배·배유·과피·약·화분 등 생식기관, 생장점, 식물전체 등을 이용한다.
ⓒ 영양번식으로 증식하는 원예식물은 바이러스병이 가장 문제가 되고, 이 바이러스병은 방제가 불가능하기 때문에 무병주 생산을 통해 극복하여야 한다.
ⓓ 생장점 배양은 바이러스 무병주 생산에 효과적으로 이용될 수 있는 방식으로 생장점에는 바이러스가 없거나 극히 적기 때문에 생장점 배양을 통해 무병주를 얻을 수 있다.

Answer 28.④ 29.④

30 작물의 취목 번식방법 중 가지의 마디마다 상처를 내어 땅 속에 묻는 방법으로 담쟁이덩굴의 번식에 주로 이용하는 것은?

① 고취법   ② 선취법

③ 당목취법   ④ 성토법

> **TIP** **취목** … 모주로부터 가지를 잘라내지 않고 상처를 주거나 구부려 가지 일부를 토양에 묻어 놓아 발근 후 모주로부터 분리 이식하여 증식시키는 방법이다.
> ⊙ **선취법** : 가지의 선단부를 지면으로 휘어 묻는 방법이다(덩굴장미, 개나리 등).
> ⓒ **파상취법** : 파상으로 휘어 땅속과 땅위로 번갈아 나오게 하는 방법이다(덩굴장미, 필로덴드론).
> ⓒ **당목취법** : 가지를 수평으로 휘묻고 그 가지의 마디마다 작은 가지를 지면으로 내놓게 하고 작은 가지가 발생한 부분에서 뿌리가 나면 하나씩 떼어내는 방법이다.
> ② **고취법** : 절간이나 가지의 기부에서 환상박피를 하고 수태 등으로 그 부분을 싸고 비닐로 싸 메어두어 발근되면 떼어내는 방법이다(고무나무, 반다, 석류, 백일홍 등).
> ⓜ **성토법** : 어미나무에 가지가 많을 때 가지 밑부분을 흙으로 묻어 발근시킨 후 어미나무에서 떼어내고 흙을 덮은 채로 두어 발근한 다음 분리 번식시키는 방법이다.

31 오래된 가지를 발근시켜 떼어낼 때 사용하는 것으로 양취법이라고도 하는 영양번식 방법으로 가장 적절한 것은?

① 성토법(盛土法)   ② 고취법(高取法)

③ 선취법(先取法)   ④ 당목취법(撞木取法)

> **TIP** ① **성토법** : 어미나무에 가지가 많을 때 가지 밑부분을 흙으로 묻어 발근시킨 후 어미나무에서 떼어내고 흙을 덮은 채로 두어 발근한 다음 분리 번식시키는 방법
> ③ **선취법** : 가지의 선단부를 지면으로 휘어 묻는 방법
> ④ **당목취법** : 가지를 수평으로 휘묻고 그 가지의 마디마다 작은 가지를 지면으로 내놓게 하고 작은 가지가 발생한 부분에서 뿌리가 나면 하나씩 떼어내는 방법

32 벼 생육기간 중 유숙기의 일사부족이 수량을 감소시키는 주된 요인은?

① 무효분얼의 증대   ② 1수 영화수의 감소

③ 불임률의 증대   ④ 등숙비율의 저하

> **TIP** ④ 유숙기의 일사부족은 등숙률과 천립중의 감소를 유발한다.

Answer   30.③   31.②   32.④

33 다음 중 생리적 산성비료는?

① 요소   ② 염화가리

③ 용성인비   ④ 석회질소

> **TIP** 생리적 산성비료
> ㉠ 염화가리
> ㉡ 황산가리
> ㉢ 황산암모니아

34 다음 병충해 방제법 중 물리적 방제법이 아닌 것은?

① 윤작   ② 담수

③ 소토   ④ 온도처리

> **TIP** ① 윤작은 경종적 방제법에 해당한다.
> ※ 물리적 방제법의 종류 … 온도처리, 독이법, 차단, 유살, 담수, 소토, 소각, 증기소독, 전기소독 등

35 다음 중 경종적 방제법의 내용으로 볼 수 없는 것은?

① 재배양식의 변경   ② 시비법의 합리적 개선

③ 중간 기주식물의 제거   ④ 온탕처리와 건열처리

> **TIP** 경종적 방제법
> ㉠ 저항성 품종의 선택
> ㉡ 파종기의 조절
> ㉢ 윤작
> ㉣ 혼작
> ㉤ 재배양식 변경
> ㉥ 시비법의 개선
> ㉦ 포장의 청결관리
> ㉧ 수확물 건조
> ㉨ 중간 기주식물 제거

36 다음 중 경종적 방제법에 해당하지 않는 것은?

① 윤작에 의한 방제
② 생육기 조절에 의한 방제
③ 담수처리에 의한 방제
④ 혼식에 의한 방제

TIP ③ 담수처리에 의한 방제는 물리적 방제법에 해당한다.

37 생물적 병충해 방제방법을 모두 고른 것은?

㉠ 토양 가열	㉡ 천적 곤충 이용
㉢ 증기 소독	㉣ 윤작 등 작부체계의 변경

① ㉡
② ㉠㉣
③ ㉠㉡㉢
④ ㉢㉣

TIP ㉠㉢ 물리적 방제   ㉡ 생물적 방제   ㉣ 경종적 방제

38 옥신류 생장조절제의 이용법으로 옳지 않은 것은?

① 발근 촉진
② 개화 촉진
③ 제초 효과
④ 낙과 촉진

TIP 옥신의 효과 … 접목의 활착 촉진, 개화 촉진, 성숙 촉진, 낙과 방지, 단위결과 유도, 제초 효과, 발근 촉진, 증수 효과

39 다음 중 지베렐린에 대한 설명으로 옳지 않은 것은?

① 벼의 키다리병균에 의해 생산된 고등식물의 식물생장 조절제이다.
② 사람과 가축에도 독성을 나타낸다.
③ 지베렐린은 지베렐린산의 칼륨염 희석액을 쓴다.
④ 식물체내에서 생합성된다.

TIP ② 지베렐린은 사람과 가축에는 독성을 나타내지 않는다.

Answer 36.③ 37.① 38.④ 39.②

40 다음 중 에틸렌의 효과로 볼 수 없는 것은?

① 과실의 성숙 촉진　　　　　　　② 과실의 착색 촉진

③ 정아우세 현상 타파　　　　　　④ 세포분열 촉진

> **TIP**　에틸렌의 효과
> ㉠ 과실의 성숙 및 착색 촉진
> ㉡ 정아우세 현상 타파
> ㉢ 낙엽 촉진

41 에틸렌에 대한 설명으로 옳지 않은 것은?

① 과일의 숙성이나 외부에서의 옥신처리, 스트레스, 상처 등에 의해 유발된다.

② 과일의 숙성을 유도 및 촉진시키는 작용을 하여 숙성호르몬이라고도 한다.

③ 식물의 노화를 촉진시켜 농산물의 저장성을 증대시킨다.

④ 농산물의 수확 후 생리 및 저장력에 많은 영향을 미친다.

> **TIP**　③ 에틸렌은 식물의 노화를 촉진하여 농산물의 저장성을 약화시킨다. 그러므로 농산물을 신선한 상태로 오래 지속시키기 위해
> 서는 수확 후에도 계속되는 호흡작용을 억제하고 에틸렌의 합성을 낮추어야 한다.

42 식물호르몬에 대한 설명으로 옳지 않은 것은?

① 옥신은 주로 세포의 신장촉진의 역할을 한다.

② 시토키닌은 세포분열을 촉진한다.

③ 지베렐린은 정아우세현상에 관여한다.

④ 아브시스산은 잎의 노화 및 낙엽을 촉진한다.

> **TIP**　③ 지베렐린은 뿌리에서 생성되고 줄기 생장을 촉진한다. 식물체 내 지베렐린이 시토키닌에 비해 너무 많을 경우 꽃이 피지 않고
> 과일의 당도가 떨어진다. 지베렐린은 꽃눈의 형성, 씨앗 내 축적된 영양분의 유통, 휴면 종자의 발아 증진, 착과 증대, 과일 크기
> 증대, 좌엽 식물의 개화기 유도, 단위결실, 효소 활동의 유도 작용을 한다.

Answer　40.④　41.③　42.③

43 작물의 내한성을 증대하고 발아를 촉진하며, 호흡억제 · 노화방지 등에 효과가 있는 것은?

① 시토키닌(Cytokinin)

② MH-30(Maleic Hydrazide)

③ 지베렐린(Gibberellin)

④ ABA(Abscisic Acid)

> **TIP** 시토키닌(Cytokinin)
> ㉠ 발아를 촉진한다.
> ㉡ 저장 중의 신선도를 높인다.
> ㉢ 잎의 생장을 촉진한다.
> ㉣ 호흡을 억제하며 잎의 노화를 방지한다.

44 다음 중 위조 저항성 및 휴면을 유도하는 식물호르몬은?

① 시토키닌   ② ABA

③ 에틸렌   ④ 에테폰

> **TIP** ABA … 어린 식물로부터 이층의 형성을 유도하여 낙엽을 촉진시키는 물질이다.
> ※ ABA의 작용
> ㉠ 목본식물의 냉해저항성을 증가시킨다.
> ㉡ 토마토의 위조 저항성을 증가시킨다.
> ㉢ 잎의 노화와 낙엽을 촉진하고 휴면을 유도한다.

45 다음 중 냉수온탕침법에 효과적인 병해는?

① 맥류의 겉깜부기병   ② 보리의 누름무늬병

③ 벼의 도열병   ④ 목화의 모무늬병

> **TIP** ②④ 온탕침법
> ③ 수온상승에 의한 경종적 방제법

Answer 43.① 44.② 45.①

46 다음중 총채벌레류 천적곤충은?

① 미끌애꽃노린재

② 가루진디벌

③ 담배장님노린재

④ 긴털이리응애

TIP   ② 진딧벌류 천적곤충이다.
③ 가루이류 천적곤충이다.
④ 잎응애류 천적곤충이다.

47 애멸구에 의해 발생하는 병이 아닌 것은?

① 보리줄무늬오갈병

② 벼잎집무늬마름병

③ 맥류북지모자이크병

④ 벼줄무늬잎마름병

TIP   벼잎집무늬마름병의 전염경로 … 벼잎집무늬마름병의 바이러스는 병든 식물체의 표면이나 토양 내에서 균사 혹은 균핵의 형태로 존재한다. 균핵은 월동 후 논의 써레질에 의해 물 표면에 떠오르게 되며, 떠오른 균핵은 이앙 후 벼가 자라는 동안 수면부위의 벼잎집에 부착된 후 발아하여 균사에 의해 벼 잎집의 조직 내로 침투한다.

48 장마철 중국의 황하 유역으로부터 발생해오는 저기압이 우리나라를 통과할 때 비와 함께 날아오는 해충에 해당하지 않는 것은?

① 멸강나방

② 흰등멸구

③ 벼멸구

④ 이화명나방

TIP   이화명나방 … 일반적으로 6월과 8월 두 차례에 걸쳐 발생하며 유충이 줄기 속으로 파고 들어가 줄기와 이삭을 마르게 한다. 유충은 주로 볏짚이나 벼 그루터기의 줄기 속에서 월동을 하며, 월동세대 성충은 6월, 2화기 성충은 8월에 발생최성기이다. 조기이앙 등 재배환경이 변화함에 따라 발생량은 점차 줄어들고 있는 추세이다.

Answer   46.①   47.②   48.④

49 작물이 생육하고 있는 중에 이랑 사이의 흙을 그루 밑에 긁어 모아주는 것을 의미하는 것은?

① 멀칭　　　　　　　　　　　② 배토

③ 중경　　　　　　　　　　　④ 복토

> **TIP**　① 멀칭 : 짚, 건초, 거름 등을 깔아서 작물이 생육하고 있는 토양의 표면을 피복해주는 것이다.
> ③ 중경 : 이랑이나 작조 사이의 흙을 갈거나 쪼아서 토양을 부드럽게 만드는 작업이다.
> ④ 복토 : 종자를 파종한 후에 흙을 덮는 작업을 의미한다.

50 멀칭의 목적으로 옳은 것은?

① 휴면 촉진

② 잡초 발생 촉진

③ 토양 건조 방지

④ 단위결과 억제

> **TIP**　③ 멀칭은 작물 주변의 토양 표면을 비닐, 짚, 플라스틱 등의 재료로 덮어주는 농업 기술이다. 멀칭을 통해 잡초의 생육에 필요한 빛을 차단하여 잡초의 성장을 방지한다.

51 배토의 목적이 아닌 것은?

① 도복방지　　　　　　　　　② 신근 발생의 조장

③ 무효분얼의 촉진　　　　　　④ 연백 또는 괴경 발생 촉진

> **TIP**　배토
> ㉠ 작물의 생육기간 중에 골 사이나 포기 사이의 흙을 밑으로 긁어모아 주는 것이다.
> ㉡ 토란, 파 등에서는 작물의 품질을 좋게 하고 소출을 증대시킨다.
> ㉢ 연백(軟白, Blancing)효과가 있다.
> ㉣ 도복이 경감되고 무효분얼의 발생이 억제되어 증수효과가 있다.
> ㉤ 제초(除草)의 효과와 함께 배수를 돕고 지온을 상승시켜 뿌리의 발달이 좋아진다.
> ㉥ 작물의 뿌리줄기를 고정하므로 풍우에 대한 저항력이 증대되어 쓰러지는 것을 방지한다.

Answer　49.②　50.③　51.③

52 노후화답의 대책으로 옳지 않은 것은?

① 객토   ② 심경

③ 조기재배   ④ 유안시용

TIP 노후화답의 대책
  ㉠ 객토(흙넣기) : 가장 근본적인 대책으로서 점토로 되어 있는 산의 붉은 흙, 못의 밑바닥 흙, 바닷가의 질흙(海泥土) 등을 논에 넣음으로써 철·망간 등의 무기성분을 공급하고, 점토를 증가시킴으로써 보비력(保肥力)을 증가시키고 누수를 방지한다.
  ㉡ 함철물과 염류를 첨가 : 철분·갈철광 등의 함철물의 재료와 망간·마그네슘·인산·칼륨 등의 염류를 시용하면 효과적이다.
  ㉢ 심경(깊이갈이) : 심토층까지 깊게 갈아서 침전된 철분 등을 다시 작토층으로 되돌린다.
  ㉣ 관개수 조절 : 논물을 빼고 산화를 촉진시키면 무기염류의 환원을 지연시키고 황화수소의 발생을 얼마간 방지할 수 있다.

53 시비할 때의 유의점으로 옳지 않은 것은?

① 벼를 재배할 때는 기비로 준다.
② 생육기간이 길수록 기비량을 줄인다.
③ 온대지방에서는 덧거름의 양을 늘린다.
④ 일반적으로 인산, 칼리 등은 기비로 준다.

TIP 시비할 때의 유의점
  ㉠ 감자처럼 생육기간이 짧은 경우에는 주로 기비로 주고, 맥류나 벼처럼 생육기간이 긴 경우에는 분시한다.
  ㉡ 일반적으로 퇴비나 깻묵 등의 지효성이나 완효성 비료 또는 인산·칼리·석회 등의 비료는 대체로 기비로 준다.
  ㉢ 엽채류와 같이 잎을 수확하는 작물은 질소비료를 늦게까지 덧거름으로 주어도 좋지만, 화곡류와 같이 종실을 수확하는 작물은 마지막 거름을 주는 시기에 주의해야 한다.
  ㉣ 생육기간이 길고 시비량이 많은 경우일수록 질소의 밑거름(기비량)을 줄이고 덧거름(추비량)을 많이 하며 그 횟수도 늘린다 (추비중점 시비).
  ㉤ 사질토, 누수답, 온난지 등에서는 비료가 유실되기 쉬우므로 덧거름의 분량과 회수를 늘린다.

Answer 52.④   53.①

54 탄산시비에 대한 설명으로 옳지 않은 것은?

① 탄산시비를 하면 광합성이 감소한다.

② 작물의 수량이 증대된다.

③ 미숙퇴비를 사용하면 탄산시비의 효과가 발생한다.

④ 탄산공급원으로는 프로판가스, 천연가스, 정유 등이 좋다.

> **TIP** 탄산시비
> ㉠ 작물의 주위에 CO_2를 공급하여 작물생육을 촉진하고 수량과 품질을 향상시키는 재배기술을 말하며 이산화탄소 시비라고도 한다.
> ㉡ CO_2 농도를 쉽게 조절할 수 있는 하우스, 온실 재배 등에서 이용성이 크다.
> ㉢ 탄산시비에 이용되는 연소재는 완전연소하고 CO_2 발생량이 많으며, 유해가스를 배출하지 않는 프로판 가스나 정유, LNG 등이 적당하다.

55 다음 중 휴면에 대한 설명으로 옳지 않은 것은?

① 생장에 필요한 물리적 · 화학적인 조건을 부여하여도 한때 생장이 정지되어 있는 상태를 말한다.

② 온대식물은 겨울철에 영향을 받고, 열대 · 아열대 식물은 우기와 건기의 영향을 받는다.

③ 단일의 감응 정도는 수종에 따라 다르다.

④ 21 ~ 27℃에서는 일장 여하에도 불구하고 휴면이 요구된다.

> **TIP** 수종과 관계없이 15 ~ 21℃에서는 일장 여하에도 불구하고 휴면이 요구된다.

56 종자휴면에 관한 내용 중 옳은 것은?

① 벼의 휴면타파에는 과산화수소가 사용된다.

② 종자의 휴면타파에는 M · H가 사용된다.

③ 감자의 휴면타파에는 지베렐린이 사용된다.

④ 종자의 휴면에는 시토키닌이 사용된다.

> **TIP** 감자의 휴면타파법
> ㉠ 박피 절단 : 수확 직후 껍질을 벗기고 절단하여 최아상에 심는다.
> ㉡ **지베렐린 처리** : 절단하여 2ppm 수용액에 5 ~ 60분간 담갔다가 심는다.
> ㉢ 에틸렌 클로로하이드린 처리 : 액침법 · 기욕법 · 침지법 등이 있고, 씨감자는 절단하여 처리하여야만 효과가 있다.

Answer 54.④ 55.④ 56.③

57 토양의 입단구조를 개선하기 위한 방법으로 옳지 않은 것은?

① 경운

② 석회 시용

③ 유기물 시용

④ 콩과작물의 재배

> **TIP** 입단을 형성하는 원인
> ㉠ 유기물과 석회의 시용
> ㉡ 콩과작물의 재배
> ㉢ 토양의 피복
> ㉣ 토양개량제의 시용

58 다음 중 토양의 입단구조를 파괴하는 요인에 해당하는 것은?

① 유기물과 석회의 시용

② 토양개량제의 시용

③ 콩과작물의 재배

④ 입단의 수축과 팽창

> **TIP** ④ 지나친 경운과 입단의 팽창 및 수축의 반복은 토양의 구조를 파괴시킨다.

59 벼의 수발아에 관한 설명으로 옳은 것은?

① 벼의 종자에서 나타나는 현상이다.

② 결실기의 벼가 건기일 때 자주 발생한다.

③ 만생종이 조생종보다 수발아가 잘 발생한다.

④ 수발아는 휴면성이 약한 조생종이 잘 발생한다.

> **TIP** ① 결실기에 종실이 이삭에 달린 채로 싹이 트는 것을 말한다.
> ② 결실기의 벼가 우기에 도복이 되었을 때 자주 발생한다.
> ③ 조생종이 만생종보다 수발아가 잘 발생한다.

Answer 57.① 58.④ 59.④

04 원예작물

1 원예작물의 개요 및 경영

① 원예의 개념 및 분류

  ㉠ 원예의 개념 : 소규모의 제한된 토지 또는 시설 내에서 채소, 과수 및 화훼를 집약적으로 재배하는 농업의 한 형태를 말한다.

  ㉡ 원예의 분류

    ⓐ 채소원예 : 식용 및 약용을 목적으로 초본성 식물을 재배하는 원예

    ⓑ 과수원예 : 과실을 따먹을 목적으로 목본성 식물을 재배하는 원예

    ⓒ 화훼원예 : 관상을 목적으로 꽃, 화목류, 난류 등을 재배하는 원예

② 원예의 가치

  ㉠ 영양적 가치

    ⓐ 알칼리성 식품이다.

    ⓑ 비타민이 풍부하다.

    ⓒ 무기염류가 풍부하다.

  ㉡ 경제적 가치

    ⓐ 높은 성장 가능성이 있다.

    ⓑ 부가가치가 높은 고소득 작물 재배가 가능하다.

  ㉢ 정서적 가치

    ⓐ 현대인의 정서 함양에 도움

    ⓑ 여가선용의 수단

    ⓒ 원예치료의 수단

③ 원예작물의 분류

  ㉠ 용도에 의한 분류 : 원예작물, 녹비작물, 사료작물, 공예작물, 식용작물

  ㉡ 생태적 특성에 따른 분류

    ⓐ 온도 적응성에 따른 분류

     • 호냉성 식물 : 생육적온이 17 ~ 20℃ 범위로 대부분의 엽근채류가 해당한다.

      – 채소 : 무, 파, 마늘, 당근, 딸기, 배추, 상추, 시금치, 양배추 등

      – 과수 : 배, 사과, 자두 등

- 호온성 식물 : 생육적온이 25℃ 안팎으로 대부분의 열매채소가 해당한다.
  - 채소 : 오이, 호박, 고추, 참외, 수박, 토마토, 가지 등
  - 과수 : 감, 살구, 복숭아, 무화과, 올리브 등
  - 화훼 : 장미, 백합, 난초 등

ⓑ 토양반응에 따른 분류
- 산성에 약한 식물 : 부추, 콩, 팥, 상추, 배추, 양파, 시금치, 아스파라거스 등
- 산성에 강한 식물 : 감자, 봄무, 토란, 아마, 호밀, 수박, 고구마, 치커리 등

ⓒ 생육기간에 따른 분류
- 1년생 채소 : 오이, 수박, 참외, 가지, 토마토, 시금치 등
- 다년생 채소 : 파, 우엉, 연근, 미나리, 아스파라거스 등

ⓓ 식물학적 분류
- 담자균류 : 표고, 팽이, 양송이, 느타리
- 단자엽 식물
  - 화본과 : 죽순, 옥수수
  - 토란과 : 토란, 구약
  - 생강과 : 생강
  - 마과 : 마
  - 백합과 : 파, 양파, 마늘, 부추, 달래
- 쌍자엽 식물
  - 가지과 : 가지, 고추, 토마토
  - 도라지과 : 도라지
  - 메꽃과 : 고구마
  - 명아주과 : 근대, 비트, 시금치
  - 십자화과 : 무, 배추, 양배추
  - 산형화과 : 당근, 미나리, 파슬리, 샐러리
  - 국화과 : 우엉, 쑥갓, 상추
  - 박과 : 수박, 호박, 참외
  - 아욱과 : 아욱, 오크라
  - 장미과 : 딸기
  - 콩과 : 콩, 완두, 녹두

④ 원예작물의 성숙 및 수확

㉠ 원예작물의 성숙

ⓐ 성숙·숙성·노화
- 성숙 : 성숙과정은 양적인 생장이 멈추고 질적인 변화가 일어나는 과정을 말한다.
  - 성숙도 : 생리적 성숙과 원예적(상업적) 성숙으로 구분한다.
    ▶ 생리적 성숙 : 식물체 내 대사작용의 진행상태를 기준으로 하며 호흡, 에틸렌 생성, 세포벽 분해효소의 활성 등에 의해 결정한다(딸기, 수박, 근채류 등).
    ▶ 원예적 성숙 : 수확하기에 가장 적합한 상태이다(죽순, 오이, 애호박, 가지 등).
- 숙성 : 생리대사의 변화와 함께 조직감과 풍미가 발달하는 등 과일이 익어가는 과정을 말한다.
- 성숙 및 숙성과정에서 발생하는 대사산물의 변화

과실	세포 수준	품질 변화
사과, 키위, 바나나	전분이 당으로 가수분해	단맛의 증가
사과, 키위, 살구	유기산의 변화	신맛 감소
사과, 토마토, 단감	엽록소 분해·색소 합성	색의 변화
사과, 배, 감, 토마토	세포벽 붕괴	과육의 변화
감	타닌의 중합반응	떫은맛의 소실
사과, 유자	휘발성 에스테르의 합성	풍미 발생
포도	표면 왁스 물질의 합성 및 분비	과피의 외관 및 상품성

- 노화 : 식물기관 발육의 마지막 단계에서 발생하는 비가역적 변화로서 노화를 거치는 동안 연화 및 증산에 의하여 상품성을 잃게 되고, 병균의 침입으로 인해 쉽게 부패된다.

ⓑ 성숙도 판정
- 판정기준
  - 성숙도 판단은 객관적이고 간편한 방법을 사용하여야 한다.
  - 판단측정 기구는 저렴하며 실용성이 있어야 한다.
  - 기준은 지역 또는 해에 따라 변하지 않아야 한다.
  - 성숙여부는 기관의 발육도, 조직의 노숙도, 조직의 충실도, 함유성분의 양 등에 의해 결정된다.
- 성숙도 판정 기준
  - 색깔 : 성숙될수록 엽록소가 파괴되고 새로운 색소가 형성되며 작물 고유의 색깔이 발현된다.
  - 경도 : 성숙될수록 불용성 펙틴이 가용성으로 분해되어 조직의 경도가 감소한다.
  - 당·산 : 성숙될수록 전분은 당으로 분해되고 유기산이 감소하며 당과 산의 균형이 이루어지며, 수산화나트륨(NaOH)은 과일과 채소의 유기산 함량을 나타내는 적정산도를 측정할 때 사용한다.

$$적정산도(TA) = \frac{사용된\ NaOH의\ 양 \times NaOH의\ 노르말농도 \times 산밀리당량}{측정할\ 과즙의\ 양} \times 100$$

ⓛ 원예작물의 수확
  ⓐ 수확시기의 판정
    • 수확시기의 중요성
    − 원예작물의 수확시기는 생산물의 외관은 물론 맛과 품질을 결정한다.
    − 수확시기에 따라 변하는 생산물의 크기 및 중량은 생산량과 직결된다.
    − 수확시기는 수확 후 저장기간과 유통기간에도 영향을 미친다.
    • 수확시기 판정의 지표
    − 감각에 의한 판정 : 시각·미각·촉각에 의해 성숙 정도를 판정하는 방법으로 다년간의 경험이
      요구된다.
      ▶ 크기·모양 : 지역의 품질기준 또는 시장의 기호성을 참고하여 크기와 모양이 적합한 시점에 수확
      ▶ 표면형태·구조 : 적포도 표면의 흰 과분이나 머스크멜론의 넷팅 발현도와 같이 생산물 표면의
        생김새도 수확기 판정의 지표이다.
      ▶ 색깔 : 가장 일반적이며 중요한 원예산물의 품질판정 기준이다.
      ▶ 촉감 : 손으로 눌러 보아 느껴지는 단단함의 정도나 속이 차 있는 정도이다.
      ▶ 조직감·미각 : 먹었을 때 느끼는 과육의 조직감, 향기, 맛을 종합적으로 이용하며 가장 신뢰도
        가 높은 지표이다.
    − 물리적 특성에 의한 판정
      ▶ 경도 : 과실의 단단한 정도를 측정하여 수치화한 것으로 과일의 성숙도 또는 수확시기 판정의 지표
        로 가장 많이 이용된다.
      ▶ 채과저항력 : 복숭아, 배, 사과 등의 과일을 딸 때 손에 느껴지는 저항력으로 이를 통해서 수확시기
        를 판정할 수 있다.
    − 생리대사의 변화
      ▶ 호흡속도 : 사과의 경우 저장기간에 따른 수확시기 결정은 성숙, 숙성 중 호흡의 변화량에 따라 결
        정할 수 있으며, 호흡속도에 의한 수확시기의 판정은 다년간에 걸친 자료에 비추어 판단한다.
      ▶ 에틸렌 대사 : 호흡급등형 과일의 경우 과일로부터 발생되는 에틸렌의 양이나 과일 내부의 에틸
        렌 농도 측정을 통해 수확시기를 결정한다.
    − 화학성분의 변화에 따른 판정
      ▶ 전분 테스트 : 요오드 반응 검사라고도 하며 전분 함량의 변화를 조사하여 수확시기를 결정한다.
      ▶ 당 함량 : 과실이 최소 당 함량에 도달한 시기를 최소 성숙 지수라 하며, 굴절 당도계 등을 이용하여 측
        정한다.
      ▶ 산 함량 : 유기산 함량은 성숙기까지 증가하다가 숙성이 진행되면서 호흡 기질로 급격히 감소한다.
    − 생육일수 및 일력에 의한 판정
      ▶ 날짜 : 가장 손쉬운 수확시기 결정 방법으로 일력상의 날짜를 기준으로 수확기를 결정한다.
      ▶ 만개 후 일수 : 꽃이 80% 이상 개화된 만개 일시를 기준으로 수확시기를 판단한다.

구분	내용
감각 지표	크기, 모양, 표면형태, 색깔, 촉감, 조직감
물리적 지표	경도, 채광 저항력
화학적 지표	전분함량 테스트, 당 함량, 산 함량
생리대사 변화 지표	호흡속도, 에틸렌 발생량 변화
생육일수 · 일력 지표	날짜, 만개 후 일수

ⓑ 수확의 실제
- 수확방법
  - 인력수확 : 생식용 또는 저장용 과실은 손상을 방지하기 위하여 하나하나 손으로 따서 수확한다.
  - 기계수확 : 과실에 다소 손상이 있더라도 큰 지장이 없는 가공용은 일반적으로 기계로 수확, 수확기계에는 양앵두, 호두, 아몬드 등과 같은 작은 과실을 수확할 때 사용하는 진동식과 포도, 나무딸기 등과 같이 크기가 고르지 않고 줄로 심어진 과일을 수확할 때 사용하는 오버로우식으로 구분한다.
- 수확 시 유의사항
  - 기온이 낮은 이른 아침부터 오전 10시경에 수확하여 과실의 온도가 높아지지 않도록 주의하여야 한다.
  - 손바닥 전체로 가볍게 잡고, 과실을 가지 끝으로 향해 들어서 손가락 눌림 자국이 생기지 않도록 수확하여야 한다.
  - 병충해의 피해를 입은 과실은 먼저 수확하도록 한다.
  - 한 나무에서도 숙도가 다르므로 몇 차례 나누어 성숙된 것부터 수확하도록 한다.
  - 수확 적기 결정 요인들인 가공용, 생식용, 직판용, 시판용 및 생산지에서 소비지까지의 수송 및 유통기간을 고려해서 적기에 수확하도록 한다.
  - 비가 내린 후 수확한 과실은 수분을 많이 흡수하여 당도가 낮아지므로 2 ~ 3일 경과 후 수확하도록 한다.

⑤ 원예작물의 토양
  ㉠ 작토층이 깊고 유기물을 많이 함유하여 비옥하며, 배수가 잘 되고 적습을 항상 유지하는 양토 내지 사양토가 적당하다.
  ㉡ 사토는 배수와 통기성이 양호하나, 사질이 더할수록 건조하기 쉽고, 지력이 약하며 생산물의 조직이 엉성하고 저장력이 약하다.
  ㉢ 식토는 배수가 나쁘고 지온상승이 늦으나 점질이 더할수록 병 · 해충에 대한 저항성이 커지고, 생산물의 조직이 치밀해지며 저장성이 좋다.

❷ 채소재배 및 관리

① 채소의 중요성

　ㄱ 채소는 비타민 A, 비타민 C, 칼슘, 철, 마그네슘 등의 무기염류를 공급해주어 인간의 건전한 발육에 필수적이다.

　ㄴ 섬유소를 많이 함유하고 있어 소화를 돕고 변비를 예방하며 독특한 식감과 맛, 향기를 전해준다.

② 채소재배의 전망

　ㄱ 생산과 소비 전망

　　ⓐ 무공해 채소에 대한 소비자의 요구에 따라 시설채소재배에 의한 생산이 증가할 전망이다.

　　ⓑ 고추, 배추, 무, 마늘, 파 등 국내에서 주로 소비되는 채소는 전체 채소생산면적의 절반 이상을 차지하고 있으며, 안정적인 공급을 위해 계속적으로 생산될 전망이다.

　　ⓒ 농가소득의 증가로 인해 열매채소와 양채류(서양채소)의 재배면적이 증가할 전망이다.

　ㄴ 수출 전망

　　ⓐ 값싼 노동력에 의한 저생산비의 수입개방을 극복하려면 품질 좋은 무공해 채소를 저렴하게 생산하여 공급하는 것이 중요하다.

　　ⓑ 수출 전략상품으로는 김치류 및 딸기, 오이, 토마토 등의 열매채소도 유망한 품목이다.

③ 채소의 분류

　ㄱ 원예적 분류

　　ⓐ 잎줄기채소 : 어린 줄기와 잎을 식용으로 이용하는 채소

　　　• 잎채소 : 정상적인 잎을 이용하는 채소(배추, 양배추, 시금치, 상추, 미나리 등)

　　　• 비늘줄기채소 : 잎이 변태된 비늘잎 또는 비늘줄기를 이용하는 채소 (마늘, 양파, 쪽파, 파, 부추 등)

　　　• 꽃채소 : 꽃 덩어리를 이용하는 채소(브로콜리 등)

　　　• 줄기채소 : 새로 돋아나는 어린순을 이용하는 채소(토당귀, 죽순, 아스파라거스 등)

　　ⓑ 뿌리채소 : 뿌리나 줄기의 일부분이 양분저장기관으로 변형된 지하부분을 이용하는 채소

　　　• 곧은 뿌리채소 : 무, 당근, 우엉

　　　• 덩이뿌리채소 : 고구마, 마

　　　• 덩이줄기채소 : 감자, 생강, 토란

　　　• 뿌리줄기채소 : 연근

　　ⓒ 열매채소 : 열매를 이용하는 채소

　　　• 완전히 익은 열매를 이용하는 채소(수박, 참외, 멜론, 호박, 토마토, 딸기 등)

　　　• 덜 익은 상태의 열매를 이용하는 채소(오이, 애호박, 가지, 강낭콩, 풋고추 등)

ⓛ 생태적 특성에 따른 분류
  ⓐ 온도 적응성에 따른 분류
    • 호냉성 채소 : 20℃ 이내의 서늘한 온도에서 잘 생육되는 채소(배추, 양배추, 시금치, 양파, 파, 마늘, 상추, 당근, 무, 감자, 완두, 딸기 등)
    • 호온성 채소 : 25℃ 이상의 비교적 높은 온도에서 잘 생육되는 채소(가지, 토마토, 고추, 수박, 참외, 오이, 고구마, 멜론, 토란, 생강 등)
  ⓑ 광적응성에 따른 분류
    • 양성채소 : 가지과 및 박과 등의 열매채소(박과, 콩과, 가지과, 딸기, 상추, 배추, 무, 당근 등)
    • 음성채소 : 토란, 파, 당귀, 아스파라거스, 부추, 생강, 마늘 등
    • 장일성 채소 : 시금치, 쑥갓 등
    • 중일성 채소 : 토마토, 고추, 가지, 오이, 호박 등
    • 단일성 채소 : 딸기, 들깨 등
ⓒ 행정 편의에 따른 분류 – 조미채소류
  ⓐ 김치의 양념재료로 전통적으로 생산과 가격이 시장경제에 미치는 영향이 매우 크기 때문에 별도로 분류한다.
  ⓑ 고추의 경우 노지 건고추는 조미채소류, 시장 풋고추는 과채류로 분류한다.

④ 채소의 종류별 특징
  ㉠ 잎채소
    ⓐ 뿌리 : 원뿌리와 다수의 가지 뿌리 및 섬유근으로 구성되며, 깊이 1m, 폭 3m 정도 뻗어 있다.
    ⓑ 잎 : 잎몸과 잎자루의 구분이 어려운 잎이 굵고 짧은 줄기 끝에 여러 개씩 붙어 있다.
    ⓒ 줄기 : 잎에 가려서 외부에서는 잘 보이지 않으며, 결구의 중앙부에 뿌리와 맞닿아 있다.
  ㉡ 뿌리채소
    ⓐ 뿌리 : 뿌리의 비대부에는 곁뿌리가 없는 상부와 곁뿌리가 있는 하부로 구분되며, 상부는 배축이 비대한 것이고, 하부는 뿌리가 비대한 것이다.
    ⓑ 잎 : 잎자루의 아랫부분이 줄기에 붙어 있고, 발생하는 순서에 따라 1엽, 2엽, 3엽으로 구분한다.
    ⓒ 줄기 : 마디가 신장하지 않는 짧은 줄기이므로 뿌리에서 잎이 발생하는 것처럼 보인다.
  ㉢ 열매채소
    ⓐ 뿌리 : 천근성으로 원뿌리와 곁뿌리의 구분이 명확하지 못하다.
    ⓑ 잎 : 줄기의 마디에 두 개의 잎이 마주 보고 나는 형태인 마주나기 잎이며, 잎자루는 모가 나 있다.
    ⓒ 줄기 : 덩굴성이며, 어미덩굴, 아들덩굴, 손자덩굴로 이루어져 있다.

⑤ 채소류의 병충해

　　㉠ 배추 : 뿌리혹병에 걸리게 될 시에 뿌리에 혹이 생성되며, 수분 및 영양분의 이동이 억제된다.

　　㉡ 오이 : 노균병은 기온이 20 ～ 25℃, 다습한 상태일 경우 많이 발생하게 된다.

　　㉢ 토마토 : 뿌리혹선충 피해를 받게 될 경우 뿌리생육이 나빠져 잎이 황화된다.

⑥ 채소재배 시 이용되는 온실의 종류

　　㉠ 유리온실 : 토마토, 피망, 오이, 멜론 등의 열매채소의 거의 대부분은 유리온실에서 재배한다.

　　㉡ 연동형 유리온실 : 생육기간이 짧은 잎상추, 미나리 등의 잎줄기 채소의 양액재배에 이용된다.

　　㉢ 3/4 지붕형 온실은 채광과 보온이 잘 되므로 멜론 재배 시, 그 외 채소재배에는 양쪽 지붕형과 연동형, 벤로형 온실이 이용된다.

⑦ 채소육종

　　㉠ 채소육종의 목적

　　　ⓐ 채소육종의 목적

　　　　• 소비자의 욕구 충족 : 초기 단순생산 → 다수성 육종 → 가공용 특성 개발 → 냉동채소

　　　　• 재배방식의 분화 : 노지용과 시설원예용으로 구분

　　　　• 재배양식의 다양화, 재배기간의 장기화, 대규모 전업농의 연작으로 인하여 병 발생 증대 : 저항성 육종 발달

　　　　• 농촌노동력의 감소 : 기계화 수확이 유리한 품종의 개발

　　　　• 소비자의 기호 : 양적 선호 → 질적 선호

　　　ⓑ 채소육종의 목표

　　　　• 다수성 : 다양한 환경 하에서 변함없이 높은 수량성을 나타내어야 한다.

　　　　• 저항성 : 생육에 맞지 않는 온도조건에 대한 내성, 건조, 병충해 등에 대한 저항성이 높아야 한다.

　　　　• 고품질성 : 내적인 품질 외에도 모양, 색깔 등 외적인 품질도 소비자의 기호에 맞추어야 하며 가공 시에는 기호성과 기능성까지 갖추어야 한다.

　　　　• 생력적 수확성 : 농촌노동력 감소를 보완하기 위하여 기계화 수확이 용이해야 한다.

　　㉡ 재래종 및 도입종

　　　ⓐ 재래종

　　　　• 그 지역에 오랫동안 적응된 재배종으로 환경조건에 가장 적합한 형이 세대를 거듭하는 동안 우위를 차지하여 하나의 평형상태에 도달해 있는 것을 말한다.

　　　　• 육종에 미숙한 사람이 개량하고자 하면 나쁜 결과를 가져오므로 우수한 경험을 토대로 지역특성에 맞는 품종을 골라야 한다.

　　　ⓑ 도입종

　　　　• 그 지역의 기후조건과 소비자의 기호성 등에 맞는 품종을 외국에서 도입한 것을 말한다.

　　　　• 도입된 지역의 환경에 적응을 못하는 위험성이 많으므로 품종 특성, 재배특성, 기후적응성, 소비자 기호도 등을 고려하여야 한다.

ⓒ 채소의 육종기법

　　ⓐ 수정방식에 따른 분류
　　　• 완전 자가수정 : 강낭콩, 완두콩, 콩, 토마토, 상추 등
　　　• 부분 자가수정 : 가지
　　　• 자웅양전화 : 점두, 피망
　　　• 자웅이화동주 : 옥수수, 수박, 오이, 참외
　　　• 자웅이주 : 시금치, 아스파라거스
　　　• 분지계 : 딸기

　　ⓑ 특성에 따른 분류
　　　• 자식성 식물 : 순계선발, 계통육종, 여교배법 등
　　　• 타식성 식물 : 집단선발법, 일대잡종육성법, 순환선발법, 합성품종육성법 등

ⓓ 채소의 육종방법

　　ⓐ 순계선발법 : 재래종 집단에서 우량한 개체(유전자형)를 선발하여 계통재배를 하여 순계를 얻고, 이 순계를 생산성 검정과 지역적응성 검정을 거쳐 우량 품종으로 육성하는 것을 말한다.

　　ⓑ 집단선발법(타식성 작물) : 근교(자식)약세를 방지하고, 잡종강세를 유지하기 위하여 타가수분을 통해 불량개체나 이형개체가 분리되므로 반복적인 선발이 필요하다.
　　　• 집단선발 : 기본집단(자연적, 인위적으로 작성한 최초의 변이 집단)에서 우량개체를 선발·혼합채종하여 집단재배하고, 집단 내 우량개체 간에 타가수분을 유도하여 품종을 개량하는 것을 말한다.
　　　• 계통집단선발 : 기본집단에서 선발한 우량개체를 계통재배하고, 거기서 선발한 우량계통을 혼합채종하여 품종을 개량하는 것을 말한다.

　　ⓒ 계통육종법
　　　• F_2개체부터 선발을 시작하므로 육안관찰이나 특성 검정이 용이한 질적 형질의 개량에 효율적이며, 선발이 잘못되면 유용 유전자가 상실된다.
　　　• 육종 재료의 관리와 선발에 많은 시간과 노력, 경비가 소요된다.
　　　• 육종가의 정확한 선발에 의하여 육종 규모를 줄이고, 육종연한을 단축할 수 있다.

　　ⓓ 집단육종법
　　　• 잡종 초기세대부터 집단재배를 하기 때문에 유용 유전자를 상실할 염려가 없다.
　　　• 선발을 시작하는 후기 세대에는 동형접합체가 많으므로 폴리진(연속변이의 원인이 되는 유전자시스템이며, 환경의 영향을 크게 받는 많은 유전자들이 포함 : 다인자유전, 즉 개개의 작용력이 환경변이보다 약한 소유전자)에 관여하는 양적 형질(연속변이 : 키가 작은 것부터 큰 것까지 여러 등급으로 나타나는 것 - 수량, 초장, 간장, 품질, 적응성)의 개량에 유리하다.
　　　• 육종재료의 관리와 선발노력이 필요치 않으나, 집단재배기간 동안 육종규모를 줄이기 어렵고, 육종연한이 길다.

ⓔ 여교배법
  • 우량품종에 한두 가지 결점이 있을 때 이를 보완하기 위하여 사용하는 효과적인 육종방법이다.
  • 양친 A와 B를 교배한 F1을 양친 중 어느 하나와 다시 교배하는 것을 말한다.
ⓕ 순환선발법 : 우량개체를 선발하고 그들 간에 상호 교배함으로써 집단 내에 우량유전자의 빈도를 높이기 위한 방법이며, 단순순환선발과 상호순환선발이 있다.
  • 단순순환선발
    – 기본집단에서 선발한 우량개체를 자가수분하고, 동시에 검정친과 교배한다.
    – 검정교배 F1 중에서 잡종강세가 높은 조합의 자식계통으로 개량집단을 만들고 개체 간 상호 교배하여 품종을 개량한다.
    – 일반조합능력을 개량하는 데 효과적이며 3년 주기로 반복 실시한다.
  • 상호순환선발
    – 두 집단 A, B를 동시에 개량하는 방법이며, 3년 주기로 반복한다.
    – 집단 A개량에는 집단 B를 검정친으로 사용하고, 집단 B개량에는 집단 A를 검정친으로 사용한다.
    – 두 집단에 서로 다른 유전자가 많을 때 효과적이며, 일반조합능력과 특정조합능력을 함께 개량할 수 있다.
ⓖ 합성품종육성법
  • 여러 개의 우량계통(보통 5 ~ 6개의 자식계통 사용)을 격리포장해서 자연수분, 인공수분으로 다계교배(여러 개의 품종이나 계통을 교배하는 것)하는 것을 말한다.
  • 여러 계통이 관여하기 때문에 세대가 진전되어도 비교적 높은 잡종강세가 나타난다.
  • 유전적 폭이 넓어 환경변동에 대한 안정성이 높다.
  • 자연수분에 의하여 유지되므로 채종노력과 경비가 절감된다.
  • 영양번식이 가능한 타식성 사료작물에서 널리 이용된다.
㋢ 채소종자 생산의 종류
  ⓐ 고정종과 1대 잡종
    • 고정종 : 자식성 채소에서 세대를 거듭할수록 대립유전자가 호모화하여 순계의 혼형이 된 것(상추, 잎파, 콩과작물 등)
    • 1대 잡종생산 : 잡종강세현상을 이용한 것으로 고정종보다 균일하고, 강건하며 조생다수성이고 품질이 우수하다(단옥수수, 토마토, 양파, 배추, 시금치 등).
  ⓑ 원종과 보급종
    • 기본식물(원원원종) : 채소육종가나 육성기관이 직접 생산 또는 조절된 종묘로 원원종의 근원이다.
    • 원원종 : 기본식물을 증식한 것이다.
    • 원종 : 원원종의 차대로서 유전적 순수성과 품종의 순수성을 유지한다. 뇌수분(자가불화합성을 타파하기 위하여 꽃봉우리 때 수분하는 것) 등을 통해 증식한 것이다.
    • 보급종 : 원종의 차대로서 농가 위탁생산하고 소독 후 농가에 배포한다.

ⓒ 성숙모본에 의한 채종과 미숙모본에 의한 채종
- 성숙모본에 의한 채종 : 엽근채류에서 이용하며 우수한 모본을 선발하고 저장하였다가 봄에 정식하여 추대시켜 채종하는 방법이다.
- 미숙모본 : 종자를 직파하거나 육묘 후 정식하여 화아분화를 유지시키기 위해 채종하는 방법
ⓓ 공공채종과 민간채종
- 공공채종 : 국가나 공공단체에서 원종의 채종을 목적으로 적용하는 방법이다.
- 민간채종 : 우리나라의 경우 민간 종묘회사의 주도로 채종이 이루어지는 방법이다.
ⓗ 채소류의 육종
ⓐ 도입육종 : 외국에서 도입한 품종은 방역검사를 거쳐 도입포에서 특정검사를 한 다음 실용품종을 생산하는 방법이다.
ⓑ 분리육종 : 많은 유전자형이 혼입되어 있는 재래종이나 개량종에서 실용성이 높은 형질을 선발하여 새로운 품종을 형성하는 것이다.
- 순계분리
  - 많은 유전자형이 혼합해 있는 집단에서 동형접합을 가진 집단 또는 개체를 분리하는 것이다.
  - 어느 특정 형질을 가진 개체를 대상으로 거듭 선발하는 방법이다.
  - 주로 자가수정작물에 적용한다.
  - 자식성 식물 집단에서 개체 선발한 다음 후대 계통을 비교하여 순계를 계속적으로 선발한다.
  - 타가수정 작물은 자식열세가 일어나지 않는 것과 인공수정의 조작이 용이한 작물에 적용한다.
- 계통분리
  - 타가수정 작물의 개체 또는 특정 계통의 집단을 대상으로 선발을 거듭하는 육종방법이다.
  - 집단선발 : 타식성 식물의 경우 재래종 개체를 선택하여 혼합종자를 만들고 이것을 파종하여 선택 개체의 집단을 만드는 데 이 작업을 3회 이상 반복한다.
  - 계통집단선발 : 자식열세가 나타나는 경우 모본을 주별로 채종하여 이를 계통으로 따로 재배해서 차대 검정으로 그 순도를 조사하여 우량계통을 선발하는 방법이다.
  - 성군집단선발 : 한 개체군에서 선발하는 방법으로 서로 비슷한 유전자형을 가진 개체군을 만들어 군과 군 사이에서, 군내에서 집단선발을 되풀이 하는 것이다.
ⓒ 교잡육종
- 이품종 간의 교잡으로 신품종을 육성하는 것이다.
- 주로 자가수정 작물에 많이 적용하며 장기간이 소요된다.
- 교잡육종의 단계
  - 제1단계 : 목적에 적합한 개체를 품종간 교배로서 2 ~ 4대 걸쳐 분계한다.
  - 제2단계 : 순계 중 대표적인 개체를 선발하여 교잡하고 조합한다.
  - 제3단계 : 최우량 조합, 1계통, 1조합으로 압축하여 선발(양친과 다른 형질을 갖는 계통을 만듦)한다.
  - 제4단계 : 고정단계, 최종적으로 결정한 계통의 자식에 의한 교잡조합의 검색을 실시한다.
  - 제5단계 : 차대검정과 시험채종을 하여 능력검사를 마친다(육종과 채종 준비).

- 개화기가 다를 경우 : 파종기 조절, 비배법, 온실법, 재배지법(개화촉진을 위해 고랭지), 주달단법 (주를 절단하여 측지에서 개화를 시켜 연장), 접목을 통한 개화(나팔꽃대목에 고구마 접순 : 탄수화물의 전류가 억제되고, 경엽에서 탄수화물이 축적되어 C/N율이 높아져 화아분화 및 개화), 춘화 및 일장처리 등을 이용한다.
- 제웅법 : 개열법(식물이 꽃망울일 경우 꽃잎 헤치고 수술 제거), 절영법(벼과의영의 선단 제거 1/3), 화판제거법(콩), 온탕제정법(수수 42 ~ 48℃의 온탕에 침지), 저온처리법(밀, 0℃의 저온), 수세법 (국화과식물)

⑧ 채소의 생육과 토양

ㄱ 무 : 토층이 깊고, 배수 및 보수가 잘 되는 땅이 좋다. 조선무 계통은 단단한 점질토양에서 재배하면 뿌리의 비대는 억제되지만 저장성과 품질이 좋은 무를 생산할 수 있다.

ㄴ 당근 : 작토층이 많고 배수가 좋으며 비옥한 사양토가 적합하다.

ㄷ 배추, 양파, 마늘, 양배추 등 결구채소 : 유기질이 풍부하고 작토층이 깊은 사양토가 적합하다.

❸ 과수재배 및 관리

① 과수의 중요성

ㄱ 과실은 독특한 맛과 향을 가져 우리 모두 즐겨 먹는 식품으로 채소와 함께 비타민류와 무기질을 공급하는 역할을 한다.

ㄴ 주스, 잼, 통조림 등의 가공식품의 원료로 사용된다.

ㄷ 외국에 수출하여 외화획득의 수단이 되고 있다.

ㄹ 야산, 야토를 과수원을 조성함으로써 국토를 효율적으로 이용할 수 있다.

② 과수재배의 전망

ㄱ 생산과 소비 전망

ⓐ 생활수준의 향상으로 과실의 소비가 증가하고 있으며, 무공해 과실의 생산이 필수적이다.

ⓑ 우리 국민의 식성에 맞는 국산 과실의 고품질생산으로 수입산 과실의 수요에 대응하여야 한다.

ⓒ 감귤, 대추, 참다래 등을 이용한 가공식품의 증가로 과실생산이 증가될 전망이다.

ㄴ 수출 전망

ⓐ 우리나라에서 생산되기 어려운 열대과일이 많이 수입되는 실정이나 우리 국민의 소비가 많지 않아 우려할 단계는 아니다.

ⓑ 사과, 배, 감귤 등의 과실은 일부가 미국, 캐나다, 유럽 등지에 수출되고 있으나 중국산 과일의 수출이 증가하면서 우리나라는 이에 대응하기 위한 대책을 마련하여야 한다.

③ 과수의 분류

　㉠ 꽃의 발육부분에 따른 분류

　　ⓐ 진과 : 씨방이 발육되어 식용부분으로 이용되는 열매(감귤류, 포도, 복숭아, 자두, 살구, 감, 밤 등)

　　ⓑ 위과 : 씨방과 함께 꽃받기가 발육하여 식용부분으로 이용되는 열매(사과, 배, 비파, 무화과 등)

　㉡ 과실의 구조에 따른 분류

　　ⓐ 인과류 : 식용 부분인 꽃받기가 비대하여 과육부위를 이루고 있는 과실로 씨방은 과실 안쪽에 과심부를 이루고 있지만 식용으로 가능한 부분이 적고, 꽃받침은 꽃 필 때 꽃자루 반대 방향에 달려 있는 과실(사과, 배, 모과 등)

　　ⓑ 핵과류 : 씨방이 비대하여 과실을 이룬 형태로 식용 부분은 씨방의 중과피에 해당하며 종자는 핵 속에 들어 있어 식용이 불가능한 과실(매실, 복숭아, 살구, 자두 등)

　　ⓒ 장과류 : 씨방이 발육하여 이루어진 과실로 식용부분은 씨방의 외과피이며, 외과피에 과즙이 가득 차 있으며, 씨는 과육 사이에 핵을 이루어 존재(포도, 나무딸기, 무화과, 석류 등)

　　ⓓ 각과류 : 씨방벽이 변하여 된 단단하고 두꺼운 껍질 속에 들어 있는 종자의 떡잎이 비대한 과실(밤, 호두, 개암나무 등)

　　ⓔ 준인과류 : 식용 부분이 씨방벽이 발육된 것으로 인과류와 과실의 모양은 유사하나 씨방이 비대한 것이 진과임(감귤류, 감, 오렌지 등)

　㉢ 재배지의 기후에 따른 분류

　　ⓐ 온대 과수

　　　• 연평균 기온이 0 ~ 20℃ 사이의 온대 지방에서 일정 시간의 저온처리, 낙엽, 휴면 등의 과정을 거쳐야 열매가 결실되는 과수이다.

　　　• 열대에서는 저온기간이 없어 휴면기를 갖지 못하고 높은 산악지대에서는 저온 처리의 기회는 있으나 저온으로 인한 영양장해를 받게 되어 개화 및 결실이 불가능하다.

　　　• 사과, 배, 복숭아, 포도, 감, 밤, 대추 등

　　ⓑ 아열대 과수

　　　• 연평균 기온이 17 ~ 20℃의 아열대 지방에서 자생하는 상록과수이다.

　　　• 10℃ 이하의 저온에서 세포분열정지기간이 끝난 후 온도가 상승함에 따라 재분열할 때 꽃눈이 분화되는 것이 많다.

　　　• 감귤류, 올리브, 비파나무 등

　　ⓒ 열대 과수

　　　• 적도 주변 저위도 지방의 고온 기후에 적응하여 자생하는 과수이다.

　　　• 바나나, 파인애플, 망고, 파파야 등

ⓔ 나무의 형태에 따른 분류

   ⓐ 교목성 과수
- 곧은 줄기가 1개이고, 줄기와 가지의 구분이 명확하여 높게 자라는 과수로 상록과수와 낙엽과수로 구분한다.
  - 상록과수 : 감귤류, 레몬 등
  - 낙엽과수 : 사과, 배, 복숭아, 살구, 매실, 자두 등

   ⓑ 관목성 과수
- 줄기가 여러 갈래로 뻗어 있으며, 나무의 윗부분인 수관이 일정한 모양을 갖지 않는 과수이다.
- 곧은 뿌리가 없으며, 일반적으로 사람의 키보다 낮게 자란다.
- 나무딸기, 블루베리 등

   ⓒ 덩굴성 과수
- 덩굴을 형성하여 담이나 벽 등을 감고 올라는 형태의 과수이다.
- 포도, 키위 등

④ 과수재배시 이용되는 온실의 종류

   ㉠ 내습성이 약하여 비를 맞게 되면 병해의 발생이 심한 유럽종 포도는 유리온실을 이용하여 재배한다.

   ㉡ 포도재배용 온실의 경우 덩굴을 지붕의 내면에 배치하기 때문에 지붕의 면적이 넓고 기울기가 커야 유리하다.

⑤ 과수 재배 시 알아두어야 할 사항

   ㉠ 품종이 잘못 식재될 경우 치명적인 손해와 사후 보상 문제 시 보호받을 수 있고 믿을 수 있는 공인된 종묘상에서 구입하여야 한다.

   ㉡ 양분(거름 등)을 충분히 주어야 꽃과 열매가 매년 많이 열리고, 좋은 품질의 과수를 수확할 수 있다.

   ㉢ 과수는 여러 종류의 병충해가 발생하므로 사전에 방제법으로 돌발적인 병충해에 대비하는 것이 중요하다.

   ㉣ 과수는 개화 결실 습성에 따라 전문적 기술이 많이 필요하므로 전문서적 또는 경험자와 상담, 돌발적인 재해대책을 수립하여 대응할 경우 높은 고소득을 올릴 수 있다.

⑥ 과수 식재방법

   ㉠ 식재 시기는 11월 초순부터 4월 말까지가 가장 적당하다.

   ㉡ 완숙된 퇴비와 흙을 1 : 1의 비율로 혼합하여 식재하도록 한다.

   ㉢ 접목부위까지 흙은 덮지 않도록 한다.

   ㉣ 수종에 따라 식재 후 40 ～ 150cm에서 전정하여야 한다.

   ㉤ 식재 후 짚 또는 왕겨 등으로 멀칭하여 수분증발 및 잡초를 예방하도록 한다.

⑦ 봉지씌우기

　　㉠ 목적 : 병·해충 방제, 착색 증진, 과실의 상품가치 증진, 열과 방지, 숙기 조절 등이다.

　　㉡ 시기 : 보통 조기낙과와 열매속기가 모두 끝난 후 봉지를 씌우나, 동록을 방지하기 위해서는 낙과 후 즉시, 과실이 아주 어릴 때에 실시하는 것이 좋다.

　　㉢ 과실에 봉지를 씌우지 않고 재배하는 것을 무대재배라고 하며 무대재배한 과실은 영양가가 높고 저장력과 수송력도 증가한다.

⑧ 과수의 결과습성

　　㉠ 과수는 포도와 같이 1년생 가지의 꽃눈에서 새순이 나오고 함께 꽃이 피어 열매를 맺는 것과 새순이 자라 그 새순 위에 열매가 맺기까지 3년이 걸리는 사과·배 등 결과습성이 서로 다르다.

　　　ⓐ 1년생 가지에 결실 : 포도, 감, 감귤, 무화과

　　　ⓑ 2년생 가지에 결실 : 복숭아, 자두, 매실

　　　ⓒ 3년생 가지에 결실 : 사과, 배

　　㉡ 열매가지가 나오게 하는 가지를 결과모지, 열매를 맺는 가지를 열매가지라 하며, 포도와 같이 당년생 가지에서 결실하는 과수는 그 결과모지를 열매가지라 한다.

⑨ 과수재배

　　㉠ 과수재배

　　　ⓐ 과수재배의 목적은 품질 좋은 과실을 해마다 많이 생산하여 경제적으로 수익을 올리는 데 있다.

　　　ⓑ 품질 좋은 상품을 많이 생산하기 위해서는 울타리를 쳐서 사람·가축의 피해와 기상재해를 막아야 하며, 재식된 나무의 건전한 발육과 결실, 그리고 알찬 수확을 위해서는 철저한 토양관리, 합리적인 시비, 알맞은 결실관리, 병해·충해의 방제 등의 작업을 집약적으로 실시해야 한다.

　　　ⓒ 과수원 경영합리화를 위해서는 생물학적 최신기술을 활용해야 하고, 생력재배를 위해서는 살충제·살균제·제초제, 여러 호르몬제 등 많은 화학약제 사용과 경운·약제 살포·운반·전정·수확 등에 각종 농기구가 개발 이용되고 있다.

　　㉡ 과수원의 위치선정

　　　ⓐ 온대과수는 우리나라 어느 곳에나 재배가 가능하지만, 기상·토양·지형 같은 자연환경 조건이 좋고, 시장과 거리·교통·공동관리가 용이한 경영적인 조건들을 고려하여 위치를 선정해야 한다.

　　　ⓑ 위치가 결정되어도 과수를 직접 심기에는 부적당한 경우가 많다. 지면이 고르지 못할 때는 경지정리를 해야 하고, 농로·배수로가 없을 때는 안전하게 개설해야 한다.

　　　ⓒ 울타리가 없을 때는 과수에 병해충이 옮겨지지 않는 수종을 심거나 철조망을 칠 수 있다. 과수원에는 주택·창고 등의 관리사와 관배수와 약제탱크 등의 시설도 갖추어야 한다.

ⓒ 나무심기

    ⓐ 묘목을 심는 구덩이는 깊고 넓게 파고 충분한 거름을 줄수록 좋지만, 힘이 들기 때문에 단독으로 구덩이를 팔 때는 깊이 1m, 너비 1m가 적당하다.

    ⓑ 질땅이나 배수가 나쁜 경사지에서는 경사에 따라 상하로 깊이 1m, 너비 1m의 긴 암거배수를 설치하고 그 위에 묘목을 심게 된다.

    ⓒ 굴착작업은 대면적일 경우 포클레인 같은 중기를 이용하는 것이 경제적이다. 묘목은 자가생산할 수도 있으나 대부분 종묘업자로부터 구입한다.

    ⓓ 가을 · 이른 봄에 품종이 정확하고 병해충이 기생되지 않았으며 잔뿌리가 많고 마르지 않은 충실한 묘목을 준비한다.

    ⓔ 심는 시기는 11 ~ 12월, 3 ~ 4월 중순이고, 주품종에 대한 수분품종주수(授粉品種株數)는 1/3 ~ 1/4은 되어야 하며 혼식해야 한다.

    ⓕ 묘목을 심을 때는 잘 썩은 퇴비와 표토의 흙을 섞어 구덩이에 채우고 뿌리를 펴서 심는다. 심은 후에 충분히 물을 준다.

ⓔ 토양관리

    ⓐ 대부분의 과수원은 물 빠짐이 좋은 경사지에 자리 잡고 있다.

    ⓑ 경사지는 배수가 좋고 결실에 좋은 점도 있으나, 토양유실이 심하다.

    ⓒ 토양은 충분히 심경하고 관수 · 배수가 잘 되어야 하며, 경사지에서는 유목원에 청경과 깔짚을, 성목원에서는 특히 우기에 간작초의 재배를 한다.

    ⓓ 나무의 나이나 토양의 비옥도에 따라 제시된 과수원 표준시비량에 맞추어 조정 · 시비한다.

    ⓔ 질소와 칼륨 거름의 60%, 인산 거름의 100%는 늦가을이나 초봄에 밑거름으로, 나머지 40%의 질소와 칼륨은 덧거름으로 준다.

ⓜ 결실관리와 병충해 방제

    ⓐ 묘목으로 심은 각종 과수는 결과기에 들어가는 것이 다르다.

    ⓑ 포도는 3년째에, 접목된 복숭아 · 밤 · 호두 등은 3년째에, 배는 4년째에, 왜성사과나무 · 스퍼타입사과나무는 3년째에, 실생사과나무는 6 ~ 7년째에 결과기에 들어가고 성과기는 2 ~ 5년 후부터 온다.

    ⓒ 결과량의 조절은 일반 전정, 적과 등으로 하고, 병충해 방제와 품질향상을 위해 봉지씌우기와 호르몬제 처리를 한다.

    ⓓ 병충해 방제를 위한 약제 살포는 15 ~ 20회 이상 뿌려 많은 생산비가 들고 약해를 입는 경우가 있으므로, 농약으로만 병해충을 방제하는 것보다는 나무를 건강하게 기르고, 천적보호 · 기생 제거, 저항성 수종의 선택, 봉지씌우기 · 유살 등의 설치, 포살 등의 종합적인 구제법을 활용하는 것이 좋다.

ⓑ 수관하부관리
　ⓐ 풀의 기능
　　• 토양 유실을 방지한다.
　　• 토양수분을 유지한다.
　　• 유기질 양분을 재순환시킨다.
　　• 천적의 서식공간을 제공한다.
　　• 토양온도를 유지한다.
　ⓑ 청경법(풀 없이 관리)
　　• 장점
　　　－ 초생과의 양분·수분 경합이 없다.
　　　－ 병해충의 잠복 장소가 없다.
　　　－ 토양관리가 쉽다.
　　　－ 노동력이 적게 들고 비용도 적게 든다.
　　• 단점
　　　－ 토양이 유실되고 영양분이 씻겨 내려가기 쉽다.
　　　－ 토양유기물이 소모된다.
　　　－ 토양물리성이 나빠진다.
　　　－ 주·야간 지온교차와 수분증발이 심하다.
　　　－ 제초제를 사용할 때 약해의 우려가 있다.
　ⓒ 초생법(풀을 키워서 관리)
　　• 장점
　　　－ 유기물의 환원으로 지력이 유지된다.
　　　－ 침식이 억제, 영양분의 용탈이 억제된다.
　　　－ 과실의 당도와 착색이 좋아진다.
　　　－ 지온의 조절효과가 있다.
　　• 단점
　　　－ 과수와 초생식물과의 양분·수분 경합이 있다.
　　　－ 유목기에 양분부족이 되기 쉽다.
　　　－ 병해충의 잠복장소를 제공하기 쉽다.
　　　－ 저온기의 지온상승이 어렵다.
　　　－ 풀 관리가 어렵고 비용이 많이 든다.

ⓓ 부초법(풀로 덮어서 관리)
- 장점
  - 토양 침식을 방지한다.
  - 멀칭재료에서 양분이 공급된다.
  - 토양수분의 증발이 억제된다.
  - 지온이 조절된다.
  - 토양유기물의 증가, 토양물리성이 개선된다.
  - 잡초 발생이 억제된다.
  - 낙과 시 입상이 경감된다.
- 단점
  - 이른 봄에 지온 상승이 늦어진다.
  - 과실 착색이 지연된다.
  - 건조기에 화재 우려가 있다.
  - 늦서리의 피해를 입기 쉽다.
  - 겨울동안 쥐 피해가 많다.
  - 근군이 표층으로 발달할 우려가 있다.

ⓐ 접목의 종류
ⓐ 접목장소에 따른 분류
- 거접 : 대목을 미리 심어놓은 묘포지에서 접목한다(감, 밤, 호두, 벚나무, 동백, 단풍 등).
- 양접 : 들접이라고도 하며, 휴면기 중의 대목을 캐어내 작업실에서 접목하고 다시 심는 방법으로 재생력이나 활착력이 왕성한 수종에 사용한다(복숭아, 배, 사과, 장미, 모란, 오엽송, 반송 등).

ⓑ 접목위치에 따른 분류
- 고접 : 성목의 주지나 태지를 자르지 않고 수관부 전체를 수종 갱신할 때 사용한다.
- 저접 : 보통 묘목생산 시 주지를 잘라내고 주지에 접목하는 방법이다.
- 근두접 : 뿌리에 근접한 줄기 부위에 접목하는 방법으로 대목과 접수의 서로 다른 수피의 이질감을 해소하기 위한 방법이다. 해송와 오엽송의 접목에 해당하며 해송과 적송계역의 접목도 고려한다.

ⓒ 접목시기에 따른 분류 : 춘접, 하접, 추접
ⓓ 접목방법에 따른 분류
- 가지접 : 절접, 할접, 복접(배접), 안접(안장접), 합접(맞춤접, 맞접), 호접(마주접)
- 눈접 : T자눈접, 삭아접
- 뿌리접 : 작약뿌리에 목단의 눈을 가진 뿌리를 접목하여 번식하는 방법이다.
- 종자접 : 밤, 호두 등의 대립종자의 싹이 3cm 정도 나올 때 싹을 자르고 종자내부에 접목하는 방법이다.
- 유대접 : 줄기가 굳으면 접이 되지 않는 경우 어린 대목에 접목 하는 방법이다.

④ 화훼재배 및 관리

① 화훼의 중요성
  ㉠ 화훼와 관상수목 등은 우리 국민의 생활공간을 쾌적하게 하는 작용을 한다.
  ㉡ 일반적으로 우리의 정신 건강을 지켜주며, 메마른 현대 사회의 정서를 순화시키는 역할을 하기도 한다.
  ㉢ 화훼류는 외국에 수출하여 외화벌이의 수단으로 이용되기도 한다.

② 화훼재배의 전망
  ㉠ 생산과 소비 전망
    ⓐ 일반적으로 외래종 화훼류의 재배가 우리나라에서 주를 이루었으나, 최근에는 우리나라 고유의 자생화에 대한 관심이 높아지면서 우리 고유의 자생화에 대한 화훼화 작업이 활발하다.
    ⓑ 녹지공간의 조성을 위하여 관상수목의 수요가 꾸준하게 증가할 전망이다.
    ⓒ 소득의 증대로 인하여 절화 수요의 증대 및 실내 인테리어를 위한 소형 분화의 수요가 증가할 전망이다.
  ㉡ 수출 전망
    ⓐ 일반적으로 백합의 절화 및 알뿌리 화초 등이 주고 수출되고 있으며, 서양란 중 온대성 기후에 적합한 심비듐의 분화 및 절화, 접목된 선인장 등의 수요가 증가할 전망이다.
    ⓑ 우리나라 고유의 특성을 나타내는 분재와 자생화의 수출도 증가할 전망이다.

③ 화훼의 분류
  ㉠ 생육 특성과 형태에 따른 분류
    ⓐ 한해살이 화초 : 파종한 후 다음 1년 안에 꽃이 피고 씨가 맺힌 다음 말라죽는 화초이다.
      • 봄뿌림 한해살이 화초 : 나팔꽃, 코스모스, 해바라기, 맨드라미, 페튜니아. 실비아, 메리골드 등
      • 가을뿌림 한해살이 화초 : 과꽃, 데이지, 팬지, 금잔화 등
    ⓑ 두해살이 화초
      • 파종 후 1년 이상 2년 이내에 꽃이 피고, 씨가 맺힌 다음 말라죽는 화초이다.
      • 품종이 개량된 것이 많으며 1년 안에 꽃이 피는 종류도 있다.
      • 일반적으로 가을뿌림 한해살이 화초의 생육기간이 늘어난 형태이다.
      • 접시꽃, 캄파눌라 등
    ⓒ 여러해살이 화초(속근 화초)
      • 한 번 씨를 뿌려 모종을 가꾸어 심으면, 매년 같은 자리에서 새싹이 돋아나고 꽃이 피며 씨가 맺히는 화초이다.
      • 열대지방의 비내한성, 온대지방의 내한성, 반내한성 등으로 구분된다.
        – 비내한성 : 군자락, 군락조화 등
        – 내한성 : 옥잠화, 작약 등
        – 반내한성 : 카네이션, 델피늄 등

ⓓ 알뿌리 화초
- 여러해살이 화초의 일종으로 뿌리, 줄기, 잎 등의 기관 일부에 양분이 저장되어 여러 형태로 변형된 화초이다.
- 비대해진 영양기관에 따라 비늘줄기, 구슬줄기, 덩이줄기, 덩이뿌리, 뿌리줄기 등으로 나뉜다.
- 내한성의 강약에 따라 열대원산, 온대원산으로 구분된다.
- 열대원산은 글라디올러스, 달리아, 아마릴리스 등이 있고, 온대원산으로 백합, 수선화, 튤립, 히아신스 등이 있다.
- 덩이뿌리 – 달리아, 뿌리줄기 – 칸나, 비늘줄기 – 히아신스·백합, 구슬줄기 – 글라디올러스, 덩이줄기 – 시클라멘

ⓔ 선인장과 다육식물
- 선인장
  - 줄기가 자라 구형이나 기둥모양으로 변하여 수분과 양분을 저장하는 형태이다.
  - 잎은 가시나 털 모양으로 변하여 자신을 보호하고 꽃이 아름다운 것이 특징이다.
- 다육식물
  - 선인장과 같이 줄기 또는 잎이 비대해져 건조에 잘 견딜 수 있도록 물과 양분을 저장한다.
  - 가시가 없고 꽃이 선인장에 비해 아름답지 않지만 모양이 희귀한 것이 많다.
  - 용설란, 알로에 등

ⓕ 난과식물
- 우리나라 및 중국산이 많으며, 동양에서 주로 재배하는 동양란과 열대원산의 난을 서양에서 개발하여 재배하는 서양란으로 구분한다.
- 지생란 : 일반 식물과 같이 공기유통이 좋은 흙에서 생육하는 화초 – 심비듐, 추란 등
- 착생란 : 나무나 암석 위에 부착되어 생육하는 화초 – 덴드로븀, 풍란 등

ⓖ 관엽식물
- 아름다운 색이나 생김새를 가진 잎을 감상하기 위하여 화분에 심어 가꾸는 열대, 아열대 원산의 사철 푸른 화초이다.
- 실내장식용으로 많이 쓰이며, 그늘에는 강하나 고온과 수분의 요구가 많고 건조에 약하다.
- 일반 관엽식물 : 소철, 아나나스, 안스리움 등
- 야자과 식물 : 종려죽, 겐차야자 등
- 고사리과 식물 : 박쥐란, 프테리스 등
- 식충식물 : 끈끈이주걱, 사라세니아 등

ⓗ 기타 화훼류
- 꽃나무류
  - 관상가치가 있는 꽃, 잎, 열매를 보기 위해 가꾸는 목본류 화초이다.
  - 목련, 벚나무, 장미, 철쭉, 개나리, 무궁화 등
- 고산식물
  - 한대 또는 고산지역에서 자생하는 식물로 종류는 많지 않으나 아름다운 것이 많다.
  - 에델바이스, 구름 국화 등
- 방향식물
  - 방향식물은 잎이나 꽃의 관상가치는 적으나 잎에서 특이한 향이 나는 화초이다.
  - 라벤더, 구문초, 로즈마리 등

ⓛ 실용적 분류
  ⓐ 관상부위에 따른 분류
  - 관화식물
    - 꽃을 감상하기 위하여 가꾸는 화훼류이다.
    - 금어초, 팬지, 금잔화, 카네이션, 튤립, 수선화, 모란, 장미 등
  - 관엽식물
    - 아름답거나 진귀한 잎을 감상하기 위해 가꾸는 화훼류이다.
    - 고무나무, 아스파라거스, 소철, 야자류 등
  - 관실식물
    - 열매를 감상하기 위하여 가꾸는 화훼류이다.
    - 석류나무, 백량금, 귤나무, 호랑가시나무 등
  ⓑ 이용 목적에 따른 분류
  - 절화
    - 꽃을 줄기째 잘라 이용하는 것이다.
    - 국화, 장미, 안개초, 나리, 카네이션, 글라디올러스, 프리지어, 튤립, 금어초, 해바라기 등
  - 분화
    - 화분에 심어 놓는 꽃이다.
    - 국화, 베고니아, 서양란, 선인장류, 관음죽, 소철, 동양란 등

④ 화훼재배 시 이용되는 온실의 종류
  ㉠ 절화용 : 초장이 길기 때문에 추녀가 높은 형태의 온실을 사용한다.
  ㉡ 분화용 : 초장이 짧기 때문에 추녀가 약간 낮아도 되나, 벤치를 설치하는 것이 보통이다.
  ㉢ 연동형과 벤로형 온실이 화훼재배 시 가장 널리 이용된다.

기출문제 분석

화훼작물, 채소작물, 과수작물에 대한 정확한 이해가 필요하다. 화훼작물 별 번식법, 한계일장 등에 대해서 명확하게 알고 있어야 한다. 매년 출제되는 중요한 영역에 해당한다.

2024년

1 관목성 화목류끼리 짝지어진 것은?

① 철쭉, 목련, 산수유

② 라일락, 배롱나무, 이팝나무

③ 장미, 동백나무, 노각나무

④ 진달래, 무궁화, 개나리

> **TIP** ① 철쭉은 관목이지만, 목련과 산수유는 교목이다.
> ② 라일락은 관목이지만, 배롱나무와 이팝나무는 교목이다.
> ③ 장미와 노각나무는 관목이지만, 동백나무는 교목이다.

2023년

2 근경으로 영양번식을 하는 화훼작물은?

① 칸나, 독일붓꽃

② 시클라멘, 다알리아

③ 튤립, 글라디올러스

④ 백합, 라넌큘러스

> **TIP** 근경은 땅속줄기가 옆으로 뻗어가며 커짐으로 저장기간을 만들어내는 뿌리줄기를 말하며 대나무, 칸나, 독일붓꽃, 연꽃 등이 이에 해당한다.

Answer 1.④ 2.①

3 장미의 블라인드 현상의 직접적인 원인은?

① 수분 부족

② 칼슘 부족

③ 일조량 부족

④ 근권부 산소 부족

> **TIP** ③ 4월 중순에서 5월 초에 피어야 할 꽃봉이 없는 가지가 블라인드이다. 주로 저온 혹은 일조량의 부족에서 기인하는 현상이다.

4 한계일장보다 짧을 때 개화하는 식물끼리 올바르게 짝지어진 것은?

① 국화, 포인세티아

② 장미, 시클라멘

③ 카네이션, 페튜니아

④ 금잔화, 금어초

> **TIP** 화훼구분
> ㉠ 단일성 화훼 : 한계일장보다 짧을 때 개화하는 식물(국화, 포인세티아, 프리지아, 나팔꽃 등)이다.
> ㉡ 장일성 화훼 : 한계일장보다 길 때 개화하는 식물(금잔화, 거베라, 시네라리아 등)이다.
> ㉢ 중일성 화훼 : 일조시간에 관계없이 개화하는 식물(히아신스, 수선화, 튤립, 카네이션 등)이다.

5 0℃에서 저장할 경우 저온장해가 발생하는 채소만을 나열한 것은?

① 배추, 무

② 마늘, 양파

③ 당근, 시금치

④ 가지, 토마토

> **TIP** ④ 가지나 토마토는 추위나 건조한 환경에 약한 채소로 4℃ 이하의 온도에서 저온장해를 일으킨다.

6 종자춘화형에 속하는 작물은?

① 양파, 당근

② 당근, 배추

③ 양파, 무

④ 배추, 무

> **TIP** 종자춘화형 … 종자가 수분을 흡수하여 배유가 부풀기 시작할 때부터 일정한 저온에 감응하면 꽃눈이 분화하는 것이다. 배추, 무 등이 해당한다.

Answer 3.③ 4.① 5.④ 6.④

7 작물의 로제트(rosette)현상을 타파하기 위한 생장조절물질은?

① 옥신

② 지베렐린

③ 에틸렌

④ 아브시스산

TIP ① 옥신 : 식물의 줄기 신장, 뿌리 형성, 방향성 생장(굴광성 및 굴중성) 등 다양한 생장 과정을 조절하는 호르몬이다.

③ 에틸렌 : 식물의 성숙과 노화 과정, 열매의 숙성, 낙엽과 열매의 탈리 등을 촉진하는 기체 상태의 호르몬이다.

④ 아브시스산 : 식물의 스트레스 반응과 관련된 호르몬이다.

※ 지베렐린(gibberellin) … 벼의 키다리병균에 의해 생산된 고등식물의 식물생장조절제이다. 지베렐린의 작용은 신장 촉진 작용, 종자 발아 촉진 작용, 개화 촉진 작용, 착과의 증가 작용, 열매의 생장 촉진 작용 등이 있다.

8 과수의 결실에 관한 설명으로 옳지 않은 것은?

① 타가수분을 위해 수분수는 20% 내외로 혼식한다.

② 탄질비(C/N ratio)가 높을수록 결실률이 높아진다.

③ 꽃가루관의 신장은 저온조건에서 빨라지므로 착과율이 높아진다.

④ 엽과비(leaf/fruit ratio)가 높을수록 과실의 크기가 커진다.

TIP ③ 저온에 의해서 발아가 지연된다. 낮은 기온(15℃ 이하)가 지속되는 경우 꽃가루관의 신장이 장기간 억제된다.

9 자가수분으로 수분수가 필요 없는 과수는?

① 신고 배

② 후지 사과

③ 캠벨얼리 포도

④ 미백도 복숭아

TIP ①②④ 배, 사과, 복숭아는 타가수분을 한다.

10 식물 분류학적으로 같은 과(科)에 속하지 않는 것은?

① 배

② 블루베리

③ 복숭아

④ 복분자

TIP ② 진달래과

①③④ 장미과이다. 사과, 자두, 앵두, 살구 등이 해당한다.

Answer 7.② 8.③ 9.③ 10.②

출제예상문제

1 적화와 적과에 대한 설명으로 옳은 것은?

① 적화는 꽃이 핀 상태에서 불필요한 것을 제거하는 작업을 말한다.

② 적화를 하면 남은 꽃들이 제대로 결실을 하지 못했을 경우에도 충분한 수확량을 확보할 수 있다.

③ 적과는 수정되지 않은 상태에서 솎아주는 작업을 하는 것을 말한다.

④ 적과는 수확기에 가까워졌을 때 실시하는 것이 가장 좋다.

> **TIP** 적화를 실시할 경우 남은 과실이 제대로 결실을 하지 못하면 충분한 수확량을 확보할 수 없다. 적과는 수정 후 어린 열매를 솎아주는 작업으로 일찍 실시하는 것이 유리하다.

2 낙과의 방지를 위한 방법 중 옳지 않은 것은?

① 비료를 넉넉히 주어야 한다.

② 수광상태를 향상시킨다.

③ 한해에 대비한다.

④ 옥신 등의 생장조절제의 사용을 금지한다.

> **TIP** 낙과의 방지
> ㉠ 옥신 등의 생장조절제를 살포한다.
> ㉡ 병충해를 방지한다.
> ㉢ 방풍시설을 설치한다.
> ㉣ 수광상태를 향상시킨다.
> ㉤ 비료를 넉넉히 주어야 한다.
> ㉥ 한해에 대비한다.
> ㉦ 수분의 매조가 잘 이루어지도록 한다.
> ㉧ 관개와 멀칭에 의해 건조를 방지한다.

Answer 1.① 2.④

3 과실의 성숙을 촉진하는 생장조절제는?

① 지베렐린   ② 옥신

③ ABA   ④ 에틸렌

> **TIP** 에틸렌
> ㉠ 과실의 성숙과 촉진 등 식물생장의 조절에 이용한다.
> ㉡ $2 \cdot 4 \cdot 5 - T$ $10 \sim 100$ppm액을 성숙 $1 \sim 2$개월 전에 살포하면 성숙이 촉진된다.

4 다음 중 호흡급등형 과실에 해당하는 것은?

① 딸기   ② 오렌지

③ 토마토   ④ 포도

> **TIP** 호흡급등형 과실에는 토마토, 바나나, 사과, 복숭아, 망고, 키위, 감 등이 해당된다.

5 사과 고두병의 원인은?

① Ca의 부족   ② Fe의 부족

③ B의 부족   ④ N의 부족

> **TIP** 고두병
> ㉠ 과실 내 Ca함량이 부족하면 반점성 장해(고두병, Cork Spot, 홍옥반점병)가 발생하여 품질을 저해시킨다.
> ㉡ 고두병에 대한 대책은 응급조치로는 0.3% $CaCl_2$를 생육기에 $4 \sim 5$회 엽면살포하고 토양 내 석회를 시용하고 한발 시 관수한다.

6 다음 작물 중 복토의 깊이가 가장 깊은 것은?

① 토마토   ② 옥수수

③ 귀리   ④ 생강

> **TIP** ① $0.5 \sim 1.0$cm ② $3.0 \sim 4.5$cm ③ $2.5 \sim 3.0$cm ④ $5.0 \sim 9.0$cm

Answer 3.④ 4.③ 5.① 6.④

7 복토를 종자가 보이지 않을 정도로 얕게 해야 하는 것은?

① 당근, 상추

② 금어초, 호박

③ 토마토, 상추

④ 오이, 가지

TIP 주요 작물의 복토의 깊이

복토의 깊이	작물명
종자가 보이지 않을 정도	화본과와 콩과목초의 소립 종자, 유채, 상추, 양파, 당근, 파 등
5 ~ 10mm	차조기, 오이, 순무, 양배추, 가지, 토마토, 고추, 배추 등
15 ~ 20	시금치, 수박, 무, 기장, 조, 수수, 호박 등
25 ~ 30	귀리, 호밀, 밀, 보리, 아네모네 등
30 ~ 45	강낭콩, 콩, 완두, 팥, 옥수수 등
50 ~ 90	생강, 크로커스, 감자, 토란, 글라디올러스 등
100mm 이상	나리, 수선, 튤립, 히야신스 등

8 호온성 작물에 해당하는 것이 아닌 것은?

① 무

② 고추

③ 가지

④ 토마토

TIP ① 호냉성 작물에는 무, 마늘, 딸기, 상추, 양파, 당근, 감자 등이 있다.
②③④ 호온성 작물에는 가지, 고추, 오이, 생강, 토마토 등이 있다.

9 다음 중 산성토양에 매우 강한 작물은?

① 알팔파

② 봄무

③ 팥

④ 샐러리

TIP 산성토양에 영향을 받는 작물
㉠ 극히 강한 것 : 벼, 밭벼, 귀리, 토란, 아마, 기장, 땅콩, 감자, 봄무, 호밀, 수박 등
㉡ 가장 약한 것 : 알팔파, 자운영, 콩, 팥, 시금치, 사탕무, 샐러리, 부추, 양파 등

Answer 7.① 8.① 9.②

10 노펵식에 들어가는 지력증강 작물은?

① 순무

② 보리

③ 밀

④ 수수

> **TIP** 노펵식 윤작법
> ㉠ 4년 단위로 '순무 → 보리 → 클로버 → 밀'을 순환시킨다.
> ㉡ 사료(순무 · 보리 · 클로버)와 식량(밀)의 생산, 지력 수탈(보리 · 밀), 지력 증진(순무 · 클로버)의 관계가 균형 있게 고려된 방식이다.

11 종자번식에서 자연교잡률이 4% 이하인 자식성 작물에 속하는 것은?

① 토마토

② 양파

③ 매리골드

④ 베고니아

> **TIP** 자식성 작물 … 자가수정을 하는 작물 중 일반적으로 자연교잡율이 4% 이하인 것을 말한다. 자식성 작물에는 벼, 밀, 보리, 콩, 완두, 담배, 토마토, 가지, 참깨, 복숭아 등이 있다.

12 배추의 어린잎의 가장자리가 마르거나 배춧속이 물러지는 현상은 무엇이 결핍되어 나타나는 증상인가?

① 붕소

② 석회

③ 마그네슘

④ 칼륨

> **TIP** ① 바깥 잎의 흰 부분의 잎자루 안쪽에서부터 갈색반점이 나타난다. 악화되면 흑갈색으로 변하면서 잎이 위축되면서 썩는다.
> ③ 겉잎의 엽록소가 파괴되면서 황색이나 백색으로 변한다. 겉잎의 가장자리가 누렇게 변하고 잎맥만 남게 되고 점차 말라가면서 죽는다.
> ④ 겉잎이 주름이 많아지고 뻣뻣해진다. 잎 끝부분 가장자리가 황변 또는 갈변하면서 말라가면서 죽는다.

Answer 10.① 11.① 12.②

13 불량환경에 강한 것은?

① 호밀   ② 귀리

③ 보리   ④ 벼

TIP   호밀
ㄱ 화본과의 1년초 또는 월년초이며 라이보리라고도 한다.
ㄴ 분류체계상 식물계 〉 종자식물문 〉 외떡잎식물아강 〉 벼목 〉 화본과이다.
ㄷ 카프카스 · 터키 원산이며 크기는 약 1.5 ~ 3m이다.
ㄹ 맥류 중에서도 냉량한 기후에 적합하고 내한성이 강하며, 건조한 사질토나 메마른 땅에서도 잘 자란다.
ㅁ 밀과는 속이 다르지만 근연종이며 인공적으로 교배한 잡종이 생겨 라이밀이라고 한다.

14 다음 중 호광성 종자에 해당하는 것은?

① 가지   ② 상추

③ 토마토   ④ 호박

TIP   호광성 종자 … 상추, 파, 당근, 유채, 담배, 뽕나무, 베고니아 등

15 종자춘화형에 속하는 작물은?

① 양파   ② 당근

③ 복분자   ④ 배추

TIP   종자춘화형 … 종자가 수분을 흡수하여 배유가 부풀기 시작할 때부터 일정한 저온에 감응하면 꽃눈이 분화하는 것이다. 배추,
무 등이 해당한다.

16 다음 중 대표적인 장일성 식물은?

① 시금치   ② 벼

③ 고추   ④ 콩

TIP   작물의 일장형
ㄱ 장일식물 : 맥류, 양귀비, 시금치, 양파, 상추, 아마, 티머시, 아주까리, 감자 등
ㄴ 단일식물 : 국화, 콩, 담배, 들깨, 사르비아, 도꼬마리, 코스모스, 목화, 벼, 나팔꽃 등
ㄷ 중성식물 : 강낭콩, 고추, 토마토, 당근, 샐러리 등

Answer   13.①   14.②   15.④   16.①

17 다음 중 하루의 일조시간이 12~14시간 이상 되지 않으면 꽃눈을 형성하지 않는 식물은?

① 깨
② 기장
③ 보리
④ 코스모스

TIP ③ 장일식물에 대한 설명이다. 장일식물은 밀, 귀리, 완두, 시금치 등이 있다.
①②④ 단일식물이다.

18 일장에 크게 영향을 받지 않는 식물에 해당하는 것은?

① 금잔화
② 베고니아
③ 메리골드
④ 칼랑코에

TIP ② 중성식물에 해당한다. 장미, 채송화 등이 있다.
①③ 장일 식물
④ 단일 식물

19 인삼 예정지 토양에 인삼을 재배하기 이전에 심었던 작물로 적절하지 않은 것은?

① 옥수수
② 수단그라스
③ 배추
④ 고구마

TIP 배추와 같은 십자화과 작물은 연작 장해를 일으켜 토양에 병원균과 해충을 남겨 인삼 재배에 부정적인 영향을 줄 수 있다. 옥수수, 수단그라스, 고구마는 토양을 개선하고 연작 장해를 줄이는 데 도움이 되는 작물로 인삼 재배 전에 심기에 적절하다.

20 C4 작물인 것은?

① 옥수수
② 감자
③ 벼
④ 밀

TIP ① C4작물의 종류에는 사탕수수, 수수, 옥수수, 기장, 조 등이 있다.
②③④ C3작물에 해당한다.

Answer 17.③ 18.② 19.③ 20.①

05 농업시설

1 시설구조 및 설계

① 시설의 기본 구조

    ㉠ 유리온실의 기본 구조

        ⓐ 온실의 규격 : 너비(폭) × 간고(처마높이) × 동고(지붕높이)

        ⓑ 온실의 크기 : 농가보급형 현대화 모델 양지붕 온실 – 너비 7.5m × 간고 2.2m × 동고 4.25m, 길이 48m

        ⓒ 지붕기울기 : 기후조건(바람, 적설량), 재배작물에 따라 구분된다.

           • 일반온실 : $26.5 \sim 29.0°$

           • 적설지대 : $32°$

           • 포도시설 : $38.5°$

    ㉡ 현대화 하우스의 특징

        ⓐ 크기를 중대형화 하였다.

        ⓑ 너비가 커지고 간고가 높아지고 길이는 48m로 제한하였다.

        ⓒ 골격재를 크게 강화하였다.

        ⓓ 지름이 크고 두꺼운 아연도금 구조강판, 도금철재를 사용하였다.

        ⓔ 반자동 또는 자동화하였다.

        ⓕ 측창과 천창, 개폐커튼 장치를 하였다.

        ⓖ 내구성과 안전성을 강화하였다.

② 시설의 구조설계

    ㉠ 시설의 구성

        ⓐ 구조부분 : 기초(콘크리트), 골조(기둥, 트러스), 피복제(유리, PE), 홈통(빗물수집 등)

        ⓑ 설비부분 : 환기창, 보온, 차광, 냉난방설비, 관수설비, 탄산가스공급장치, 환기팬 등

        ⓒ 전기설비 : 변전설비, 조명설비, 전열설비, 배관과 배선, 비상발전기 등

        ⓓ 환경제어 : 기상관측, 기록, 자동조절장치

    ㉡ 부재의 명칭 : 서까래, 중도리, 왕도리, 갓도리, 보, 버팀대, 샛기둥 등

ⓒ 하중과 안정성

　ⓐ 온실의 하중

　　• 원인에 따라 : 고정하중, 적재하중, 적설하중, 풍하중, 지진하중

　　• 방향에 따라 : 연직하중, 수평하중

　　• 상태에 따라 : 집중하중, 등분포하중, 변분포하중

　　• 시간에 따라 : 장기하중(고정하중), 단기하중(적설, 풍압, 지진력)

　ⓑ 원인에 따른 하중

　　• 고정하중 : 골격자재, 부대자재의 무게가 작용 1m²당 무게로 나타낸다.

　　• 적재하중 : 구조물에 매다는 작업시설의 작용으로 발생한다.

　　• 적설하중 : 적설에 의한 수직방향의 무게와 적설하중으로 계산한다.

　　• 풍하중 : 바람에 의해 발생하는 하중이다.

　　• 특수하중 : 작물하중, 내부장치하중이다.

　ⓒ 하중작용

　　• 적설 시 : 고정하중 + 적설하중 + 특수하중

　　• 폭풍 시 : 고정하중 + 풍하중 + 특수하중

　ⓓ 안정성과 강성

　　• 안정성 : 외적안정(골조의 모양유지), 내적안정(하중지지)

　　• 강성 : 변형에 대한 골재와 부재의 저항정도

ⓔ 시설의 구비조건

　ⓐ 최악의 기상조건에서도 견뎌야 한다.

　ⓑ 적정 환경조성에 효율적이어야 한다.

　ⓒ 재배면적이 최대한 확보되어야 한다.

　ⓓ 내구연한이 길도록 설계되어야 한다.

　ⓔ 시설비가 적도록 설계되어야 한다.

③ 시설의 건립 기초

　㉠ 시설의 입지

　　ⓐ 기상환경 : 온난, 일조풍부(부산, 김해)

　　ⓑ 토양수리 : 비옥, 배수양호(양수 공급)

　　ⓒ 사회경제 : 연료, 노동확보(교통과 유통)

　　　　ⓛ 시설의 방향
　　　　　　ⓐ 동서동 : 외지붕형, 스리쿼터형, 촉성재배
　　　　　　ⓑ 남북동 : 양지붕형, 연동형온실, 반촉성재배
　　　　ⓒ 시설의 건립
　　　　　　ⓐ 기반의 조성 : 배수설계, 바닥면, 시설간격 조정
　　　　　　ⓑ 기초설계 : 영구시설(독립기초와 영구시설)
　　　　　　ⓒ 골격의 조립 : 유리온실(전문가), 간이시설(농민)
　　　　　　ⓓ 피복제 피복 : 판유리, 경질판, 경질필름, 연질필름
　　　　　　ⓔ 부대장치 : 온도조절, 판수, 전기, 베드, 벤치

　④ 시설의 자재
　　ㄱ 골격자재
　　　　ⓐ 시설의 기본 구조물인 골격을 구성하는데 이용되는 자재
　　　　ⓑ 발전순서 : 죽재 · 목재 → 철재 → 경합금재
　　　　　• 죽재 : 11 ~ 12월 수확한 대나무를 가공하여 만든 재료이다. 내구연한은 3년 가량이다. 터널형 하우스, 농업용 비닐하우스, 지지대, 울타리 등에 주로 사용한다.
　　　　　• 목재 : 편백, 벚나무, 삼나무, 적송, 미송, 가문비나무 등을 주로 사용한다. 경제적 하우스에 주로 사용된다.
　　　　　• 철재 : 형강(빔, 스퀘어튜브, 파이르, 구조강관, PVC)
　　　　　• 경합금재 : 알루미늄이 주성분에 해당한다. 골격율을 낮출 수 있고 가볍고 내부식성이 좋은 편에 해당한다.
　　　　ⓒ 현재 약 90%가 아연도금 파이프를 사용한다.

　　ㄴ 피복자재
　　　　ⓐ 피복자재의 개념 : 피복자재는 기상재해로부터 작물을 보호하는 데 필요한 1차적인 시설자재를 말한다.
　　　　ⓑ 피복자재의 종류
　　　　　• 기초 피복자재 : 고정시설을 피복하여 상태의 변화없이 계속 사용하는 자재를 말한다.
　　　　　　- 유리
　　　　　　- 연질필름(PE, EVA, PVC)
　　　　　　- 경질필름(PET)
　　　　　　- 경질판(FRP, FRA, MMA, PC)
　　　　　• 추가 피복자재 : 기초피복 위에 보온, 차광, 반사 등을 목적으로 추가로 피복하는 자재를 말한다.
　　　　　　- 부직포
　　　　　　- 반사필름
　　　　　　- 발포 폴리에틸렌시트
　　　　　　- 한랭사
　　　　　　- 네트

ⓒ 기초피복제

　　ⓐ 유리피복제

　　　• 유리의 종류 : 판유리, 형판유리, 산광유리, 복층유리, 열선흡수유리

　　　• 보통 유리 : 투명판 유리

　　ⓑ 플라스틱 피복제

　　　• 연질필름 : 폴리에틸렌 필름, 염화비닐 필름, 에틸렌 아세트산 비닐

　　　• 경질필름 : 경질염화비닐 필름, 경질 폴리에스테르 필름, 불소수지필름

　　　• 경질판 : FRP, FRA, MMA, PC판, 복층판

ⓔ 추가피복제

　　ⓐ 추가피복의 목적 : 보온, 차광, 보광 등

　　ⓑ 추가피복의 종류 : 외면, 지면, 터널, 커튼, 차광

　　ⓒ 주요 추가피복제 : 반사필름, 부직포, 매트, 거적, 한냉사, 네트 등

⑤ 시설의 종류

㉠ 온실

　　ⓐ 온실의 개념 : 식물의 주요 생육환경인 광선, 온도, 습도를 인공적으로 조절할 수 있도록 만든 건축물을 말한다. 일반적으로 난방시설을 갖춘 유리실을 온실이라 한다.

　　ⓑ 유리실

　　　• 유리로 건조되었어도 난방시설이 없는 것을 온실과 구별하여 말한다.

　　　• 난방장치가 되어 있는 비닐하우스는 온실에 포함시킨다.

　　　• 최근 온실은 난방과 냉방장치를 동시에 갖추어 온도의 조절 폭이 넓어지고 있다.

　　　• 인공기상실 : 온도, 공중습도 및 광선까지 완전히 조절할 수 있는 온실을 말한다.

　　ⓒ 온실의 특성

　　　• 작물의 촉성재배(促成栽培)와 억제재배(抑制栽培)가 가능하여 연중 계속해서 농산물을 생산할 수 있다.

　　　• 노지(露地)에서는 재배가 되지 않는 특수 농작물의 재배 · 생산이 가능하기 때문에 일정한 면적에서 높은 수익을 올릴 수 있다.

　　　• 여러 농작물의 생육단계를 자유롭게 조절함으로써 교배육종(交配育種)에 널리 이용된다.

　　　• 온도 · 습도 · 광선을 조절하여 작물의 반응을 조사함으로써 환경과 작물생육의 관계를 연구할 수 있다.

　　　• 열대 · 아열대 식물을 보호 · 육성함으로써 교육시설로 이용할 수 있는 등의 경제적 · 학문적 · 교육적인 목적을 가지고 있다.

　　ⓓ 온실의 장점과 단점

　　　• 시설비와 관리유지비가 많이 소요된다.

　　　• 한번 시설을 하면 반영구적이기 때문에 장기적으로 보면 경제적으로 유리하다.

ⓔ 온실의 종류
- 건축재료에 따른 분류 : 목조(木造)온실, 철조(鐵造)온실, 반철조(半鐵造)온실, 알루미늄 온실
- 사용목적에 따른 분류 : 가정온실, 표본식물온실, 실험용 온실, 영리생산온실
- 재배하는 식물에 따른 분류 : 화훼온실, 채소온실, 과수온실, 일반작물온실
- 온실의 지붕모양에 따른 분류
  - 양쪽지붕형(兩面式)온실 : 지붕의 양쪽 길이 및 경사각도가 같도록 설계된 것으로 천장이나 옆의 창문을 전부 열어 놓으면 통풍이 좋다. 각종 작물재배에 가장 적당한 형태의 온실이다.
  - 3/4식(不等式)온실 : 지붕의 길이가 남쪽면이 3, 북쪽면이 1의 비율이 되도록 만든 구조로 겨울철에 보온은 잘 되지만 충분한 환기가 불가능하다. 주로 고온을 필요로 하거나 고온에 견디는 작물 재배에 이용된다.
  - 외쪽지붕형(片面式)온실 : 건물 벽 또는 축대의 남쪽을 이용하는 것으로, 지붕의 북쪽은 높고 남쪽은 낮게 하는 방식으로 온실 중에서 가장 간단한 구조를 가졌기 때문에 시설비가 적게 들고 누구나 쉽게 만들 수 있어 가정용 및 취미용으로 많이 이용되고 소규모 영리생산용으로도 이용된다. 겨울철의 보온 면에서는 유리하나 통풍이 불충분하고 광선도 남쪽으로 제한되어 작물이 한쪽 방향으로만 생육을 하며 여름철에는 고온다습하다.
  - 반원형식(半圓形式)온실 : 지붕 모양이 반원에 가까운 것으로서 광선이 균일하게 투사되기 때문에 실내의 조도(照度)가 높고 온실 내의 공간이 넓다. 대게 표본식물 재배용으로 공원, 유원지, 학교 등에서 이용한다.
  - 연동식(連棟式)온실 : 2동(棟) 이상의 온실이 연결된 형태로 보통 양쪽지붕형 온실이 연동식으로 이용된다. 시설비용과 연료 등을 절약하는 면에서는 유리하나 광선의 투사 및 통기가 불충분하고 연결부의 재료가 부패되기 쉬워 수명이 짧아지는 단점이 있으며 온난지나 난방시설이 충분한 곳에서는 온도관리가 용이하고 단위면적당 건축비를 낮출 수 있다는 장점도 있다.
- 난방방법에 따른 분류 : 전열(電熱)난방, 보일러를 이용한 증기난방, 각종 난로를 이용한 열풍(熱風)난방
ⓕ 온실장소 선택 시 고려해야 할 점
- 태양광선 이용 가능성
- 지하수위의 높이
- 수질
- 통풍상태
- 작업 수행을 할 때의 편리성

ⓛ 비닐하우스

ⓐ 비닐하우스의 의의

- 채소류의 촉성재배(促成栽培) 또는 열대식물을 재배하기 위하여 비닐필름을 씌운 온실을 말한다.
- 1954년경부터 비닐필름이 농업에 이용되기 시작하면서 하우스, 터널 등이 눈부시게 발전하였다.
- 비닐하우스는 급속도로 발전하여 현재 가장 중요한 원예시설로 전국에서 이용되고 있다.
- 비닐하우스는 채소류의 재배에 가장 많이 쓰이며, 화훼류(花卉類)·과수류(果樹類)의 재배에도 이용되고 있다.
- 비닐하우스는 기밀성(氣密性)이 높아 온실보다는 약간 떨어지나 비교적 보온력이 높다.
- 조도(照度)에 있어서도 비교적 높아 작물생육에서 유리온실에 비하여 떨어지지 않으나, 점차 더러워져서 투광률이 떨어진다.

ⓑ 비닐하우스의 재료

- 우리나라에서는 주로 폴리에틸렌필름을 사용하고 있다.
- 아세트산비닐필름 등도 이용되지만 이것은 일광의 투광률은 거의 비슷하나 파장이 긴 열선(列線)의 투과에는 큰 차이가 있다.
- 투과율이 가장 높은 것은 폴리에틸렌필름이고 가장 낮은 것은 염화비닐필름이다. 야간의 보온을 고려한다면 폴리에틸렌필름보다는 염화비닐필름이 훨씬 유리하다.
- 일본
  - 주로 염화비닐이 비닐하우스의 피복재료로 사용된다.
  - 터널 등에는 아세트산비닐이 사용된다.
  - 지면의 보온과 습도 유지를 위해 사용되는 멀칭재료에는 폴리에틸렌필름이 사용된다.
- 한국
  - 비닐이 적게 사용된다.
  - 대부분 폴리에틸렌필름이 하우스에 이용된다.
  - 두께는 대부분 0.03 ~ 0.1mm의 것이 이용된다.

⑥ 시설의 구비조건

㉠ 시설은 기온이 낮은 겨울에 주로 이용하는데 강풍과 적설량이 많아도 견딜 수 있는 구조와 강도를 갖추어야 한다.

㉡ 작물의 생육에 적당한 환경 조건을 만들어 주는 구조를 갖추어야 한다.

㉢ 작물의 재배 면적을 최대한 확보할 수 있고 작업능률을 높일 수 있는 구조이어야 한다.

㉣ 시설비가 적게 들며 오래 사용이 가능하도록 튼튼해야 한다.

② 시설의 환경과 관리방법

① 시설의 난방

　㉠ 난방의 필요성 : 우리나라는 보온 위주의 시설재배를 하고 있으나 보온만으로는 생육적온을 유지하기가 어렵고 위험부담, 치명적 저온장해를 방지하기 위하여 난방이 필요하다.

　㉡ 난방의 설계

　　ⓐ 난방의 기본 요건

　　　• 최악의 기상조건에서도 적온을 유지하여야 한다.

　　　• 설비 및 운전비용이 경제적이어야 한다.

　　　• 균일한 온도 분포를 나타내어야 한다.

　　　• 정확한 온도 조절이 가능해야 한다.

　　　• 설비에 의한 차광이 우수해야 한다.

　　　• 재배면적을 잠식하여야 한다.

　　　• 작업성에 제약이 없어야 한다.

　　ⓑ 난방부하의 계산

　　　• 적정온도 유지를 목표로 난방설비로 충당해야 될 열량을 난방부하라 한다.

　　　• 최대난방부하 : 기온이 가장 낮은 시간대의 난방부하로 난방용량의 결정지표이다.

　　　• 기간난방부하 : 작물의 재배기간 동안의 난방부하로 연료소비량 예측에 이용된다.

　　　• 관류열량(Q_t) : 전체의 60%를 차지

　　　　– 관류열량 : 피복제를 통과하여 나가는 열이다.

　　　　– 열관류열 : PE 필름이 가장 높다.

　　　　– 열절감율 : 이중커튼, 외면피목이 가장 우수하다.

　　　• 환기전열량(Q_v)

　　　　– 틈새 환기와 함께 밖으로 새 나가는 열량을 말한다.

　　　　– 환기전열계수를 이용한 환기전열량 계산이 가능하다.

　　　• 지중전열량(Q_{so})

　　　　– 토양표면에서 지중으로 일어나는 열의 이동을 말한다.

　　　　– 시설내외의 기온 차에 지중전열량이 다르다.

　　　　– 하향성 열류(+) → 난방부하 증대

　　　　– 상향성 열류(−) → 난방부하 감소

• 난방부하 계산

$$Q_g = \{A_g \times (Q_t + Q_v) + A_s \times Q_{so}\} \times fw$$

- Q_g : 난방부하(kcal/h)
- A_g : 시설표면적(m2)
- A_s : 시설바닥면적(m2)
- fw : 풍속에 관한 보정계수

• 난방부하계수 : 시설 내외의 온도차가 1℃일 때 단위표면적당, 시간당 방열량을 말한다.

$$Q_g = A_g \times U \times (\theta_\in - \theta_{out}) \times (1 - fr)$$

- Q_g : 난방부하(kcal/h)
- A_g : 온실표면적(m2)
- U : 난방부하계수
- $\theta_\in$: 설정실온(℃)
- θ_{out} : 설정외온(℃)
- $(1 - fr)$: 보정항
- fr : 열절감율

• 난방기용량의 결정

$$Q_b = Q_w \times fh \times (1 + r)$$

- Q_b : 난방기의 용량(kcal)
- Q_w : 최대난방부하(kcal)
- fr : 송풍방식에 의한 보정계수
- r : 안전계수

• 난방적산온도 : 하루 중 난방부하 계산식에서 적분항을 특정기간동안 적산한 것으로 난방기간 중 시설내외의 온도 차를 적산한 것이다.

• 기간난방부하 : 난방을 하는 일정 기간 동안의 난방부하로 기간 중 연료소비량을 예측하는 주요지표로 이용된다.

$$Q_n = A_g \times U \times (1 - fr) \times D \times Hn$$

- Q_n : 기간난방부하(kcal)
- A_g : 온실표면적
- U : 평균난방부하계수(kcal/m³/h/℃)
- DHn : 난방디그리아워(℃)
- n : 적산기간의 일수

• 연료소비량

$$V_f = Q_n \times H \times N$$

- V_f : 연료소비량(l)
- Q_n : 기간난방부하
- H : 연료의 발열량(kcal/l)
- N : 난방장치의 열이용효율

ⓒ 난방설비

　ⓐ 난방방식의 결정 : 최대난방부하, 경제성, 시설규모, 작물에 따라 결정

　ⓑ 난방방식의 종류와 특성

　　• 난로난방 : 설치비 저렴, 관리자동화 불가능, 가스장해, 온도분포 불균일

　　• 전열난방 : 온조조절 용이, 작업성 우수, 유해가스 전무, 정전 시 위험

　　• 온수난방 : 큰 면적 보온력 우수, 설치비 고가, 작업성 저하

　　• 증기난방 : 대규모 중앙집중식 난방, 방열량 많음, 고온장해 위험, 보일러 운영

　　• 온풍난방 : 난방효율 높음, 설치 용이, 시설비 저렴, 실내공기 건조

　ⓒ 난방비 경감대책

　　• 온도관리 : 변온관리

　　• 방열억제 : 다중피복

　　• 난방효율 : 자동온도조절장치 도입

　　• 지중열 유입 : 지중열축열장치 도입

　　• 대체 에너지 : 태양에너지, 지열 등 활용

② 시설의 환기

　㉠ 환기의 개념 : 실내외의 공기를 서로 바꾸어 주는 것이다.

　㉡ 환기의 의의 : 실내온도의 조절, 실내습도의 조절, 탄산가스의 공급, 유해가스의 배출 등이다.

　㉢ 환기량 표시방법

　　ⓐ 환기량(m^3/h) : 단위시간당 환기에 의한 외부공기 유입량이다.

　　ⓑ 환기율($m^3/m^2/h$) : 환기량을 시설의 바닥면적으로 환산한 것이다.

　　ⓒ 환기횟수 : 환기량을 시설용적(온실용적)으로 환산한 것이다.

　㉣ 환기의 종류

　　ⓐ 자연환기 : 천창과 측창, 출입문을 이용한 환기

　　　• 중력환기 : 내외온도차에 의해 생기는 환기력이다.

　　　• 풍력환기 : 외부바람에 의하여 생기는 풍압력이다.

　　　• 환기창은 전체 표면적의 15%가 적당하며, 농가보급형의 경우 19 ~ 25%, 벤로형은 24 ~ 30%, 패널 굴절식은 50 ~ 67%의 환기효율을 갖는다.

　　　• 환기창 자동 개폐 장치를 이용하면 환기효율을 극대화시킬 수 있다.

　　ⓑ 강제환기 : 외부기온의 상승, 자연환기로 역부족일 때 환풍기를 이용한 강제 환기가 필요하다.

> 환기량 ÷ 가동풍량 = 환풍기 수량

③ 시설의 냉방

　　㉠ 고정시설의 고온기 시설 이용 시 환기만으로는 온도를 낮출 수가 없다.

　　㉡ 온도를 낮추기 위하여 적극적인 냉방이 필요하며 주로 간이냉방법을 이용한다.

　　㉢ 냉방의 의의 : 시설주년이용, 품질 향상, 계획생산, 유입공기 정화, 해충발생 억제, 작업환경 개선 등이다.

　　㉣ 기화냉방법(간이냉방법)

　　　　ⓐ 공기와 물이 접촉하면 증발하기 위해 기화열을 필요로 하게 된다.

　　　　ⓑ 물의 기화 시 기화열로 냉각된 공기를 시설 내에 토입하여 냉방을 하는 방법이다.

　　　　ⓒ 종류 : 팬 앤드 패드, 팬 앤드 미스트, 팬 앤드 포그

　　　　　• 팬 앤드 패드 : 패드를 만들어 물을 흘러내리고 반대편으로 팬을 달아 실내공기를 뽑아내면 젖은 패드를 통과한 공기가 냉각되면서 유입된다.

　　　　　• 팬 앤드 미스트 : 패드 대신 미스트 분무실(제적장치 : 기화되지 않은 미세수적을 제거)을 이용한 방법이다.

　　　　　• 팬 앤드 포그 : 패드, 미스트 대신에 포그(흡기창 설치, 천장에 환기선을 설치, 큰 물방울 제거를 위해 입기칸막이 필요)를 사용하는 방법이다.

　　㉤ 보조냉각법

　　　　ⓐ 분무냉방

　　　　　• 지붕분무냉방 : 지붕 바깥에 분무하면 내면에 접한 공기가 냉각

　　　　　• 작물체분무냉방 : 관엽식물, 녹지삽목에 적용

　　　　ⓑ 기타 냉방

　　　　　• 차광 : 발, 한랭사 사용

　　　　　• 옥상유수 : 지붕면 냉각

　　　　　• 열선흡수유리 : 적외선 흡수

④ 시설의 광환경

　　㉠ 광의 개념 : 광선(빛)이란 입자이면서 파동의 성질을 지닌 전자파를 말한다.

　　　　ⓐ 광원에 따른 광의 분류

　　　　　• 자연광 : 태양광, 태양복사, 복사에너지

　　　　　• 인공광 : 백열등, 형광등, 수은등

ⓑ 태양광의 분류
- 태양을 광선으로 하며 파장이 다른 광선이 혼재한 혼합형태이다.
- 지구에 도달하기까지 흡수, 반사되어 지면에는 약 47%만 도달한다.
- 지면에 도달하는 광선은 300nm ~ 2,500nm 사이의 빛이다.
- 자외선 : 320nm 이하
- 적외선 : 700nm 이상
- 가시광선 : 380nm ~ 780nm

ⓒ 일사량 또는 광량
- 단위시간당 단위면적이 받는 방사에너지를 말한다.
- 사용단위 : w/m^2, $kcal/m^2$, $cal/m^2/min$, ly/min
- 광합성유효방사(PAR) : 400 ~ 700nm 사이의 방사에너지만을 측정, 단위 $\mu mol/m^2/s$
- 조도(lux) : 가시광선에 대해 사람이 느끼는 휘도, 차장에 따라 다를 수 있다.

ⓛ 광질과 작물생육
ⓐ 광질 : 태양광은 혼합광이며 파장이 다른(빛의 종류가 다른) 여러 가지 광선으로 되어 있다.
- 적외부 : 작물신장
- 가시광선 : 광합성
- 자외선 : 작물강건
ⓑ 시설내외의 광질은 서로 다르다.

ⓒ 광량과 작물생육
ⓐ 광량은 일사량을 말하며 광도는 빛의 세기를 말한다.
ⓑ 단위면적당, 단위시간당의 수광량은 광합성에 영향을 미친다.
ⓒ 수박, 토마토, 토란은 광포화점이 높아 강광에서 생육이 촉진된다.
ⓓ 광합성에는 광도 이외에 광질, 일조시간(일장)도 관여한다.
ⓔ 시설 내에서는 광도가 낮아지기 쉽다.

ⓔ 일장과 작물생육
ⓐ 일장은 광주율, 일장반응, 일장효과라고도 한다.
ⓑ 하루 낮의 길이가 식물의 개화, 인경비대, 줄기생장, 낙엽, 휴면, 성표현 및 개화반응 등에 영향을 미친다.
ⓒ 일장반응에 따른 식물의 분류 : 한계일장을 기준으로 단일식물, 장일식물, 중성식물로 구분한다.
ⓓ 저온기 시설재배는 주로 단일조건에서 이루어진다.
ⓔ 일장조절의 농업적 이용 : 국화의 차광재배, 전조처리 등

ⓜ 시설 내 광질의 변화

   ⓐ 피복재의 종류에 따라 가시광선은 거의 다 비슷하게 투과하나 자외선과 적외선은 투과율에 차이를 보인다.

   ⓑ 판유리는 자외선과 장파장은 전혀 투과시키지 못하며, 열선흡수유리는 적외선을 잘 흡수한다.

   ⓒ 염화비닐(PVC)은 자외선을 잘 투과시키고 장파장은 유리보다 투과율이 높으나, 가소재와 자외선흡수제를 첨가하면 PE보다 투과율이 낮아진다.

   ⓓ 폴리에틸렌은 피복제 가운데 자외선과 장파장의 투과율이 가장 높다.

   ⓔ 경질플라스틱판은 유리섬유강화판을 사용하여 자외선과 장파장의 투과가 억제된다.

ⓗ 광량의 감소 이유

   ⓐ **골격재에 의한 차광** : 시설의 유형별 골격구조재의 차이로 차광율이 달라진다.(유리온실 20%, 대형하우스 15%, 파이프하우스 5%, 에어하우스 0%)

   ⓑ **피복재의 흡수와 반사**

    • 흡수 : 무색투명한 피복재가 1% 흡수하므로 유색, 오염, 물방울 여부와 정도에 따라 흡수율은 증가하게 된다.

    • 반사 : 내외면에서 반사하며 입사각이 커질수록 반사율은 증대하게 된다.

   ⓒ **피복재의 광선투과율**

    • 피복재의 종류에 따라 대전성, 착색여부에 따라 투과율의 차이가 나타난다.

    • 빛의 종류와 파장에 따라 투과율은 달라진다.

    • 빛의 입사각이 60° 이상에서는 급격히 감소하며 입사각이 작을수록 투과율은 증가한다.

   ⓓ **시설의 방향과 투과광량**

    • 동서동 > 남북동

    • 시간대에 따라 다르지만 전체적으로 30%에서 최고 68%의 차이를 나타낸다.

ⓢ 광분포의 불균형

   ⓐ 구조재에 의한 부분적인 광차단으로 그늘이 생기는데 이는 피복재에 의한 입삭가의 차이로 인하여 약광대가 형성되었기 때문이다.

   ⓑ **약광대의 형성**

    • 남북동의 경우 : 오전 11시 동측 벽에 발생한다.

    • 동서동의 경우 : 하루 중 계속해서 북쪽 벽에 발생한다.

    • 연동형 하우스 : 특정부위에 약광대가 형성된다.

    • 위치별로 볼 때 북측 벽에 조도가 낮다.

◎ 시설 내의 일장조건

　　ⓐ 외면피복, 다중피복 : 일장단축

　　ⓑ 인위적인 일장처리 및 일장조절

　　　• 단일처리 : 암막상자, 암막을 이용한다.

　　　• 장일처리 : 보광, 교호조명, 광중단을 이용한다.

　　ⓒ 시설 내 광환경의 개선

　　　• 적극적인 방법 : 인공광의 도입, 자연광의 재현, 인공기 상실 등이 있다.

　　　• 소극적인 방법 : 시설의 설치방향, 피복재, 보온재의 선택 등이 있다.

　　ⓓ 투과광량의 증대와 광의 효율적 이용

　　　• 골격재 및 피복재를 선택한다.

　　　• 시설의 설치방향을 고려한다.

　　　• 반사광, 산광피복재를 이용한다.

　　　• 경종적 방법을 활용한다.

　　ⓔ 인공광의 도입

　　　• 부족한 광량을 인공관으로 보충한다.

　　　• 인공광의 종류 : 백열등, 형광등, 수은등, 메탈헬라이드 램프, 고압나트륨등, 발광다이오드 등

　　　• 식물생육에 필요한 특수한 파장(청색, 적색, 원적색 등)만을 방출하거나 근접조명을 사용한다.

⑤ 시설의 수분환경

　㉠ 수분의 역할

　　ⓐ 다양한 물질의 용매이다. 양분의 흡수 · 이동과 효소활성과 대사작용 조절에 이용된다.

　　ⓑ 광합성의 기본 재료이다. 세포팽압과 체형유지 및 증산작용으로 식물체온을 유지한다.

　㉡ 수분함량과 생육

　　ⓐ 작물은 많은 수분을 함유하고 있다(초본성 식물의 경우 70 ～ 95%).

　　ⓑ 작물은 많은 수분을 요구한다(요수량 300 ～ 500g).

　　ⓒ 수분이 부족하면 산소공급이 부족해지고 생리장해 및 생육부진을 초래한다.

　　ⓓ 수분이 지나치면 양분 및 수분 흡수 억제, 수량의 감소, 품질의 저하를 초래한다.

　　ⓔ 수분이 급변하면 생장균형 파괴로 인하여 열근 및 열과를 유발한다.

　㉢ 시설 내 수분환경의 특성

　　ⓐ 토양수분환경

　　　• 자연강우가 차단된다.

　　　• 증발산이 심하여 건조증상이 나타난다.

　　　• 지온이 낮고 근계가 빈약하다.

　　　• 작물의 수분흡수가 억제된다.

　　　• 단열층 등 수분 상승 이동을 억제하게 된다.

ⓑ 공기습도환경
- 노지에 비하여 공중습도가 높다.
- 작물이 도장하고 병해가 많이 발생한다.

ⓔ 토양수분의 측정

ⓐ 토양수분의 표시
- 백분율(%) : 중량이나 용적의 백분율 퍼센트이다.
- 장력(pF) : 토양수분의 장력이다.

ⓑ 토양수분장력(pF)
- 토양입자가 수분을 흡착하여 유지하는 힘을 말한다.
- 흡착된 수분을 분리 제거하는데 필요한 힘으로 단위면적당 기압 또는 수은주의 높이로 측정한다.
- 편의상 수은주 높이를 물기둥의 높이로 환산하기도 한다.
- pF : 수주높이의 상용대수

ⓒ 토양수분의 종류
- 중력수 : pF 0 ~ 2.7(일부만 작물에 유효하게 작용)
- 모관수 : pF 2.7 ~ 4.2(작물에 유효한 수분)
- 흡착수 : pF 4.2 ~ 7.0(입자표면에 박막을 형성)

ⓓ 수분항수 : 토양수분의 상태를 구분할 때 사용한다.
- 최대용수량, 포장용수량, 위조계수, 흡착계수
- 토양이 중력에 견디면서 저장할 수 있는 최대의 수분함량을 나타낸다.

ⓔ 토양수분의 측정
- 중량법, 중성자산탄법, 토양수분장력계법, 흡습제(석고블록)이용법 등을 사용하게 측정한다.
- 토양수분장력계로는 텐시오미터를 사용하며 텐시오미터는 유공초벌구이컵, 압력계, 파이프관과 튜브로 구성된다.

ⓜ 관수시기와 관수량

ⓐ 관수시기의 결정방법
- 토양수분장력을 측정하여 결정한다.
- 수면증발량을 측정하여 결정한다.

ⓑ 관수량의 결정

$$R = \frac{fc - w}{100} \times D$$

- R : 근군부위의 포장용수량 상태로 보충할 1회 관수량(mm)
- fc : 포장용수량(용적, %)
- w : 관수 직전의 토양함수비(용적, %)
- D : 근군의 깊이(mm)

ⓗ 시설의 관수방법

   ⓐ 우리나라의 경우 시설재배 시 호스관수, 점적관수가 대표적이다.

   ⓑ 고랑관수 : 고랑에 물을 대주어 근군에 수분을 공급하는 방법이다.

   ⓒ 분수관수 : 일정 간격으로 구멍 난 파이프에 압력을 가하여 관수하는 방법이다.

   ⓓ 살수관수 : 송수관 선단에 부착된 각종 노즐을 이용하여 관수하는 방법이다.

   ⓔ 점적관수 : 파이프나 튜브에 미세한 구멍을 뚫어 물이 방울져 스며나오게 하는 방법이다.

   ⓕ 지중관수 : 지중에 관수 파이프를 매설하여 토양 중으로 물이 스며나오게 하는 방법이다.

   ⓖ 저면관수 : 벤치 등의 저면에 있는 배수공을 통하여 물이 스며 올라가도록 하여 포트에 수분을 공급하는 방법이다.

ⓢ 공중습도의 관리

   ⓐ 시설의 내부는 다습하기 쉬우므로 공중습도의 관리가 필요하다.

   ⓑ 시설의 공중습도 조절방법

     • 환기를 적절히 하도록 한다.

     • 가능한 난방을 하도록 한다.

     • 플라스틱 멀칭을 하도록 한다.

     • 관수를 합리적으로 하도록 한다.

   ⓒ 실내습도가 낮아 문제가 되는 경우

     • 시설토양의 건조한 경우

     • 난방이 잘 되는 유리온실의 경우

⑥ 시설의 토양환경

  ㉠ 토양과 작물생육

   ⓐ 입경의 구분

     • 점토 : 0.002mm 이하

     • 미사토 : 0.002 ~ 0.05mm

     • 사토 : 0.05 ~ 2.0mm

   ⓑ 입경의 분포

     • 유효수분함량이 가장 많은 토양 : 양토

     • 사질토양의 개량방법 : 객토, 유기물 시용, 규산 증시 등이 있다.

     • 염해지토양의 개량방법 : 객토, 석회 시용, 유기물 시용 등이 있다.

     • 미숙토양의 개량방법 : 인산 증시, 유기물 시용, 심경 등이 있다.

     • 염해지토양의 경우 마그네슘과 나트륨의 함량이 높다.

   ⓒ 토양이 갖추어야 할 조건 : 무병, 무충, 무독, 무양분을 골고루 갖추어야 하며 보수, 보비, 통기성이 양호하고 가볍고 부드러워 사용이 간편해야 한다.

ⓛ 토양과 생육

　ⓐ 토양화학

　　• 토양반응

　　　– 토양이 산성화되면 철, 알루미늄, 망간의 가용성이 증대하고 과잉흡수가 이루어져 인산과 결합 불용화 되어 인산 결핍증상이 나타난다.

　　　– 칼륨, 칼슘, 마그네슘, 몰리브덴의 가용성이 감소하여 흡수가 억제된다.

　　　– pH 4 이하이면 수소이온이 직접 뿌리에 작용하게 된다.

　　　– pH 5 이하이면 질소고정균, 질산균, 아질산균의 활동이 둔화된다.

　　　– 토양이 알칼리화 되면 마그네슘, 붕소, 철의 흡수가 저해된다.

　　• 토양의 유기물

　　　– 토양유기물은 부식을 초래한다.

　　　– 염기치환능력이 증가하고 무기양분의 유효과와 미생물의 활동을 증진시킨다.

　　　– 입단화, 보수성 증진, 토양온도 상승의 역할을 한다.

　ⓑ 토양물리

　　• 토양구조

　　　– 고상 50%(무기물 45%, 유기물 5%), 기상 25%, 액상 25%

　　　– 단립구조 : 토양입자가 분리되어 있으며 통기성와 보수성, 보비력이 약하다.

　　　– 입단구조 : 토양입자가 모여 입단을 형성한 것으로 토양공극이 증대된다.

　　• 토양통기

　　　– 입자와 입자, 입단과 입단 사이에 공극이 형성된다.

　　　– 토양이 20 ~ 30%를 유지하려면 산소는 10% 이상 되어야 한다.

　ⓒ 토양생물

　　• 동물 : 두더지, 들쥐, 선충

　　• 해충 : 뿌리응애, 굼벵이, 땅강아지

　　• 미생물 : 유용미생물, 병원미생물

　　• 잡초 : 일년생잡초, 다년생잡초

ⓒ 시설토양의 특성과 관리

　ⓐ 노지에 비하여 염류농도가 높으며, 특정성분이 결핍되기 쉽다.

　ⓑ 토양의 pH가 낮으며 저온기에 지온은 노지보다 높다.

　ⓒ 적정 지온의 유지가 어렵다.

　ⓓ 공극률이 낮고 통기성이 불량하다.

　ⓔ 연작장해가 발생하기 쉽다.

ⓔ 염류농도장해와 대책

　　ⓐ **토양염류의 종류**

　　　• 음이온 : 질산, 염소, 황산

　　　• 양이온 : 칼슘, 마그네슘, 칼륨, 나트륨

　　　• 시설토양에 특별히 많이 분포하는 염류 : 질산태질소와 칼슘

　　ⓑ **염류농도의 측정** : 토양용액이 염류농도와 전기전도도는 높은 정의 상관, 전기전도도로 토양용액의 염류농도 추정 가능, 원래 전기전도도와 전기저항도의 반대 개념

　　ⓒ **염류집적의 원인**

　　　• 다비재배 : 집약재배, 염류집적 증가

　　　• 강우차단 : 표면관수, 용탈제한, 표면집적

　　　• 특이환경 : 작물도장, 염류흡수율 저하

　　ⓓ **염류농도와 생육**

　　　• 생육장해농도 : 토양별, 작물별 염류농도장해를 일으키는 한계농도

　　　• 작물의 내염성 : 높은 염류농도에 견딜 수 있는 능력

　　　• 농도장해증상 : 잎이 밑에서부터 말라 죽는 것으로 잎이 짙은 초록색을 띤다.

　　ⓔ **염류농도장해대책**

　　　• 객토 : 환토, 산흙 또는 논흙을 5 ~ 10cm

　　　• 심경 : 경운기, 트랙터 이용, 표토와 심토 교환

　　　• 유기물 시용 : 염기치환능력 증가, 완충능력 강화

　　　• 합리적 시비 : 질산질비료 제한, 요소, 완효성 비료

　　　• 피복물 제거 : 고온기, 기초피복제거, 자연강우노출

　　　• 담수처리 : 다량의 물 담수, 200mm 관수

　　　• 흡비작물 이용 : 수수, 옥수수, 녹비용, 청예사료용

⑦ 시설 내의 시비

　㉠ 시비량의 결정

　　ⓐ 양분의 능동적 흡수가 떨어진다.

　　ⓑ 시비량을 노지보다 줄여야 한다.

　　ⓒ 다비재배를 하여야 한다.

　　ⓓ 시비량의 결정방법

　　　• 추천시비량에 의한 결정

　　　• 재배자경험에 의한 결정

　　　• 토양분석법에 의한 결정

ⓔ 추천시비량 결정

$$시비량 = 작물의\ 양분\ 흡수량 \times \frac{1-토양의\ 양분\ 공급량}{비료의\ 성분량}$$

ⓕ 토양분석에 의한 결정 : 전기전도도 측정 − 시비량의 가감 정도 파악

ⓛ 시비의 방법

ⓐ 시비시기 : 양분흡수특성, 토양에 따라 기비와 추비로 구분하여 결정한다.

- 점질토양 : 엽근채류의 경우 전량기비
- 사질토양 : 인산은 전량, 질소와 칼리는 반만 기비

ⓑ 시비 위치

- 기비 : 전층시비
- 추비 : 작물의 종류, 재배방법, 생육단계에 따라 구분하여 시비한다.

ⓒ 엽면시비를 결정하는 경우

- 토양이 지나치게 건조하거나 지온이 낮을 경우
- 작물이 연약하고 뿌리가 상해 흡수가 어려울 경우
- 멀칭 등으로 토양시비가 어려울 경우
- 비량요소의 결핍증상이 예상되거나 나타날 경우

ⓓ 액비시비

시비 + 관수 = 관비
※ 관비 : 관수를 겸하는 시비

ⓔ 완효성 시비

- 화학비료를 사용하여 코팅처리 및 특수 화학처리로 비료를 조절한다.
- 비효가 전 생육기간에 걸쳐 나타나므로 멀칭재배 시 효과적이다.
- CDU, UF, AM화성, IB화성 등

③ 자재특성 및 시설관리

① 자재의 종류와 특성

㉠ 골격 자재 : 시설의 골격을 구성하는 자재이다.

ⓐ 죽재 : 초기 터널형 하우스의 골재로 내구연한이 짧다.

ⓑ 목재 : 초기 시설원예에 주로 이용되었으나 강도가 약하며, 변형이 쉬워 사용이 줄어들고 있다.

ⓒ 경합금재 : 알루미늄을 주성분으로 하며 골격률을 낮출 수 있으며, 가볍고 다루기 쉬우며 내부식성이 좋다.

ⓓ 강재 : 강도와 내구성이 높아 지붕의 하중이 큰 대형 온실에 적합하다.

ⓛ 피복 자재 : 고정시설을 피복하는 기초 피복 자재와 기초 피복 위에 보온, 차광, 반사 등을 목적으로 추가로 피복하는 추가 피복 자재가 존재한다.

　ⓐ **피복 자재의 목적별 분류**
　　• 차광 : 한랭사, 부직포, 네트
　　• 보온
　　　– 천연자재 : 거적
　　　– 플라스틱 자재 : 부직포, 연질필름(0.05 ~ 0.075mm), 반사필름
　　• 피복
　　　– 유리 : 투명유리, 산광유리, 복층유리
　　　– 플라스틱 자재
　　　– 연질필름(0.075 ~ 0.2mm) : PE, EVA, PVC
　　　– 경질필름(0.1 ~ 0.25mm) : PBT
　　　– 경질판(0.5 ~ 2mm) : FRP, FRA, PC, 아크릴
　ⓑ **기초 피복 자재** : 고정시설을 피복하여 상태의 변화 없이 계속 사용하는 자재(유리, 연질필름, 경질필름, 경질판 등)
　ⓒ **추가 피복 자재** : 기초 피복 위에 보온, 차광, 반사 등을 목적으로 추가로 피복하는 자재(부직포, 반사필름, 발포 폴리에틸렌시트, 한랭사, 네트 등)

ⓒ **피복자재의 특성**
　ⓐ 유리
　　• 투광성, 내구성, 보온성이 우수하다.
　　• 유리를 지탱하는 골격자재가 견고해야 하므로 설치비용이 많이 들어 이용이 보편화되지 않았다.
　　• 두께 3mm의 판유리가 가장 많이 사용되며, 4 ~ 5mm 유리도 사용된다.
　ⓑ PE
　　• 다른 피복재보다 가격이 싸기 때문에 현재까지 가장 많이 사용된다.
　　• 광선투과율이 높고 필름 표면에 먼지가 적게 부착되어 필름끼리 서로 달라 붙지 않기 때문에 취급이 용이하다.
　　• 보온성, 내구성이나 강도 면에서 PVC나 EVA에 비해 떨어지기 때문에 피복자재로서의 사용은 줄어들고 있다.
　ⓒ EVA
　　• 보온성과 내구성이 PE와 PVC 필름의 중간적 성질이 있다.
　　• 물방울이 생기지 않는 무적 필름이기 때문에 점차 그 사용면적이 증가하고 있다.
　　• PE 필름보다 내후성이 좋고 가벼우며 쉽게 더러워지지 않는 것이 장점이다.
　　• 인열 강도가 약하고 가격이 다소 고가이다.

ⓓ PVC
- 투명도나 강도 · 내후성 · 보온성이 우수하며, 피복작업도 비교적 용이하다.
- 먼지의 부착이 많고 필름끼리 잘 달라붙으며, 가격이 고가이다.
- 내한성이 약하여 저온에서 피복할 때 파손에 주의하여 너무 강하게 고정시키지 않도록 하고 가급적 따뜻한 날에 피복한다.
- 제조과정에서 가소제, 열 안정제, 자외선 흡수제 등을 첨가하여 성능을 향상시킨다.

ⓔ PET
- 보온성, 투광성, 내열성이 우수하다.
- 매우 낮은 온도에서 사용 가능하다.
- 필름을 연소시켜도 유독가스가 발생하지 않는다.

ⓕ FRP
- 폴리에스테르 수지로 만들어져 광선투과가 좋다.
- 평판과 파판이 있으며, 파판인 경우 확산량이 많아 골격에 의한 그림자가 생기지 않아 광분포가 균일하다.
- FRP는 370mm 이하의 자외선역 파장광을 완전히 차단하여 가지과 작물이나 적 · 자색 계통의 꽃을 배재할 때 색깔의 발현에 지장을 주며, 광선투과율의 경년변화에서도 FRA보다 떨어진다.

ⓖ MMA
- 내후성과 광선투과 특성이 우수하고 장기간 사용하여도 광선투과율의 감소가 적다.
- 유리에 비하여 장파장의 투과가 적어 보온력이 우수하다.
- 충격에 약하고 가격이 비싸다.
- 외피복자재인 폴리카보네이트(PC)판은 충격강도가 크고 내열 · 내한성이 우수하며, 원적외선을 투과하지 않기 때문에 보온력이 우수하다.
- 자외선 투과성이 좋지 않아 가지과 작물에 지장을 초래한다.

ⓗ 부직포
- 광선투과율이 연질필름보다 낮고 보온력도 떨어지지만, 두께를 두껍게 하면 보온력을 높일 수 있음
- 수명은 대략 3년 정도, 규격은 너비 90 ~ 300cm, 길이 50~100m로 다양하다.
- 보수성과 투습성을 가지고 있어 커튼으로 사용할 경우 하우스 내 습도가 높아지는 것을 방지할 수 있으나 흡습하면 보온력이 저하된다.

ⓘ 반사필름
- 두께에 의한 보온과는 달리 복사열을 반사시켜 에너지를 보다 적극적으로 이용하는 것이다.
- 하우스 내 커튼, 터널 등의 보온용이나 하우스 북쪽 면에 피복하여 하우스 내 광량을 증가시키는 데 이용한다.
- 알루미늄 혼입필름, 알루미늄 증착필름, 알루미늄 샌드위치필름 등

ⓔ 피복자재 선택 시 고려할 사항 : 피복자재를 선택하기 위해서는 우선적으로 재배할 작물을 결정하고 그 지방의 기후나 재배시기, 포장상태 등을 고려하여 작물에 적합한 온실의 모양 · 크기 · 종류 등을 결정한 다음, 아래의 사항을 검토하여야 한다.
  ⓐ 투광성 : 작물에 필요한 양만큼의 태양광선을 흡수할 수 있는 투명도를 갖추어야 하며, 그 투명성을 가급적 오래 유지하는 성질
  ⓑ 보온성 : 야간의 냉각방지 및 온도상승 효과
  ⓒ 내후성 : 강도를 유지하고, 변색 및 착색이 적어야 하는 성질
  ⓓ 무적성 : 물방울이 맺히지 않고 흘러내려야 하며, 그 효과가 가급적 오래 지속되는 성질
  ⓔ 물리성 : 충격 및 인장에 강하고 팽창 · 수축이 적어야 하는 성질
  ⓕ 작업성 : 피복작업이 용이하며, 필름 간 접착성이 없고 가벼워야 하는 성질
  ⓖ 경제성 : 사용연한이 길고 적절한 가격과 시설재배 시 피복재로서 요구되는 사항을 충족시켜야 하는 성질

② 시설관리
  ㉠ 육묘시설
    ⓐ 전열온상
      • 전류의 저항으로 발생되는 열을 이용한 것으로 용량과 길이가 다양하다.
      • 온상틀은 일반 양열온상과 동일하며, 전열선 아래에 짚이나 왕겨 등의 단열재를 깔아준다.
      • 최근에는 짚이나 왕겨보다 스티로폼판을 주로 이용한다.
    ⓑ 전기 발열판 온상
      • 가는 전열선을 합리적인 간격으로 PVC판에 배선하고 위아래를 밀착한 후 고정시킨 다음 전기장판처럼 만든 온실을 말한다.
      • 전열선 온상의 결점을 개선한 것으로 경제적인 편이다.
    ⓒ 온수온상
      • 모판 흙 밑에 방열 파이프를 설치하고 온수를 순환시켜 온상의 온도를 높여주는 방식이다.
      • 온도분포가 균일하고 온도의 조절이 가능하나 설치비용이 많이 들고 이동이 불편하여 잘 사용되지 않는다.
    ⓓ 플러그 육묘
      • 응집성이 있는 소량의 배지가 담긴 개체의 셀에서 길러진 모종을 플러그라 한다.
      • 플러그 육묘는 유리나 플라스틱 필름으로 된 육묘온실을 통해 길러진다.
      • 보온, 환기, 난방, 이산화탄소 시비 및 조명 등을 조절할 수 있는 환경조절장치, 관수 및 거름을 주는 관비장치, 환경제어장치, 재배상 등을 갖추어야 한다.
      • 모판 흙 제조 및 충전, 파종, 관수, 시비 및 환경관리 등 모든 육묘 작업을 체계화할 수 있는 기계화된 시설이 필요하다.

ⓛ 난방시설

　ⓐ 온풍난방기

　　• 연료의 연소에 의해 발생하는 열을 공기에 전달하여 공기를 따뜻하게 하는 난방방식으로 플라스틱 하우스의 난방에 널리 이용된다.

　　• 80 ～ 90%이 높은 열효율을 자랑하며, 비교적 짧은 시간에 온도를 가온하기 쉽고 시설비가 저렴하다.

　　• 가온하지 않을 때에는 온도가 급격히 저하되며, 연소에 의한 가스로 인한 장해가 발생할 수 있으며 높은 온도로 인하여 건조하기 쉽다.

　ⓑ 온수난방장치

　　• 보일러를 통해 데워진 온수(70 ～ 115℃)를 시설 내에 설치한 파이프나 라디에이터(방열기)에 순환시켜 표면에서 발생되는 열을 이용한 방식이다.

　　• 열이 방열되는 시간은 오래 걸리지만 한번 더워지면 오랫동안 지속되며 균일하게 난방이 가능하다.

　　• 온수보일러, 라디에이터, 펌프, 팽창수조 등으로 구성되어 있다.

　　• 배관방법에 따라 유닛 히터 이용방식, 라디에이터 시스템, 공중배관난방, 이랑 사이 노출배관난방, 지중 난방 등으로 구분된다.

　ⓒ 증기난방방식

　　• 보일러에서 만들어진 증기를 시설 내에 설치한 파이프나 라디에이터에 보내어 이를 통해 발생한 열을 이용하는 난방방식이다.

　　• 규모가 큰 시설에서는 고압식을 이용하며, 소규모에서는 저압식을 사용한다.

ⓒ 냉방시설

　ⓐ 패드 앤드 팬(Pad and Fan System) : 물의 증발냉각력을 이용한 온실냉각법이다. 온실의 가장자리 또는 측벽부에 물을 흘려 물기를 흡착한 패드를 설치하고 반대쪽의 벽부에 설치한 팬의 흡인에 의해서 패드를 통한 외기를 실내로 집어넣음으로써 실내를 냉각하는 방법이다.

　ⓑ 팬 앤드 포그(Fan and Fog Method) : 이 방식은 시설의 벽면위 또는 아래에 흡기창을 만들고 여기에 세무를 분무하는 노즐을 장치하고 용마루에 잇대어 풍량형 환풍기를 설치하여 실내공기를 뽑아내면 외부공기가 이 흡기창을 통하여 유입된다. 순간적으로 기화가 일어나 실내공기를 냉각시키는 방법이다.

ⓔ 관수시설

　ⓐ 살수장치

　　• 스프링클러 장치 : 짧은 시간에 많은 양의 물을 넓은 면적에 골고루 살수할 수 있으며, 노즐, 송수 호스, 펌프로 구성된다.

　　• 소형 스프링클러 : 육묘상이나 잎채소류 재배용으로 사용되는 것으로 플라스틱으로 제작되어 있으며 관수방향과 범위에 따라 분류된다.

　　• 유공튜브

　　　－ 경질 및 연질 플라스틱 필름에 구멍을 뚫어 살수하는 것으로 수압이 낮아도 균일하게 관수가 가능하다.

　　　－ 시공이 간편하고 비용이 저렴하나 오래 사용할 수는 없다.

ⓑ 점적 관수장치
- 플라스틱 파이프나 튜브에 불출공을 만들어 물이 방울방울 떨어지게 하거나 천천히 나오도록 하는 방법이다.
- 저압으로 물의 양을 절약할 수 있으며 하우스 내 습도의 영향도 조절이 가능하다.
- 열매채소의 관수에 널리 이용된다.

ⓒ 분무장치 : 온실의 천장마다 길이 방향으로 파이프라인을 가설한 후 분무용 노즐을 설치하여 고압으로 압송된 물을 관수하거나 농약 살포 등에 이용된다.

ⓓ 저면 관수장치 : 채소의 육묘와 분화 재배에 사용하며 벤치에 화분을 배열한 다음 물을 공급하여 화분의 배수공을 통해 물이 스며들게 하는 방법이다.

ⓔ 지중관수
- 땅 속에 매설한 급수 파이프로부터 토양 중에 물이 스며 나와 작물의 근계에 수분을 공급하는 방법이다.
- 급수 파이프로부터 모세관 현상으로 작물의 뿌리까지 물이 스며 올라오는데 오랜 시간이 걸리고 물의 손실이 많다.

㉤ 환기시설
ⓐ 자연환기시설
- 천창이나 측창 등의 환기창을 통하여 이루어지는 환기를 말한다.
- 연동형 시설에서는 천창과 측면 환기의 중간에서 하는 곡간 환기를 한다.

ⓑ 강제환기시설(환풍기 이용)
- 많은 환기량이 요구되는 넓은 면적의 환기에 사용되는 프로펠러형 환풍기는 압력차가 적으며 직결식으로 사용된다.
- 덕트 환기 등에 사용되는 튜브형 환풍기는 압력 차가 큰 경우에도 압력 손실이 적으나 프로펠러형에 비해 환기 용량이 적다.

㉥ 탄산가스 발생기
ⓐ 연소식 탄산가스 발생기
- 프로판가스, 천연가스 등을 액화시켜 탄산가스를 발생시키는 장치이다.
- 프로판가스의 경우 연료의 구입이 용이하고 유해가스의 발생이 거의 없어 농가에서 주로 이용한다.
- 천연가스의 경우 공급지역의 한계로 인하여 이용이 제한적이다.

ⓑ 액화 탄산가스 발생기
- 순수 압축 정제된 탄산가스를 균일하게 공급하는 장치로 탄산가스의 농도 조절이 용이하고 유해가스의 발생이 없어 작물에 무해하다.
- 하나의 시스템으로 여러 동의 하우스에 탄산가스의 공급이 가능하나 설치비용이 고가이다.
- 용기의 교체가 불편하며 구매 장소가 한정되어 있다.

Ⓢ 방제시설

　ⓐ **살포장치** : 농약 등을 물에 용해하여 분무기로 뿌리는 장치이다.

　ⓑ **훈연장치** : 하우스 내의 습도를 상승시키지 않고 농약을 가열하여 연기 상태로 살포하는 장치이다.

　ⓒ **연무장치** : 농약을 가열하거나 고압을 가하여 육안으로 볼 수 없을 정도의 미세한 연무로 만들어 살포하는 장치이다.

❹ 양액재배

① 개념

　㉠ 양액재배의 정의

　　ⓐ 토양 대신 생육에 필요한 무기양분을 골고루 용해시킨 양액으로 작물을 재배하는 것을 말한다.

　　ⓑ 수경재배, 무토양재배, 탱크농업, 베드농업 등으로 명명하기도 한다.

　㉡ 양액재배의 장 · 단점

　　ⓐ 장점

　　　• 품질과 수량성이 우수하다

　　　• 자동화, 생력화가 용이하다.

　　　• 청정재배가 가능하다.

　　　• 작물의 연작이 가능하다.

　　　• 장소의 제한이 없다.

　　ⓑ 단점

　　　• 배양액의 완충능력이 없어 양분농도나 pH 변화에 민감하다.

　　　• 장치 및 설비에 많은 자본이 필요하다.

　　　• 전문적 지식이 요구된다.

　　　• 병균의 전염이 빠르게 확산된다.

　　　• 작물의 선택이 제한적이다.

　㉢ 양액재배의 필요성

　　ⓐ 생산자 측면

　　　• 주년생산에 의해 소득을 증대한다.

　　　• 과학적 재배 욕구를 충족한다.

　　　• 재배 불가능 지역에서의 재배를 가능하게 한다.

　　　• 생산환경을 개선한다.

　　　• 노동력 부족으로 인한 자동화의 필요성을 충족한다.

　　ⓑ 소비자 측면

　　　• 주년 구매 욕구를 충족시킨다.

　　　• 저공해, 고품질 생산물을 제공받을 수 있다.

② 양액재배의 종류

　　㉠ 공기경재배 : 양액을 반만 해우고 공기 중에 노출된 뿌리에 양액을 간헐적으로 분무하여 재배하는 방식이다.

　　㉡ 수경재배

　　　　ⓐ 식물체의 뿌리를 양액 속에 침적된 상태로 재배하는 방식이다.

　　　　ⓑ 유동 또는 상하재배법, 액면저하법, 통기법, 환류법, 등량교환법, NFT(Nutrient Film Technique) 등이 해당한다.

　　㉢ 고형배지경

　　　　ⓐ 배지가 모래, 자갈, 암면, 펄라이트와 같은 고형으로, 여기에 양액을 지속적으로 공급하며 재배하는 방식이다.

　　　　ⓑ 사경재배, 훈탄재배, 역경재배, 암면재배 등이 해당한다.

Point 팁　배양액의 조제

　㉠ 필수 무기양분을 함유하고 있어야 한다.

　㉡ 뿌리에서 흡수하기 쉬운 형태로 물에 용해된 이온상태여야 한다.

　㉢ 배양액의 산도(pH) : 배양액의 pH가 5.5 ~ 6.5의 범위로 되도록 조절하여야 하며, pH가 7.0 이상이 되면 철, 망간, 폴로늄, 칼슘, 마그네슘 이온이 불용성으로 되어 작물에 흡수되지 않는다.

　㉣ 배양액의 농도의 적정범위는 일반적으로 1.5 ~ 2.55mS/cm이다.

③ 식물공장

　　㉠ 개념

　　　　ⓐ 식물공장은 폐쇄적 또는 반 폐쇄적 공간 내에서 식물을 계획적으로 생산하는 시스템이다.

　　　　ⓑ 완전한 식량의 공급, 식재료의 연중공급을 그 목적으로 하고 있다.

　　㉡ 특징

　　　　ⓐ 장소의 제한을 받지 않으며 작물의 생장속도가 빠르고 균일하다.

　　　　ⓑ 병충해의 완전한 방제가 가능하며, 최상의 품질을 획득 가능하다.

기출문제 분석

시설원예에 대한 것과 필름에 대한 질문은 한문제는 반드시 출제되는 영역에 해당한다. 온실형과 피복재와 관련된 키워드는 매년 출제되는 빈출유형에 해당한다.

2022년

1 A농가가 선택한 피복재는?

> A농가는 재배시설의 피복재에 물방울이 맺혀 광투과율의 저하와 병해 발생이 증가하였다. 그래서 계면활성제가 처리된 필름을 선택하여 필름의 표면장력을 낮춤으로써 물방울의 맺힘 문제를 해결하였다.

① 광파장변환 필름
② 폴리에틸렌 필름
③ 해충기피 필름
④ 무적 필름

TIP 무적필름 … 물방울이 맺히지 않는 필름으로 온실용 폴리에칠렌 필름이다.

2021년

2 다음 피복재 중 투과율이 가장 높은 연질 필름은?

① 염화비닐(PVC) 필름
② 불소계수지(ETFE) 필름
③ 에틸렌아세트산비닐(EVA) 필름
④ 폴리에틸렌(PE) 필름

TIP 연질필름의 투과율 … 폴리오레핀필름 > 폴리에틸렌필름 > 에틸렌아세트산비닐 필름 > 염화비닐 필름

Answer 1.④ 2.④

3 다음이 설명하는 온실형은?

> • 처마가 높고 폭이 좁은 양지붕형 온실을 연결한 형태이다.
> • 토마토, 파프리카(착색단고추) 등 과채류 재배에 적합하다.

① 양쪽지붕형
② 터널형
③ 벤로형
④ 쓰리쿼터형

 TIP ③ 벤로형 : 네덜란드의 벤로 지역에서 시작된 온실 형태이다. 마가 높고 폭이 좁은 양지붕형 온실을 연결한 형태로 골격률이 낮아 투광률이 높으므로 난방비가 절약된다. 토마토, 파프리카, 오이, 피망 등의 키가 큰 호온성 과채류 재배에 적합하다.
① 양쪽지붕형 : 양쪽으로 경사진 지붕을 가진 구조의 온실이다. 두 면이 지붕 형태로 경사를 이루고 있으며, 환기와 채광이 용이하다.
② 터널형 : 아치형으로 길게 이어진 구조를 가진 온실이다. 구조가 단순하고 경제적이며, 주로 비닐로 덮여 있으며 넓은 면적을 효율적으로 덮을 수 있어서 저비용으로 넓은 면적을 덮을 때 사용된다.
④ 쓰리쿼터형 : 지붕의 한쪽 면이 다른 면보다 길게 경사진 구조를 가진 온실이다. 일조량을 극대화하기 위해 설계되었다. 지붕의 한쪽 면이 더 길어 남쪽 방향으로 햇빛을 최대한 받도록 유도하는 형태이다.

4 시설 내의 환경 특이성에 관한 설명으로 옳지 않은 것은?

① 위치에 따라 온도 분포가 다르다.
② 위치에 따라 광 분포가 불균일하다.
③ 노지에 비해 토양의 염류 농도가 낮아지기 쉽다.
④ 노지에 비해 토양이 건조해지기 쉽다.

TIP 염류가 쌓여 환경이 불량하고 유용미생물의 활성이 떨어지고 이로 인해 비료성분 유효화가 지연되어 작물의 활력과 흡수력이 약화되어 작물 생육이 불량해진다.

Answer 3.③ 4.③

5 다음이 설명하는 재배법은?

> • 양액재배 베드를 허리높이까지 설치
> • 딸기 '설향' 재배에 널리 활용
> • 재배 농가의 노동환경 개선 및 청정재배사 관리

① 고설 재배

② 토경 재배

③ 고랭지 재배

④ NFT 재배

TIP ✏️
① 고설재배 : 땅에서 1m 높이의 베드에서 딸기를 재배하면서 영양액을 일정한 간격으로 정해진 양을 공급하는 현대 방식의 재배법이다.
② 토경 재배 : 토양에서 식물을 키우는 재배법을 의미한다.
③ 고랭지 재배 : 표고 600m 이상의 지역에서 낮은 온도로 작물을 재배하는 것이다.
④ NFT 재배 : 경사가 진 베드에 설치된 파이프에 배양액을 흐르게 하는 박막식 수경재배를 의미한다.

Answer 5.①

출제예상문제

1 **시설원예 내부관리에 대한 설명으로 옳지 않은 것은?**

① 시설 내 온도는 보온, 냉방, 난방, 환기 등을 통해 조절을 한다.

② 시설 내 광량은 골격재로 인한 차광, 피복재의 반사와 흡수, 오염 등으로 인해 감소될 수 있다.

③ 시설 내 이산화탄소 농도는 노지보다 밤에는 광합성으로 인하여 농도가 낮고 낮에는 작물의 호흡으로 인하여 농도가 높다.

④ 시설 내 수분은 인공관수를 통하여 대부분 공급하며 습도가 높을 경우 작물의 도장과 병해 발생의 원인이 된다.

> **TIP** ③ 시설 내 이산화탄소 농도는 노지보다 밤에는 작물의 호흡으로 인하여 농도가 높고 낮에는 광합성으로 인하여 농도가 낮다.

2 **시설 내의 환경 특이성에 관한 설명으로 옳지 않은 것은?**

① 위치에 따라 온도 분포가 다르다.

② 위치에 따라 광 분포가 불균일하다.

③ 노지에 비해 토양의 염류 농도가 낮아지기 쉽다.

④ 노지에 비해 토양이 건조해지기 쉽다.

> **TIP** ③ 염류가 쌓여 환경이 불량하고 유용미생물의 활성이 떨어지고 이로 인해 비료성분 유효화가 지연되어 작물의 활력과 흡수력이 약화되어 작물 생육이 불량해진다.

Answer 1.③ 2.③

3 시설재배 시 작물생육환경에 대한 설명으로 옳은 것은?

① 시설 내의 온도 일교차는 노지보다 적기 때문에 원예작물 재배에 적합하다.

② 시설 내의 공기는 노지보다 습하지만 산소농도가 높아 작물의 생육에 유리하다.

③ 시설재배 토양은 건조하므로 물의 온도와는 상관없이 관수가 이루어져야 한다.

④ 시설하우스의 피복재를 통과한 햇빛은 광량이 감소할 뿐만 아니라 광질이 변질된다.

TIP ④ 피복재의 종류에 따라 반사와 부착되어 있는 먼지, 색소 등의 광흡수로 광투과량과 광질이 달라진다.
① 시설 내 온도의 일교차는 노지보다 크며, 지온은 노지보다 높다.
② 시설 내 공중습도는 높고 수분의 흡수가 많지 않으며, 산소농도는 낮다.
③ 시설재배 토양은 토양물리성이 나쁘고, 염류농도가 높아 물의 온도는 14~18℃ 정도로 물의 온도를 높여 관수가 이루어지
도록 한다.

4 시설 내에서 광 부족이 지속될 때 나타날 수 있는 박과 채소 작물의 생육 반응은?

① 낙과의 발생이 많아진다.

② 잎이 짙은 녹색을 띤다.

③ 잎 가장자리의 타는 현상이 나타난다.

④ 줄기의 마디 사이가 짧고 굵어진다.

TIP ② 잎이 짙은 녹색을 띠는 것은 광 부족보다는 적절한 광량이 있을 때 나타나는 반응에 해당한다.
③ 박과 채소 작물의 잎에 과도한 빛을 받으면 나타나는 반응이다.
④ 광이 과다하거나 과도한 자외선에 노출될 때 나타나는 반응이다.

5 시설원예 피복자재의 조건으로 옳은 것은?

① 열전도율이 높아야 한다.

② 겨울철 보온성이 작아야 한다.

③ 외부 충격에 약해야 한다.

④ 광 투과율이 높아야 한다.

TIP ① 열전도율이 낮아야 한다.
② 겨울철 보온성이 커야 한다.
③ 외부 충격에 강해야 한다.

Answer 3.④ 4.① 5.④

6 필름의 종류별 멀칭의 효과에 대해 바르게 설명한 것은?

① 투명필름은 지온상승 효과는 작으나, 잡초발생을 억제하는 효과가 크다.

② 흑색은 지온상승 효과는 크나, 잡초발생이 많아진다.

③ 녹색필름은 잡초를 거의 억제하며, 지온상승 효과도 크다.

④ 투명필름은 모든 광을 잘 흡수하고, 흑색필름은 모든 광을 잘 투과시킨다.

> **TIP** 필름의 종류와 효과
> ㉠ 흑색필름 : 모든 광을 흡수하여 잡초의 발생이 적으나, 지온상승 효과가 적다.
> ㉡ 투명필름 : 모든 광을 투과시켜 잡초의 발생이 많으나, 지온상승 효과가 크다.
> ㉢ 녹색필름 : 잡초를 억제하고 지온상승의 효과가 크다.

7 신장력과 보온성이 떨어지며 광투과율이 높은 연질피복재로 표면에 먼지가 잘 부착되지 않고 필름끼리도 잘 부착되지 않는다. 다양한 약품에 내성이 크고 가격이 저렴한 시설재배용 플라스틱 피복재는?

① 에틸렌아세트산(EVA) 필름

② 염화비닐(PVC) 필름

③ 폴리에틸렌(PE) 필름

④ 폴리에스터(PET) 필름

> **TIP** ① 기초피복재로 광투과율이 뛰어나다. 항장력, 신장력이 크며 먼지가 잘 부착되지 않는다. 약품에 내성이 크고 저온과 고온을 잘 버틴다.
> ② 광투과율이 높지만 장파투과율과 열전도율이 낮다. 보온력이 뛰어나며 약품에 내성이 크다.
> ④ 경질필복재로 수명이 길고 광투과율과 보온성이 높다.

8 팬 앤드 패드(Pan&Fad) 방식은 시설의 어떤 환경을 조절하기 위한 것인가?

① 이산화탄소 농도   ② 광투과량

③ 온도   ④ 바람의 양

> **TIP** 팬 앤드 패드(Pan&Fad) 방식은 시설내부의 실내공기의 온도를 낮추는 기화냉방식에 해당된다.

Answer 6.③ 7.③ 8.③

9 작물의 시설재배에 사용되는 기화냉방법이 아닌 것은?

① 팬 앤드 패드
② 팬 앤드 미스트
③ 팬 앤드 포그
④ 팬 앤드 덕트

> **TIP** ④ 팬 앤드 덕트: 공기 순환 시스템에 해당한다. 공기를 덕트(공기 통로)를 통해 온실 내부에 균일하게 분배하는 방식이다. 팬이 외부 공기를 덕트를 통해 끌어들이거나 내부 공기를 순환시키면서 온도 조절을 한다.
> ① 팬 앤드 패드: 온실의 한쪽 벽에 설치된 습윤한 패드를 통해 외부 공기를 통과시키고 반대편에 설치된 팬을 사용해 공기를 끌어당기는 방식이다. 물이 패드를 적시면서 증발하면서 공기의 온도가 낮아져 온실 내부로 시원한 공기가 공급된다.
> ② 팬 앤드 미스트: 온실 내부에 설치된 팬과 미세한 물방울(미스트)을 분사하는 노즐을 함께 사용하는 방식이다. 미스트는 공기 중에서 증발하면서 열을 흡수해 온실 내부의 온도를 낮추며 팬은 공기를 순환시켜 냉각 효과를 높인다.
> ③ 팬 앤드 포그: 미스트보다 더 작은 물방울(포그)을 생성하는 노즐을 사용하여 공기 중에 분사하고, 팬으로 공기를 순환시키는 방식이다. 물방울로 빠르게 증발하여 공기를 효과적으로 냉각시킨다.

10 시설 내의 온도를 낮추기 위해 시설의 벽면 위 또는 아래에서 실내로 세무(細霧)를 분사시켜 시설 상부에 설치된 풍량형 환풍기로 공기를 뽑아내는 냉각방법은?

① 팬 앤드 포그
② 팬 앤드 패드
③ 팬 앤드 덕트
④ 팬 앤드 팬

> **TIP** ② 팬 앤드 패드: 온실의 한쪽 벽에 설치된 습윤한 패드를 통해 외부 공기를 통과시키고 반대편에 설치된 팬을 사용해 공기를 끌어당기는 방식이다. 물이 패드를 적시면서 증발하면서 공기의 온도가 낮아져 온실 내부로 시원한 공기가 공급된다.
> ③ 팬 앤드 덕트: 공기 순환 시스템에 해당한다. 공기를 덕트(공기 통로)를 통해 온실 내부에 균일하게 분배하는 방식이다. 팬이 외부 공기를 덕트를 통해 끌어들이거나 내부 공기를 순환시키면서 온도 조절을 한다.
> ④ 팬 앤드 팬: 두 개 이상의 팬을 사용하여 온실 내부의 공기를 순환시키고 더운 공기를 외부로 배출함으로써 온실 내부의 온도를 조절하는 시스템 방법이다.

Answer 9.④ 10.①

PART 04

최근 기출문제

2024년 제10회 기출문제

2024년 제10회 기출문제

1 상법상 보험계약관계자에 관한 설명으로 옳지 않은 것은?

① 손해보험의 보험자는 보험사고가 발생한 경우 보험금 지급의무를 지는 자이다.

② 손해보험의 보험계약자는 자기명의로 보험계약을 체결하고 보험료 지급의무를 지는 자이다.

③ 손해보험의 피보험자는 피보험이익의 주체로서 보험사고가 발생한 때에 보험금을 받을 자이다.

④ 손해보험의 보험수익자는 보험사고가 발생한 때에 보험금을 지급받을 자로 지정된 자이다.

> **TIP**
> ④ 「상법」 제665조(손해보험자의 책임)에 따라 손해보험계약의 보험자는 보험사고로 인하여 생길 피보험자의 재산상의 손해를 보상할 책임이 있다.
> ① 손해보험계약의 보험자는 보험사고로 인하여 생길 피보험자의 재산상의 손해를 보상할 책임이 있다〈상법 제665조(손해보험자의 책임)〉.
> ② 보험계약자는 자기명의 또는 타인을 위한 보험에서도 「상법」 제639조(타인을 위한 보험)에 따라 보험자에 대하여 보험료를 지급할 의무가 있다.
> ③ 피보험자는 '계약에 따라서 손해의 보상을 받을 수 있는 자'를 의미한다.

ANSWER
1.④

2 상법상 보험계약의 체결에 관한 설명으로 옳은 것은?

① 보험계약은 청약과 승낙에 의한 합의와 보험증권의 교부로 성립한다.

② 기존의 보험계약을 연장하거나 변경한 경우에는 보험자는 그 보험증권에 그 사실을 기재함으로써 보험증권의 교부에 갈음할 수 있다.

③ 보험자는 보험계약이 성립된 후 보험계약자에게 보험약관을 교부하고 그 약관의 중요한 내용을 설명하여야 한다.

④ 보험자가 보험계약자로부터 보험계약의 청약과 함께 보험료 상당액의 전부 또는 일부의 지급을 받은 때에는 계약이 성립한 것으로 본다.

TIP ✏️
② 「상법」 제640조(보험증권의 교부) 제2항

① 「상법」 제638조의2(보험계약의 성립) 제1항에 따라 보험자가 보험계약자로부터 보험계약의 청약과 함께 보험료 상당액의 전부 또는 일부의 지급을 받은 때에는 다른 약정이 없으면 30일내에 그 상대방에 대하여 낙부의 통지를 발송하여야 한다. 제638조의2 제2항에 따라 기간내에 낙부의 통지를 해태한 때에는 승낙한 것으로 본다.

③ 보험자는 보험계약을 체결할 때에 보험계약자에게 보험약관을 교부하고 그 약관의 중요한 내용을 설명하여야 한다〈상법 제638조의3(보험약관의 교부 · 설명 의무) 제1항〉.

④ 보험자가 보험계약자로부터 보험계약의 청약과 함께 보험료 상당액의 전부 또는 일부를 받은 경우에 그 청약을 승낙하기 전에 보험계약에서 정한 보험사고가 생긴 때에는 그 청약을 거절할 사유가 없는 한 보험자는 보험계약 상의 책임을 진다〈상법 제638조의2(보험계약의 성립) 제3항〉.

✎ ANSWER
2.②

3 상법상 보험증권에 관한 설명으로 옳지 않은 것은?

① 타인을 위한 보험계약이 성립된 경우에는 보험자는 그 타인에게 보험증권을 교부해야 한다.

② 보험계약의 당사자는 보험증권의 교부가 있는 날로부터 일정한 기간내에 한하여 그 증권내용의 정부(正否)에 관한 이의를 할 수 있음을 약정할 수 있다. 이 기간은 1월을 내리지 못한다.

③ 보험증권을 멸실 또는 현저하게 훼손한 때에는 보험계약자는 보험자에 대하여 증권의 재교부를 청구할 수 있고, 그 증권작성의 비용은 보험계약자의 부담으로 한다.

④ 보험자는 보험계약이 성립한 때에는 지체없이 보험증권을 작성하여 보험계약자에게 교부하여야 한다.

TIP ✏ ① 보험계약자는 위임을 받거나 위임을 받지 아니하고 특정 또는 불특정의 타인을 위하여 보험계약을 체결할 수 있다. 그러나 손해보험계약의 경우에 그 타인의 위임이 없는 때에는 보험계약자는 이를 보험자에게 고지하여야 하고, 그 고지가 없는 때에는 타인이 그 보험계약이 체결된 사실을 알지 못하였다는 사유로 보험자에게 대항하지 못한다〈상법 제639조(타인을 위한 보험) 제1항〉.
② 「상법」 제641조(증권에 관한 이의약관의 효력)
③ 「상법」 제642조(증권의 재교부청구)
④ 「상법」 제640조(보험증권의 교부) 제1항

4 보험설계사가 가진 상법상 권한으로 옳은 것은?

① 보험계약자로부터 고지에 관한 의사표시를 수령할 수 있는 권한

② 보험계약자에게 영수증을 교부하지 않고 보험료를 수령할 수 있는 권한

③ 보험자가 작성한 보험증권을 보험계약자에게 교부할 수 있는 권한

④ 보험계약자로부터 통지에 관한 의사표시를 수령할 수 있는 권한

TIP ✏ ③ 「상법」 제640조(보험증권의 교부) 제1항
①②④ 보험대리상의 권한에 해당한다〈상법 제646조의2(보험대리상 등의 권한) 제1항〉.

✎ ANSWER
3.① 4.③

5 상법상 보험료에 관한 설명으로 옳은 것을 모두 고른 것은?

> ○ 보험계약의 당사자가 특별한 위험을 예기하여 보험료의 액을 정한 경우에 보험기간중 그 예기한 위험이 소멸한 때에는 보험계약자는 그 후의 보험료의 감액을 청구할 수 있다.
> ○ 보험계약의 전부 또는 일부가 무효인 경우에 보험계약자와 피보험자가 선의이며 중대한 과실이 없는 때에는 보험자에 대하여 보험료의 전부 또는 일부의 반환을 청구할 수 있다.
> ○ 보험계약자는 계약체결후 지체 없이 보험료의 전부 또는 제1회 보험료를 지급하여야 하며, 이를 지급하지 아니하는 경우에는 보험자는 다른 약정이 없는 한 계약성립후 2월이 경과하면 그 계약을 해제할 수 있다.
> ○ 계속보험료가 약정한 시기에 지급되지 아니한 때에는 보험자는 상당한 기간을 정하여 보험계약자에게 최고하고 그 기간내에 지급되지 아니한 때에는 그 계약은 해지된 것으로 본다.

① ㉠㉡
② ㉠㉢
③ ㉡㉣
④ ㉢㉣

TIP ㉠ 「상법」 제647조(특별위험의 소멸로 인한 보험료의 감액청구)
㉡ 「상법」 제648조(보험계약의 무효로 인한 보험료반환청구)
㉢ 보험계약자는 계약체결후 지체없이 보험료의 전부 또는 제1회 보험료를 지급하여야 하며, 보험계약자가 이를 지급하지 아니하는 경우에는 다른 약정이 없는 한 계약성립후 2월이 경과하면 그 계약은 해제된 것으로 본다〈상법 제650조(보험료의 지급과 지체의 효과) 제1항〉.
㉣ 계속보험료가 약정한 시기에 지급되지 아니한 때에는 보험자는 상당한 기간을 정하여 보험계약자에게 최고하고 그 기간내에 지급되지 아니한 때에는 그 계약을 해지할 수 있다〈상법 제650조(보험료의 지급과 지체의 효과) 제2항〉.

6 甲이 乙소유의 농장에 대해 乙의 허락 없이 乙을 피보험자로 하여 A보험회사와 화재보험계약을 체결한 경우, 그 법률관계에 관한 설명으로 옳지 않은 것은?

① 보험계약 체결시 A보험회사가 서면으로 질문한 사항은 중요한 사항으로 추정한다.

② 보험사고가 발생하기 전에는 甲은 언제든지 계약의 전부 또는 일부를 해지할 수 있다.

③ 甲이 乙의 위임이 없음을 A보험회사에게 고지하지 않은 때에는 乙이 그 보험계약이 체결된 사실을 알지 못하였다는 사유로 A보험회사에게 대항하지 못한다.

④ 보험계약 당시에 甲또는 乙이 고의 또는 중대한 과실로 인하여 중요한 사항을 고지하지 아니하거나 부실의 고지를 한 때에는 A보험회사는 그 사실을 안 날로부터 1월내에, 계약을 체결한 날로부터 3년내에 한하여 계약을 해지할 수 있다.

TIP ② 보험사고가 발생하기 전에는 보험계약자는 언제든지 계약의 전부 또는 일부를 해지할 수 있다. 그러나 제639조 (타인을 위한 보험)의 보험계약의 경우에는 보험계약자는 그 타인의 동의를 얻지 아니하거나 보험증권을 소지하지 아니하면 그 계약을 해지하지 못한다〈상법 제649조(사고발생전의 임의해지) 제1항〉
① 「상법」 제651조의2(서면에 의한 질문의 효력)
③ 「상법」 제639조(타인을 위한 보험) 제1항
④ 「상법」 제651조(고지의무위반으로 인한 계약해지)

7 상법상 보험사고에 관한 설명으로 옳지 않은 것은?

① 보험계약 당시에 보험사고가 이미 발생하였거나 또는 발생할 수 없는 것인 때에는 그 계약은 무효로 한다.

② 보험계약 당시에 보험사고가 발생할 수 없는 것이었지만 당사자 쌍방과 피보험자가 이를 알지 못한 때에는 그 계약은 유효하다.

③ 보험사고의 발생으로 보험자가 보험금액을 지급한 때에도 보험금액이 감액되지 아니하는 보험의 경우에는 보험계약자는 그 사고발생 후에도 보험계약을 해지할 수 있다.

④ 보험사고가 발생하기 전에 보험계약을 해지한 보험계약자는 미경과보험료의 반환을 청구할 수 없다.

TIP ④ 「상법」 제649조(사고발생전의 임의해지) 제1항에 따라 보험사고가 발생하기 전에는 보험계약자는 언제든지 계약의 전부 또는 일부를 해지할 수 있다. 제649조(사고발생전의 임의해지) 제3항에 따라 보험계약자는 당사자간에 다른 약정이 없으면 미경과보험료의 반환을 청구할 수 있다.
①② 「상법」 644조(보험사고의 객관적 확정의 효과)
③ 「상법」 제649조(사고발생전의 임의해지) 제2항

8 상법상 보험대리상의 권한을 모두 고른 것은?

> ㉠ 보험료수령권한
> ㉡ 고지수령권한
> ㉢ 보험계약의 해지권한
> ㉣ 보험금수령권한

① ㉠㉡㉢ ② ㉠㉡㉣
③ ㉠㉢㉣ ④ ㉡㉢㉣

> **TIP** 🖉 보험대리상의 권한〈상법 제646조의2 제1항〉
> 1. 보험계약자로부터 보험료를 수령할 수 있는 권한
> 2. 보험자가 작성한 보험증권을 보험계약자에게 교부할 수 있는 권한
> 3. 보험계약자로부터 청약, 고지, 통지, 해지, 취소 등 보험계약에 관한 의사표시를 수령할 수 있는 권한
> 4. 보험계약자에게 보험계약의 체결, 변경, 해지 등 보험계약에 관한 의사표시를 할 수 있는 권한

9 보험기간 중에 보험사고의 발생 위험이 현저하게 변경 또는 증가된 경우의 법률관계에 관한 설명으로 옳은 것은?

① 보험수익자의 고의로 인하여 사고 발생의 위험이 현저하게 증가된 때에는 보험자는 그 사실을 안 날로부터 1월내에 보험계약을 해지할 수 있을 뿐이고, 보험료의 증액을 청구할 수는 없다.

② 보험계약자가 지체없이 위험변경증가의 통지를 한 때에는 보험자는 1월내에 보험료 증액을 청구할 수 있을 뿐이고 보험계약을 해지할 수는 없다.

③ 보험계약자가 위험변경증가의 통지를 해태한 때에는 보험자는 그 사실을 안 날로부터 1월내에 한하여 계약을 해지할 수 있다.

④ 타인을 위한 손해보험의 타인이 사고발생 위험이 현저하게 변경 또는 증가된 사실을 알게된 경우 이를 보험자에게 통지할 의무는 없다.

> **TIP** 🖉 ③ 「상법」 제652조(위험변경증가의 통지와 계약해지) 제1항
> ① 보험기간중에 보험계약자, 피보험자 또는 보험수익자의 고의 또는 중대한 과실로 인하여 사고발생의 위험이 현저하게 변경 또는 증가된 때에는 보험자는 그 사실을 안 날로부터 1월내에 보험료의 증액을 청구하거나 계약을 해지할 수 있다〈상법 제653조(보험계약자 등의 고의나 중과실로 인한 위험증가와 계약해지)〉
> ② 보험자가 제1항의 위험변경증가의 통지를 받은 때에는 1월내에 보험료의 증액을 청구하거나 계약을 해지할 수 있다〈상법 제652조(위험변경증가의 통지와 계약해지) 제2항〉
> ④ 보험기간 중에 보험계약자 또는 피보험자가 사고발생의 위험이 현저하게 변경 또는 증가된 사실을 안 때에는 지체없이 보험자에게 통지하여야 한다〈상법 제652조(위험변경증가의 통지와 계약해지) 제1항〉

🖋 ANSWER
8.① 9.③

10 보험사고가 발생한 경우 그 법률관계에 관한 설명으로 옳지 않은 것은?

① 보험수익자가 보험사고의 발생을 안 때에는 지체없이 보험자에게 그 통지를 발송하여야 한다.

② 보험계약자가 보험사고의 발생을 알았음에도 지체없이 보험자에게 그 통지를 발송하지 않은 경우 보험자는 계약을 해지할 수 있다.

③ 보험계약 당사자간에 다른 약정이 없으면 최초보험료를 보험자가 지급받은 때로부터 보험자의 책임이 개시된다.

④ 위험이 현저하게 변경 또는 증가된 사실이 보험사고 발생에 영향을 미친 경우, 보험자가 위험변경증가의 통지를 못 받았음을 이유로 유효하게 계약을 해지하면 보험금을 지급할 책임이 없다.

TIP ② 보험계약자 또는 피보험자나 보험수익자가 제1항의 통지의무를 해태함으로 인하여 손해가 증가된 때에는 보험자는 그 증가된 손해를 보상할 책임이 없다〈상법 제657조(보험사고발생의 통지의무) 제2항〉.
① 「상법」 제657조(보험사고발생의 통지의무) 제1항
③ 「상법」 제656조(보험료의 지급과 보험자의 책임개시)
③ 「상법」 제655조(계약해지와 보험금청구권)

11 보험자의 보험금액의 지급에 관한 설명으로 옳지 않은 것은?

① 보험수익자의 중과실로 인하여 보험사고가 생긴 때에는 보험자는 보험금액을 지급할 책임이 없다.

② 보험계약자의 고의로 보험사고가 생긴 때에는 보험자는 보험금액을 지급할 책임이 없다.

③ 보험금액의 지급에 관하여 약정기간이 없는 경우에는 보험자는 보험사고 발생의 통지를 받은 후 지체없이 지급할 보험금액을 정해야 한다.

④ 보험자가 파산선고를 받았으나 보험계약자가 계약을 해지하지 않은 채 3월이 경과한 후에 보험사고가 발생하여도 보험자는 보험금액 지급 책임이 있다.

TIP ④ 보험자가 파산의 선고를 받은 때에는 보험계약자는 계약을 해지할 수 있다. 규정에 의하여 해지하지 아니한 보험계약은 파산선고 후 3월을 경과한 때에는 그 효력을 잃는다〈상법 제654조(보험자의 파산선고와 계약해지) 제1항, 제2항〉.
①② 「상법」 제653조(보험계약자 등의 고의나 중과실로 인한 위험증가와 계약해지)
③ 「상법」 제658조(보험금액의 지급)

ANSWER
10.② 11.④

12 甲은 자기 소유의 건물에 대해 A보험회사와 화재보험계약을 체결하였고, A보험회사는 이 화재보험계약으로 인하여 부담할 책임에 대하여 B보험회사와 재보험계약을 체결한 경우 그 법률관계에 관한 설명으로 옳은 것은?

① 화재보험계약의 보험기간 개시 전에 화재가 발생한 경우 B보험회사는 A보험회사에게 보험금 지급 의무가 없다.

② 甲의 고의로 화재보험계약의 보험기간 중에 화재가 발생한 경우 B보험회사는 A보험회사에게 보험 금 지급의무가 있다.

③ A보험회사의 B보험회사에 대한 보험금청구권은 1년간 행사하지 아니하면 시효의 완성으로 소멸한다.

④ B보험회사의 A보험회사에 대한 보험료청구권은 6개월간 행사하지 아니하면 시효의 완성으로 소멸 한다.

TIP ① 보험계약은 당사자 일방이 약정한 보험료를 지급하고 재산 또는 생명이나 신체에 불확정한 사고가 발생할 경우 에 상대방이 일정한 보험금이나 그 밖의 급여를 지급할 것을 약정함으로써 효력이 생긴다〈상법 제638조(보험계 약의 의의)〉.
② 보험자가 보험계약자로부터 보험계약의 청약과 함께 보험료 상당액의 전부 또는 일부를 받은 경우에 그 청약을 승낙하기 전에 보험계약에서 정한 보험사고가 생긴 때에는 그 청약을 거절할 사유가 없는 한 보험자는 보험계약 상의 책임을 진다〈상법 제638조의2(보험계약의 성립) 제3항〉.
③④ 보험금청구권은 3년간, 보험료 또는 적립금의 반환청구권은 3년간, 보험료청구권은 2년간 행사하지 아니하면 시효의 완성으로 소멸한다〈상법 제662조(소멸시효)〉.

13 가계보험의 약관조항 중 상법상 불이익변경금지원칙에 위반되지 않는 것은?

① 보험계약자가 계약 체결시 과실없이 중요한 사항을 불고지한 경우에도 보험자의 해지권을 인정한 약관조항

② 보험료청구권의 소멸시효기간을 단축하는 약관조항

③ 보험수익자가 보험계약 체결시 고지의무를 부담하도록 하는 약관조항

④ 보험사고 발생 전이지만 일정한 기간 동안 보험계약자의 계약 해지를 금지하는 약관조항

TIP ①③ 보험계약당시에 보험계약자 또는 피보험자가 고의 또는 중대한 과실로 인하여 중요한 사항을 고지하지 아니하 거나 부실의 고지를 한 때에는 보험자는 그 사실을 안 날로부터 1월내에, 계약을 체결한 날로부터 3년내에 한하 여 계약을 해지할 수 있다〈상법 제651조(고지의무위반으로 인한 계약해지)〉.
④ 보험사고가 발생하기 전에는 보험계약자는 언제든지 계약의 전부 또는 일부를 해지할 수 있다〈상법 제649조(사 고발생전의 임의해지) 제1항〉.

✎ ANSWER
12.① 13.②

14 상법상 손해보험증권에 기재해야 할 사항으로 옳지 않은 것은?

① 피보험자의 주민등록번호
② 보험기간을 정한 경우 그 시기와 종기
③ 보험료와 그 지급방법
④ 무효와 실권의 사유

TIP ✏ 손해보험증권〈상법 제666조〉… 손해보험증권에는 다음의 사항을 기재하고 보험자가 기명날인 또는 서명하여야 한다.
　　1. 보험의 목적
　　2. 보험사고의 성질
　　3. 보험금액
　　4. 보험료와 그 지급방법
　　5. 보험기간을 정한 때에는 그 시기와 종기
　　6. 무효와 실권의 사유
　　7. 보험계약자의 주소와 성명 또는 상호
　　7의2. 피보험자의 주소, 성명 또는 상호
　　8. 보험계약의 연월일
　　9. 보험증권의 작성지와 그 작성년월일

15 상법상 물건보험의 보험가액에 관한 설명으로 옳지 않은 것은?

① 보험가액과 보험금액은 일치하지 않을 수 있다.
② 보험계약 당사자간에 보험가액을 정하지 아니한 때에는 사고발생시의 가액을 보험가액으로 한다.
③ 보험계약의 당사자간에 보험가액을 정한 경우 그 가액이 사고발생시의 가액을 현저하게 초과할 경우 보험계약은 무효이다.
④ 보험계약의 당사자간에 보험가액을 정한 경우 그 가액은 사고발생시의 가액으로 정한 것으로 추정한다.

TIP ✏ ③ 보험가액이 사고발생시의 가액을 현저하게 초과할 때에는 사고발생시의 가액을 보험가액으로 한다〈상법 제670조 (기평가보험)〉.
　　① 보험목적물의 실제 가치인 보험가액과 보험계약자가 설정한 보장 금액인 보험금액은 차이가 있을 수 있다. 보험 금액이 보험가액보다 낮은 경우는 일부보험이고, 보험금액이 보험가액보다 높은 경우는 초과보험에 해당한다.
　　② 「상법」 제671조(미평가보험)
　　④ 「상법」 제670조(기평가보험)

✎ ANSWER
14.① 15.③

16 상법상 초과보험에 관한 설명으로 옳은 것을 모두 고른 것은?

> ㉠ 보험계약자의 사기에 의하여 보험금액이 보험가액을 현저하게 초과하는 보험계약이 체결된 경우 보험기간 중에 보험사고가 발생하면 보험자는 보험가액의 한도 내에서 보험금 지급의무가 있다.
> ㉡ 보험계약 체결 이후 보험기간 중에 보험가액이 보험금액에 비해 현저하게 감소된 때에는 보험자 또는 보험계약자는 보험료와 보험금액의 감액을 청구할 수 있다.
> ㉢ 보험계약 체결 이후 보험기간 중에 보험가액이 보험금액에 비해 현저하게 감소된 때에는 보험자 또는 보험계약자는 보험계약을 취소할 수 있다.
> ㉣ 보험계약자의 사기에 의하여 보험금액이 보험가액을 현저하게 초과하는 계약이 체결된 경우 보험자는 그 사실을 안 때까지의 보험료를 청구할 수 있다.

① ㉠㉢
② ㉠㉣
③ ㉡㉢
④ ㉡㉣

TIP 초과보험〈상법 제669조〉
① 보험금액이 보험계약의 목적의 가액을 현저하게 초과한 때에는 보험자 또는 보험계약자는 보험료와 보험금액의 감액을 청구할 수 있다. 그러나 보험료의 감액은 장래에 대하여서만 그 효력이 있다.
② 제1항의 가액은 계약당시의 가액에 의하여 정한다.
③ 보험가액이 보험기간 중에 현저하게 감소된 때에도 제1항과 같다.
④ 제1항의 경우에 계약이 보험계약자의 사기로 인하여 체결된 때에는 그 계약은 무효로 한다. 그러나 보험자는 그 사실을 안 때까지의 보험료를 청구할 수 있다.

17 甲이 가액이 10억 원인 자기 소유의 재산에 대해 A, B보험회사와 보험기간이 동일하고, 보험금액 10억원인 화재보험계약을 순차적으로 각각 체결한 경우 그 법률관계에 관한 설명으로 옳지 않은 것은? (甲의 사기는 없었음)

① 만약 甲이 사기에 의하여 두 개의 화재보험계약을 체결하였다면 보험계약은 무효이다.
② 보험기간 중 화재가 발생하여 甲의 재산이 전소되어 10억원의 손해를 입은 경우 甲은 A, B보험회사에게 각각 5억 원까지 보험금청구권을 행사할 수 있다.
③ 甲은 B보험회사와 화재보험계약을 체결할 때 A보험회사와의 화재보험계약의 내용을 통지할 의무가 있다.
④ 甲이 A보험회사에 대한 권리를 포기하더라도 B보험회사의 권리의무에 영향을 미치지 않는다.

TIP 중복보험〈상법 제672조〉
① 동일한 보험계약의 목적과 동일한 사고에 관하여 수개의 보험계약이 동시에 또는 순차로 체결된 경우에 그 보험금액의 총액이 보험가액을 초과한 때에는 보험자는 각자의 보험금액의 한도에서 연대책임을 진다. 이 경우에는 각 보험자의 보상책임은 각자의 보험금액의 비율에 따른다.
② 동일한 보험계약의 목적과 동일한 사고에 관하여 수개의 보험계약을 체결하는 경우에는 보험계약자는 각 보험자에 대하여 각 보험계약의 내용을 통지하여야 한다.
③ 제669조 제4항(계약이 보험계약자의 사기로 인하여 체결된 때에는 그 계약은 무효로 한다. 그러나 보험자는 그 사실을 안 때까지의 보험료를 청구할 수 있다)의 규정은 제1항의 보험계약에 준용한다.

✎ ANSWER
16.④ 17.②

18 손해보험의 목적에 관한 설명으로 옳은 것은?

① 피보험자가 보험의 목적을 양도한 때에는 양수인은 보험계약상의 권리와 의무를 승계한 것으로 본다.

② 금전으로 산정할 수 있는 이익에 한하여 보험의 목적으로 할 수 있다.

③ 보험의 목적에 관하여 보험자가 부담할 손해가 생긴 경우에는 그 후 그 목적이 보험자가 부담하지 아니하는 보험사고의 발생으로 인하여 멸실된 때에도 보험자는 이미 생긴 손해를 보상할 책임을 면하지 못한다.

④ 보험의 목적의 성질, 하자 또는 자연소모로 인한 손해는 보험자가 이를 보상할 책임이 있다.

TIP ✏️ ③ 「상법」 제675조(사고발생 후의 목적멸실과 보상책임)
　　① 피보험자가 보험의 목적을 양도한 때에는 양수인은 보험계약상의 권리와 의무를 승계한 것으로 추정한다〈상법 제679조(보험목적의 양도)〉.
　　② 보험계약은 금전으로 산정할 수 있는 이익에 한하여 보험계약의 목적으로 할 수 있다〈상법 제668조(보험계약의 목적)〉.
　　④ 손해보험계약의 보험자는 보험사고로 인하여 생길 피보험자의 재산상의 손해를 보상할 책임이 있다〈상법 제665조(손해보험자의 책임)〉.

19 손해보험에서 손해액의 산정에 관한 설명으로 옳은 것은?

① 보험자가 보상할 손해액은 보험계약을 체결한 때와 곳의 가액에 의하여 산정한다.

② 보험사고로 인하여 상실된 피보험자가 얻을 이익이나 보수는 보험자가 보상할 손해액에 산입하여야 한다.

③ 손해액의 산정에 관한 비용은 보험계약자의 부담으로 한다.

④ 당사자간에 다른 약정이 있는 때에는 그 신품가액에 의하여 손해액을 산정할 수 있다.

TIP ✏️ ④ 「상법」 제676조(손해액의 산정기준) 제1항
　　① 보험자가 보상할 손해액은 그 손해가 발생한 때와 곳의 가액에 의하여 산정한다〈상법 제676조(손해액의 산정기준) 제1항〉.
　　② 보험사고로 인하여 상실된 피보험자가 얻을 이익이나 보수는 당사자간에 다른 약정이 없으면 보험자가 보상할 손해액에 산입하지 아니한다〈상법 제667조(상실이익 등의 불산입)〉.
　　③ 손해액의 산정에 관한 비용은 보험자의 부담으로 한다〈상법 제676조(손해액의 산정기준) 제2항〉.

✎ ANSWER
18.③ 19.④

20 보험자가 손해를 보상할 때에 보험료의 지급을 받지 아니한 잔액이 있는 경우에 관한 설명으로 옳은 것은?

① 보험자는 보험료의 지급을 받지 아니한 잔액이 있으면 보험계약을 즉시 해지할 수 있다.

② 보험자는 지급기일이 도래하였으나 지급받지 않은 보험료 잔액을 보상할 금액에서 공제하여야 한다.

③ 보험자는 지급받지 않은 보험료 잔액이 있으면 그 지급기일이 도래하지 아니한 때라도 보상할 금액에서 이를 공제할 수 있다.

④ 보험자는 지급기일이 도래한 보험료 잔액의 지급이 있을 때까지 그 손해보상을 전부 거절할 수 있다.

TIP ③ 「상법」제677조(보험료체납과 보상액의 공제)
①④ 보험자가 보험계약자로부터 보험계약의 청약과 함께 보험료 상당액의 전부 또는 일부를 받은 경우에 그 청약을 승낙하기 전에 보험계약에서 정한 보험사고가 생긴 때에는 그 청약을 거절할 사유가 없는 한 보험자는 보험계약상의 책임을 진다〈상법 제638조의2(보험계약의 성립) 제3항〉.
② 보험자가 손해를 보상할 경우에 보험료의 지급을 받지 아니한 잔액이 있으면 그 지급기일이 도래하지 아니한 때라도 보상할 금액에서 이를 공제할 수 있다〈상법 제677조(보험료체납과 보상액의 공제)〉.

21 상법상 손해방지의무에 관한 설명으로 옳은 것은? (다툼이 있으면 판례에 따름)

① 손해방지의무는 보험계약자는 부담하지 않고 피보험자만 부담하는 의무이다.

② 손해방지의무의 이행을 위하여 필요 또는 유익하였던 비용과 보상액이 보험금액을 초과한 경우라도 보험자가 이를 부담한다.

③ 손해방지의무는 보험사고가 발생하기 이전에 부담하는 의무이다.

④ 손해방지의무의 이행을 위하여 필요 또는 유익하였던 비용은 실제로 손해의 방지와 경감에 유효하게 영향을 준 경우에만 보험자가 이를 부담한다.

TIP 손해방지의무〈상법 제680조 제1항〉 … 보험계약자와 피보험자는 손해의 방지와 경감을 위하여 노력하여야 한다. 그러나 이를 위하여 필요 또는 유익하였던 비용과 보상액이 보험금액을 초과한 경우라도 보험자가 이를 부담한다.

✎ ANSWER
20.③ 21.②

22 보험목적에 관한 보험대위(잔존물대위)의 설명으로 옳지 않은 것은?

① 보험의 목적의 전부가 멸실한 경우에 보험대위가 인정된다.

② 피보험자가 보험자로부터 보험금액의 전부를 지급받은 후에는 잔존물을 임의로 처분할 수 없다.

③ 일부보험의 경우에는 잔존물대위가 인정되지 않는다.

④ 보험자가 보험금액의 전부를 지급한 때 잔존물에 대한 권리는 물권변동절차 없이 보험자에게 이전된다.

> **TIP** 🖊 ④ 손해가 제3자의 행위로 인하여 발생한 경우에 보험금을 지급한 보험자는 그 지급한 금액의 한도에서 그 제3자에 대한 보험계약자 또는 피보험자의 권리를 취득한다. 다만, 보험자가 보상할 보험금의 일부를 지급한 경우에는 피보험자의 권리를 침해하지 아니하는 범위에서 그 권리를 행사할 수 있다〈상법 제682조(제3자에 대한 보험대위) 제1항〉.
> ※ 보험목적에 관한 보험대위〈상법 제681조〉… 보험의 목적의 전부가 멸실한 경우에 보험금액의 전부를 지급한 보험자는 그 목적에 대한 피보험자의 권리를 취득한다. 그러나 보험가액의 일부를 보험에 붙인 경우에는 보험자가 취득할 권리는 보험금액의 보험가액에 대한 비율에 따라 이를 정한다.

23 화재보험자가 보상할 손해에 관한 설명으로 옳은 것을 모두 고른 것은?

ⓐ 화재가 발생한 건물의 철거비와 폐기물처리비
ⓑ 화재의 소방 또는 손해의 감소에 필요한 조치로 인하여 생긴 손해
ⓒ 화재로 인하여 다른 곳에 옮겨놓은 물건의 도난으로 인한 손해

---

① ㉠㉡

② ㉠㉢

③ ㉡㉢

④ ㉠㉡㉢

> **TIP** 🖊 ㉠ 화재로 인해서 발생한 직접적인 손해는 보상을 받을 수 있다.
> ㉡ 「상법」 제684조(소방 등의 조치로 인한 손해의 보상)
> ㉢ 화재 발생시 생긴 도난이나 분실로 생긴 손해는 보상을 받을 수 없다.

✎ ANSWER
22.③ 23.①

442 PART.04 최근 기출문제

24 화재보험에 관한 설명으로 옳지 않은 것은?

① 건물을 보험의 목적으로 한 때에는 그 소재지, 구조와 용도를 화재보험증권에 기재하여야 한다.

② 동산을 보험의 목적으로 한 때에는 그 존치한 장소의 상태와 용도를 화재보험증권에 기재하여야 한다.

③ 동일한 건물에 대하여 소유권자와 저당권자는 각각 다른 피보험이익을 가지므로, 각자는 독립한 화재보험계약을 체결할 수 있다.

④ 건물을 보험의 목적으로 한 때 그 보험가액의 일부를 보험에 붙인 경우, 당사자간에 다른 약정이 없다면 보험자는 보험금액의 한도내에서 그 손해를 보상할 책임을 진다.

> **TIP** ④ 보험가액의 일부를 보험에 붙인 경우에는 보험자는 보험금액의 보험가액에 대한 비율에 따라 보상할 책임을 진다. 그러나 당사자간에 다른 약정이 있는 때에는 보험자는 보험금액의 한도내에서 그 손해를 보상할 책임을 진다〈상법 제674조(일부보험)〉.
>
> ※ **화재보험증권**〈상법 제685조〉
> 화재보험증권에는 제666조에 게기한 사항외에 다음의 사항을 기재하여야 한다.
> 1. 건물을 보험의 목적으로 한 때에는 그 소재지, 구조와 용도
> 2. 동산을 보험의 목적으로 한 때에는 그 존치한 장소의 상태와 용도
> 3. 보험가액을 정한 때에는 그 가액

25 집합보험에 관한 설명으로 옳지 않은 것은?

① 집합보험은 집합된 물건을 일괄하여 보험의 목적으로 한다.

② 보험의 목적에 속한 물건이 보험기간 중에 수시로 교체된 경우에도 보험계약의 체결시에 현존한 물건은 보험의 목적에 포함된 것으로 한다.

③ 피보험자의 가족과 사용인의 물건도 보험의 목적에 포함된 것으로 한다.

④ 보험의 목적에 피보험자의 가족의 물건이 포함된 경우, 그 보험은 피보험자의 가족을 위하여서도 체결한 것으로 본다.

> **TIP** ② 집합된 물건을 일괄하여 보험의 목적으로 한 때에는 그 목적에 속한 물건이 보험기간 중에 수시로 교체된 경우에도 보험사고의 발생 시에 현존한 물건은 보험의 목적에 포함된 것으로 한다〈상법 제687조(동전)〉.
>
> ※ **집합보험의 목적**〈상법 제686조〉 … 집합된 물건을 일괄하여 보험의 목적으로 한 때에는 피보험자의 가족과 사용인의 물건도 보험의 목적에 포함된 것으로 한다. 이 경우에는 그 보험은 그 가족 또는 사용인을 위하여서도 체결한 것으로 본다.

✎ ANSWER
24.④ 25.②

26 농어업재해보험법령상 농업재해보험심의회(이하 '심의회')에 관한 설명으로 옳지 않은 것은?

① 심의회의 위원장은 농림축산식품부차관으로 하고, 부위원장은 위원 중에서 농림축산식품부차관이 지명한다.

② 심의회의 회의는 재적위원 과반수의 출석으로 개의(開議)하고, 출석위원 과반수의 찬성으로 의결한다.

③ 심의회는 위원장 및 부위원장 각 1명을 포함한 21명 이내의 위원으로 구성한다.

④ 심의회의 회의는 재적위원 3분의 1 이상의 요구가 있을 때 또는 위원장이 필요하다고 인정할 때에 소집한다.

> **TIP** ① 심의회의 위원장은 농림축산식품부차관으로 하고, 부위원장은 위원 중에서 호선(互選)한다〈농어업재해보험법 제3조(농업재해보험심의회) 제3항〉
> ②④ 「농어업재해보험법 시행령」 제3조(회의)
> ③ 「농어업재해보험법」 제3조(농업재해보험심의회) 제2항

27 농어업재해보험법령상 재해보험의 종류 등에 관한 설명으로 옳지 않은 것은?

① 재해보험의 종류는 농작물재해보험, 임산물재해보험, 가축재해보험 및 양식수산물재해보험으로 한다.

② 가축재해보험의 보험목적물은 가축 및 축산시설물이다.

③ 양식수산물재해보험과 관련된 사항은 농림축산식품부장관이 관장한다.

④ 정부는 보험목적물의 범위를 확대하기 위하여 노력하여야 한다.

> **TIP** ③ 양식수산물재해보험은 자연재해, 화재 및 보험목적물별로 해양수산부장관이 정하여 고시하는 수산질병〈농어업재해보험법 시행령 [별표 1 재해보험에서 보상하는 재해의 범위]〉
> ① 「농어업재해보험법 시행령」 [별표 1 재해보험에서 보상하는 재해의 범위]
> ② 「농업재해보험에서 보상하는 보험목적물의 범위」 제1조(보험목적물)
> ④ 「농어업재해보험법」 제5조(보험목적물) 제2항

✎ ANSWER
26.① 27.③

28 농어업재해보험법령상 재해보험사업을 할 수 있는 자를 모두 고른 것은?

> ㉠ 「수산업협동조합법」에 따른 수산업협동조합중앙회
> ㉡ 「산림조합법」에 따른 산림조합중앙회
> ㉢ 「보험업법」에 따른 보험회사
> ㉣ 「새마을금고법」에 따른 새마을금고중앙회

① ㉠㉣

② ㉠㉡㉢

③ ㉡㉢㉣

④ ㉠㉡㉢㉣

TIP 📝 재해보험사업을 할 수 있는 자〈농어업재해보험법 제8조(보험사업자) 제1항〉
 1. 「수산업협동조합법」에 따른 수산업협동조합중앙회
 2. 「산림조합법」에 따른 산림조합중앙회
 3. 「보험업법」에 따른 보험회사

29 농어업재해보험법령상 손해평가사의 정기교육에 관한 설명이다. (   )에 들어갈 숫자로 옳은 것은?

> • 농림축산식품부장관 또는 해양수산부장관은 손해평가인이 공정하고 객관적인 손해평가를 수행할 수 있도록 연 (㉠)회 이상 정기교육을 실시하여야 한다.
> • 정기교육의 교육시간은 (㉡)시간 이상으로 한다.

① ㉠ 1, ㉡ 4

② ㉠ 1, ㉡ 5

③ ㉠ 2, ㉡ 4

④ ㉠ 2, ㉡ 6

TIP 📝 ㉠ 손해평가인이 공정하고 객관적인 손해평가를 수행할 수 있도록 연 ㉠1회 이상 정기교육을 실시하여야 한다〈농어업재해보험법 제11조(손해평가 등) 제5항〉.
 ㉡ 정기교육의 교육시간은 ㉡4시간 이상으로 한다〈농어업재해보험법 시행령 제12조(손해평가인의 자격요건 등) 제3항〉.

30 농어업재해보험법령상 손해평가사의 자격 취소 사유에 해당하는 위반 행위를 한 경우, 1회 위반 시에는 자격 취소를 하지 않고 시정명령을 하는 경우는?

① 손해평가사의 자격을 거짓 또는 부정한 방법으로 취득한 경우
② 거짓으로 손해평가를 한 경우
③ 다른 사람에게 손해평가사의 명의를 사용하게 하거나 그 자격증을 대여한 경우
④ 업무정지 기간 중에 손해평가 업무를 수행한 경우

TIP
② 1회 위반시 시정명령, 2회 이상 위반시 자격 취소〈농어업재해보험법 시행령 [별표 2의3 손해평가사 자격 취소 처분의 세부기준]〉
①③④ 1회 위반시 자격 취소〈농어업재해보험법 시행령 [별표 2의3 손해평가사 자격 취소 처분의 세부기준]〉

31 농어업재해보험법령상 보험금 수급권 등에 관한 설명으로 옳지 않은 것은?

① 재해보험의 보험목적물이 담보로 제공된 경우 보험금을 지급받을 권리는 압류할 수 없다.
② 재해보험사업자는 정보통신장애로 보험금을 보험금수급계좌로 이체할 수 없을 때에는 현금 지급 등 대통령령으로 정하는 바에 따라 보험금을 지급할 수 있다.
③ 보험금수급전용계좌의 해당 금융기관은 「농어업재해보험법」에 따른 보험금만이 보험금수급전용계좌에 입금되도록 관리하여야 한다.
④ 재해보험가입자가 재해보험에 가입된 보험목적물을 양도하는 경우 그 양수인은 재해보험계약에 관한 양도인의 권리 및 의무를 승계한 것으로 추정한다.

TIP
① 재해보험의 보험금을 지급받을 권리는 압류할 수 없다. 다만, 보험목적물이 담보로 제공된 경우에는 그러하지 아니하다〈농어업재해보험법 제12조(수급권의 보호) 제1항〉
②③ 「농어업재해보험법」 제11조의7(보험금수급전용계좌)
④ 「농어업재해보험법」 제13조(보험목적물의 양도에 따른 권리 및 의무의 승계)
※ 보험금수급전용계좌〈농어업재해보험법 제11조의7〉
① 재해보험사업자는 수급권자의 신청이 있는 경우에는 보험금을 수급권자 명의의 지정된 계좌(보험금수급전용계좌)로 입금하여야 한다. 다만, 정보통신장애나 그 밖에 대통령령으로 정하는 불가피한 사유로 보험금을 보험금수급계좌로 이체할 수 없을 때에는 현금 지급 등 대통령령으로 정하는 바에 따라 보험금을 지급할 수 있다.
② 보험금수급전용계좌의 해당 금융기관은 이 법에 따른 보험금만이 보험금수급전용계좌에 입금되도록 관리하여야 한다.
③ ①에 따른 신청의 방법·절차와 제2항에 따른 보험금수급전용계좌의 관리에 필요한 사항은 대통령령으로 정한다.

✎ ANSWER
30.② 31.①

32 농어업재해보험법령상 재해보험사업자가 재해보험 업무의 일부를 위탁할 수 있는 자에 해당하지 않는 자는?

① 「수산업협동조합법」에 따라 설립된 수산물가공 수산업협동조합
② 「농업협동조합법」에 따라 설립된 품목별·업종별협동조합
③ 「산림조합법」에 따라 설립된 지역산림조합
④ 「보험업법」 제83조 제1항에 따라 보험을 모집할 수 있는 자

TIP 🖉 업무 위탁〈농어업재해보험법 시행령 제13조〉
1. 「농업협동조합법」에 따라 설립된 지역농업협동조합·지역축산업협동조합 및 품목별·업종별협동조합
1의2. 「산림조합법」에 따라 설립된 지역산림조합 및 품목별·업종별산림조합
2. 「수산업협동조합법」에 따라 설립된 지구별 수산업협동조합, 업종별 수산업협동조합, 수산물가공 수산업협동조합 및 수협은행
3. 「보험업법」 제187조에 따라 손해사정을 업으로 하는 자
4. 농어업재해보험 관련 업무를 수행할 목적으로 「민법」 제32조에 따라 농림축산식품부장관 또는 해양수산부장관의 허가를 받아 설립된 비영리법인

33 농어업재해보험법령상 재정지원에 관한 설명으로 옳은 것은?

① 정부는 예산의 범위에서 재해보험가입자가 부담하는 보험료의 전부를 지원할 수 있다.
② 지방자치단체는 정부의 재정지원 외에 예산의 범위에서 재해보험사업자의 재해보험의 운영 및 관리에 필요한 비용 일부를 추가로 지원할 수 있다.
③ 지방자치단체의 장은 정부의 재정지원 외에 보험료의 일부를 추가 지원하려는 경우 재해보험가입현황서와 보험가입자의 기준 등을 확인하여 보험료의 지원금액을 결정·지급한다.
④ 「풍수해·지진재해보험법」에 따른 풍수해·지진재해보험에 가입한 자가 동일한 보험목적물을 대상으로 재해보험에 가입할 경우에는 정부가 재정지원을 할 수 있다.

TIP 🖉 재정지원〈농어업재해보험법 제19조〉
① 정부는 예산의 범위에서 재해보험가입자가 부담하는 보험료의 일부와 재해보험사업자의 재해보험의 운영 및 관리에 필요한 비용의 전부 또는 일부를 지원할 수 있다. 이 경우 지방자치단체는 예산의 범위에서 재해보험가입자가 부담하는 보험료의 일부를 추가로 지원할 수 있다.
② 농림축산식품부장관·해양수산부장관 및 지방자치단체의 장은 ①에 따른 지원 금액을 재해보험사업자에게 지급하여야 한다.
③ 「풍수해·지진재해보험법」에 따른 풍수해·지진재해보험에 가입한 자가 동일한 보험목적물을 대상으로 재해보험에 가입할 경우에는 ①에도 불구하고 정부가 재정지원을 하지 아니한다.
④ ①에 따른 보험료와 운영비의 지원 방법 및 지원 절차 등에 필요한 사항은 대통령령으로 정한다.

✎ ANSWER
32.④ 33.③

34 농어업재해보험법령상 농림축산식품부장관이 농어업재해재보험기금(이하 '기금')의 관리 · 운용에 관한 사무를 농업정책보험금융원에 위탁한 경우 기금의 관리 · 운용에 관한 설명으로 옳지 않은 것은?

① 농림축산식품부장관은 해양수산부장관과 협의하여 농업정책보험금융원의 임원 중에서 기금수입담당임원과 기금지출원인행위담당임원을 임명하여야 한다.

② 기금수입담당임원은 기금수입징수관의 업무를, 기금지출원인행위담당임원은 기금지출관의 업무를 담당한다.

③ 농림축산식품부장관은 해양수산부장관과 협의하여 농업정책보험금융원의 직원 중에서 기금지출원과 기금출납원을 임명하여야 한다.

④ 기금출납원은 기금출납공무원의 업무를 수행한다.

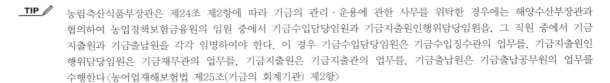

농림축산식품부장관은 제24조 제2항에 따라 기금의 관리 · 운용에 관한 사무를 위탁한 경우에는 해양수산부장관과 협의하여 농업정책보험금융원의 임원 중에서 기금수입담당임원과 기금지출원인행위담당임원을, 그 직원 중에서 기금지출원과 기금출납원을 각각 임명하여야 한다. 이 경우 기금수입담당임원은 기금수입징수관의 업무를, 기금지출원인행위담당임원은 기금재무관의 업무를, 기금지출원은 기금지출관의 업무를, 기금출납원은 기금출납공무원의 업무를 수행한다〈농어업재해보험법 제25조(기금의 회계기관) 제2항〉

35 농어업재해보험법령상 농어업재해보험사업의 관리에 관한 설명으로 옳지 않은 것은?

① 농림축산식품부장관 또는 해양수산부장관은 보험상품의 운영 및 개발에 필요한 통계자료를 수집 · 관리하여야 한다.

② 농림축산식품부장관 및 해양수산부장관은 보험상품의 운영 및 개발에 필요한 통계의 수집 · 관리, 조사 · 연구 등에 관한 업무를 대통령령으로 정하는 자에게 위탁할 수 있다.

③ 재해보험사업자는 농어업재해보험가입 촉진을 위하여 보험가입촉진계획을 3년 단위로 수립하여 농림축산식품부장관 또는 해양수산부장관에게 제출하여야 한다.

④ 농림축산식품부장관이 손해평가사의 자격 취소를 하려면 청문을 하여야 한다.

TIP
③ 재해보험사업자는 법 제28조의2 제1항에 따라 수립한 보험가입촉진계획을 해당 연도 1월 31일까지 농림축산식품부장관 또는 해양수산부장관에게 제출하여야 한다〈농어업재해보험법 시행령 제22조의2(보험가입촉진계획의 제출 등) 제2항〉.
①② 「농어업재해보험법」 제25조의2(농어업재해보험사업의 관리)
④ 「농어업재해보험법」 제29조의2(청문)

✎ ANSWER
34.② 35.③

36 농어업재해보험법령상 재보험사업 및 농어업재해재보험기금(이하 '기금')에 관한 설명으로 옳지 않은 것은?

① 정부는 재해보험에 관한 재보험사업을 할 수 있다.

② 농림축산식품부장관은 해양수산부장관과 협의를 거쳐 재보험사업에 관한 업무의 일부를 농업정책보험금융원에 위탁할 수 있다.

③ 농림축산식품부장관은 해양수산부장관과 협의하여 공동으로 재보험사업에 필요한 재원에 충당하기 위하여 기금을 설치한다.

④ 농림축산식품부장관은 해양수산부장관과 협의하여 기금의 수입과 지출을 명확하게 하기위하여 대통령령으로 정하는 시중 은행에 기금계정을 설치하여야 한다.

TIP 🖉　④ 농림축산식품부장관은 해양수산부장관과 협의하여 법 제21조에 따른 농어업재해재보험기금의 수입과 지출을 명확히 하기 위하여 한국은행에 기금계정을 설치하여야 한다〈농어업재해보험법 시행령 제17조(기금계정의 설치)〉.
　　①② 「농어업재해보험법」 제20조(재보험사업)
　　③ 「농어업재해보험법」 제21조(기금의 설치)

37 농어업재해보험법령상 "재해보험사업자는 재해보험사업의 회계를 다른 회계와 구분하여 회계처리함으로써 손익관계를 명확히 하여야 한다."라는 규정을 위반하여 회계를 처리한 자에 대한 벌칙은?

① 500만원 이하의 과태료

② 500만원 이하의 벌금

③ 1,000만원 이하의 벌금

④ 1년 이하의 징역

TIP 🖉　「농어업재해보험법」 제30조(벌칙) 제3항에 따라 '재해보험사업자는 재해보험사업의 회계를 다른 회계와 구분하여 회계처리함으로써 손익관계를 명확히 하여야 한다.'는 동법 제15조(회계 구분)를 위반하여 회계를 처리한 자는 500만원 이하의 벌금에 처한다.

✎ ANSWER
36.④　37.②

38 농어업재해보험법령상 과태료 부과권자가 금융위원회인 경우는?

① 「보험업법」 제133조에 따른 검사를 거부·방해 또는 기피한 재해보험사업자의 임원에게 과태료를 부과하는 경우

② 「보험업법」 제95조를 위반하여 보험안내를 한 자로서 재해보험사업자가 아닌 자에게 과태료를 부과하는 경우

③ 「보험업법」 제97조 제1항을 위반하여 보험계약의 체결 또는 모집에 관한 금지행위를 한 자에게 과태료를 부과하는 경우

④ 재해보험사업에 관한 업무 처리 상황의 보고 또는 관계 서류 제출을 하지 아니하거나 보고 또는 관계 서류 제출을 거짓으로 한 자에게 과태료를 부과하는 경우

TIP ✎ ① 제18조(「보험업법」 등의 적용) 제1항에서 적용하는 「보험업법」 제131조(금융위원회의 명령권) 제1항·제2항 및 제4항에 따른 명령을 위반한 경우, 제18조 제1항에서 적용하는 「보험업법」 제133조(자료 제출 및 검사 등)에 따른 검사를 거부·방해 또는 기피한 경우에 따른 과태료는 금융위원회가 대통령령으로 정하는 바에 따라 각각 부과·징수한다〈농어업재해보험법 제32조(과태료) 제4항〉.
②③④ 「농어업재해보험법」 제32조(과태료) 제3항에 해당한다. 동 법 제4항에 따라 농림축산식품부장관 또는 해양수산부장관이 부과·징수한다.

39 농어업재해보험법령상 용어의 정의에 따를 때 "보험가입자와 보험사업자 간의 약정에 따라 보험가입자가 보험사업자에게 내야 하는 금액"은?

① 보험금
② 보험료
③ 보험가액
④ 보험가입금액

TIP ✎ ② 보험료란 보험가입자와 보험사업자 간의 약정에 따라 보험가입자가 보험사업자에게 내야 하는 금액을 말한다〈농어업재해보험법 제2조(정의) 제4호〉.

✎ ANSWER
38.① 39.②

40 농업재해보험 손해평가요령상 손해평가인의 손해평가 업무에 관한 설명으로 옳지 않은 것은?

① 손해평가인은 피해사실 확인, 보험료율의 산정 등의 업무를 수행한다.
② 재해보험사업자가 손해평가인을 위촉한 경우에는 그 자격을 표시할 수 있는 손해평가인증을 발급하여야 한다.
③ 재해보험사업자는 손해평가인을 대상으로 농업재해보험에 관한 기초지식, 보험상품 및 약관 등 손해평가에 필요한 실무교육을 실시하여야 한다.
④ 재해보험사업자는 실무교육을 받는 손해평가인에 대하여 소정의 교육비를 지급할 수 있다.

TIP ① 손해평가 시 손해평가인, 손해평가사, 손해사정사는 피해사실 확인, 보험가액 및 손해액 평가, 그 밖에 손해평가에 관하여 필요한 사항의 업무를 수행한다〈농업재해보험 손해평가요령 제3조(손해평가 업무)〉
② 「농업재해보험 손해평가요령」 제4조(손해평가인 위촉) 제2항
③④ 「농업재해보험 손해평가요령」 제5조(손해평가인 실무교육)

41 농업재해보험 손해평가요령상 손해평가인 위촉 취소에 관한 설명이다. (   )에 들어갈 내용으로 옳은 것은?

> 재해보험사업자는 손해평가인이 「농어업재해보험법」 제30조에 의하여 벌금이상의 형을 선고받고 그 집행이 종료되거나 집행이 면제된 날로부터 (㉠)이 경과되지 아니한 자, 위촉이 취소된 후 (㉡)이 경과되지 아니한 자 또는 (㉢) 기간 중에 손해평가업무를 수행한 자에 해당되거나 위촉 당시에 해당하는 자이었음이 판명된 때에는 그 위촉을 취소하여야 한다.

① ㉠ 2년, ㉡ 2년, ㉢ 업무정지
② ㉠ 2년, ㉡ 3년, ㉢ 업무정지
③ ㉠ 3년, ㉡ 2년, ㉢ 자격정지
④ ㉠ 3년, ㉡ 3년, ㉢ 자격정지

TIP ㉠ 「농어업재해보험법」 제30조에 의하여 벌금이상의 형을 선고받고 그 집행이 종료(집행이 종료된 것으로 보는 경우를 포함한다)되거나 집행이 면제된 날로부터 2년이 경과되지 아니한 자에 해당하는 자이었음이 판명된 때에는 그 위촉을 취소하여야 한다〈농업재해보험 손해평가요령 제6조(손해평가인 위촉의 취소 및 해지 등) 제1항〉
㉡ 위촉이 취소된 후 2년이 경과하지 아니한 자에 해당하는 자이었음이 판명된 때에는 그 위촉을 취소하여야 한다〈농업재해보험 손해평가요령 제6조(손해평가인 위촉의 취소 및 해지 등) 제1항〉
㉢ 업무정지 기간 중에 손해평가업무를 수행한 자에 해당하는 자이었음이 판명된 때에는 그 위촉을 취소하여야 한다〈농업재해보험 손해평가요령 제6조(손해평가인 위촉의 취소 및 해지 등) 제1항〉.

ANSWER
40.① 41.①

42 농업재해보험 손해평가요령상 손해평가반에 관한 설명으로 옳지 않은 것은?

① 재해보험사업자는 손해평가를 하는 경우 손해평가반을 구성하고 손해평가반별로 평가일정계획을 수립하여야 한다.

② 손해평가반은 손해평가인, 손해평가사, 손해사정사, 손해평가보조인 중 어느 하나에 해당하는 자로 구성한다.

③ 손해평가반은 5인 이내로 구성한다.

④ 손해평가반이 손해평가를 실시할 때에는 재해보험사업자가 해당 보험가입자의 보험계약사항 중 손해평가와 관련된 사항을 손해평가반에게 통보하여야 한다.

TIP ② 손해평가반은 손해평가인, 손해평가사, 손해사정사 어느 하나에 해당하는 자로 구성하며, 5인 이내로 한다〈농업재해보험 손해평가요령 제8조(손해평가반 구성 등) 제2항〉

①③ 「농업재해보험 손해평가요령」 제8조(손해평가반 구성 등)

④ 「농업재해보험 손해평가요령」 제9조(피해사실 확인) 제2항

43 농어업재해보험법 및 농업재해보험 손해평가요령상 교차손해평가에 관한 설명으로 옳지 않은 것을 모두 고른 것은?

> ㉠ 교차손해평가란 공정하고 객관적인 손해평가를 위하여 재해보험사업자 상호간에 농어업재해로 인한 손해를 교차하여 평가하는 것을 말한다.
> ㉡ 동일 시·군·구(자치구를 말한다) 내에서는 교차손해평가를 수행할 수 없다.
> ㉢ 교차손해평가를 위해 손해평가반을 구성할 때, 거대재해 발생으로 신속한 손해평가가 불가피하다고 판단되는 경우에는 지역손해평가인을 포함하지 않을 수 있다.

① ㉠, ㉡

② ㉠, ㉢

③ ㉡, ㉢

④ ㉠, ㉡, ㉢

TIP ㉠㉡ 재해보험사업자는 공정하고 객관적인 손해평가를 위하여 동일 시·군·구(자치구를 말한다) 내에서 교차손해평가(손해평가인 상호간에 담당지역을 교차하여 평가하는 것을 말한다)를 수행할 수 있다〈농어업재해보험법 제11조(손해평가 등) 제3항〉.

㉢ 「농업재해보험 손해평가요령」 제8조의2(교차손해평가) 제3항

✎ ANSWER
42.② 43.①

44 농업재해보험 손해평가요령상 손해평가결과 검증에 관한 설명으로 옳은 것은?

① 재해보험사업자 이외의 자는 검증조사를 할 수 없다.

② 손해평가반이 실시한 손해평가결과를 확인하기 위하여 검증조사를 할 때 손해평가를 실시한 보험목적물 중에서 일정수를 임의 추출하여 검증조사를 하여서는 아니 된다.

③ 검증조사결과 현저한 차이가 발생되어 재조사가 불가피하다고 판단될 경우에는 해당 손해평가반이 조사한 전체 보험목적물에 대하여 재조사를 할 수 있다.

④ 보험가입자가 정당한 사유없이 검증조사를 거부하는 경우 검증조사반은 검증조사가 불가능하여 손해평가 결과를 확인할 수 없다는 사실을 재해보험사업자에게 통지한 후 검증조사결과를 작성하여 농림축산식품부장관에게 제출하여야 한다.

TIP ✎ ④ 보험가입자가 정당한 사유없이 검증조사를 거부하는 경우 검증조사반은 검증조사가 불가능하여 손해평가 결과를 확인할 수 없다는 사실을 보험가입자에게 통지한 후 검증조사결과를 작성하여 재해보험사업자에게 제출하여야 한다〈농업재해보험 손해평가요령 제11조(손해평가결과 검증) 제4항〉.

※ 손해평가결과 검증〈농업재해보험 손해평가요령 제11조〉
   ① 재해보험사업자 및 법 제25조의2에 따라 농어업재해보험사업의 관리를 위탁받은 기관(사업 관리 위탁 기관)은 손해평가반이 실시한 손해평가결과를 확인하기 위하여 손해평가를 실시한 보험목적물 중에서 일정수를 임의 추출하여 검증조사를 할 수 있다.
   ② 농림축산식품부장관은 재해보험사업자로 하여금 ①의 검증조사를 하게 할 수 있으며, 재해보험사업자는 특별한 사유가 없는 한 이에 응하여야 하고, 그 결과를 농림축산식품부장관에게 제출하여야 한다.
   ③ ① 및 ②에 따른 검증조사결과 현저한 차이가 발생되어 재조사가 불가피하다고 판단될 경우에는 해당 손해평가반이 조사한 전체 보험목적물에 대하여 재조사를 할 수 있다.
   ④ 보험가입자가 정당한 사유없이 검증조사를 거부하는 경우 검증조사반은 검증조사가 불가능하여 손해평가 결과를 확인할 수 없다는 사실을 보험가입자에게 통지한 후 검증조사결과를 작성하여 재해보험사업자에게 제출하여야 한다.
   ⑤ 사업 관리 위탁 기관이 검증조사를 실시한 경우 그 결과를 재해보험사업자에게 통보하고 필요에 따라 결과에 대한 조치를 요구할 수 있으며, 재해보험사업자는 특별한 사유가 없는 한 그에 따른 조치를 실시해야 한다.

✎ ANSWER
44.③

45 농업재해보험 손해평가요령상 보험목적물별 손해평가 단위가 농지인 경우에 관한 설명으로 옳은 것은? (단, 농지는 하나의 보험가입금액에 해당하는 토지임)

① 농작물을 재배하는 하나의 경작지의 필지가 2개 이상인 경우에는 하나의 농지가 될 수 없다.

② 농작물을 재배하는 하나의 경작지가 농로에 의해 구획된 경우 구획된 토지는 각각 하나의 농지로 한다.

③ 농작물을 재배하는 하나의 경작지의 지번이 2개 이상인 경우에는 하나의 농지가 될 수 없다.

④ 경사지에서 보이는 돌담 등으로 구획되어 있는 면적이 극히 작은 것은 동일 작업 단위 등으로 정리하여 하나의 농지에 포함할 수 있다.

TIP ✐ 손해평가 단위〈농업재해보험 손해평가요령 제12조〉
① 보험목적물별 손해평가 단위는 다음 각 호와 같다.
　1. 농작물 : 농지별
　2. 가축 : 개별가축별(단, 벌은 벌통 단위)
　3. 농업시설물 : 보험가입 목적물별
② 제1항 제1호에서 정한 농지라 함은 하나의 보험가입금액에 해당하는 토지로 필지(지번) 등과 관계없이 농작물을 재배하는 하나의 경작지를 말하며, 방풍림, 돌담, 도로(농로 제외) 등에 의해 구획된 것 또는 동일한 울타리, 시설 등에 의해 구획된 것을 하나의 농지로 한다. 다만, 경사지에서 보이는 돌담 등으로 구획되어 있는 면적이 극히 작은 것은 동일 작업 단위 등으로 정리하여 하나의 농지에 포함할 수 있다.

46 농업재해보험 손해평가요령상 농작물의 보험가액 산정에 관한 조문의 일부이다. (㉠)에 들어갈 내용으로 옳은 것은?

> 적과전종합위험방식의 보험가액은 적과후착과수(달린 열매 수)조사를 통해 산정한 (㉠)수확량에 보험가입 당시의 단위당 가입가격을 곱하여 산정한다.

① 평년
② 기준
③ 피해
④ 적용

TIP ✐ 적과전종합위험방식의 보험가액은 적과후착과수(달린 열매 수)조사를 통해 산정한 ㉠기준수확량에 보험가입 당시의 단위당 가입가격을 곱하여 산정한다〈농업재해보험 손해평가요령 제13조(농작물의 보험가액 및 보험금 산정) 제1항 제2호〉.

47 농업재해보험 손해평가요령상 종합위험방식의 과실손해보장 보험금 산정을 위한 피해율 계산식이 "고사결과모지수 ÷ 평년결과모지수"인 농작물은?

① 오디

② 감귤

③ 무화과

④ 복분자

48 농업재해보험 손해평가요령상 농작물의 품목별·재해별·시기별 손해수량 조사방법 중 종합위험방식 상품에 관한 표의 일부이다. (   )에 들어갈 농작물에 해당하지 않는 것은?

② 수확감소보장·과실손해보장 및 농업수입보장

생육시기	재해	조사내용	조사시기	조사방법	비고
수확전	보상하는 재해 전부	경작불능조사	사고접수 후 지체 없이	해당 농지의 피해면적비율 또는 보험목적인 식물체 피해율 조사	( )만 해당

① 벼

② 밀

③ 차(茶)

④ 복분자

✏ ANSWER
47.④ 48.③

49 농업재해보험 손해평가요령상 가축의 보험가액 및 손해액 산정에 관한 설명이다. ( )에 들어갈 내용으로 옳은 것은?

> • 가축에 대한 보험가액은 보험사고가 발생한 때와 곳에서 평가한 보험목적물의 수량에 (㉠)을 곱하여 산정한다.
>
> • 가축에 대한 손해액은 보험사고가 발생한 때와 곳에서 폐사 등 피해를 입은 보험목적물의 수량에 (㉡)을 곱하여 산정한다.

① ㉠ 시장가격, ㉡ 시장가격
② ㉠ 시장가격, ㉡ 적용가격
③ ㉠ 적용가격, ㉡ 시장가격
④ ㉠ 적용가격, ㉡ 적용가격

TIP ㉠ 가축에 대한 보험가액은 보험사고가 발생한 때와 곳에서 평가한 보험목적물의 수량에 <u>적용가격</u>을 곱하여 산정한다〈농업재해보험 손해평가요령 제14조(가축의 보험가액 및 손해액 산정) 제1항〉.
㉡ 가축에 대한 손해액은 보험사고가 발생한 때와 곳에서 폐사 등 피해를 입은 보험목적물의 수량에 <u>적용가격</u>을 곱하여 산정한다〈농업재해보험 손해평가요령 제14조(가축의 보험가액 및 손해액 산정) 제2항〉.

50 농업재해보험 손해평가요령상 농업시설물의 손해액 산정에 관한 설명이다. ( )에 들어갈 내용으로 옳은 것은?

> 보험가입당시 보험가입자와 재해보험사업자가 손해액 산정 방식을 별도로 정한 경우를 제외하고는, 농업시설물에 대한 손해액은 보험사고가 발생한 때와 곳에서 산정한 피해목적물의 ( )을 말한다.

① 감가상각액
② 재조달가액
③ 보험가입금액
④ 원상복구비용

TIP 농업시설물에 대한 손해액은 보험사고가 발생한 때와 곳에서 산정한 피해목적물의 <u>원상복구비용</u>을 말한다〈농업재해보험 손해평가요령 제15조(농업시설물의 보험가액 및 손해액 산정) 제2항〉.

51 작물의 분류에서 공예작물에 해당하는 것을 모두 고른 것은?

㉠ 목화	㉡ 아마
㉢ 모시풀	㉣ 수세미

① ㉠㉣   ② ㉠㉡㉢
③ ㉡㉢㉣   ④ ㉠㉡㉢㉣

TIP 공예작물은 주로 섬유, 염료, 종이, 기름 등 산업적 목적으로 재배되는 작물이다. 섬유작물, 유료작물, 기호작물, 약료작물, 당료작물, 향료작물, 전분작물, 염료작물 등이 있다. ㉠㉡㉢㉣은 공예작물 중에 섬유작물에 해당한다.

52 장기간 재배한 시설 내 토양의 일반적인 특성으로 옳지 않은 것은?

① 강우의 차단으로 염류농도가 높다.
② 노지에 비해 염류집적으로 토양 pH가 낮아진다.
③ 연작장해가 발생하기 쉽다.
④ 답압과 잦은 관수로 토양통기가 불량하다.

TIP ② 염류집적으로 인해 토양 내 양이온(특히 칼슘, 나트륨 등)이 증가하면서 토양의 알칼리성이 증가한다. 염류집적이 발생하면 토양 pH는 높아진다.

53 토양 환경에 관한 설명으로 옳은 것은?

① 사양토는 점토에 비해 통기성이 낮다.
② 토양이 입단화되면 보수성이 감소된다.
③ 퇴비를 JP-Th투입하면 지력이 감소된다.
④ 깊이갈이를 하면 토양의 물리성이 개선된다.

TIP ① 사양토는 점토에 비해 입자가 더 크고 구조가 느슨해 통기성이 높다.
② 입단화는 토양 입자들이 서로 뭉쳐 단단하게 되면서 토양 구조가 개선되고 보수성이 증가한다.
③ 퇴비는 토양에 유기물을 공급하여 지력을 증가시킨다.

✎ ANSWER
51.④ 52.② 53.④

54 작물의 요수량에 관한 설명으로 옳은 것은?

① 작물의 건물 1kg을 생산하는 데 소비되는 수분량(g)을 말한다.

② 내건성이 강한 작물이 약한 작물보다 요수량이 더 많다.

③ 호박은 기장에 비해 요수량이 높다.

④ 요수량이 작은 작물은 생육 중 많은 양의 수분을 요구한다.

> **TIP** ① 작물의 건물 1kg을 생산하는 데 소비되는 수분량을 요수량이라 말한다.
> ② 내건성이 강한 작물은 적은 물로도 생존하고 성장할 수 있기 때문에 요수량이 더 적다.
> ③ 요수량이 작은 작물은 생육 중에 많은 양의 수분을 요구하지 않는다. 요수량이 작다는 것은 작물이 건물량 1kg을 생산하는 데 필요한 수분량이 적은 것이다.

55 플라스틱 파이프나 튜브에 미세한 구멍을 뚫어 물이 소량씩 흘러나와 근권부의 토양에 집중적으로 관수하는 방법은?

① 점적관수   ② 분수관수
③ 고랑관수   ④ 저면급수

> **TIP** ② 분수관수 : 스프링클러 시스템을 이용해 물을 공중으로 분사하여 작물 전체에 물을 공급하는 관수 방법이다. 넓은 면적에 균일하게 물을 뿌릴 수 있다. 주로 잔디, 농작물, 과수원 등에 사용된다. 물이 공중으로 분사되기 때문에 증발에 의한 손실이 발생할 수 있다.
> ③ 고랑관수 : 밭에 일정한 간격으로 고랑을 만들어 그 고랑을 따라 물을 흘려보내는 방식이다. 물이 고랑을 따라 흐르면서 작물의 뿌리 부근에 침투하도록 하여 관수하는 방법에 해당한다. 넓은 밭작물이나 밭에서 사용되는 전통적인 관수 방식이다.
> ④ 저면급수 : 물을 아래에서 위로 공급하는 방식이다. 화분이나 상자에서 재배하는 식물에 사용된다. 물이 식물의 뿌리 쪽으로부터 천천히 흡수되면서 뿌리가 물을 충분히 흡수할 수 있게 한다. 과도한 물 공급을 피하고 식물의 과습을 방지한다.

56 다음 (   )에 들어갈 내용을 순서대로 옳게 나열한 것은?

> 작물에서 저온장해의 초기 증상은 지질성분의 이중층으로 구성된 (   )에서 상전환이 일어나며 지질성분에 포함된 포화지방산의 비율이 상대적으로 (   )수록 저온에 강한 경향이 있다.

① 세포막, 높을   ② 세포벽, 높을
③ 세포막, 낮을   ④ 세포벽, 낮을

> **TIP** 세포막은 지질성분의 이중층으로 구성되어 있으며 저온에서 상전환이 일어난다. 포화지방산의 비율이 상대적으로 낮을수록 즉 불포화지방산의 비율이 높을수록 세포막의 유동성이 유지되어 저온에 강한 경향이 있다.

✎ ANSWER
54.③ 55.① 56.③

57 식물 생육에서 광에 관한 설명으로 옳지 않은 것은?

① 광포화점은 상추보다 토마토가 더 높다.
② 광보상점은 글록시니아보다 초롱꽃이 더 낮다.
③ 광포화점이 낮은 작물은 고온기에 차광을 해주어야 한다.
④ 광도가 증가할수록 작물의 광합성량이 비례적으로 계속 증가한다.

 TIP ✎ ④ 광도가 증가할수록 광합성량은 일정 지점까지는 증가하지만, 광포화점에 도달하면 더 이상 광합성량이 증가하지 않고 일정하게 유지된다.

58 A지역에서 2차생장에 의한 벌마늘 피해가 일어났다. 이와 같은 현상이 일어나는 원인이 아닌 것은?

① 겨울철 이상고온   ② 2~3월경의 잦은 강우
③ 흐린 날씨에 의한 일조량 감소   ④ 흰가루병 조기출현

TIP ✎ ④ 흰가루병은 곰팡이에 의해 발생하는 병이다. 식물의 표면에 흰가루 같은 곰팡이가 생기는 병해이다. 흰가루병은 마늘의 생육에 영향을 줄 수 있지만, 2차생장을 직접적으로 유발하지 않는다.
①②③ 2차생장에 의한 벌마늘 피해는 주로 겨울철 이상고온, 2~3월경의 잦은 강우, 흐린 날씨에 의한 일조량 감소 등의 환경 요인으로 인해 발생한다. 마늘의 정상적인 생장 주기를 방해하여 2차생장을 유발한다.

59 다음이 설명하는 식물호르몬은?

> • 극성수송 물질이다.
> • 합성물질로 4-CPA, 2, 4-D 등이 있다.
> • 측근 및 부정근의 형성을 촉진한다.

① 옥신   ② 지베렐린
③ 시토키닌   ④ 아브시스산

TIP ✎ ② 지베렐린 : 식물의 생장과 발달을 촉진하는 호르몬이다. 줄기 신장, 종자 발아, 꽃눈 형성, 과실 발달 등을 조절한다. 줄기와 잎의 신장을 촉진하여 식물의 길이를 키우는 데 중요한 역할을 한다. 휴면 상태의 종자를 깨어나게 하여 발아를 촉진한다.
③ 시토키닌 : 세포 분열과 분화를 촉진하는 호르몬이다. 뿌리, 줄기, 잎 등의 생장을 조절한다. 세포의 증식을 촉진하며, 잎의 노화를 지연시키고, 줄기와 뿌리 간의 균형을 조절하는 역할을 한다.
④ 아브시스산 : 스트레스 반응을 조절하는 호르몬이다. 식물이 가뭄이나 염분으로 발생하는 스트레스에 대응하도록 돕는다. 잎의 기공을 닫아 수분 손실을 줄이고, 종자의 휴면을 유지하거나 늦추고, 과실이나 잎이 떨어지느 것을 촉진한다.

✎ ANSWER
57.④ 58.④ 59.①

60 공기의 조성성분 중 광합성의 주원료이며 호흡에 의해 발생되는 것은?

① 이산화탄소   ② 질소
③ 산소   ④ 오존

TIP ① 이산화탄소는 식물이 광합성을 통해 유기물을 합성하는 데 필요한 주원료이다.
      ② 질소는 공기 중에서 약 78%를 차지하는 주요 성분이지만 대부분의 생명체에게 직접적으로 사용되지 않는다. 식물은 질소 고정 세균이나 비료를 통해 질소를 흡수하여 아미노산, 단백질, 핵산 등을 합성한다.
      ③ 산소는 공기 중에서 약 21%를 차지하며 동물, 식물, 미생물 모두 산소를 이용하여 에너지를 생성하는 호흡 과정을 수행한다.
      ④ 오존은 대기 중에서 소량 존재한다.

61 채소 육묘에 관한 설명으로 옳은 것을 모두 고른 것은?

> ㉠ 직파에 비해 종자가 절약된다.
> ㉡ 토지이용도가 높아진다.
> ㉢ 수확기 및 출하기를 앞당길 수 있다.
> ㉣ 유묘기의 환경관리 및 병해충 방지가 어렵다.

① ㉠㉢   ② ㉡㉣
③ ㉠㉡㉢   ④ ㉠㉡㉢㉣

TIP ㉣ 유묘기는 관리하기 쉬운 작은 규모에서 재배되어 환경을 세밀하게 조절할 수 있고 병해충 발생 시 신속하게 대응할 수 있기 때문에, 유묘기의 환경관리 및 병해충 방지가 어렵지 않다.

62 파종 방법 중 조파(드릴파)에 관한 설명으로 옳은 것은?

① 포장 전면에 종자를 흩어 뿌리는 방법이다.
② 뿌림 골을 만들고 그곳에 줄지어 종자를 뿌리는 방법이다.
③ 일정한 간격을 두고 하나 내지 여러 개의 종자를 띄엄띄엄 파종하는 방법이다.
④ 점파할 때 한 곳에 여러 개의 종자를 파종하는 방법이다.

TIP ① 산파에 대한 설명이다.
      ③④ 점파에 대한 설명이다.

✎ ANSWER
60.①   61.③   62.②

63 다음이 설명하는 취목 번식 방법으로 올바르게 짝지어진 것은?

> ㉠ 고무나무와 같은 관상 수목에서 줄기나 가지를 땅속에 휘어 묻을 수 없는 경우에 높은 곳에서 발근시켜 취목하는 방법
> ㉡ 모식물의 기부에 새로운 측지가 나오게 한 후 끝이 보일 정도로 흙을 덮어서 뿌리가 내리면 잘라서 번식시키는 방법

① ㉠ 고취법, ㉡ 성토법
② ㉠ 보통법, ㉡ 고취법
③ ㉠ 고취법, ㉡ 선취법
④ ㉠ 선취법, ㉡ 성토법

TIP
① ㉠ 고취법, ㉡ 성토법에 대한 설명이다.
② **보통법** : 가지를 흙 속에 눕히고 일부를 흙 위로 나올 수 있도록 처리하고, 시간이 지나면 가지의 묻힌 부분에서 뿌리가 발생하도록 유도하는 방식이다.
③ **선취법** : 선택한 가지를 몇 군데에 걸쳐 지면에 접촉시키고 접촉한 부분을 흙으로 덮는다. 덮인 부분에서 뿌리가 내리면 뿌리 부분을 절단하여 모식물로부터 분리하여 독립된 식물로 키우는 방법이다. 덩굴성 식물이나 관목류에서 사용된다.

64 다음은 탄질비(C/N율)에 관한 내용이다. ( )에 들어갈 내용을 순서대로 옳게 나열한 것은?

> 작물체내의 탄수화물과 질소의 비율을 C/N율이라 하며, 과수재배에서 환상박피를 함으로서 환상박피 윗부분의 C/N율이 (   ), (   )이/가 (   )된다.

① 높아지면, 영양생장, 촉진
② 낮아지면, 영양생장, 억제
③ 높아지면, 꽃눈분화, 촉진
④ 낮아지면, 꽃눈분화, 억제

TIP
작물체내의 탄수화물과 질소의 비율을 C/N율이라 하며, 과수재배에서 환상박피를 함으로서 환상박피 윗부분의 C/N율이 높아지면, 꽃눈분화가 촉진된다.

✎ ANSWER
63.① 64.③

65 질소비료의 유효성분 중 유기태 질소가 아닌 것은?

① 단백태 질소

② 시안아미드태 질소

③ 질산태 질소

④ 아미노태 질소

TIP ✏️ ③ 질산태 질소는 무기태 질소로 식물이 직접 흡수할 수 있는 형태이다.

66 채소 작물에서 진균에 의한 병끼리 짝지어진 것은?

① 역병, 모잘록병

② 노균병, 무름병

③ 균핵병, 궤양병

④ 탄저병, 근두암종병

TIP ✏️ ② 노균병은 진균, 무름병은 세균에 의해 발생한다.
③ 균핵병은 진균, 궤양병은 세균에 의해 발생한다.
④ 탄저병은 진균, 근두암종병은 세균에 의해 발생한다.

67 식용부위에 따른 분류에서 화채류끼리 짝지어진 것은?

① 양배추, 시금치

② 죽순, 아스파라거스

③ 토마토, 파프리카

④ 브로콜리, 콜리플라워

TIP ✏️ ① 잎채류 : 양배추, 시금치
② 줄기채소 : 죽순, 아스파라거스
③ 과채류 : 토마토, 파프리카

✎ ANSWER
65.③ 66.① 67.④

68 다음이 설명하는 과수의 병은?

> • 세균에 의한 병
> • 전염성이 강하고, 5~6월경 주로 발생
> • 꽃, 잎, 줄기 등이 검게 변하며 서서히 고사

① 대추나무 빗자루병　　　　　　　　② 포도 갈색무늬병
③ 배 화상병　　　　　　　　　　　　④ 사과 부란병

TIP 🖉　① 대추나무 빗자루병 : 대추나무에 발생하는 바이러스 또는 파이토플라즈마에 의한 병이다. 병에 걸린 나무는 잎이 작아지고 비정상적으로 많은 가지가 짧고 **빽빽**하게 자라며 빗자루 모양을 형성한다. 병든 가지는 점차 고사한다.
　　　② 포도 갈색무늬병 : 곰팡이에 의해서 발생하고 포도의 잎에 갈색의 무늬가 생기는 병이다. 잎의 광합성 능력을 저하시켜 수확량에 영향을 준다.
　　　④ 사과 부란병 : 사과에 발생하는 곰팡이 병으로 과일에 검은 반점이 생기며 점차 확대되어 과실이 썩는 병이다. 과일 표면에 물러짐과 갈변이 발생한다.

69 블루베리 작물에 관한 설명으로 옳지 않은 것을 모두 고르면?

① 과실은 포도와 유사하게 일정기간의 비대정체기를 가진다.
② pH 5 정도의 산성토양에서 생육이 불량하다.
③ 묘목을 키우는 방법에는 삽목, 취목, 조직배양 등이 있다.
④ 한줄기 신장지에 작은 꽃자루가 있고 여기에 꽃이 붙는 단일화서이다.

TIP 🖉　② 블루베리가 산성 토양에 잘 적응한 산성토양성 식물이기 때문에 산성 조건에서 생육이 좋다. 산성 토양에서는 알루미늄(Al)이나 철(Fe)과 같은 이온들이 용해되어 있어 블루베리에게 필요한 미량 영양소를 쉽게 흡수할 수 있다. 중성 또는 약알칼리성 토양에서는 이러한 영양소의 가용성이 떨어져 블루베리가 영양 결핍이 발생한다.
　　　④ 블루베리는 신장지(화서축)에서 여러 개의 작은 꽃자루가 나와 각각 꽃이 붙는 구조인 복합화서이다.

70 호흡 급등형 과실인 것은?

① 포도　　　　　　　　　　　　　　② 딸기
③ 사과　　　　　　　　　　　　　　④ 감귤

TIP 🖉　③ 호흡 급등형 과실은 성숙 과정에서 호흡률이 급격히 증가한다. 과실은 에틸렌을 생성하며 수확 후에도 일정 기간 동안 성숙과 숙성이 계속 진행된다. 대표적으로 사과가 호흡 급등형 과실이다.
　　　①②④ 포도, 딸기, 감귤은 비급등형 과실이다.

✎ ANSWER
68.③　69.②,④　70.③

71 절화장미의 수명연장을 위해 자당을 사용하는 주된 목적은?

① pH 조절
② 미생물 억제
③ 과산화물가(POV) 증가
④ 양분 공급

TIP✐ 자당은 절화장미에 양분을 공급하여 꽃이 시들지 않고 더 오래 유지되도록 돕는 역할을 한다. 자당은 꽃의 호흡작용에 필요한 에너지를 제공하고 절화의 신진대사를 촉진하여 수명을 연장시킨다.

72 관목성 화목류끼리 짝지어진 것은?

① 철쭉, 목련, 산수유
② 라일락, 배롱나무, 이팝나무
③ 장미, 동백나무, 노각나무
④ 진달래, 무궁화, 개나리

TIP✐ ① 철쭉은 관목이지만, 목련과 산수유는 교목이다.
② 라일락은 관목이지만, 배롱나무와 이팝나무는 교목이다.
③ 장미와 노각나무는 관목이지만, 동백나무는 교목이다.

73 온실의 처마가 높고 폭이 좁은 양지붕형 온실을 연결한 형태의 온실형은?

① 둥근지붕형   ② 벤로형
③ 터널형   ④ 쓰리쿼터형

TIP✐ ② 벤로형 : 네덜란드의 벤로 지역에서 시작된 온실 형태이다. 처마가 높고 폭이 좁은 양지붕형 구조가 특징이다. 채광 효과를 극대화하고, 내부 공간 활용도를 높이는 데 유리하다.
① 둥근지붕형 : 둥글게 곡선을 이루는 지붕을 가진 온실이다. 바람 저항이 적고 눈이 쌓이기 어렵다. 내부 공간이 넓어 대규모 재배에 적합하다.
③ 터널형 : 반원형 또는 아치형의 구조로 연속된 터널 형태로 지어지는 온실이다. 플라스틱 필름을 덮어 사용하며 간단한 구조로 인해 비교적 저렴하게 설치할 수 있다. 저비용으로 넓은 면적을 덮을 때 사용된다.
④ 쓰리쿼터형 : 지붕의 경사면이 세 개의 면을 가지는 구조를 가진 온실이다. 일반적인 양지붕형 온실보다 햇빛을 더 많이 받을 수 있도록 설계되었다. 주로 남북 방향으로 길게 배치하여 최대한 일조량을 확보할 수 있도록 설계된다.

✎ ANSWER
71.④ 72.④ 73.②

74 다음이 설명하는 양액 재배방식은?

> • 고형배지를 사용하지 않음
> • 베드의 바닥에 일정한 기울기를 만들어 양액을 흘려보내는 방식
> • 뿌리의 일부는 공중에 노출하고, 나머지는 양액에 닿게 하여 재배

① 담액수경
② 박막수경
③ 암면경
④ 펄라이트경

 TIP
② 박막수경 : 고형 배지를 사용하지 않고, 베드의 바닥에 일정한 기울기를 만들어 양액을 얇게 흘려보내고 뿌리의 일부는 공중에 노출되고 나머지는 양액에 닿게 하는 방식이다.
① 담액수경 : 고형 배지를 사용하지 않고 식물의 뿌리를 양액에 완전히 담가서 재배하는 방식이다. 양액 속에서 뿌리가 지속적으로 영양분을 흡수할 수 있다.
③ 암면경 : 고형 배지인 암면(Rockwool)을 사용하여 재배하는 방식이다. 암면은 가벼우면서도 보습성과 통기성이 좋아서 양액 재배에 자주 사용된다. 식물의 뿌리는 암면 속에서 자라며 양액을 공급받는다.
④ 펄라이트경 : 펄라이트라는 가벼운 고형 배지를 사용하여 재배하는 방식이다. 펄라이트는 화산암을 고온 처리하여 만든 것이다. 배수성과 통기성이 우수하여 양액 재배에서 사용된다. 뿌리는 펄라이트 속에서 자란다.

75 시설원예 피복자재에 관한 설명으로 옳지 않은 것은?

① 연질필름 중 PVC 필름의 보온성이 가장 낮다.
② PE 필름, PVC 필름, EVA 필름은 모두 연질필름이다.
③ 반사필름, 부직포는 커튼보온용 추가피복에 사용된다.
④ 한랭사는 차광피복재로 사용된다.

TIP
① PVC 필름은 일반적으로 PE 필름이나 EVA 필름보다 보온성이 더 좋다.

 ANSWER
74.② 75.①

Wish List

고생한 나에게 주는 선물! 머리가 어지러울 때
시험이 끝나고 하고 싶은 일들을 하나씩 적어보세요.

01	
02	
03	
04	
05	
06	
07	
08	
09	
10	

성공하기 전에는 항상 그것이 불가능한 것처럼 보이기 마련이다. – 넬슨 만델라

서원각 용어사전 시리즈

상식은 "용어사전"

용어사전으로 중요한 용어만 한눈에 보자

중요한 용어만 공부하자!

❶ 시사용어사전 1200

매일 접하는 각종 기사와 정보 속에서 현대인이 놓치기 쉬운, 그러나 꼭 알아야 할 최신 시사상식을 쏙쏙 뽑아 이해하기 쉽도록 정리했다!

❷ 경제용어사전 1030

주요 경제용어는 거의 다 실었다! 경제가 쉬워지는 책, 경제용어사전!

❸ 부동산용어사전 1300

부동산에 대한 이해를 높이고 부동산의 개발과 활용, 투자 및 부동산 용어 학습에도 적극적으로 이용할 수 있는 부동산용어사전!

- 최신 관련 기사 수록
- 다양한 용어를 수록하여 1000개 이상의 용어 한눈에 파악
- 용어별 중요도 표시 및 꼼꼼한 용어 설명
- 파트별 TEST를 통해 실력점검

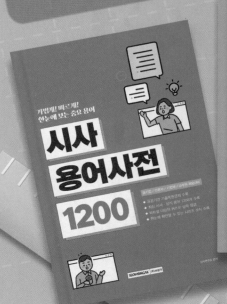

자격증

한번에 따기 위한 서원각 교재

한 권에 준비하기 시리즈 / 기출문제 정복하기 시리즈를 통해 자격증 준비하자!